U0366585

编委会

主　编　温学飞　潘占兵　左　忠

编　委　王占军　曲继松　李生宝　蒋　齐　王　峰

　　　　许　浩　何建龙　刘　华　郭永忠　杜建民

　　　　吕海军　周全良　徐　荣　魏耀锋　张丽娟

　　　　冯海萍　杨冬艳　张丽娟　郭文忠　赵云霞

柠条资源生态保护与应用技术研究论文集

温学飞 潘占兵 左 忠 主编

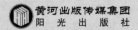

黄河出版传媒集团
阳 光 出 版 社

图书在版编目（CIP）数据

柠条资源生态保护与应用技术研究论文集 / 温学飞，潘占兵，左忠主编 . —银川：阳光出版社，2018.10

ISBN 978-7-5525-4518-0

Ⅰ . ①柠… Ⅱ . ①温… ②潘… ③左… Ⅲ . ①柠条—森林保护—文集 Ⅳ . ① S793.3-53

中国版本图书馆 CIP 数据核字（2018）第 247951 号

柠条资源生态保护与应用技术研究论文集　　温学飞 潘占兵 左 忠 主编

责任编辑　谢　瑞　李少敏
封面设计　木　叶
责任印制　岳建宁

黄河出版传媒集团
阳　光　出　版　社　出版发行

地　　址　宁夏银川市北京东路 139 号出版大厦（750001）
网　　址　http：//www.ygchbs.com
网上书店　http：//shop129132959.taobao.com
电子信箱　yangguangchubanshe@163.com
邮购电话　0951-5014139
经　　销　全国新华书店
印刷装订　宁夏凤鸣彩印广告有限公司
印刷委托书号　（宁）0011495

开　　本　787mm×1092mm　1/16
印　　张　22.5
字　　数　300 千字
版　　次　2018 年 11 月第 1 版
印　　次　2018 年 11 月第 1 次印刷
书　　号　ISBN 978-7-5525-4518-0
定　　价　60.00 元

版权所有　翻印必究

前　言

PREFACE

　　柠条是豆科锦鸡儿属植物（*Caragana Fabr.*）栽培种的俗称。为蝶形花科锦鸡儿属多年生灌木，其适应性强，耐干旱，耐瘠薄，抗严寒，生长快，造林繁殖容易，成活率高。锦鸡儿属植物为欧亚大陆特产，是欧—亚草原植物亚区的典型植被。本属70余种，分布于中亚。中国已查明锦鸡儿属植物有66种，广泛分布于我国"三北"地区的各省区。锦鸡儿属植物在宁夏有12种，两个变种，天然分布主要在贺兰山、灵武、盐池、中宁、同心、海原等宁夏中北部干旱荒漠地带。

　　柠条是干旱半干旱地区重要的固沙灌木造林树种之一，属于优良固沙和绿化荒山植物，发挥了水土保持，涵养水源，护沟护坡，防风固沙的巨大作用。根据柠条的生物学特性每3～4a就需要对其进行平茬复壮更新，使其生长更旺盛，灌丛扩大2～3倍，同时可使林相整齐，提高防护能力，延长其寿命，确保生态作用和持续利用。

　　柠条是极具开发价值但尚未被充分利用的生态经济树种，通过加工成有机液体肥、栽培基质、饲料等，将柠条平茬资源有效地实现了进行再生、综合利用，以弥补资源的不足，有利于促进环境、社会和经济三者之间的良性平衡发展，实现自然资源的循环利用。带动林业后续产业化基地的建设，而且对林业的发展具有重要的科学意义和应用价值。

　　多年来，宁夏农林科学院在着力多学科发展过程中，突出以荒漠化治理、沙旱生植物资源保护与合理开发利用为节点，先后主持完成了"宁夏盐池沙漠土地综合整治试验""盐池荒漠化土地综合整治及农业可持续发展研究""柠条饲料开发利用技术研究""中部干旱带柠条饲料加工产业开发创业示范""柠条饲料基地建设""柠条饲料加工示范点建设""沙地适生乔灌草""林木剩余物加工与利用技术示范推广"等多项与柠条相关的研究项目,积累并形成从柠条种植、管护到柠条资源合理利用一整套技术体系。

为了集中展示宁夏农林科学院近年来在柠条研究中所取得的理论成果,结合世界银行贷款项目宁夏黄河东岸防沙治沙项目"柠条林的经营和可持续利用研究"研究内容,课题组收集了近年来柠条相关研究论文集结成书。本书主要涉及三大部分:生态保护、饲料开发及利用、栽培基质开发及应用。希望能对促进柠条资源的保护与可持续利用提供理论和技术支撑。

借本书编辑成册之际,向曾经为柠条资源保护与利用工作的各位前辈致以崇高的敬意,向仍在从事柠条相关研究的科研人员表示真挚的问候,向为本书提供支持的专家学者和工作人员表示由衷感谢。本书难免有不足之处,敬请批评指正。

目　录

CONTENTS

柠条在生态环境建设中的作用

温学飞

摘　要： 探讨柠条的生态学特征和抗旱机理，并通过对柠条林在改良土壤，防风固沙，固土护坡、保持水土、涵养水源、减少地表径流，保护耕地，生态多样性等重要的生态作用以及适宜密度和饲用价值进行综述，提出柠条林的发展方向。

关键词： 柠条；生态；建设；综述

柠条又名锦鸡儿，是豆科锦鸡儿属植物（*Caragana Fabr.*）栽培种的俗称。[1] 为蝶形花科锦鸡儿属多年生灌木，其适应性强，耐干旱，耐瘠薄，抗严寒，生长快，造林繁殖容易，成活率高。锦鸡儿属植物为欧亚大陆特产，是欧亚草原植物亚区的典型植被。本属70余种，分布于中亚。中国已查明锦鸡儿属植物有66种，广泛分布于我国三北地区的各省区[2]。柠条在天然生和人工营造的柠条发挥了水土保持，涵养水源，护沟护坡，防风固沙的巨大作用。

柠条生态适应性强，具有很强的防风固沙能力，是干旱半干旱地区重要的固沙灌木造林树种之一。因此，深入研究柠条的抗旱本质，以及生态价值，将对我国干旱半干旱沙区进行防沙治沙的植被恢复，提供了一定的理论依据和技术支持。

1　柠条生物学特性

柠条喜光，要求大量的光热和适度的通风条件，在乔木树种遮阴下生长不良，甚至不能结实，宜作林缘灌木或营造柠条纯林。柠条耐寒、耐高温，冬季能耐-32 ℃的低温，夏季可抗50 ℃的高温；极耐干旱、瘠薄土壤，能在年降水量350 mm左右的干旱荒山上形成茂密的灌木林，但在年降水量250 mm左右的荒山上只能稀疏生长[3]。

柠条幼苗阶段生长较慢，3 a后生长加快直播柠条3 a后便可大量分枝，形成稠密的灌丛，当年高可达1 m以上。据调查，2 a生柠条有枝条4个，冠幅达0.28 m，6 a生柠条有枝条16个，冠幅13.0 m。柠条寿命长达70~80 a。

柠条具有耐干旱贫瘠、抗风蚀、耐沙埋、再生能力强、耐啃食、生长好、生物产量高的特点。通常在4月中下旬开始展叶，5月份为展叶盛期，花期为15~25 d。柠条能在−32.7 ℃的严寒、冻土层深达1 m以下的条件下生长良好，无冻害，夏季能耐50 ℃以下的高温，柠条在沙地上没有日灼现象，当年生幼苗有时在下午极端高温暴晒有失水现象，但生长不受影响[4]。

2 柠条抗旱机理

干旱的环境使柠条在形态上，内部结构上产生了适应性的变化。使锦鸡儿属各个种形成了明显的旱生结构和不同的生态型，即枝条上生有硬刺，包括枝刺、托叶刺、皮刺及叶柄转化成的刺，另外各个种枝条表面具白毛或蜡质层，以防夏日暴晒和冬春严寒环境，是典型的在干旱、严寒条件下自然选择形成的落叶旱生灌木[5]。根的旱生结构特征为皮层减少和内皮组织细胞壁加厚以及凯氏带变宽，利于输导组织在干旱条件下缩短输水路程，增加输水效率，抵御干旱，同时增强了根的土层穿透能力。茎的旱生结构特点为皮层加厚，维管束紧密，增强了茎的韧性使其能够抗击风沙吹打，在极干旱的条件下支撑萎蔫的机体，使之免受机械损伤。皮层加厚也增强了其抗旱能力。叶的表面积和体积小叶表面细胞的外壁角质层加厚，气孔小而数目增多，既少了体内水分蒸发又不影响其光合作用[6]。长期的干旱胁迫，使得根与茎的生物量越变越大，导致柠条地下部生长发育比地上部快。调查表明，同一年龄的柠条，干旱区的柠条比其他柠条的根密度大，根冠比也大。这表明，受水分胁迫的柠条总是以本能的方式，向深土中去寻求水分，从而减少地上部水分的蒸发，而导致根与冠的比越来越大[7]。

柠条对干旱条件极强的适应性确立它的生态效益。柠条具有较强的抗风蚀能力与耐沙埋特性，适当的沙理更有利于柠条的生长。在干旱地区生长的树种均喜光，不耐庇荫，长期遮荫，会使生长受到抑制，结果实率下降。是干旱、半干旱地区和黄土丘陵区的主要造林先锋树种[8]。

3 柠条在生态中重要作用

3.1 柠条林改良土壤的作用

柠条具有改善土壤环境的作用。柠条林内，由于风速降低，流沙固定，风蚀变为沉积，细粒土逐渐增多，表土不被冲刷流失，加上林内枯落物堆积腐烂，使林下土壤容重变小，孔隙度加大，养分条件逐渐改善，土壤有机质、氮、磷、钾含量增加，土质逐步改良。柠条不仅对土壤肥力要求不高，而且根部具有根瘤菌，有较强的固氮作用，能固定空气中的游离氮，可以增加土壤含氮量，有改良土壤的作用。通过对种植柠条与自然恢复土地的土壤理化性质及土壤养分进行观测结果表明：种植柠条后，0~100 cm土壤层中0.2~0.02 mm粒径的细砂粒含量明显提高，说明营造人工柠条林后，退化沙地土壤的机械组成有明显好转，土壤结构得到改善[9]。同时可提高退化沙地团聚体含量，使土壤的通气性与贮水保水能力以及养分的释放的能力得以提高，土壤贮水能力得以提高，土壤肥力增加。对提高土壤的氮素营养，改良土壤养分状况具有显著的作用，土壤有机质含量增加，柠条对土壤肥力的改良具有显著的影响。人工柠条林可改善深层土壤的尿酶、蔗糖酶、过氧化氢酶的活性，尤其是对20~100 cm土层酶活性影响最大，从而改善退化沙地的土壤肥力状况。柠条的固氮作用在沙地表现得尤为明显。据调查，5 a生的柠条林地，有机质含量比流沙提高62 %。含氮量提高69 %。柠条茎叶含有丰富的氮、磷、钾。用它制绿肥，效果很好，1000 kg干茎、叶相当于硫酸铵70 kg、过磷酸钙14 kg、硫酸钾15 kg，且肥技期长。尤其是花期效果更好，根据群众经验，500 kg柠条嫩枝叶相当于290 kg羊粪的肥力。另外柠条根部有大量的根瘤菌能固定空气中的氮肥，再加上大量的枯枝落叶，改善土壤的作用十分显著[10]。

3.2　防风固沙能力

由于柠条防护林的营造增加了地表粗糙度，有效地降低了近地表风速。据观测，网格中心与空旷地相比，距地表50 cm、20 cm处的平均风速分别降低了39.2 %和59.1 %；林带中心和林带南缘2 m处与空旷地相比：其距地表20 cm处的平均风速分别降低了9.1 %和15.9 %。由于近地表风速的降低，风的运载能力随之下降，空气中的一些尘沙被拦截下来，起到了防护林的防风固沙作用[11]。

柠条的防风固沙作用极显著。据测定，一般3~4 a生柠条，每丛根可固沙0.2~0.3 m^3。5 a以上柠条林覆盖度可达70 %以上，每丛固沙0.5~1 m^3。在成片的柠条林间，一般平均固沙厚度可达0.5 m左右，特别是小叶锦鸡儿、柠条锦鸡儿，更是不怕风刮沙埋[12]，沙子越埋越能促进其分枝，生长越旺，固沙能力越强。据调查，一株侧枝被沙埋的柠条锦鸡儿两年内从沙埋的枝上萌生出60根~80根新枝条，形成防风固沙强大的灌丛。

3.3　固土护坡，保持水土

由于柠条根系庞大，枝条稠密，林间杂草多，有利于固结土壤，提高土壤的防冲防蚀能力[13]。柠条的根系强大，而且大部分密集分布在30 cm土层中，能有效地固结土壤，防止土壤表面风蚀和土层流失。坡地的一丛5 a生柠条，根幅为1.7 m^2，主根垂直分布为2.3 m，在1.4 m^2范围内，侧根达566条，主侧根总长度12.6 m，其固土量达7.8 m^3。柠条根系的穿透力强。干旱草原地带和半荒漠地带的栗钙土、棕钙土等土层中普遍存在着钙积层。钙积层所含水分极少，通气性、透水性不良而且紧实，不宜于树木的根系发育，一般的乔灌树种的根系均不能穿透钙积层[14]。

柠条具有庞大的根系，分别向水平和垂直两个方向发展，深扎于土层中吸收水分的根条，主根、侧根长、根幅分别可达78 cm、56 cm、80 cm^2。根幅与冠幅比例为10：1；一株冠幅75 cm^2的3 a生柠条主根、侧根长及根幅分别可达190 cm、160 cm、300 cm^2，根幅与冠幅比例为4：1。柠条根系发达，其吸收水分能力特别是吸收深土层水分的能力极强。据测定，在降水相同的条件下，特别是柠条林地40~160 cm的深土层的土壤含水量大大低于相邻农田土壤含水量1 hm，柠条林地比农田多吸收土壤水分1416.7 m^3，相当于141.7 mm的降水[15]。据方山县林业局观测，石站头25°坡地4 a生柠条林，2004年7月至9月在降水180 mm的情况下，坡面上未形成侵蚀沟，相邻坡耕地内15 m宽的坡面上有3~10 cm深的侵蚀沟21条[13]。

3.4　涵养水源，减少地表径流

柠条枝叶多，植株丛生，粗糙度大，可有效地拦蓄降水，防止暴雨对地表的溅蚀；柠条林内枯枝落叶多，具有拦蓄泥沙、延缓地表径流形成时间和促使雨水下渗的作用。柠条地上部分庞大的灌丛减少了地表径流，防止了降雨对土壤的侵蚀[16]。一丛5 a生的柠条地上分枝多达76条，冠幅可达2 m左右。经对柠条覆盖度为82 %的林地进行截流降雨的测量（雨量器分别设在柠条的冠幅下和无林裸露地），测量结果为柠条可截雨量10.5 %~50.2 %，被截流的降雨沿着叶茎缓缓流至地面，大大降低了暴雨雨滴对地表的溅蚀[17]。

根据测定柠条的枯枝落叶可以吸收自身重量1.5倍的水量，枯枝落叶层能延缓水流的下泄速度，使地表径流变成分散的水流渗入土层之中，5 a生的柠条枯枝落叶的生物量为0.45 t/（a·hm^2），15 a生的柠条枯枝落叶的生物量为2.4 t/（a·hm^2）。柠条的年枯落量之大，是许多树种难以与之相比的。柠条的灌丛截流了降雨，地表的枯枝落叶层涵养了水源，这样就减轻了降雨对土壤的侵蚀。据测定，在坡度为15°的丘陵地，柠条造林覆盖度为85 %，糜子覆盖度为70 %，荞麦覆盖度为50 %。雨季一次降雨的总量为49.8 mm，最大降雨强度为93.8 mm/h，雨后对三种样地进行调查，柠条的侵蚀模数为54 kg/hm^2，糜子为415.5 kg/hm^2，荞麦为739.5 kg/hm^2，由此可见柠条涵养水源，防止土壤侵蚀的作用是显著的[18]。

4 a生柠条林树高1.2~2 m，每丛覆盖0.81 m^2，比没有柠条林的自然荒坡减少地表径流71%，减少表土冲刷82%[10]。5 a生柠条平均丛冠幅3.80~5.00 m^2，可截流降水

30 %，减少地表径流和冲刷量。4 a生柠条林能减少地表径流73 %，减少土壤侵蚀量80%。柠条是深根性树种，侧根发达[19]。在兰州地区2 a生柠条主根长达0.8 m，是株高的4.7倍，侧根平均根幅0.28 m，是冠幅的6.6倍，成年树主根可达5.0 m以上，发达的根系在地下交织成网，增加了土壤抗冲性，可防止崩塌。8 a生柠条根系有50.3 %分布在0~40 cm土层，在20~40 cm土层范围内抗拉力为1490 kg／m，有良好的固土作用[14]。

3.5 保护耕地作用

由于流域内土层较薄，不适于修水平梯田，而坡式梯田较水平梯田减沙作用低，因此在坡式梯田上方补充柠条带，不仅可以减轻上游径流泥沙对梯田的威胁，而且可以降低风速[14]。柠条带的林网作用，使大面积耕地免受风沙灾害。据有关资料显示，当疏透度为60%时，可降低风速15%左右。

3.6 干旱沙区不同种植密度对群落稳定的影响

建立不同种植密度的柠条林后，植被群落结构发生很大的变化，一些一年生的先锋植物首先侵入，随着柠条龄林的增加，物种数量、植被覆盖度增加，使得林带间的草本植物群落经历了由简单到复杂的演变过程。自然恢复地的狗尾草、虫实、猪毛菜为主要优势种，重要值分别达到了35.47 %、34.04 %、10.03 %。建林18 a时种植密度为3330丛/hm²（4 m带间距）植物群落以白草、沙蒿、狗尾草为主，重要值分别达到了48 %、20.96 %、12.88 %。2490丛/hm²（7 m带间距）则以白草、沙蒿为优势种，重要值分别达到了60.63 %、18.79 %。1660丛/hm²（7 m带间距）逐步演替为草木犀状黄芪、白草为主的优势种，重要值分别达到了29.27 %、19.25 %。群落的植被覆盖度则以2490丛/hm²（7 m带间距）、1660丛/hm²（10 m带间距）/hm²的较高，分别达到了86.17 %、80.33 %，3330丛/hm²（4 m带间距）最低为64.17，比自然恢复地低13.28 %[23]。

4 柠条林的适宜密度

在干旱、半干旱地区沙地，覆盖度在10%~40%的乔灌木固沙林才能符合水量平衡，但在2~4月的风季，植物处于冬态，且在10%~40%的覆盖度时防风效果差，处于半固定半流动状态；而在低覆盖度时，人为改变灌丛的水平分布格局，（改变随机分布为规则分布，同时减小株距，拉大行距，形成行带式配置）形成行带式配置后，不但能提高水分利用率和生产力[20]，而且从上述的分析充分肯定，行带式配置的柠条固沙林的防风效果显著大于随机分布的柠条固沙林。可见，在低覆盖度时，灌丛水平分布格局成为影响防风效果的重要因素，行带式配置能显著提高低覆盖度固沙林的防风效果[21]。宁夏干旱风沙区退化沙地治理过程中，采用1665丛／hm²和2490丛／hm²密度营造人工柠条林，增大了植被覆盖度，全面改善了退化沙地的土壤理化性质、土壤水分状况以及植被群落的稳定性，虽然柠条对土壤水分的消耗增大，但并没有引起土壤水分明显亏缺，达到了最优调控和充分利用水土资源、治理退化沙地的目的，为农业的持续发展创造了良好的水土资源环境条件[9]，干旱风沙区，在退化草地治理过程中，补播柠条，采用1665丛／hm²（带间距10 m）密度，不仅增大了植被盖度和生物量，提高了土地资源的利用率，而且有利于土壤水分的恢复[22]。

5 优良的家畜饲料

柠条主要是绵羊、山羊和骆驼的饲草，从季节上看，春季柠条比牧草发芽展叶早又耐牧，是牲畜的接口草，待夏季柠条进入花期也是牲畜较好的饲草，每逢雨后低矮的牧草沾满泥浆，而柠条的枝叶高于地表，经雨水冲洗，翠绿的枝叶成为牲畜采食的主要饲草。柠条中的营养成分比一般秸秆要高，略低于苜蓿草（见表1），在利用上可以根据柠条饲料资源在营养上的特点，合理加工利用[24]。

表1　几种常用饲草营养成分比较（单位：%）

品　种	水　分	灰　分	粗蛋白	粗脂肪	粗纤维	无氮浸出物
柠条	7.8	4.4	9.86	2.56	39.21	31.82
苜蓿草粉	13.0	8.3	17.2	2.6	25.6	33.30
玉米秸	10.0	8.1	5.9	0.9	24.9	50.2
小麦秸	8.4	5.2	2.8	1.2	40.9	41.5

6 结论

柠条作为我国北方干旱、半干旱地区优良的水土保持、防风固沙和荒漠草原植被恢复重建的优势灌草兼用树种，多年来对其生物学特性、经济利用的理论研究对支撑西部脆弱生态植被恢复与重建的作用有目共睹。北方广大牧区由于多年来超载过牧致使生态环境恶化、生物资源减少、生物产量下降，整治退化的草场、促进畜牧业健康发展迫在眉睫。因此，从干旱、半干旱地区的自然状况出发，大力发展灌木林，实行以灌木为主，灌草结合、灌乔结合、灌草乔结合的造林指导方针是符合我国干旱、半干旱地区的客观实际，是遵循林业生态建设自然规律和经济规律的必然选择。

参考文献

[1]周道玮，王爱霞，李宏.锦鸡儿属锦鸡儿组植物分类与分布[J].东北师大学报自然科学版，1994（2）：17-23.

[2]牛西午.中国锦鸡儿属植物资源研究——分布及分种描述[J].西北植物学报，1999，19（5）：107-133.

[3]王雁丽，杨如达.浅谈西部地区柠条资源的开发利用[J].中国西部科技，2004（11）：71-73.

[4]孙清华，蒋京宏.黑龙江省西部柠条的栽培技术及生态价值.林业科技情报，2007（39）4：3-4.

[5]牛西午.柠条研究[M].北京：科学出版社，2003，7：54-55.

[6]牛西午，张强，杨治平，等.柠条人工林对晋北土壤理化性质变化的影响研究[J].西北植物学报，2003，23（4）：627-632.

[7]马红梅，陈明昌，张强.柠条生物形态对逆境的适应性机理[J].山西农业科学，2005，33（3）：47-49.

[8]徐世健，安黎哲，冯虎元，等.两种沙生植物抗旱生理指标的比较研究[J].西北植物学报，2000，20（2）：224-228.

[9]蒋齐，李生宝，潘占兵，等.人工柠条灌木林营造对退化沙地改良效果的评价[J].水土保持学报，2006，20（4）：23-27.

[10]张伟.防风固沙的优良树种——柠条[J].林业月报，1996，7：24.

[11]顾新庆，马增旺，等.柠条防护林的防风固沙效益研究[J].河北林业科技，1998（2）：8-9.

[12]宋彩荣，赵鹏，王宁.不同立地类型柠条的效益分析[J].上海畜牧兽医通讯，2006，2：36-37.

[13]谢强.开发柠条资源是水土保持生态建设的重要途径[J].山西水利，2006，10：27-28.

[14]张玉珍.柠条在生态环境建设中的作用及栽培技术[J].甘肃农业科技，2002（8）：43-44.

[15]王淑琴，高秀芳.柠条对土壤风蚀水蚀的防护作用[J].现代农业，2005（07）：47.

[16]郭忠升，邵明安.人工柠条林地土壤水分补给和消耗动态变化规律[J].水土保持学报，2007（21）4：119-123.

[17]程积民，万惠娥，王静，等.半干旱区柠条生长与土壤水分消耗过程研究[J].林业科学，2005（41）2：37-41.

[18]刘娜娜，赵世伟，王恒俊.黄土丘陵沟壑区人工柠条林土壤水分物理性质变化研究.水土保持通报，2006，（26）3：15-17.

[19]牛西午.柠条生物学特性研究[J].华北农学报，1998，13（4）：123-129.

[20]杨文斌，任建民，贾翠萍.柠条抗旱的生理生态与土壤水分关系的研究[J].生态学报，1997，17（3）：239-243.

[21]杨文斌，丁国栋，王晶莹，等.行带式柠条固沙林防风效果[J].生态学报，2006，26（12）：4106-4112.

[22]徐荣，张玉发，潘占兵，等.不同柠条密度在退化草地恢复过程中对土壤水分的影响[J].2004，22（1）：172-175.

[23]王占军，李生宝.柠条不同种植密度对植物群落稳定性影响的研究[J].草业与畜牧，2006，10：9-12.

[24]王峰，温学飞，张浩.柠条饲料化技术及应用[J].西北农业学报，2004（13）2：35-39.

宁夏柠条资源可持续利用的探讨

温学飞 魏耀锋 吕海军

摘 要：本文分析了宁夏柠条资源状况、柠条营养特性，结合宁夏畜牧业发展的现状及前景，提出了宁夏柠条资源可持续利用的方法，可持续利用建设的基本内容，可持续利用经营机制以及应注意的问题。

关键词：宁夏；柠条；可持续利用

柠条是豆科锦鸡儿属（*Caragana Fabr.*）植物栽培种的俗称[1]。锦鸡儿属植物系落叶灌木，为欧亚大陆特产，是欧亚草原植物亚区的典型植被。本属70余种分布于中亚，中国已查明锦鸡儿属植物有66种，广泛分布于我国"三北"地区的各省区[2]。

1 宁夏锦鸡儿属植物资源

表1 宁夏锦鸡儿属植物分布

名 称	拉丁名	地 区	分 布
矮脚锦鸡儿	*Caragana brachypoda*	贺兰山、盐池、同心、灵武	覆沙坡地及沙砾荒漠中，饲用植物
狭叶锦鸡儿	*Caragana stenophylla*	贺兰山、同心、海原	向阳干旱山坡、良好的饲用植物
短叶锦鸡儿	*Caragana brevifolia*	贺兰山	海拔1900m左右的干旱山坡
白毛锦鸡儿	*Caragana licentiana*	盐池、同心	
甘肃锦鸡儿	*Caragana kansuensis*	吴忠、灵武、海原	草原地区的沟谷坡地

续表

名称	拉丁名	地区	分布
黄刺条	*Caragana frutex*	贺兰山	2100~2500m的向阳山坡,
甘蒙锦鸡儿	*Caragana opulens*	贺兰山、中卫、海原	散生于山地、丘陵及山地的沟谷
鬼箭锦鸡儿	*Caragana jubata*	贺兰山	山坡灌丛或高山林缘
双耳鬼箭	*Caragana jubata* （var）	贺兰山	山坡或高山林缘茎，叶药用
垫状锦鸡儿	*Caragana tibetica*	贺兰山、海原、盐池、中卫	生于黄土山坡、山前平原、草原
荒漠锦鸡儿	*Caragana robovskyi*	贺兰山、灵武、盐池、中卫	山坡、石砾滩地、山谷间干河床
小叶锦鸡儿	*Caragana microphylla*	盐池	山坡，饲用植物，全草可入药
小叶锦鸡儿（原变种）	*Caragana microphylla* （var）	盐池	山坡，饲用植物，全草可入药
中间锦鸡儿	*Caragana intermedia*	盐池	固定、半固定沙丘，饲用植物，
柠条锦鸡儿	*Caragana korshinskii*	盐池、灵武、中卫、海原	固定，半固定沙地、戈壁等

　　锦鸡儿属植物在我区有12种，两个变种[3]（见表1），天然分布主要在贺兰山、灵武、盐池、中宁、同心、海原等宁夏中北部干旱荒漠地带。由于前些年大规模原生土地的开垦利用和适生草场的过度放牧啃食等原因，致使柠条的野生群落不同程度的遭受破坏。但随着人工种植面积的不断扩大，建群种也逐渐由人工种植的小叶锦鸡儿（*C.microphylla* Lam.又称小柠条）、柠条锦鸡儿（*C.koushinskii* Kom.又称大柠条或毛条）、中间锦鸡儿（*C.intermedia* Kuanget Fu）而取代，从而使这一优势资源得到了很好的保护和增大，并有效地得到利用。这些柠条资源分布于宁夏干旱半干旱地区。

2　宁夏柠条资源面积及生物量

　　截至2003年年底，宁夏现有柠条林存林面积为44.598万hm²，地上部总生物量为77.032万t（见表2）。其中：天然柠条林为2.624万hm²，占全区总面积的5.88 %，生物量约为5.793万t，占全区总生物量的7.52 %；人工种植的柠条面积累计达到41.974万hm²，占全区总面积的94.12 %，生物量合计为71.239万t，占总生物量的92.48 %。按林龄分，可利用成年林面积占总面积30.57 %，生物量占总量的59.92 %；未成年林面积、生物量分别占总量的20.58 %和23.29 %。

表2 宁夏柠条存林面积及生物量统计

项目 林分及林龄	存林面积		生物量（干重）			
	hm²	%	幅度 kg/hm²	平均 kg/hm²	总量 万t	%
天然林	26 238.2	5.88	1860~2628	2207.8	5.793	7.52
人工林 成年林※	136 322.3	30.57	2650~4200	3386.3	46.163	59.92
未成年林※	91 761.0	20.58	1125~2970	1955.2	17.941	23.29
幼林※	191 662.3	42.97	320~430	372.2	7.135	9.27
合 计	445 983.8	100	—	—	77.032	100

注："成年林"指林龄在5 a及以上的老柠条，"未成年林"指林龄在1年以上5 a以下的柠条，"幼林"指1年以内新植柠条。

大面积的柠条资源，不仅为我区当地农民提供了丰富的燃料，而且在促进畜牧业发展、维系生态环境中发挥着重要的作用。目前，全区可用于开发的成年林面积达到16.256万hm²，生物贮量为51.956万t，占到总生物量的65.09 %，每年可平茬利用的面积为5.419万hm²（平茬周期以3 a计算），加工利用率达到95 %，生产出优质柠条饲料16.45万t，可补饲养羊只32.9万只。到2008年全区可利用成年林面积达到现存的面积，年均更新利用面积将达到14.87万hm²，年生产柠条饲料约50万~56万t，可满足100万~112万羊只补饲利用。

3 柠条的营养成分

表3 不同时期柠条营养成分[4]（单位：%）

平茬月份	粗蛋白	粗脂肪	无氮浸出物	粗纤维	粗灰分	木质素	钙	磷
2月	9.01	3.65	37.42	45.30	4.62	30.2	0.93	0.41
4月	9.67	3.91	38.96	43.76	3.70	29.5	1.52	0.75
5月	10.26	3.50	41.03	40.57	4.64	28.76	0.78	0.4

续表

平茬月份	粗蛋白	粗脂肪	无氮浸出物	粗纤维	粗灰分	木质素	钙	磷
6月	12.65	3.76	41.15	36.58	5.86	25.43	0.98	0.16
7月	11.28	5.50	40.39	37.65	5.19	26.72	1.18	0.11
8月	10.33	6.22	39.57	38.76	5.12	27.56	1.46	0.1
9月	9.68	3.45	42.35	41.02	3.50	29.46	0.9	0.75
10月	7.11	4.85	41.51	42.32	4.21	29.87	1.08	0.41
4~10月	9.30	3.88	40.05	43.23	3.53	31.20	0.86	0.66

注：平茬样品为5 a生以上柠条全株营养成分。

柠条植株营养成分主要是粗蛋白、粗纤维、粗脂肪、粗灰分、无氮浸出物、木质素等，另外还含有少量的果糖、葡萄糖等，以及多种氨基酸。柠条、粗蛋白在盛花期含量最高，粗纤维含量较低，此时利用效果最好。

表4　几种常用饲草营养成分比较[4]（单位：%）

项　目	水　分	灰　分	粗蛋白	粗脂肪	粗纤维	无氮浸出物
柠　条	7.8	4.4	9.86	2.56	39.21	31.82
苜蓿草粉	13.0	8.3	17.2	2.6	25.6	33.30
玉米秸	10.0	8.1	5.9	0.9	24.9	50.2
小麦秸	8.4	5.2	2.8	1.2	40.9	41.5

柠条中的营养成分比一般秸秆要高，略低于苜蓿草，在利用上可以根据柠条在营养上的特点，进行合理加工成饲料进行利用。

4　宁夏畜牧业发展的现状

4.1　国内外畜牧业发展经验

国外发达国家的经验表明，畜牧业的迅速发展是以挖掘牧草和其他绿色饲料的潜力来突出发展草食畜禽生产为前提的，欧美发达国家其畜产品的60 %以上是由牧草转化而来的。以美国为例，其全国畜禽所用的饲料中，62.5 %是饲草，精饲料不足40 %[5]。目前我国的畜牧业仍以猪、鸡为主，而牛羊的比重太低。畜牧业的进一步发展特别是草食畜禽的数量的增加必然会增加对优质牧草的需求量，加快草业的发展。

从畜牧业的长远发展看，由于我国人口增加和耕地减少的基本趋势，我国人均粮食占有量逐年下降，2000年为365 kg，2001年为358 kg，2002年为356 kg，预计2003年为340 kg左右。可以预测我国人均粮食占有量会长期在400 kg上下波动[6]，在没有新的科技重大突破的情况下，这一水平要有大的提高显然是不可能的，也就是说要拿出更多的粮食来发展畜牧业困难重重，因此，发展节粮型畜牧业是我国畜牧业发展的重要途径。

4.2 我区畜牧业现状

表5　宁夏养羊业发展现状及前景

年　度	饲养量	存　栏	羊肉产量	肉类中比重	产　值	饲草料需求量
2001[7]	776万只	357万只	3.9万t	17.7 %	5.9亿元	388万t
2002[7]	914万只	452万只	4.5万t	—	6.7亿元	457万t
2003[7]	909万只	468万只	5.6万t	21.1 %	8.4亿元	455万t
2005[8]	1200万只	500万只	8.0万t	26.3 %	12亿元	600万t
2006[8]	1500万只	800万只	12.8万t	40.91 %	18亿元	750万t

到2002年年底，我区的羊只饲养量达到914万只，其中有60 %都分布在生态环境极其脆弱的中部干旱带。过去，这些羊只主要靠天然草场生存，如今从放牧转向舍饲圈养，总共需要近457万t的饲料。预计2005年我区饲养1200万只羊，饲草料需求量在600万t，100万头肉牛饲草料需求量在130万t，饲草料总需求量在730万t左右。全区现有天然草场250万hm²，年产干草250万t，最大开发利用量在100万t；人工草地20万hm²，年产干草300万t，而且所产牧草不少还被企业加工向外地出售，可用于生产利用最多有150万t；种植业每年提供可利用秸秆250万~300万t，多被山区农民用作燃料，川区用于造纸，用于家畜生产的秸秆还不到40 %。饲料粮50万t，农副产品50万t。全区各类大中型饲料加工企业十多个，年产各种饲料25万t。预计饲草料最大可利用量在500万t左右，饲草料仍有230万t缺口。

5　柠条资源可持续利用策略

柠条资源可持续利用的方针和策略是：保持农业生产率稳定增长，提高食物生产和保障食物安全，发展农村经济，增加农民收入，改变农村贫困落后状况，保

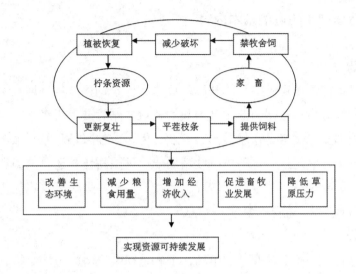

图1 柠条资源可持续利用示意图

护和改善农业生态环境，合理、永续地利用自然资源，特别是生物资源和可再生资源，以满足逐年增长的国民经济发展和人民生活的需要[9]。从农业资源角度来理解，农业可持续发展就是充分开发、合理利用一切农业资源（包括农业自然资源和农业社会资源），合理地协调农业资源承载力和经济发展的关系，提高资源转化率，使农业资源在时间和空间上优化配置达到农业资源永续利用，使农产品能够不断满足当代人和后代人的需求[10]。

柠条的可持续利用，通过动、植物资源的优化配置，充分利用我区柠条资源，采用现有的有效技术措施，充分加以利用，提高其营养价值，以弥补蛋白饲料的不足，促进干旱风沙区反刍家畜饲养业的发展，其实质就是以提高了营养价值的柠条作为反刍家畜的基础日粮来发展养殖业。柠条与养殖业的关系：家畜进行舍饲圈养，可以减少对柠条林的破坏，促进柠条林的恢复，提高森林覆盖率，生态环境得到改善，提高了环境的承载力；对平茬柠条枝条进行加工利用，可以开发饲料资源，变废为宝，促进了舍饲养殖业的发展，可以提高经济效益，另外柠条饲料的开发又调整了农业产业结构，发展柠条饲料可以减少粮食及副产品的投入，做到以林促牧、以林促农、以林兴牧。

开发柠条资源，通过科学加工与调制，用来饲养牛羊等草食家畜，的确是一个一举多得的"绿色产业"。用柠条饲养牛羊是解决"人畜争粮"和"猪牛争料"的重要途径之一；柠条饲养牛羊，过腹还田，可提供大量有机肥，有利于改良土地，保护农业生态环境；为禁牧舍饲提供饲料；能储备饲料进行抗灾保畜；可增加农牧民的经济收入有利于农民脱贫致富奔小康，还可带动相关产业的发展[11]。

6 柠条可持续利用建设的基本内容

6.1 基地建设

基地建设是柠条可持续经营的基础。首先，柠条饲料要具有增长率高，扩散效应强，依靠科技进步，获得新的生产函数的特点。同时要考虑经济、自然、技术等基础条件，根据资源优势、市场导向、产业优化、效益兼顾等原则来选择柠条饲料加工基地。其次，确定柠条饲料可持续利用要保证退耕还林还草的顺利实施，实施种植区域化，形成规模，才能产生较好的效益。最后，就是经营集约化，增加科技含量，采用先进技术，提高产量。

6.2 市场建设

柠条饲料的市场属于农业型的市场，基本是完全竞争的市场结构，它的特点产业集中度很低，产品同一性很高。柠条饲料产品具有分散性，产品的保鲜性、年度产量的差异性，自然灾害的偶然性、季节性与需求的周年供应相矛盾。这样就给市场信息、市场的预测增加了难度。因此，市场预测将成为柠条饲料可持续利用的重大课题。所以必须作好市场调查，把握信息、作好预测，则成为市场建设的关键。

6.3 产业链建设

柠条饲料的产业链主要由基地农户、加工企业、经营公司组成。在产业链中，加工企业与农户的利益是关键，要以"风险共担，利益共享"为原则，企业以资金、技术、信息、管理、服务的优势，实现柠条资源优化配置，生产率高于农户，农户在柠条饲料可持续经营的产业链中就很稳定，否则产业链就容易被打破[12]。

6.4 管理体系建设

柠条资源可持续利用管理体系主要由组织系统、科技创新、政策体系和管理制度构成，是柠条饲料加工企业不可缺少的部分，是产业取得实效的保障体系。一个好的企业的管理系统非常严密。"管理出效益"体现管理的重要性。组织是关键、信息是灵魂、科技是动力、政策是方向、管理是保证。因此，管理系统是柠条饲料加工企业成败的重要环节[13]。

7 柠条饲料林的利用应在科学合理的基础上进行开发

宁夏毛乌素沙地处于荒漠草原与干草原过渡区，其沙漠化土地面积大，由于该区降水稀少、蒸发强烈、植被稀疏等自然因素和人口压力、经济利益驱动而造成的乱采、滥挖、乱垦、超载过牧等人为因素的综合作用，使生态环境恶化、土地沙漠化严重、自然灾害频繁。柠条饲料在恢复天然植被、防风固沙、保护农田、改良土壤中发挥重要的生态效应。因此，对柠条饲料进行合理利用开发，开发的力度与强度要与柠条资源本身特性结合起来，要确定柠条平茬复壮更新的最佳时期、周期、方式和强度，据此制定出有效的抚育措施，以指导柠条资源的保护利用、集约化生产基地建设和产业的开发，要有计划、分阶段合理开发，忌讳盲目开发利用，不切合实际的超强度开发，又会造成新的生态环境的恶化。

参考文献

［1］周道玮，王爱霞，李宏.锦鸡儿属锦鸡儿组植物分类与分布［J］.东北师大学报自然科学版，1994，（2）.

［2］牛西午.中国锦鸡儿属植物资源研究：分布及分种描述［J］.西北植物学报，1999，19（5）：107-133.

［3］宁夏回族自治区农业现代化基地办公室，宁夏回族自治区畜牧局，陕西省西北植物研究所.中国滩羊区植物志第二卷［M］.银川：宁夏人民出版社，1993，7：409-418.

［4］王峰，温学飞，张浩.柠条饲料化技术及应用［J］.西北农业学报，2004，13（2）：143-147.

［5］陈佐忠.创造美好生态环境要大力发展草业［N］.中国畜牧报，2003-11-19.

［6］上官周平，彭珂珊，彭林，等.黄土高原粮食生产与持续发展研究［M］.西安：陕西人民出版社，1999.10：2-3.

［7］杨树虎，吴国兴.宁夏牛羊：迈向畜牧业强区的必由之路［N］.宁夏日报，2004，4，14.

［8］中经网宁夏中心.宁夏确立十五羊产业和奶产业发展目标［N］.2001，8，9.

［9］刘长江.面向21世纪的中国可持续农业［J］.农业系统科学与综合研究，2004，20（3）：202-204.

［10］中国21世纪议程：中国21世纪人口、环境与发展白皮书［M］.北京：中国环境出版社，1994.77-86.

［11］任云宇.实行圈养禁牧是加强生态建设发展集约型畜牧业的有效途径［J］.当代畜禽养殖业，2002，6.

［12］朱俊凤.沙产业的经营与管理，中国治沙暨沙产业研究［C］.北京：石油出版社，2003.9，48-52.

［13］宁夏农业普查办公室.宁夏农业产业化研究［M］.银川：宁夏人民出版，1998，12.

（2005.09.16发表于《西北农业学报》）

宁夏柠条资源利用现状及其饲料开发潜力调查

左忠 王金莲 张玉萍 牛创民 杨润霞 王宁庚

摘 要： 本文对以宁夏盐池县为代表的柠条资源分布、利用状况、存在问题等相关内容进行了全面调查与分析。结果表明：截至2003年，全区柠条资源存林面积已达43.6724万hm²，占全区总土地面积的8.431 %，其中天然林为2.5905万hm²，人工存林面积累计已达41.0819万hm²，人工存林面积是全区柠条总面积的94.068 %，具有面积大、分布广、幼林化、生物贮量多等特点。主要存在有开发与利用程度低下、资源老化程度严重和过度放牧等问题。当地结合实际，提出了柠条资源的开发与利用相关对策。

关键词： 柠条资源；饲料开发；调查

饲料缺乏是我国畜牧业发展的主要限制因子[1]。我国人均耕地面积少，种植业难以提供足够的饲料用粮[2, 3]。虽然现有草原面积高达4亿hm²[4]，但受到地理和气候条件限制，适宜放牧的时间短，平均载畜率低[5]。长期以来盲目开荒及超载过牧，使得草地资源不断被破坏，草畜矛盾十分尖锐[6]。畜牧业是农业的主要组成部分，在国民经济发展中占有重要的地位。平衡动物日粮中的蛋白质和其他营养元素，是畜牧业集约化经营、节省饲料用粮的最重要条件[7]。饲草的粗蛋白水平不仅是绵羊日增重的主要影响因素，还是羊毛生长速度的限制因子[8]。我国蛋白质饲料一直缺乏，目前动物性饲料饲喂反刍动物已被禁止[9]。为保证家畜健康生长，获得高产优质的畜产品，必须使饲料中含有丰富的营养物质，特别是要保证具有较高全价营养的蛋白质原料。

而在我国北方大部分地区广泛分布的柠条［锦鸡儿属（*Caragana Fabr.*）植物的俗称］资源，其鲜枝营养丰富，花期粗蛋白含量可达到11.21 %~ 36.27 %[10, 11]，俗有"救命草""接口草"[1]和"空中牧场"[12, 13, 14]等美称。柠条草粉特别适合畜（牛羊）禽（鸡和鸵鸟等）育肥，畜禽生长发育增重快，育肥期明显缩短；在奶牛的混合料中加入一定比例的柠条草粉，可降低10 %左右的粮耗率和20 %左右的生产成本，奶产量明显增加；以柠条草粉饲喂蛋鸡，不仅提高了产蛋率，而且"软皮蛋"和"无黄蛋"明显减少[15]。柠条灌木草场在牧草枯黄、大雪封山的冬春季，对放牧家畜也是很好的充饥植物[16]。

柠条也是我国北方大部分地区特别是黄土高原和干旱风沙区的优良豆科灌木，具有生物产量高、饲用价值好、适应性强等优点，在各地保持水土、防风固沙和放牧补饲中起着极大的促进作用。由此可见，开展柠条平茬与饲料开发利用技术研究，寻求新的丰富的饲草来源，对改变当地饲料严重短缺的现状，以减少农畜用地压力，替代传统耗粮型畜牧业已势在必行。柠条饲料作为"绿色蛋白"的作用会更加突出[1]。本次试验主要从柠条资源开发角度出发，分析探讨了与之相关的一些性状，旨在加快其合理开发和应用步伐，促使其向着规模化和产业化的方向发展。

1 宁夏柠条资源分布

1.1 主要物种

现存锦鸡儿属植物70余种，中国已查明的物有66种，广泛分布于我国"三北"地区的各省区，代表性树种有小叶锦鸡儿（*C.microphylla*）、柠条锦鸡儿（*C.korshinskii*）、中间锦鸡儿（*C.intermedia*）、短脚锦鸡儿（*C.brachypoda*）、垫状锦鸡儿（*C.tibetica*）、荒漠锦鸡儿（*C.roborovskyi*）等[17]。在宁夏共有12种，2个变种，主要分布在贺兰山及灵武、盐池、中宁、同心、海原等干旱荒漠区[18]。人工种植的树种主要有小叶锦鸡儿、柠条锦鸡儿和中间锦鸡儿，天然分布的主要有短脚锦鸡儿、垫状锦鸡儿等。

1.2 存林面积统计

截至2003年，宁夏柠条资源存林面积已达43.6724万hm²（见表1），占全区总土地面积的8.431 %。其中现有天然柠条存林面积为2.5905万hm²，占全区柠条资源总面积的5.932 %。而截至2003年，全区人工柠条存林面积累计已达41.0818万hm²，是全区柠条总面积的94.068 %，占有绝对比重。其中人工林按林龄分，5 a生以上的成林面积为6.025万hm²，仅占总面积的13.796 %。4 a生以下未成年林面积占35.767 %。仅2003年当年新植幼林面积就达到19.4364万hm²，占到总面积的44.5051 %。由此可见，根据林分、林龄、资源量的区域分布来看，具有面积大、分布广、生物贮量多和可持续平茬利用等特点。主要表现为新植林占绝对比重，人工林资源占绝对优势。

1.3 区域分布情况

从调查可知，柠条天然林主要分布在灵武市、盐池县和中宁县，存林面积分别为1.67万hm²、0.3907万hm²和0.2667万hm²，分别占全区天然柠条总面积的64.47 %、

15.08 %和10.295 %。目前人工柠条林已遍及全区。从所属地理位置来看，一是主要分布在中、东部干旱风沙区的盐池县、同心县、灵武市等地；二是南部黄土丘陵沟壑区，即海原县、原州区等地；三是银北盐渍化较严重的黄河灌区，如陶乐县现存林面积仅为400 hm²，仅占全区柠条资源总量的0.09 %左右，而平罗县、大武口区等未有存林记载。造成这种区域间柠条资源分布严重不均主要是由各市县间立地类型、土地资源丰富度、畜牧业优势度和农业区域产业结构组成等差异所造成的。

表1 宁夏不同区域柠条资源分布（单位：万hm²）

地 区		柠条天然林	人工柠条				合 计	所占百分比
			成年林	未成年林	幼林	小计		
固原市	隆德县		0.0035	0.0013		0.0048	0.0048	0.0110
	西吉县		0.4328	0.8929	0.4868	1.8125	1.8125	4.1502
	海 原	0.0100	0.1935	2.1993	4.2131	6.6059	6.6159	15.1490
	固 原		0.1488	1.052	2.0733	3.2741	3.2741	7.4970
	彭 阳		0.0504	1.0773	0.979	2.1067	2.1067	4.8239
	小 计	0.0100	0.829	5.2228	7.7522	13.804	13.814	31.6310
吴忠市	盐池县	0.3907	3.8488	5.6320	3.0742	12.5550	12.9457	29.6428
	同 心		0.652	3.5747	3.3667	7.5934	7.5934	17.3872
	中 宁	0.2667		0.07	0.0233	0.0933	0.36	0.8243
	中 卫	0.1107		0.0885	0.2544	0.3429	0.4536	1.0386
	利通区				0.0667	0.0667	0.0667	0.1527
	红寺堡	0.10	0.3961	0.4441	3.2335	4.0737	4.1737	9.5569
	青铜峡	0.0216		0.0193	0.0634	0.0827	0.1043	0.2388
	小 计	0.8897	4.8969	9.8286	10.0822	24.8077	25.6974	58.8414
银川市	灵武市	1.67	0.2093	0.5339	1.6000	2.3433	4.0133	9.1896
	永宁县		0.02			0.02	0.02	0.0458
	贺兰县		0.013			0.013	0.013	0.0298
	小 计	1.67	0.2423	0.5339	1.6	2.3763	4.0463	9.2652

续表

地 区		柠条天然林	人工柠条				合 计	所占百分比
			成年林	未成年林	幼林	小 计		
石嘴山市	陶 乐		0.0360	0.0040		0.0400	0.04	0.0916
	惠农县			0.0029	0.002	0.0049	0.0049	0.0112
	石嘴山	0.0208	0.0208	0.0282		0.0490	0.0698	0.1598
	小 计	0.0208	0.0568	0.0351	0.002	0.0939	0.1147	0.2626
合计		2.5905	6.025	15.6204	19.4364	41.0819	43.6724	100.0

注：表中数据为截至2003年12月统计所得。其中"成年林"指1998年林龄在5 a及以上的老柠条；"未成年林"指1999—2002年林龄2至4 a的柠条；"幼林"指2003年新植柠条。另外，根据自治区生态与林业建设规划，今后几年全区造林树种还将结合林业六大工程建设，以柠条作为其首选树种。因此，开发柠条资源，大力发展柠条饲料产业，使其成为推动我区特别是中部干旱带农牧业、农村经济建设的重要产业，具有广泛的原料贮备和广阔的开发前景。

2 宁夏盐池县柠条利用现状及相关内容调查研究

2.1 盐池县自然气候特征

宁夏盐池县地处毛乌素沙地西南缘，属鄂尔多斯台地向黄土高原过渡地带，为宁夏中部干旱带和宁夏河东沙地的重要组成部分。该地年均气温7.6 ℃，一月平均气温−8.9 ℃，七月平均气温22.3 ℃，年温差31.2 ℃，≥10 ℃积温2944.9 ℃，无霜期138 d，年降水量为250~300 mm左右，其中7~9月降水量约占全年降水量的60 %以上，降水年变率大于30 %，潜在蒸发量2100 mm，干燥度3.1，年均风速2.8 m/s，年均大风日数25.2 d，主害风为西北风、南风次之，主要自然灾害为春夏旱和沙尘暴。

2.2 全县柠条长势及利用状况调查

为了更好地了解和掌握盐池县现有柠条资源的分布、长势和利用等情况，2003年8月先后对盐池县高沙窝、青山、王乐井、花马池镇等乡镇进行了大范围的随机抽样调查，共调查了7个乡镇21个自然村27个小班。在每样地随机选取样本10株，调查其单株鲜重，并对各株随机选取10枝萌蘖枝测其地径。密度调查采用样线法，每50 m作为一个调查单位，调查统计样线内株数，每样地重复5次。生物量是由单株鲜重与密度估算所得。现将调查结果总结如下：

表2　宁夏盐池县成林柠条生长现状调查结果

林龄	密度（株/hm²）	单株鲜重kg/株	估计鲜生物量kg/hm²	立地类型	林龄	密度（株/hm²）	鲜重kg/株	估计鲜生物量kg/hm²	立地类型
5	555	13.4	7437.0	低洼覆沙地	15	525	2.58	1354.5	低洼覆沙地
5	720	1.14	820.8	硬梁地	15	1065	2.13	2268.45	硬梁地
8	810	1.14	923.4	硬梁地	17	570	4.8	2736.0	覆沙地
10	1410	0.77	1085.7	硬梁地	20	510	23.3	11883.0	低洼覆沙地
12	615	1.5	922.5	硬梁地	21	570	1.67	951.9	低洼覆沙地
14	975	3.3	3217.5	覆沙地	23	1530	3.33	5094.9	梁滩地

2.3　主要存在的问题

2.3.1　利用率极低，老化程度严重

被抽查的成林柠条中有85 %以上的从未平过茬，而且有30 %~40 %都已存在不同程度的老化，如立地条件较好的青山乡猫头梁行政村、柳杨堡的冒寨子和寨科乡的东塘、高沙窝的大疙瘩村等，成林柠条地径粗度在1.5 cm以上的占全村总成林柠条面积的一半以上，部分地径甚至达到4 cm。由于地径过粗和木质化程度严重，给今后的平茬工作带来了很大的难度，明显降低了柠条原料质量。

2.3.2　成林柠条单位面积产量相差悬殊

被调查的成林即林龄在5 a以上的柠条中单株鲜重在0.06~25.5 kg区间变化，单位面积鲜生物产量同林龄间相差悬殊。调查中得知，立地条件是决定柠条产量的决定性因素，其次是密度和林龄，此外，平茬间隔期也较明显地影响着柠条的产量。

2.3.3　新老柠条存林率差异大、林带质量不一

从调查数据来看，在20世纪80年代及以前种植的老柠条退化程度较严重，密度在510株/hm²~1530株／hm²间变化，单位面积产量也差异较大。其中1999年及以后种植的柠条，由于这一时期种植的大多都为退耕还林和"三北"四期的，无论是整地质量、保苗率，还是实测面积与验收面积数据的符合上，都达到了前所未有的高质量、高标准程度。特别是近几年县林业局把GPS利用到面积的验收和档案的建立上，进一步提高了数据的准确性和管理性。同时，调查得知，在部分乡镇结合退耕还林还草工程，在立地条件好的村内，在柠条退耕带内套种的旱作苜蓿鲜草产量也可达4800~14550 kg／hm²，成为农村退耕还林还草和种植业结构调整的新亮点。

2.4 人工柠条林带内野生植物种类调查

针对不同管护措施对柠条带内物种多样性的影响程度，分围栏与放牧两种管护制度，在高沙窝、苏步井、柳杨堡三乡共约1316 km²的范围内做了一次全面的采集调查。在放牧区内，共采集到植物25科76属108种。围栏区内采集到了植物31科84属119种植物。比放牧区多6科8属11种。在围栏区内，除了以禾本科（*Gramineae*）、菊科（*Compositae*）、藜科（*Chenopodiaceae*）等为代表的牧草外，还采集到了报春花科（*Primulaceae*）、香蒲科（*Gramineae*）、蓝雪科（*Plumbaginaceae*）等当地稀有科目植物。两种管护制度下都以禾本科植物最多，牧草适口性也最好，在草场牧草组成中占有绝对比重，该科共调查到20属24种植物；其次为菊科，共调查到16属29种植物。调查结果表明，放牧区分布的植物种，围栏内都被一一发现，这表明：放牧对干旱风沙区草场物种多样性的影响是巨大的，特别是对区域性植物多样性的保护是不利的。

2.5 柠条带内牧草适口性植物调查

在围栏内和放牧区，以样方的形式各选择10个2 m²的样方在2002年8月下旬调查了不同适口性牧草产量平均后估算所得，所选地点都为带距10m林龄15a成林柠条带，其中适口性较好的牧草主要为中亚白草（*Pennisetum Flaccidum*）、赖草（*Aneurolepidiumdasystachys*）、狗尾草（*Setaraviridis*）、画眉草（*EragrostisEchinochloa*）等禾本科牧草和牛枝子（*Lespedezadavurica*）、甘草（*Glyeyrrhizauralensis*）、草木犀状黄芪（*Astragalusmelilttoides*）等优良豆科（*Leguminosae*）牧草，毒草主要为牛心朴子（*Cymancumchinensis*）和大戟科（*Euphorbiaceae*）杂草。

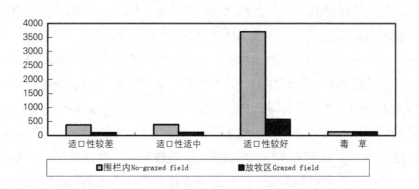

图1 不同管护区人工柠条带牧草适口性图标

从图中可知，在毒草量相当的情况下，围栏内牧草的适口性较好的牧草比放牧区高出15倍之多，而适口性适中的和适口性较差的牧草也明显高于放牧区，说明围栏对柠条带内牧草品质的改善和产草量的提高都有很大的贡献。

3 小结

3.1 截至2003年，全区柠条资源存林面积已达43.6724万hm^2，占全区总土地面积的8.431 %。其中天然林为2.5905万hm^2，人工存林面积累计已达41.0819万hm^2，是全区柠条总面积的94.068 %，具有面积大、分布广、幼林化、生物贮量多等特点。

3.2 从物种丰富度来看，放牧对物种多样性的保护是不利的，而以围栏为代表的人为干预措施对林带植物丰富度及提高适口性较好的牧草组成等有很大贡献。

3.3 宁夏柠条资源十分丰富，潜力巨大。长期以来，由于重视不够、认识不足和技术不高、资金不足等客观条件的制约，导致大面积的柠条资源的浪费和不合理利用现象频发。笔者认为，目前柠条资源大面积开发和产业化发展需要重点解决的是机械加工、特别是柠条平茬机具和粉碎机具的效率、耐磨性与加工成本、初期投入等问题。

3.4 从全国范围来看，关于柠条资源的开发与利用也面临着与宁夏类似的问题。解决这些问题的关键除了要从压缩柠条平茬周期，提高柠条资源利用频度外，主要是要从机械加工研制的角度入手，本着低成本、低磨损、高效率的指导方针，以技术示范为主要推广手段，促使柠条资源的开发与利用向健康有序的方向发展。

4 结束语

柠条经济利用价值高，并具有综合利用的优点。因此，营林时在考虑生态效益的同时，就已兼顾到柠条的综合利用特别是经济利用问题。我国柠条的综合经济利用是建立在水土保持林、防风固沙林和环境绿化等生态林业建设的基础上，其经济利用方式涉及放牧补饲、堆制绿肥、薪炭燃料、提供蜜源和编制绳索、制板、饲草料加工等技术领域。在柠条林种选择上，应注重与薪炭林、饲料林和柠条的自我复壮更新及经济利用有机结合，实现柠条资源的有限性与可持续利用相结合的长远发展目标。建立了一个集生态治理、环境绿化、农村能源、放牧补饲、加工利用相结合，生态、经济、社会效益相统一的生态经济林建设技术体系和可持续发展模式；才能从根本上缓解北方大部分地区畜牧业发展长期所面临的饲料短缺的现状，显著提高农民的经济收入；才能形成持续稳定的林草产业体系，带动生态、畜牧和区域经济建设等诸多领域的可持续发展和资源自身的永续利用。

参考文献

［1］靖德兵，李培军，寇振武，等.木本饲用植物资源的开发及生产应用研究［J］.草业学报，2003，12（2）：7–13.

［2］钟坚.广西木本饲料开发利用的调查报告［J］.广西林业科技，1989，（3）：6–9.

［3］张学黎.广辟饲料来源，大力发展木本饲料林［J］.适用技术市场，1992，（11）：3–5.

［4］白元生，闫柳生，刘建宁，等.牧草与饲料作物栽培与利用［M］.北京：中国农业出版社，2001.

［5］冯忠民，发展木本饲料前景广阔［J］.植物学杂志，1989，（5）：4–5.

［6］田桂香，山薇，杨珍，等.草灌乔结合建立人工灌木草地的技术与效益［J］.中国草地，1996，（2）：11–16.

［7］张自和摘译.俄罗斯饲草饲料生产现状［J］.国外畜牧学：草原与牧草，1994，（2）：36–38.

［8］刘金祥，任继周，胡自治，等.高山草原绵羊放牧生态及消化代谢系列研究V.放牧绵羊采食量和消化代谢限制性因素的灰色关联度分析［J］.草业学报，2001，10（1）：71–77.

［9］晓同.禁止使用动物性饲料饲喂反刍动物［J］.中国饲料，2001，（5）：5.

［10］王北，李生宝，袁世杰.宁夏沙地主要饲料灌木营养分析［J］.林业科学研究，1992，5（12）：98–103.

［11］王玉魁，闫艳霞，安守芹.乌兰布和沙漠沙生灌木饲用营养成分的研究［J］.中国沙漠，1999，19（3）：280–284.

［12］王承斌.内蒙古的木本饲用植物资源［J］.中国草地，1987，（5）：1–5.

［13］周芳萍，陈宝昌，周旭英.林业饲料资源的利用与开发［J］.饲料研究，2000，（7）：17–21.

［14］张清斌，陈玉芬，李捷，等.新疆野生木本饲用植物评价及其开发利用［J］.草业科学，1996，13（6）：1–4.

［15］李爱华.枯草期柠条草粉补饲滩羊的试验研究［J］.经验交流，2001，3（4）：27.

［16］保平.柠条的开发和利用［J］.农村牧区机械化，2002，（3）：51.

［17］周世权，马恩伟.植物分类学［M］.北京：2003.117–119.

［18］宁夏回族自治区农业现代化基地办公室，宁夏回族自治区畜牧局，陕西省西北植物研究所.中国滩羊区植物志第二卷［M］，宁夏：宁夏人民出版社，1993，7：409–418.

（2006.03.15发表于《草业科学》）

隶属函数值法对12个树种抗旱性的综合评价

刘华　王峰　李娜　郭永忠　杜建民　左忠

摘　要：采用隶属函数值法对12个树种的抗旱性进行了综合评价，结果表明：小叶锦鸡儿、沙木蓼、柠条锦鸡儿、花棒等的隶属函数值的均值较大，抗旱性较强，适宜在沙地种植。

关键词：抗旱性；隶属函数；综合评价

　　干旱、半干旱地区位于欧亚大陆中心地带，远离海洋，属极强大陆性气候。早晚温差大，降雨量为400 mm以下，气候极干燥，风大沙多。水资源极其贫乏，水资源匮乏是这一地区植被建设最重要的制约因子，是影响植物生存、生长发育的关键因素，也是制约这一地区造林成活的关键[1~5]。宁夏盐池地处干旱荒漠草原带，该区干旱少水，蒸发强烈，经常会出现严重的大气干旱和土壤干旱，给农林牧业生产造成灾害，此地曾经有"一年两头旱，十种九不收"之说，严重制约着造林成活率[5]。笔者研究在盐池沙地通过对12个树种的抗旱性进行综合评价，以期为干旱、半干旱地区造林，特别是沙地抗旱造林提供理论及技术支撑。

1　材料与方法

1.1　研究区概况

　　研究地点位于宁夏盐池县王乐井乡周庄子村沙泉湾生态示范区，处于毛乌素沙地西南缘，东经107°23′，北纬37°48′，海拔1560~1618 m，是典型的中温带大陆性季风气候。由于受西北环流的支配，北方大陆气团控制时间较长，因此形成冬长夏短、春迟秋早、冬寒夏热、干旱少雨、风大沙大、蒸发强烈、日照充足的特点。年均降水量不足300 mm，但蒸发量却为降水量的6~7倍，年平均气温7.7 ℃，年均风速2.8 m/s，年均相对湿度51 %，土壤为风沙土，pH 8.5~8.8[6]。

1.2 材料

供试材料均为宁夏盐池县王乐井乡周庄子村沙泉湾生态示范区引种基地扦插及移栽3 a后的树种，包括杨柴（*Astragalus mongolicum*）、红柳（*Tamarix chinensis* Lour.）、黄柳（*Salix gordeivii* Chang et SkV.）、沙柳（*Salix psammophila*）、沙木蓼（*Atraphaxis frutescens*）、紫穗槐（*Amorpha fruticosa* L.）、灰叶铁线莲（*Clematiscanescens*（Turcz.）W.T. Wanget M.C.Chang）、沙冬青（*Ammopiptanthusmongolicus*（Maxim.）Chengf.）、沙拐枣（*Calligonum mongolicun*）、花棒（*Hedysarum scoparium*）、小叶锦鸡儿（*Caragana microphylla* Lam）、柠条锦鸡儿（*Caragana korshinskii* Kom）。

1.3 试验方法

选取杨柴、红柳、黄柳、沙柳、沙木蓼、紫穗槐、灰叶铁线莲、沙冬青、沙拐枣、花棒、小叶锦鸡儿、柠条锦鸡儿等生长健壮、无病虫害的苗木，同一树种长势基本一致，植入上口径26 cm，下口径30 cm，高26 cm的塑料盆栽容器中，每盆植苗1株，每个树种3株，三次重复，塑料盆中装填的均为基地内的沙土，做压实处理，使容器内土壤的容重接近自然状态，全部置于3 m×3 m的遮阳伞内，以避免自然降雨的影响，在各苗木恢复正常生长后进行干旱胁迫处理。胁迫处理苗木于试验前1天透灌1次，然后不再浇水，让其自然干旱，对照正常浇水，第10天测定1次生理指标。

1.4 指标测定

叶绿素含量、过氧化物酶（POD）、超氧化物歧化酶（SOD）、细胞膜透性、丙二醛（MDA）含量测定均采用文献[7]的方法进行测定。

2 结果与分析

2.1 抗旱指标的测定值

对各树种的抗旱指标的测定值进行计算，得各树种指标计算的平均值见表1。从测定结果看：质膜透性较小的是花棒、杨柴、柠条锦鸡儿，丙二醛含量较低的是黄柳、沙柳、灰叶铁线莲，SOD活性较高的是沙木蓼、小叶锦鸡儿、花棒，叶绿素含量较高的是小叶锦鸡儿、花棒、柠条锦鸡儿，POD活性小叶锦鸡儿、沙木蓼、紫穗槐较高，从单一指标不能确定哪些树种的抗旱性较强。

表1 不同树种的抗旱指标值

树　种	质膜透性（%）	MDA（mmol/g）	SOD（U/g）	叶绿素（mg/g）	POD[U/（mg·min）]
杨柴	14.2	6.72	488.50	0.935	128.14
红柳	18.6	5.8	480.54	0.875	122.51
黄柳	50.8	2.34	341.02	1.047	110.75
沙柳	33.7	4.59	485.58	0.978	128.22
沙木蓼	18.8	10.55	670.54	1.078	140.86
紫穗槐	24.3	6.63	469.78	1.101	138.05
灰叶铁线莲	33.4	5.57	484.94	0.788	122.36
沙冬青	40.9	7.34	391.41	1.024	120.61
沙拐枣	10.8	9.31	493.92	0.996	134.55
花棒	12.7	9.44	501.53	1.149	136.06
小叶锦鸡儿	17.2	6.84	505.25	1.152	150.64
柠条锦鸡儿	15.0	8.09	500.66	1.141	135.51

2.2　隶属函数值的计算方法

采用模糊数学的隶属函数值法对12个树种的抗旱性进行综合评价，隶属函数值的计算方法如下[8~9]：

$$Z_{ij} = \frac{X_{ij} - X_{imin}}{X_{imax} - X_{imin}}$$

如果指标与抗旱性为负，相关计算方法为：

$$Z_{ij} = 1 - \frac{X_{ij} - X_{imin}}{X_{imax} - X_{imin}}$$

式中：Z_{ij}为i树种j指标的抗旱隶属函数值；X_{ij}为i树种j指标的测定值；X_{imin}和X_{imax}分别为各树种指标值的最小值和最大值。

2.3　各树种抗旱性的综合评价

将各树种的隶属函数值进行计算，取平均值，均值越大抗旱性就越强，并对不同树种的隶属函数值均值进行排序，计算结果见表2。结果表明：采用持续干旱胁迫法进行处理的12个树种中，小叶锦鸡儿、沙木蓼、柠条锦鸡儿、花棒等的隶属函数值的均值较大，分别为0.7579、0.6836、0.6558、0.6406，说明这些树种的抗旱性较强，比较适宜在沙地种植。

表2 不同树种综合评价值

树　种	质膜透性	MDA	SOD	叶绿素	POD	平均值	排　序
杨柴	0.9150	0.4659	0.4476	0.6003	0.4359	0.5729	7
红柳	0.8045	0.5786	0.4234	0.4915	0.2948	0.5186	9
黄柳	0.0000	1.0005	0.0000	0.8601	0.0000	0.3613	11
沙柳	0.4275	0.7262	0.4387	0.6802	0.4380	0.5421	8
沙木蓼	0.8000	−0.0003	1.0000	0.8634	0.7548	0.6836	2
紫穗槐	0.6625	0.4771	0.3907	0.9063	0.6844	0.6242	5
灰叶铁线莲	0.4350	0.6066	0.4367	0.3300	0.2911	0.4199	10
沙冬青	0.2475	0.3908	0.1529	0.7643	0.2472	0.3605	12
沙拐枣	1.0000	0.1508	0.4640	0.7131	0.5966	0.5849	6
花棒	0.9518	0.1325	0.4817	0.9945	0.6345	0.6406	4
小叶锦鸡儿	0.8400	0.4519	0.4984	0.9992	1.0000	0.7579	1
柠条锦鸡儿	0.8950	0.2994	0.4844	0.9793	0.6207	0.6558	3

3　讨论

隶属函数法在植物抗旱性评价中是较为常用的一种综合评价方法，可以在多个指标测定的基础上，对植物的抗旱性进行较为综合、全面的评价，避免了使用单一评价指标进行评价的不准确性，评价的结果较为科学、可靠，因此，研究选取隶属函数法对12个树种的抗旱性进行了综合评价，评价结果表明：12个树种中小叶锦鸡儿、沙木蓼、柠条锦鸡儿、花棒等抗旱性较强，适宜在沙地种植。

植物的抗旱性是一个非常复杂的过程[9~10]，试验在沙地进行，花盆中装填的也是基地中的沙土，采用的是持续干旱胁迫的方法，试验的结果基本可以反映出不同树种在沙地种植中的抗旱性，但本研究只选用了5个与抗旱性较为密切的生理指标进行了综合评价，选取的指标较少，对树种抗旱性评价的系统性、全面性有一定的影响，在进一步研究中应选取更多的生理生化指标并结合形态学指标，从而进一步提高评价结果的科学性和准确性。

参考文献

［1］王建成.浅谈干旱半干旱地区抗旱造林技术［J］.内蒙古林业调查设，2006，29（5）：21-23.

［2］高阳，高甲荣，温存，等.宁夏盐池沙地土壤水分条件与植被分布格局［J］.西北林学院学报，2006，21（6）：1-4.

［3］段玉玺，贺康宁，朱艳艳，等.盐池沙地不同土壤水分条件下沙柳的光响应研究［J］.水土保持研究，2008，15（3）：200-203.

［4］弓成，温存.宁夏盐池平沙地主要植物群落土壤水分季节动态［J］.水土保持通报，2008，28（3）：39-43.

［5］黄利江，于卫平，张广才，等.不同保水材料对盐池沙地造林成活及生长的影响［J］.林业科学研究（增刊），2004，17：58-62.

［6］齐化龙，张维江.毛乌素沙地沙生植物蒸腾规律探讨［J］.农业科学研究，2008，29（1）：61-65.

［7］邹琦.植物生理学实验指导［M］.北京：中国农业出版社，2000.

［8］李禄军，蒋志荣，李正平，等.3树种抗旱性的综合评价及其抗旱指标的选取［J］.水土保持研究，2006，13（6）：253-254.

［9］魏永胜，梁宗锁，山仑，等.利用隶属函数值法评价苜蓿抗旱性［J］.草业科学，2005，22（6）：33-36.

［10］李禄军，蒋志荣，邵玲玲，等.3树种抗旱性的灰色关联分析［J］.河北林果研究，2006，21（4）：378-379.

（2010.10.10发表于《中国农村小康科技》）

宁夏野生灌木资源及开发利用前景

周全良　楼晓钦　温学飞

摘　要：文章将分布在宁夏的野生灌木资源划分为药用植物、油料植物、栲胶植物、芳香植物、蜜源植物、饲料植物、纤维植物、防污植物、野生果树、观赏植物、水土保持与固沙植物及宁夏稀有珍贵濒危植物12种类别，分别叙述各类别的树种及其分布范围，并就野生灌木的开发利用提出了建议。

关键词：宁夏；野生灌木；资源；开发利用

1　宁夏自然概况

宁夏回族自治区，位于我国内陆的黄河上中游地区，地处黄土高原与内蒙古高原的过渡地带，地势南高北低。东经104°17'~107°39'，北纬35°14'~39°23'。东西宽45~250 km，南北长456 km[1]，总面积5.18 km²。

全自治区跨越三个气候区，南部六盘山山区为中温带半湿润区，中部为中温带半干旱区，北部为中温带干旱区。绝大部分属干旱、半干旱地区。降水量从南向北递减，年降水量150~550 mm，多集中在7月、8月、9月三个月；气温南低北高，年平均气温5 ℃~9 ℃，年日照时数2194.9~3082.2 h，≥10 ℃积温2000 ℃~3300 ℃[2]。

从南向北有三条较大的大致南北走向的山脉，六盘山—罗山—贺兰山。六盘山位于宁夏的南部，耸立于黄土高原之上，地处北纬35°15'～35°41'、东经106°09'～106°30'。山地海拔多在2500 m以上，相对高差800~1000 m，气候比较湿润，自然地理上处于暖温带半湿润区向中温带半干旱区过渡的边缘地带[3]。贺兰山绵亘于我区的西北部，位于银川平原和阿拉善高原之间，处于温带草原与温带荒漠两大植被区域的交界处。山地海拔多在1600~3000 m。既削弱了西北寒风的侵袭，又阻挡了腾格里沙漠流沙的东移，成为银川平原的天然屏障[4]。罗山地处北纬37°13'～37°23'、东经

106°15′~106°20′，相对高度1000 m左右[5]。罗山处于宁夏干旱半干旱区。

宁夏地势南高北低，降雨量南多北少，形成了以水分因素为主导的植物生态条件的差异和不同类型的植被带。南端为森林草原带，向北依次过渡为干草原带，荒漠草原带和荒漠带。干草原和荒漠草原成为宁夏植被的主体[2]。

2　资源状况

宁夏已知维管植物有1839种，分属128科，609属，其中天然野生植物1610种。栽培植物229种。蕨类植物9科16属28种，裸子植物7科11属21种，被子植物112科582属1790种[2]。宁夏植物不仅科、属、种数量少，而且每科平均含植物种仅14.3种，为全国平均数的19.1 %。每属平均含植物3种，为全国平均数的35.2 %。单种属或单种科，在宁夏植物系中占有较大的比重。其中单种科占宁夏植物数的26.5 %，单种属占宁夏植物数的49.4 %[1]。

宁夏有木本植物520种，分属63科，154属，其中乔木117种，灌木384种，藤本19种[6]。其中灌木树种中野生灌木315种[6]，主要分布在六盘山、贺兰山和罗山的次生林区。

宁夏境内有六盘山、贺兰山和罗山3个较大的天然林区（六盘山有种子植物86科337属729种[3]、贺兰山有种子植物71科314属678种[4]、罗山有种子植物66科182属294种[5]7个变种），有林地面积45 199 hm²，有木本植物400多种。截至2001年，宁夏有灌木林27.9万多 hm²[7]。灌木林对林木覆盖率的贡献率达64.9 %。

3　野生灌木资源

宁夏分布的315种野生灌木树种，其中有药用植物、油料植物、栲胶植物、芳香植物、蜜源植物、饲料植物、纤维植物、防污植物、野生果树、观赏植物、水土保持与固沙植物[8]，以及珍贵濒危灌木树种共12类。各类野生灌木资源主要代表树种及在宁夏的分布如下：

3.1　药材类

小檗科：黄芦木（又叫阿穆尔小檗*Berberis amurensis* Rupr）、短柄小檗（*B.brachypoda* Maxim）、秦岭小檗（*B.circumserrata* Schneid）、直穗小檗（*B.dasystachys* Maxim.）、首阳小檗（*B.dielsiana* Fedde）、巴东小檗（*B.henryana* Schneid）、甘肃小檗（*B.kansuensis* Schneid）等均分布于六盘山。

五加科：红毛五加（*Eleutherococcus giraldii*［harms］*Nakai*）分布于六盘山。

麻黄科：木贼麻黄（*Ephedrae quisetina* Bunge）、中麻黄（*E.intermedia Schrenket Mey*）、草麻黄（*E.sinica* Stapf）分布于贺兰山罗山及其他干旱山坡荒漠等地。

豆科：铁扫帚（*Indigofera bungeana Steud*）分布于六盘山及周边山地；黄刺条（*Caragana frutex* K.Koch.）分布于贺兰山。

茄科：野枸杞（*Lycium chinense* Mill）宁夏普遍分布；青杞（*Solanum septemlobum* Bunge）分布于宁夏各地。

蔷薇科：蒙古扁桃（*Prunus mongolica* Maxim）、金露梅（*Dasiphora fruticosa* Rodb）分布于贺兰山。扁刺蔷薇（*Rosa sweginzowii* Koehne）、绣球绣线菊（*Spiraea blumei* G.Don）分布于六盘山。

鼠李科：鼠李（*Rhamnus davurica* Pall.）、圆叶鼠李（*R.globosa* Bge.）分布于六盘山。

大戟科：叶底珠（*Securinega suffruticosa*［Pall.］Rehd.）分布于贺兰山。

景天科：小丛红景天（*Rhodiola dumulosa*［Franch.］Fu）分布于贺兰山。

以及文冠果、花椒、毛梾、瑞香狼毒、黄瑞香、酸枣、钓樟、山桃、乌苏里鼠李、毛叶欧李、稠李、珍珠梅、美蔷薇、刺玫蔷薇、峨嵋蔷薇、翅刺峨嵋蔷薇、美丽悬钩子、多腺悬钩子、刺悬钩子、北五味子、卫矛、暴马丁香、羽叶水杨梅、杠柳、栓翅卫矛、侧柏、康定小檗、细脉小檗、毛脉小檗、显脉小檗、西伯利亚小檗、陕西小檗、胡枝子、沙冬青、沙拐枣、牛奶子、小果白刺、柽柳、红柳等，共60余种。

3.2　油料类

桦木科：榛子（*Corylus krterophylla Fisch.exBess.*）、川榛（*C.krterophylla Fisch. var. sutchuenensis Franch.*）分布于六盘山；毛榛（*C.mandshurica Maxim.etRupr.*）分布于六盘山及罗山；虎榛子（*Ostryopsis davidiana*［Baill.］*Decne.*）分布于六盘山、贺兰山及罗山。

蔷薇科：西伯利亚杏（*Prunus sibirica* L.）分布于六盘山。

鼠李科：乌苏里鼠李（*Rhamnus ussuriensis J.Vass.*）分布于贺兰山。

无患子科：文冠果（*Xanthoceras sorbifolia Bge.*）分布于贺兰山。

芸香科：花椒（*Zanthoxylum bungeanum Maxim.*）分布六盘山及中卫县香山。

另外还有枸杞、蒙古扁桃、毛叶欧李、杜梨、鼠李、圆叶鼠李、凹叶瑞香、金花忍冬、金银忍冬、鸡树条荚蒾（又叫天目琼花）、桦叶荚蒾、毛梾、卫矛、桦叶荚蒾、杠柳、白刺花、紫穗槐等，已知共有30余种。

3.3　栲胶、染料类

山茱萸科：毛梾（*Cornus walteri* Wanger.）分布于六盘山。

卫矛科：卫矛（*Euonymus alatus*［Thunb.］Sieb.）分布于六盘山。

萝摩科：杠柳（*Periploca sepium* Bunge）分布宁夏中北部。

蔷薇科：三裂叶绣线菊（*Spiraea trilobata* L.）分布于贺兰山。

杨柳科：黄花柳（*Salix caprea* L.）分布于贺兰山和六盘山，红皮柳（*S.purpurea* L.）分布于六盘山。

另外还有地锦、鼠李、乌苏里鼠李、棶木、榛、川榛、毛榛、虎榛子、胡枝子、荆条、湖北花楸、山刺玫等20余种。

3.4　芳香类

马钱科：互叶醉鱼草（*Buddleja alternifolia* Maxim.）分布贺兰山、六盘山。

马鞭草科：蒙古莸（*Coryopteris mongolica* Bge.）、荆条（*Vitex negundo* L.var. *heterophylla*［franch］Rehd.）分布于贺兰山。

樟科：钓樟（*Lindra umbellate* Thunb.）分布于六盘山。

蔷薇科：美蔷薇（*Rosa bell* Rehd.et Wils.）分布于六盘山；单瓣黄刺玫（*Rxanthina* Lindl.f. *normalis* Rehd.et Wils.）分布于六盘山及罗山。

木犀科：暴马丁香（*Syringaamurensis* Rupr.）、小叶丁香（*S.microphylla* Diels）、北京丁香（*S.pekinensis* Rupr.）分布于六盘山；华北紫丁香（*S.oblata* Lindl.）分布于六盘山、罗山、贺兰山。

唇形科：百里香（*Thymus mongolicum* Renn.）、亚洲百里香（*T.asiaticus* Kitag.）分布贺兰山、六盘山。

另外还有红毛五加、太平花、侧柏、花椒等野生芳香植物，共20余种。

3.5　蜜源植物

蔷薇科：毛山荆子（*Malus baccata*［L.］Borkh.var.*manshurica*［Maxim.］Schneid.）、盘腺野樱桃（*Prunusdiscadenia* Kaehne）分布于六盘山。

豆科：白刺花（*Sophora viciifolia* Hance）分布于六盘山及周边地区。

鼠李科：酸枣（*Ziziphus jujuba* Mill.var.*spinosa*［Bge.］Hu）分布贺兰山山麓。

另外还有榛、川榛、文冠果、胡枝子、暴马丁香、荆条、黄花柳、紫穗槐、蓝靛果忍冬等共20余种。

3.6　饲料类

豆科：胡枝子（*Lespedeza bicolor* Turcz.）分布于六盘山；尖叶胡枝子（*Lespedeza hedysaroides*［Pall.］Kitag.）生长于南部山区各县干旱山坡。

另外还有柠条锦鸡儿、多花胡枝子、紫穗槐、文冠果、霸王、野杏、花椒、山荆子、毛山荆子、沙拐枣、梭梭、白梭梭、红花岩黄芪、细枝岩黄芪等共20余种。

3.7　纤维类

夹竹桃科：罗布麻（*Apocynum venetum* L.）宁夏黄灌区普遍分布。

豆科：鬼箭锦鸡儿（*Caragana jubata*［Pall］Poir.）分布贺兰山及六盘山。

瑞香科：黄瑞香（*Daphne giraldii* Nitseche）、凹叶瑞香（*D.retusa* Hemsl.）均分布于六盘山。

忍冬科：黄花忍冬（*Lonicera chrysantha* Turcz.）、金银忍冬（*Lonicera maackii* Maxim.）分布于六盘山。

另外还有蒺藜、瑞香狼毒、胡枝子、荆条、卫矛、杠柳、柽柳、红柳、黄柳、北沙柳、紫穗槐、华西箭竹等共20余种。

3.8　防污绿化类

豆科：紫穗槐（*Amorpha fruticosa* L.）宁夏大部分地区有栽植。

卫矛科：拴翅卫茅（*Euonymus phellamanus* Loes.）分布于六盘山。

柏科：杜松（*Juniperus rigida* Sieb.et Zucc.）分布于贺兰山和罗山；侧柏（*Platycladus orientalis*［L.］Franch.）宁夏各地广泛栽植。

另外还有山楂等数种。

3.9　观赏类

毛茛科：灌木铁线莲（*Clematis fruticosa* Turcz.）、灰叶铁线莲（*C.canescens*［Turcz.］W.T.WangetM.C.Chang）、白花大瓣铁线莲（*C.macrpetala*Ledeb.var.*albiflora*［Maxim.］Hand.Mazz.）、紫花大瓣铁线莲（*C.macrpetala*Ledeb.var.*puniciflora*Y.Z.Zhao）分布于贺兰山；大瓣铁线莲（*C.macrpetala* Ledeb.）分布于贺兰山和六盘山；绣球藤（*C.*Montana Buch.–Ham.exDC.）分布于贺兰山。

蔷薇科：水枸子（*Cotoneaster multiflorus* Bge.）、花叶海棠（*Malus transitoria*［Batal.］Schneid.）分布于贺兰山和罗山；中华绣线梅（*Neillia sinensis* Oliv.）、毛叶绣线梅（*N.ribesioides* Rehd.）、陕甘花楸（*Sorbus koehneana* Schneid.）分布于六盘山；黄蔷薇（*Rosa hugonis* Hemsl.）分布于贺兰山；珍珠梅（*Sorbaria kirilowii*［Regel］Maxim.）分布于六盘山和贺兰山；疏毛绣线菊（*Spireaea hirsute*［Hemsl.］Schneid.）分布于六盘山及罗山；南川绣线菊（*S.rosthornii* Pritz.）分布于六盘山。

虎耳草科：黄脉八仙花（*Hydrangea xanthoneura* Diels）、太平花（*Philadelphus pekinensis* Rupr.）、建德山梅花（*P.sericanthus* Koehne）分布于六盘山。

忍冬科：盘叶忍冬（*Lonicera tragophylla* Hemsl.）、荚蒾（*Viburnum dilatatum* Thunb.）香荚蒾（*V.farreri* Stearn.）、鸡树条荚蒾（又叫天目琼花*V.sargentii* Koehne）、球花荚蒾（*V.glomeratum* Maxim.）分布于六盘山。

另外还有暴马丁香、小叶丁香、华北丁香、北京丁香、互叶醉鱼草、蒙古莸、接骨木、金花忍冬、金银忍冬、小叶忍冬、葱皮忍冬、蓝靛果忍冬、红脉忍冬、胡枝子、三裂叶绣线菊、甘肃山楂、毛樱桃、山刺玫[7, 8]等其他可用于城市绿化、庭院美化的灌木树种，共近百种。

3.10 果树类

猕猴桃科：软枣猕猴桃（*Actinidia arguta*［Sieb.etZucc.］Planch.）、四萼猕猴桃（*A.tetramera* Maxim.）、猕猴桃藤山柳（*Clematoclethra actinidioides* Maxim）、藤山柳（*C.lasioclada* Maxim.）分布于六盘山。

小檗科：细脉小檗（*Berberis dictyoneura* Schneid.）、康定小檗（*B.diaphana* Maxim.var.*tachiensis* Ahrendt）、毛脉小檗（*B.giraldii* Hesse）、陕西小檗（*B.shensiana* Ahrendt）分布于六盘山；显脉小檗（*B.oritrepha* Schneid.）、延安小檗（*B.purdomii* Schneid.）、西伯利亚小檗（*B.sibirica* Pall.）分布于贺兰山。

蔷薇科：甘肃山楂（*Crataegus kansuensis* Wils）、山楂（*C.pinnatifida* Bge.）、甘肃海棠（*Malus kansuensis*［Batal.］Schneid.）分布于六盘山；扁核木（*Prinsepia uniflora* Batal.）分布于六盘山及周边地区；山桃（*Prunus davidiana*［Carr.］Franch.）分布于贺兰山和六盘山；毛叶欧李（*P.dictyoneura* Diels）、西南樱桃（*P.pilosiuscula* Koehne）分布于六盘山。毛樱桃（*P.tomentosa* Thunb.）分布于贺兰山；山刺枚（*Rosa davidii* Crep.）分布于六盘山；刺玫蔷薇（*R.davurica* Pall.）分布于贺兰山；峨眉蔷薇（*R.omeiensis* Rolfe）、翅刺峨嵋蔷薇（*R.omeiensis* Rolfef.pteracantha*［Franch.］Rehd.etWils）分布于六盘山及罗山；美丽悬钩子（*Rubus ambilis* Focks）、覆盆子（*R.coreanus* Miq）、茅莓（*R.parvifolius* L.）、菰帽悬钩子（*R.pileatus* Focke）、刺悬钩子（*R.pungens* Camb.）分布于六盘山；多腺悬钩子（*R.phoenicolasius* Maxim.）分布于贺兰山。

胡颓子科：沙棘（*Hippophae rhamnoides* L.）分布于六盘山及周边地区。

忍冬科：蓝靛果忍冬（*Lonicera caerulea* L.var.*edulis* Turcz.exHerd.）分布于六盘山及贺兰山；红脉忍冬（*L.nervosa* Maxim.）、红花忍冬（*L.syringanth* Maxim.）、华西忍冬（*L.webbiana* Wall.）、陇塞忍冬（*L.tangutica* Maxim.）；桦叶荚蒾（*Viburnum betulifolium* Batal.）分布于六盘山。

虎耳草科：无刺高山茶藨子（*Ribes alpestre* Wall.et Decnevar.*giganteum* Jancz.）分布于六盘山及罗山；尖叶茶藨子（*R.maximowiczanum* Kom.）、冰川茶藨子（*R.diacanthus* Pall.）、穆坪茶藨子（*R.moupinense* Franch.）、细枝茶藨子（*R.tenue* Jancz.）、狭果茶藨子（*R.stenocarpus* Maxim.）分布于六盘山。糖茶藨子（*R.emodene* Rehd.）、小叶茶藨子（*R.pulchellum* Turcz.）、二刺茶藨子（*R.glaciale* Will.）分布于贺兰山；瘤果茶藨子（*R.emodene* Rehd.var.*verruculosum* Rehd.）分布于六盘山及贺

兰山。

木兰科：北五味子（*Schisandra chinensis* Baill.）分布于六盘山。

葡萄科：少毛复叶葡萄（*Vitis piasezkii* Maxim.var.*pagnuccii*［Roman］Rehd.）分布于六盘山。

另外还有酸枣、单瓣黄刺玫、毛山荆子等50余种。

3.11　水土保持及固沙类

菊科：油蒿（*Artemisia ordosica* Krasch.）、盐蒿（*A.halodendron* Turcz.exBess.）、白沙蒿（*A.sphaerocephala* Krasch.）分布于宁夏流动或半固定沙丘上。

豆科：柠条锦鸡儿（*Caragana korshinskii* Kom.）宁夏盐池县有天然分布，全区大部分地区有栽培；中间锦鸡儿（*C.intermedia Kuanget* H.C.Fu.）宁夏中卫县沙坡头及灵武县有天然分布，全区大部分地区有栽培；锦鸡儿（*C.stenophylla* Pojark.）、藏青锦鸡儿（*C.tibetica* Kom.）分布于贺兰山及山前洪积扇；盐豆木（*Halimodendron holodendron*［Pall.］Voss.）分布于半固定沙丘上或丘间低地；沙冬青（*Ammopiptanthus mongolicus*［Maxim.］Chengf.）生于干旱山坡、固定沙丘及沙地；红花岩黄芪（*Hedysarum multijugum* Maxim.）分布于罗山、六盘山及周边地区；细枝岩黄芪（又叫花棒*H.scoparium* Fisch.etMey.）；蒙古岩黄芪（又叫杨柴*H.mongolicum* Turcz.）生于宁夏流动沙丘或半固定沙丘；苦豆子（*Sophora alopecurioides* L.）宁夏全区普遍分布。

蓼科：刺针枝蓼（*Atraphaxis pungens*［M.B.］Janb.etSpach.）生于贺兰山东坡山麓，沙木蓼（*A.brateata*A.Los.var.latifoliaFuetZhao）、沙拐枣（*Caligonum mongolicum* Turcz.）生于半固定沙丘上。

胡颓子科：牛奶子（*Elaeagnus umbellate* Thunb.）分布于六盘山。

忍冬科：葱皮忍冬（*Lonicera ferdinandii* Franch.）、小叶忍冬（*L.microphylia* Willd.et Rome.et Schult）分布于贺兰山及罗山；蒙古荚蒾（*Viburnum mongolicum*［Pall.］Rehd.）分布于贺兰山、六盘山及海原的南华山。

藜科：梭梭（*Haloxylon ammodendron*［C.A.Mey.］Bunge.）、白梭梭（*H.persicum* Bge.et Boiss.et Buhse）生于半固定沙丘上。

蒺藜科：小果白刺（Nitraria sibiria Pall.）生于低洼盐碱地、沟旁、池沼边及固定或半固定沙丘上，宁夏全区普遍分布。

柏科：叉子圆柏（*Sabina vulgayis* Ant.）分布于贺兰山、罗山、中卫县香山。

杨柳科：沙柳（*Salix cheilophila* Schneid.）分布于贺兰山和六盘山；黄柳（*S.flavida* Changet Skv.）分布于宁夏中卫县；北沙柳（S.psammophila C.Wanget C.Y.Yang）生于宁夏中卫县及灵武县等地半固定沙丘和丘间低地。

柽柳科：柽柳（*Tamarix chinensis* Lour.）、红柳（*T.ramosissima* Ledeb.）分布于宁夏中北部地区。

另外还有沙棘、胡枝子、白刺花、虎榛子、霸王、紫穗槐、白刺化、蓝靛果忍冬等。50余种。

3.12 宁夏珍贵濒危灌木树种

蒙古扁桃（*Prunus mongolica* Maxim.）是荒漠区和荒漠草原区的主要旱生树种低山丘陵坡麓、石质坡地及干河床等处的主要旱生树种。多生于贺兰山海拔1300~2100 m干旱石质山坡、山沟干河床等处。被列入国家三级重点保护植物[9, 11, 12]。

沙冬青（*Ammopiptanthus mongolicus*［Maxim.］Chengf.）为一种常绿灌木，是亚洲中部旱生植物区系中第三纪残遗的古老种类，也是旱生荒漠区唯一的常绿强旱生植物，系沙质、砂砾质荒漠的建群种，又是一种很好的固沙植物。宁夏中卫、红寺堡、陶乐及贺兰山北部东麓有分布。被列入国家三级重点保护植物[9, 12]。

松潘叉子圆柏（*Sabina vulgayis* Antomevar.*erectopatens* Cheng et L.K.Fu.）是叉子圆柏的变种，常绿针叶直立。生长在贺兰山峡子沟海拔1800 m阳坡灌木林中，仅3棵[11, 12]。

文冠果（*Xanthoceras sorbifolia* Bge.）天然分布于贺兰山黄旗沟、插旗沟1800 m以下阳坡崖壁石缝中，现有数量已很少[11, 12]。

四合木（*Tetraena mongonlica* Maxim.）落叶小灌木。为强旱生植物，仅见于草原化荒漠地区，形成有针矛参加的四合木荒漠群落，宁夏仅分布贺兰山东麓石嘴山落石滩。被列为国家二级重点保护植物[9, 11, 12]。

羽叶丁香（*Syringa pinnatifolia* Hemsel.）产于宁夏中卫县香山及贺兰山海拔2200 m左右的沟谷两侧灌丛中。被列为国家三级重点保护植物[9, 12]。

裸果木（*Gymnocarpos przewalskii* Maxim.）分布宁夏中卫及孟家湾一带。被列为国家Ⅱ级珍惜濒危树种和二级重点保护植物。

4 宁夏野生灌木资源开发利用前景

4.1 重点营造灌木林是宁夏林业发展的必然选择

宁夏处于西北内陆的西部干旱半旱地区，降水稀少，水分条件的不足是林业发展的主要限制因素。随着小部分引黄灌区及有灌溉条件的地方，以农田林网和经济林为主的灌溉林业的饱和，全区约占总面积2/3以上的仅靠降雨发展林业的区域，重点营造灌木林是其必然的选择。和"三北"地区一样，宁夏有盲目不适树适地大面积营造乔木林的教训，如上个世纪八十年代，由联合国粮农组织支援在宁夏西吉县实施的"2605"项目，由于大面积营造以杨树为主的乔木林，因水分及积温的不足而以失败告终；宁夏"三北"一期工程建设中，在引黄灌区边缘的沙地和沙漠边缘营造以速生树种为主的乔木林，最终形成以造林成活率低、多成为"小老头"树并逐步死亡的结局。

自上个世纪八十年代，宁夏造林逐步增大了灌木林的比例，特别是自2000年，实施退耕还林工程中，灌木林占据较大的比例。截至2002年共完成退耕还林面积18.93多万hm^2，其中以柠条、沙棘等为主的灌木林面积达14.93多万hm^2，占78.8 %。仅2000—2003年，宁夏退耕还林区新发展以柠条为主的灌木林23.3多万hm^2。宁夏全自治区现共有灌木林（包括未成林面积）70多万hm^2。

但是，我区造林树种包括灌木树种仍然还比较少，还不能满足我区各类立地条件下的造林绿化的需要。开发利用当地野生乡土灌木树种，是丰富当地造林绿化树种的重要途径，对增加生物多样性及生态稳定性也极为重要。

4.2 灌木树种的开发利用是社会发展的需要

当地的野生树木，是经过千万年对其自然条件适应和自然选择保留下来的种质资源。对野生树木资源进行调查、引种驯化、繁殖栽培，在林业、园林及医疗保健、工业等方面的直接或间接的利用，是丰富当地造林、园林观赏植物种类和品种，增加医疗保健食品药品、工业重要原料的一条重要途径。宁夏由野生树种开发为造林树种的柠条、毛条、沙棘、花棒、杨柴、叉子圆柏、文冠果等已广泛用于林业生产。在宁夏盐池县建立了年加工5000吨柠条饲料的龙头企业，以提高柠条等饲料灌木资源的转化率、利用率和商品化，变资源优势为经济优势。刺玫、蔷薇、金银忍冬、栓翅卫矛、互叶醉鱼草、叉子圆柏等用于城镇绿化。进入20世纪90年代后，有少数野生果类灌木有所开发利用，如沙棘开发的饮料系列产品；山桃、山杏的果脯类及饮料类产品等。灌木树种的开发利用，是社会生产发展的需要，是人们对无污染绿色资源认识和挖掘的升华。

4.3 宁夏野生灌木树种的开发利用具有较大潜力

近几年宁夏野生灌木树种开发利用虽然有所发展，也取得了一定的经济效益，但存在着不少问题，如开发利用的树种还很少，特别是宁夏野生花灌木资源丰富，而开发利用的仅是一小部分；规模小、加工粗放，尤其是野生果类灌木，目前还停留在野生灌木、果实、种子等原料的利用方面；随着人们生活水平的提高，科学技术的进步，而对环境、食品营养的要求不断提高。随着西部大开发的进展，各项林业工程建设的实施，我区数百种野生灌木树种，有不少灌木具备多种优良经济性状和特性。在野生灌木开发利用方面必将有大的发展，例如：饮料产品、保健产品等方面方兴未艾，深受消费者喜爱，市场需求量大，今后较长一个时期仍是灌木资源开发利用的重点；在天然绿色食品及酿造等方面也是一个发展潜力；家庭养殖业的迅速发展，灌木饲料的开发利用也会用突破性的进展；野生花灌木在生态环境绿化、庭院美化，提高人们的生活环境质量方面尤其是不可缺少的。如太平花、四照花、天目琼花、卫矛等许多野生花卉，目前在宁夏城镇见到的仍然很少，其花、果、叶都将给我们日常生活中增加五彩缤纷的色彩[13]随着城市建设的飞速发展、人们生活水平的提高，野生花灌木将得到充分的开发利用，发挥其应有的作用[14]。因此，宁夏野生灌木树种的开发利用具有较大的潜力。

5 对宁夏野生灌木树种资源的开发利用的几点建议

5.1 加强宁夏野生灌木树种资源的管理

全面系统地清查野生灌木树种资源，特别是珍稀、濒危和渐危灌木树种的种质资源的分布、数量、生态立地条件、生长状况、结实状况、繁殖方法、古树年龄、病虫害情况、利用价值和濒危状况进行调查摸底。研究其分布规律，适生环境和生长特性，并收集保存和妥善管理，为确定我区林木良种发展方向，建立优良的灌木树种繁育基地和灌木树种遗传育种，提供依据和基本材料。

5.2 加强对宁夏野生树种，特别野生灌木树种资源的开发利用研究

乡土树种经过上千年自然选择而生存下来，特别是乡土灌木树种对当地气候条件更容易适应，对其引种驯化成功的把握更大，可能冒的风险比外来树种小，开发利用所需的时间也比较短，能够满足当前西部地区植被建设的急需。[14]因此，对野生灌木树种引种驯化、繁殖、栽培技术、杂交育种、生物技术、加工工艺等方面进行深入细致地研究，充分利用当地丰富而独特的野生灌木树种资源，有计划分期分批地引种驯化，逐步将宁夏野生树种变栽培树种，丰富当地造林观赏植物种类和品种，充分体现地方特色，也为人们提供更多更丰富的优质产品和提高野生资源的利用价值。

5.3 加强宁夏野生灌木树种资源保护

宁夏野生灌木树种资源，是我国特殊的区域并面对日趋干旱和气温增高的气候条件下，有着特殊价值的林木种质资源。随着气候的变化及其他人为因素，有不少野生灌木树种资源已被破坏，遭受侵蚀仍在加剧，渐危和濒危群体逐渐扩大，有的树种如四合木、裸果木、松潘叉子圆柏等分布范围及数量逐年缩小，特别是松潘叉子圆柏仅有几棵，许多珍贵物种（群体）无法产生继代群体。因此，加强宁夏野生灌木树种资源管理，特别宁夏稀有珍贵濒危灌木资源的保护，刻不容缓。

根据生态区位、功能主导利用的不同，将我区灌木林资源划分为灌木公益林

和商品林，施行不同的保护管理措施。灌木公益林实行严格的封禁、封育和划定保护区等措施进行保护。对有代表性的灌木林生态群落，已列入国家重点保护野生植物名录或属于自治区珍稀林木资源的灌木林，集中分布区域应建立灌木林保护区，实行严格保护管理措施。对于优良种源区、生态区位重要的公益林区的灌木林应加大保护措施，严格禁止人畜破坏。对灌木生态公益林实行严格的面积采伐限额和更新管理制度，禁止商业性采伐。凡萌蘖力弱、不具备自然恢复能力的灌木生态公益林，严禁采伐、平茬、采条等经营活动。严禁采伐国家和自治区规定的珍稀濒危重点保护灌木林和自然保护区内的灌木林。灌木林枝条等资源的经营、加工、运输应实行许可制度[15]。

对现有较丰富的野生灌木树种资源的开发利用，绝不可搞掠夺式开发，应本着研究、保护、栽培繁殖和合理开发利用的原则，确保野生灌木树种资源的永续利用。

参考文献

[1] 宁夏林业志编纂委员会.宁夏林业志［M］.银川：宁夏人民出版社，2001.

[2] 高正中，戴法和主编.宁夏植被.［M］.银川：宁夏人民出版社，1988.

[3] 六盘山自然保护区科学考察［M］.银川：宁夏人民出版社，1988.

[4] 狄维忠主编.贺兰山维管植物［M］.西安：西北大学出版社，1986.

[5] 徐秀梅，马琼.宁夏大罗山植被研究［M］.银川：宁夏人民教育出版社，2001.9.

[6] 朱永元.宁夏木本植物名录［M］.1992.

[7] 国家林业局西北森林资源监测中心，等.宁夏回族自治区森林资源连续清查第二次复查成果资料.2001.3.

[8] 刘惠兰.宁夏野生经济植物［M］.银川：宁夏人民出版社，1989.10.

[9] 马德滋，刘惠兰.宁夏植物志［M］.银川：宁夏人民出版社，1986.

[10] 田连恕主编.贺兰山东坡植被［M］.呼和浩特：内蒙古大学出版社，1996.1.

[11] 李同善等.宁夏贺兰山林业志［M］.1999.

[12] 林木种质资源保存原则与办法——珍稀濒危树种名录（国家标准GB/T14072-1993）.

[13] 张源润，梅曙光等.宁夏六盘山野生灌木资源开发利用前景［J］.甘肃林业科技，2000（3）.

[14] 沈熙环.木引种与生态建设［J］.王豁然等主编.树木引种与生态环境［C］.北京：中国环境科学出版社，2001：26-30.

[15] 王恩苓.落实《决定》精神，加快干旱、半干旱地区灌木林发展［J］.防护林科技，2004（1）：22-24.

（2004.12.10发表于《宁夏农学院学报》）

宁夏干旱风沙区降雨量与土壤水分对
造林成活率的影响研究

许浩　潘占兵

摘　要：对宁夏干旱风沙区降雨量、土壤含水量和苗木成活率的关系研究表明，降雨量对土壤含水量的贡献可用对数曲线模拟，小于5.1 mm的降雨量属无效降雨，不会增加土壤含水量，土壤含水量低于1.7 %时所有造林树种均无法成活，土壤含水量大于12.0 %时才能保证所有树种成活率都达到85 %以上。在此基础上分析了降雨和植苗造林相关性，在多年春季平均土壤含水量6.0 %的基础上，降雨量高于30.4 mm才能保证主要树种的造林成活都达到85 %以上。

关键词：干旱风沙区；降雨量；土壤水分；造林成活率

干旱、半干旱地区土壤水分亏缺是影响造林成效和树木生长的限制性因子[1]。根据气候与植被的关系，一定的植被与其所处的气候条件具有严格的一致性[2, 3]。宁夏地处干旱半干旱的自然地带，水分条件先天不足，加上地形复杂，土壤地质条件独特，形成了十分复杂的水资源空间格局，这种水资源空间格局制约了该区植被的空间分布，进而影响到了人工植被的建设效果。宁夏中南部生态脆弱地区。是生态治理的重点区域，由于缺乏灌溉条件，该区域造林成活率完全依赖于天然降水，尤其是春季的有效降水，对造林成活率有决定性影响。从水分与植物成活的关系入手，研究降雨与造林成活率的关系，有利于确定科学的人工造林时机和措施，这对于我国北方的广大地区尤其是西北地区的植被生态环境建设具有十分重要的意义。

1　研究方法

1.1　试验地选择

宁夏的干旱风沙区主要分布于北部地区。在北部干旱风沙区，具有代表性的造林重点区域就是毛乌素沙地南缘。本研究选择位于北部干旱风沙区的盐池县柳杨堡沙地进行相关试验。

1.2　试验布设及监测方法

降雨量和土壤含水量的监测：降雨量大小、降雨强度通过HOBO气象站监测结合地方气象部门近两年来的降雨数据获得，主要是每年3~4月的降雨量数据。土壤含水量通过TDR时域反射仪实测与结合模拟不同水分梯度确定，结合荒漠所研究基站多年的测试，测量1 m深度的土壤含水量，获得土壤含水量的资料。

苗木成活率试验布设：选择花棒、杨柴、柠条3个主要造林树种进行不同水分条件下的造林成活率实验，试验根据灌溉量设置了8个水分梯度，每个树种做50个重复，6个梯度共300个重复。苗木按常规造林方法栽植后统计其成活率。

降雨与土壤水的关联性分析：降雨与土壤含水量的关联性，主要收集、测量、统计不同时间序列的降雨量大小，结合降雨后土壤含水量变化，进行降雨量和土壤含水量的相关性分析。

2　研究结果

2.1　干旱风沙区降雨量对土壤含水量的影响

在宁夏干旱风沙区土壤水分的主要补给来源是降雨，降雨对土壤水分的变动有决定性影响。降雨对土壤含水量的影响主要体现在降雨后土壤含水量有所增加，但是在不同的地形和前期降水条件下，土壤初始含水量有所不同，因此要对降雨量和

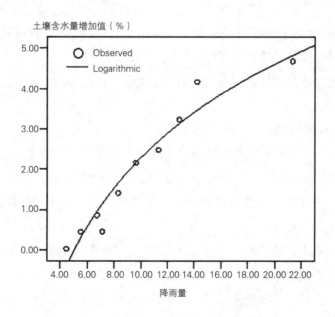

图1　降雨量和土壤水分增量的拟合

土壤含水量的相关性进行分析，必须去除土壤初始含水量的影响，分析降雨和土壤含水量增量的关系。

利用SPSS对观测到的降雨量和土壤水分增加量进行曲线拟合，结合降雨量和土壤含水量的实际变化过程，对比各类拟合方程的决定系数R^2和模拟曲线的趋势，结果显示Logarithmic（对数拟合）模型可以较好地预测降雨量对土壤水分增加量的影响。图1是观测值和拟合结果，可以看出，在降雨量较低的情况下，随着降雨量的增加，土壤含水量快速增加，但是降雨量增加到一定程度以后，土壤含水量增加速度减缓，这和沙土持水力差有密切的关系；同时可以看出存在一个最低降雨量限值，该限值以下的降雨对于土壤水分增加没有贡献，也就是一次降雨量低于该限值时，土壤含水量不会增加。

因此，在宁夏的干旱风沙区降雨量和土壤含水量增加值的关系可以用下式来模拟：

$$Y=3.346LnX-5.422 \qquad （R^2=0.944） \qquad （1）$$

其中Y：土壤含水量增加量（%）　X：降雨量（mm）

从林业工作的实际来看，降雨量和土壤含水量增加值的关系并不能很好地预测降雨后土壤含水量达到一个什么水平，因为实际土壤含水量是降雨前初始土壤含水量和降雨贡献值之和，因此，要知道实际土壤含水量，还需累加初始土壤含水量（a）。1式可表示为：

$$Y=a+3.346LnX-5.422 \qquad （2）$$

多年的监测结果表明，每年春季风沙土含水量变幅不大，如果用多年春季土壤含水量平均值取代当年前期土壤含水量，则该模型可以更简便地预测降雨后土壤含水量的变化，不过预测的准确性较差。统计了多年春季土壤含水量，其平均值为6.0%，为了预测的方便，用多年春季降雨前土壤含水量来替代土壤初始含水量a，则该模型可以简化为：

$$Y=6.0+3.346LnX-5.422 \qquad （3）$$

因此，在干旱风沙区土壤墒情预测中，如果有前期土壤含水量的数据，则一次降雨后土壤含水量的高低可以用（2）式来估算，这个数据作为造林计划的参考；如果没有前期含水量的数据，则可以用（3）式进行估算，这样可得出一个不太准确降雨后土壤含水量参考值。

通过图1可以看出，当降雨量低于某一限值时，降雨对土壤含水量没有影响。通过1式计算得出这一限值为5.1 mm，即当降雨量小于5.1 mm时，降雨对土壤含水量增加值的贡献为0。因此，在宁夏干旱风沙区5.1 mm以下左右的降雨为无效降雨，对土壤水分不会产生影响；5.1 mm以上的降雨可在一定程度上增加土壤含水量，这样的降雨为有效降雨。在土壤墒情预测时，≤5.1 mm的降雨不会增加土壤含水量，在前期土壤含水量无法保证苗木成活的情况下，不宜安排造林。在实际应用中，还需对该模型的参数进行限定，该模型可以表示如下：

$$\begin{cases} Y=0 \ (X \leqslant 5.1) \\ Y=a+3.346LnX-5.422 \ (X \leqslant 5.1) \end{cases}$$

2.2　干旱风沙区土壤含水量对造林成活率的影响

造林成活率与立地条件、苗木质量、造林技术和方法密切相关。在干旱风沙区，影响造林成活率的主要因素就是土壤水分条件，土壤水分条件好的地方造林成活率高，水分条件差的地方，造林成活率低。在干旱风沙区柠条、花棒、杨柴植苗造林季节多在春季，此时的土壤含水量决定了造林的成败。本研究采用柠条、花棒、杨柴3个树种，设置了8个水分梯度进行试验，观测其造林成活率。造林成活率如表1图2所示，可以看出，造林成活率随着土壤含水量的增加而增加，但是不同树种在不同土壤水分条件下的成活率有差异：柠条在低含水量条件下有较高的成活率，但是土壤含水量在3.7 %以上时，花棒成活率始终是最高的，柠条次之，杨柴最小。

表1　干旱风沙区不同水分条件下的苗木成活率（单位：%）

含水量	柠条	花棒	杨柴
2.5	15	10	10
3.7	20	27	20
5.7	47	50	43
6.1	55	63	49
9.9	80	79	73
10.4	85	85	80
11.5	90	92	85
13.5	95	97	88

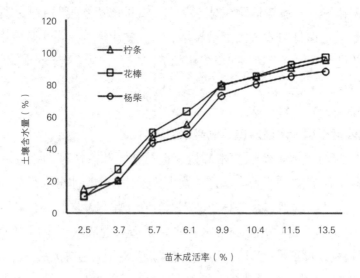

图2　不同水分条件下的苗木成活率

对表1的数据进行曲线拟合，选择所有曲线类型进行运算，最后结合R²值和曲线走势，筛选最优方程，结果如表2所示。

表2　宁夏干旱风沙区土壤含水量和苗木成活率的模拟方程

树种	模拟方程	F	R^2
花棒	$Y=17.476X-0.617X^2-28.328$	174.854	0.986
杨柴	$Y=15.095X-0.483X^2-26.589$	569.732	0.996
柠条	$Y=15.502X-0.488X^2-24.584$	258.303	0.990

可用该4组方程预测不同水分条件下的造林成活率。用模拟方程计算3个树种0成活率和85 %成活率的临界值，结果如表3所示，可以看出，花棒、杨柴、柠条0成活率土壤水分限值分别为1.7 %、1.9 %、1.8 %，3个树种具有相近的土壤水分限值。这表明3个树种对最干旱的环境具有相同的抗性；而3个树种85 %成活率的土壤水分限值花棒为10.1 %、杨柴为12.0 %、柠条为10.6 %，可见要达到合格的造林验收标准，杨柴的土壤水分需求最高。

表3 宁夏干旱风沙区3个树种不同成活率时的土壤含水量临界值

树种	土壤含水量	
	0成活率	85 %成活率
花棒	1.7	10.1
杨柴	1.9	12.0
柠条	1.8	10.6

2.3　宁夏干旱区域降雨量和植苗造林相关关系

表4是依据上述关系模型计算的一些基本数据，可以看出3个造林树种达到85 %以上造林成活率的土壤水分限值有所不同，杨柴的最高，花棒的最低，要保证该区域造林成活率，则需要可以补充水分亏缺值的降雨出现，满足条件的降雨量因各树种不同而有差异，杨柴需要30.4 mm以上的降雨量才能保证85 %的造林成活率，而花棒和柠条则各需要17.2 mm和20.0 mm的以上降雨量才能保证85 %的造林成活率。如果综合考虑3个主要造林树种，要其造林成活率都达到85 %以上，则应以对降雨需求较大的杨柴的需求为降雨量限值，即在该区域，只有当降雨量达到30.4 mm以上时，才能保证所有树种林成活率达到85 %以上。

表4 成活率85 %时土壤含水量及所需降雨量的计算结果

$\overline{W}$（%）	树种	$W_{85\%}$（%）	W（%）	R（mm）
6.0	花棒	10.1	4.1	17.2
	杨柴	12.0	6.0	30.4
	柠条	10.6	4.6	20.0

注：$\overline{W}$多年春季土壤水分平均值；$W_{85\%}$不同苗木85 %成活率时土壤含水量限值；$\triangle W$，$W_{85\%}$-$\overline{W}$，达到$W_{85\%}$时土壤水分亏缺值；R土壤水分增加$\triangle W$所需降雨量。

3　结论

宁夏干旱风沙区土壤水分低于1.7 %时不能安排造林；在前期土壤水分6.0 %的基础上，满足85 %造林成活率需求的降雨量限值为17.2~30.4 mm，当降雨量高于这个限值时，则可以安排造林；降雨量低于这个限值时，则造林成活率无法保障。安排造林生产应把降水规律与气象部门的年度、季度预测结合起来，尽量减少不理想的造林效果。

参考文献

［1］于洪波，何虎林，王继林，等.兰州北山土壤水分动态变化规律对造林的影响.甘肃林业科技，2003，28（3）：1-5.

［2］周广胜，张新时.中国气候：植被关系初探.植物生态学报，1996，20（2）：1133-1199.

［3］李镇清，刘振国，陈佐忠，等.中国典型草原区气候变化及其对生产力的影响.草业学报，2003，12（1）：4-10.

［4］张树珊，田国恒，邵立新，等.塞罕坝林区的降水与造林生产的关系.河北林果研究，2002，17（1）：16-20.

化学固沙剂对柠条出苗影响的研究

温学飞　张亚峰

摘　要： 化学固沙剂对柠条出苗的影响试验结果表明：随着化学固沙剂施用量的增加，柠条出苗时间有所增加，凋萎时间延长。所有化学固沙剂处理的柠条凋萎时间均比对照延长1~6 d，说明所用化学固沙剂均具有一定的保水能力。以任丘固沙剂出苗率最好，文安固沙剂出苗率最低，其他固沙剂出苗率与对照接近。柠条8月出苗情况较6月的好。

关键词： 化学固沙剂；柠条；出苗率；凋萎天数

化学固沙就是利用化学材料与工艺，对易发生沙害的沙丘或沙质地表建造能够防止风力吹蚀，又能形成保持水分和改良沙地性质的固结层，以达到控制、改善沙害环境，提高沙地生产力的目的[1~3]。"化学—生物"固沙综合技术采用先栽植（或播种）植物后喷洒化学固沙材料的方法利用固沙剂与植物生长的适宜性更好地发挥固沙作用，具有高效廉价、快速方便、环境协调的特点[4]，能够满足现代防沙工程的要求。野外试验中存在土壤、湿度、水分等变化因素的干扰，较难得出固沙剂对植物出苗影响的规律性。因此，为了试验的精确性要求，该试验也采用了盆栽试验[5]。柠条在形态方面具有旱生结构，其抗旱性、抗热性、抗寒性和耐盐碱性都很强[6]，对环境条件具有广泛的适应性。通过喷施化学固沙剂来了解固沙剂对柠条出苗的影响情况，以期为化学固沙和植物固沙有机结合应用提供依据。

1　试验设计与方法

选用30 cm×40 cm塑料盘，塑料重450 g，盘内盛入7.0 kg沙土并摊平，选取好的柠条种子30粒，均匀撒于沙土表面，然后再覆盖约1 cm厚沙土。固沙剂按照300 kg/km²、450 kg/hm²、750 kg/hm² 3个梯度设计加入到4500 mL/hm²水中充分溶解混匀，用喷雾器均匀喷洒于沙土表面，对照只喷洒4500 mL/hm²清水。每隔2 d灌水1次，灌水量3000 mL/hm²，以保证种子正常生长发芽。

每天记录种子出苗情况，等种子不再出苗，停止灌水后再对种子数目进行统计。试验共分2次进行，第一次为2012年5月23日至6月22日；第二次为2012年8月3日至31日——多设1组对照。

2 结果与分析

2.1 6月柠条出苗情况

表1 化学固沙剂对柠条出苗的影响（6月试验）

固沙剂	施用量（kg/hm²）	出苗时间（d）	较CK±（d）	出苗率（%）	较CK±（%）	株高（cm）	较CK±（cm）	凋萎时间（d）	较CK±（d）
北京	300	8	1	25	−20	7.7	0.4	4	1
	450	6	−1	45	0	7.0	−0.3	5	2
	750	5	−2	65	20	7.3	0	5	2
文安	300	6	−1	15	−30	7.3	0	4	1
	450	5	−2	40	−5	6.3	−1	3	0
	750	8	1	15	−30	1.0	−6.3	3	0
任丘	300	5	−2	55	10	8.0	0.7	4	1
	450	6	−1	75	30	8.3	1	4	1
	750	8	1	85	40	7.7	0.4	5	2
旱宝贝	300	6	−1	45	0	7.7	0.4	4	1
	450	10	3	30	−15	5.0	−2.3	4	1
	750	6	−1	25	−20	6.7	−0.6	5	2
大连	300	6	−1	40	−5	7.7	0.4	3	0
	450	5	−2	85	40	8.7	1.4	4	1
	750	5	−2	80	35	7.7	0.4	4	1
威海	300	5	−2	50	5	7.3	0	4	1
	450	5	−2	75	30	5.0	−2.3	4	1
	750	6	−1	65	20	7.7	0.4	7	4

续表

固沙剂	施用量（kg/hm²）	出苗时间（d）	较CK±（d）	出苗率（%）	较CK±（%）	株高（cm）	较CK±（cm）	凋萎时间（d）	较CK±（d）
石家庄	300	6	−1	55	10	8.3	1	4	1
	450	6	−1	50	5	8.7	1.4	4	1
	750	10	3	55	10	7.0	−0.3	9	6
CK		7	0	45	0	7.3	0	3	0

注：因各固沙剂名称易混淆，因此被它产地代替。

2.1.1 柠条出苗时间比较

各固沙剂不同施用量柠条出苗时间不一致，大部分较对照提前出苗1~2 d，只有少数施用量推迟了，柠条出苗时间1~3 d（见表1）。对所有固沙剂同一浓度的出苗时间进行平均后，施用量300 kg/hm²柠条的平均出苗时间为6.00 d，施用量450 kg/hm²柠条的平均出苗时间为6.14 d，施用量750 kg/hm²柠条的平均出苗时间为6.86 d，3种施用量的柠条平均出苗时间均低于7.00 d，说明固沙剂可以保存一定的水分，有利于种子萌发和出苗。

2.1.2 柠条出苗率比较

文安、旱宝贝固沙剂不同施用量柠条出苗率均低于对照5 %~30 %；威海、任丘、石家庄固沙剂不同施用量柠条出苗率均高于对照5 %~40 %；北京固沙剂施用量为300 kg/hm²、450 kg/hm²时柠条出苗率低于或等于对照，大连固沙剂在施用量为300 kg/hm²时柠条出苗率低于对照5 %，北京、大连固沙剂其他施用量柠条出苗率均高于对照20 %~40 %。对所有固沙剂同一浓度的出苗率进行平均，施用量为300 kg/hm²的柠条平均出苗率为40.71 %，低于对照；450 kg/hm²的柠条平均出苗率为57.14 %，高于对照；750 kg/hm²的柠条平均出苗率为55.71 %，高于对照（见表1）。说明沙土施用一定量的固沙剂后，可以影响沙土的紧实度，适宜的施用量可以使土壤紧实度的大小恰好能促进柠条作物根系的穿孔和生长；施用量过大，沙土中沙粒黏结成大的团聚体，固结层抗压强度增加以及固结层增厚，排列整齐紧密，且施用量大固沙剂自身对水分的需求也相应增加，与柠条种子进行部分的水分争夺，最终造成对柠条种子出苗难。

2.1.3 柠条株高比较

由表1看出，任丘、大连固沙剂不同施用量柠条株高均高于对照5 %~16 %；文安、旱宝贝固沙剂只有施用量300 kg/hm²柠条株高比对照高，其余施用量柠条株高均低于对照；北京固沙剂所有施用量柠条株高基本都在7 cm左右，与对照基本相当；威海固沙剂施用量450 kg/hm²，石家庄固沙剂施用量750 kg/hm²的柠条株高比对照低，其他施用量柠条株高均比对照高。

2.1.4 柠条凋萎时间比较

各固沙剂施用量为300 kg/hm²时，除喷施大连固沙剂和对照柠条的凋萎时间相同（3 d）外，其他固沙剂柠条凋萎时间均为4 d，高于对照1 d。固沙剂施用量为450 kg/hm²时，喷施文安固沙剂和对照的柠条凋萎时间相同为3 d，北京固沙剂柠条凋萎时间为5 d，其余固沙剂柠条凋萎时间均为4 d，高于对照1 d。固沙剂施用量为750 kg/hm²时，柠条凋萎时间依次为：石家庄（9 d）＞威海（7 d）＞北京、旱宝贝、任丘（5 d）＞大连（4 d）＞对照、文安（3 d）（表1）。说明喷施不同浓度固沙剂对柠条凋萎时间的影响不同，主要是不同固沙剂不同施用量的保水效果不一样，施用浓度越大，凋萎时间也越长。所有固沙剂处理的柠条凋萎时间比对照高1~6 d。在沙漠地区由于降雨量少、凋萎时间长，有利于植物的生长存活。该试验中柠条平均凋萎时间长短依次为石家庄＞威海＞北京＞任丘、大连＞旱宝贝＞文安＞对照。

2.2 8月不同固沙剂对柠条出苗的影响

2.2.1 柠条出苗时间比较

由表2看出，对照柠条出苗时间为5 d，所有固沙剂不同施用量柠条出苗时间在5~6 d，平均为5.35 d。总体来看，不同固沙剂部分施用量柠条出苗时间较与对照稍有推迟。主要是由于应用固沙剂后土壤粘结在一起，对柠条种子的破土能力造成一定限制。

2.2.2 柠条出苗率比较

文安固沙剂不同施用量柠条出苗率均低于对照20 %~60 %；任丘不同施用量柠条出苗率均高于对照3.3 %~13.3 %；旱宝贝除施用量750 kg/hm²的柠条出苗率低于对照外，其他施用量柠条出苗率较对照略高3.3 %。固沙剂施用量为300 kg/hm²时，大连、文安、石家庄的柠条出苗率低于对照16.7 %~20.0 %，北京、任丘、旱宝贝、威海的柠条出苗率高于对照3.3 %~10.0 %。大连、任丘其他施用量柠条出苗率均高于对照，北京、文安、威海其他施用量柠条出苗率低于对照（见表2）。

表2　固沙剂不同施用量的柠条出苗（8月试验）

固沙剂	施用量（kg/hm²）	出苗时间（d）	较CK±（d）	出苗率（%）	较CK±（%）	株高（cm）	较CK±（cm）	凋萎时间（d）	较CK±（d）
	300	5	0	80.0	10.0	9.13	1.13	5	2
北京	450	6	1	53.3	−16.7	9.25	1.25	5	2
	750	6	1	56.7	−13.3	8.75	0.75	5	2

续表

固沙剂	施用量（kg/hm²）	出苗时间（d）	较CK±（d）	出苗率（%）	较CK±（%）	株高（cm）	较CK±（cm）	凋萎时间（d）	较CK±（d）
文安	300	5	0	50.0	−20.0	8.25	0.25	4	1
	450	6	1	26.7	−43.3	8.25	0.25	4	1
	750	6	1	10.0	−60.0	5.75	−2.25	4	1
任丘	300	5	0	73.3	3.3	9.25	1.25	4	1
	450	5	0	73.3	3.3	9.00	1.00	4	1
	750	5	0	83.3	13.3	9.50	1.50	4	1
旱宝贝	300	6	1	73.3	3.3	10.25	2.25	5	2
	450	6	1	73.3	3.3	9.50	1.50	5	2
	750	6	1	66.7	−3.3	9.25	1.25	5	2
大连	300	5	0	50.0	−20.0	9.75	1.75	4	1
	450	6	1	73.3	3.3	9.00	1.00	5	2
	750	5	0	73.3	3.3	8.25	0.25	5	2
威海	300	5	0	76.7	6.7	8.25	0.25	5	2
	450	5	0	53.3	−16.7	9.25	1.25	5	2
	750	5	0	56.7	−13.3	7.75	−0.25	6	3
石家庄	300	5	0	53.3	−16.7	8.75	0.75	4	1
	450	5	0	76.7	6.7	8.00	0	4	1
	750	5	0	66.7	−3.3	10.50	2.50	4	1
CK₁	—	5	0	70.0	0	8.00	0	3	—
CK₂	—	5	0	70.0	0	7.75	0.25	3	—

2.2.3　柠条株高比较

除了文安施用量750kg/hm²的柠条株高比对照低外，其他所有处理的株高均比对照高（见表2）。固沙剂施用量为300 kg/hm²时柠条株高大小依次为：旱宝贝（10.25 cm）＞大连（9.75 cm）＞任丘（9.25 cm）＞北京（9.13 cm）＞石家庄（8.75 cm）＞文安、威海（8.25 cm）。固沙剂施用量为450 kg/hm²时柠条株高大小依次为：旱宝贝（9.50 cm）＞威海、北京（9.25 cm）＞任丘、大连（9.00 cm）＞文安（8.25 cm）＞石家庄（8.00 cm）。固沙剂施用量为750 kg/hm²时柠条株高大小依次为：石家庄（10.50 cm）＞任丘（9.50 cm）＞旱宝贝（9.25 cm）＞北京（8.75 cm）＞大连

（8.25 cm）＞威海（7.75 cm）＞文安（5.75 m）。对所有固沙剂同一浓度的柠条株高进行平均处理，可以看出：随着固沙剂处理浓度的增加柠条株高降低，即300 kg/hm²（9.09 cm）＞450 kg/hm²（8.89 cm）＞750 kg/hm²（8.54 cm）。

2.2.4　柠条凋萎时间比较

所有固沙剂处理均比对照柠条凋萎时间推迟1~2 d（见表2）。通过对不同固沙剂3个浓度处理进行平均后，柠条凋萎时间大小依次为：威海（5.33 d）＞旱宝贝、北京（5.00 d）＞大连（4.67 d）＞文安、任丘、石家庄（4.00 d）＞对照（3.00 d）。不同浓度的固沙剂对柠条凋萎时间的影响不一样，主要是不同固沙剂不同施用量的保水效果不一样，施用量浓度越大，凋萎时间也越长。

2.3　两次试验结果对比分析

表3　固沙剂不同时间处理对柠条出苗的影响（平均）

固沙剂	6月				8月			
	出苗时间（d）	出苗率（%）	株高（cm）	凋萎时间（d）	出苗时间（d）	出苗率（%）	株高（cm）	凋萎时间（d）
北京	6.33	45.00	7.33	4.67	5.67	63.33	9.04	5.00
文安	6.33	23.33	4.87	3.33	5.67	28.90	7.42	4.00
任丘	6.33	71.67	8.00	4.33	5.00	76.63	9.25	4.00
旱宝贝	7.33	33.33	6.47	4.33	6.00	71.10	9.67	5.00
大连	5.33	68.33	8.03	3.67	5.33	65.53	9.00	4.67
威海	5.33	63.33	6.67	5.00	5.00	62.23	8.42	5.33
石家庄	7.33	53.33	8.00	5.67	5.00	65.57	9.08	4.00
CK	7.00	45.00	7.30	3.00	5.00	70.00	8.00	3.00
平均	6.40	50.90	7.10	4.36	5.35	62.60	8.76	4.43

2.3.1　不同固沙剂柠条的出苗情况

由表3看出：不同固沙剂柠条的出苗时间6月（6.40 d）＞8月（5.35 d）；出苗率6月（50.9 %）＜8月（62.6 %）；株高6月（7.10 cm）＜8月（8.76 cm）；凋萎时间6月（4.36 d）＜8月（4.43 d）。总体来说，8月对柠条喷施固沙剂的效果均好于6月。

2.3.1.1　出苗时间各固沙剂处理柠条的出苗时间

6月，旱宝贝、石家庄（7.33 d）＞对照（7.00 d）＞北京、文安、任丘（6.33 d）＞威海（5.33 d）；8月份，旱宝贝（6.00 d）＞北京、文安（5.67 d）＞大连（5.33 d）＞任

丘、威海、石家庄、对照（5.00 d）。两次试验结果排列顺序发生一些变动，如果剔除对照，各个固沙剂的出苗时间排列顺序基本一致。

2.3.1.2 各固沙剂处理柠条的出苗率

6月，任丘（71.67 %）＞大连（68.33 %）＞威海（63.33 %）＞石家庄（53.33 %）＞北京、对照（45.00 %）＞旱宝贝（33.33 %）＞文安（23.33 %）；8月，任丘（76.63 %）＞旱宝贝（71.10 %）＞对照（70.00 %）＞石家庄（65.57 %）＞大连（65.53 %）＞北京（63.33 %）＞威海（62.23 %）＞文安（28.90 %）。除了大连固沙剂6月出苗率高于8月，其他6种固沙剂6月柠条出苗率均低于8月，特别是旱宝贝处理的柠条出苗率差别特别大。

2.3.1.3 各固沙剂处理柠条的株高

6月，大连（8.03 cm）＞任丘、石家庄（8.00 cm）＞北京（7.33 cm）＞对照（7.30 cm）＞威海（6.67 cm）＞旱宝贝（6.47 cm）＞文安（4.87 cm）；8月，旱宝贝（9.67 cm）＞任丘（9.25 cm）＞石家庄（9.08 cm）＞北京（9.04 cm）＞大连（9.00 cm）＞威海（8.42 cm）＞对照（8.00 cm）＞文安（7.42 cm）。只有大连和旱宝贝固沙剂排序发生变动大些，其他基本一致。

2.3.1.4 凋萎时间

6月，石家庄（5.67 d）＞威海（5.00 d）＞北京（4.67 d）＞任丘、旱宝贝（4.33 d）＞大连（3.67 d）＞文安（3.33 d）＞对照（3.00 d）；8月，威海、北京、旱宝贝（5.00 d）＞大连（4.67 d）＞任丘、文安、石家庄（4.00 d）＞对照（3.00 d）。不同固沙剂凋萎时间均高于对照，说明固沙剂具有一定的保水性。

2.3.2 固沙剂不同浓度的柠条出苗情况

表4 不同固沙剂浓度对柠条出苗的影响

固沙剂浓度（kg/hm²）	6月				8月			
	出苗时间（d）	出苗率（%）	株高（cm）	凋萎时间（d）	出苗时间（d）	出苗率（%）	株高（cm）	凋萎时间（d）
300	6.00	40.71	7.71	3.86	5.14	65.23	9.09	4.43
450	6.14	57.14	7.00	4.00	5.57	61.41	8.89	4.57
750	6.86	55.71	6.44	5.43	5.43	59.06	8.54	4.71
CK	7.00	45.00	7.30	3.00	5.00	70.00	8.00	3.00

总体来说，固沙剂不同浓度对柠条在8月的处理效果均好于6月。由表4可知，6月和8月不同固沙剂浓度处理的柠条株高、凋萎时间的趋势基本一致。出苗时间：6月，750 kg/hm^2＞450 kg/hm^2＞300 kg/hm^2；8月，450 kg/hm^2＞750 kg/hm^2＞300 kg/hm^2。出苗率：6月，450 kg/hm^2＞750 kg/hm^2＞300 kg/hm^2；8月，300 kg/hm^2＞450 kg/hm^2＞750 kg/hm^2。

3　小结

3.1　固沙剂可以保存一定的土壤水分，利于植物种子的萌发和出苗，且随着固沙剂施用量的增加，植物出苗时间有所增加，主要是因为施用量增加，固结层抗压强度增加以及固结层增厚，不利于种子的顶土能力，出苗时间相应增加。同一固沙剂不同浓度或不同固沙剂同一浓度对柠条凋萎时间的影响不一样，主要是不同固沙剂组成不同，保水效果也不尽相同。可以肯定的是施用浓度越大，凋萎时间也越长。所有固沙剂的凋萎时间基本上都比对照高1~6 d。在沙漠地区由于降水量少、凋萎时间长，有利于植物的生长存活。

3.2　沙土上施用一定的固沙剂后可以影响沙土的紧实度，适当的固沙剂施用量可以促进柠条作物根系的穿孔和生长，但施用量过大后，沙土中沙粒粘结成大的团聚体，固结层抗压强度增加以及固结层增厚，排列整齐紧密，且施用量大固沙剂自身对水分的需求也相应增加，与柠条种子进行部分的水分争夺，最终造成对柠条种子出苗难。

3.3　从两次试验结果来看，以任丘固沙剂出苗率最好，文安出苗率最低，其他固沙剂的出苗率与对照比较接近，对柠条出苗的影响不大。不同时间施用固沙剂对柠条出苗情况的排序也产生了变动，8月施用的柠条出苗情况比6月较好，6月和8月施用固沙剂后柠条株高、凋萎时间的趋势均一致。

3.4　该试验采用盆栽试验进行，与外部环境存在很多的差异性因素，为了更好地了解柠条对不同固沙剂的适应性，建议今后采取野外固沙试验来进行验证。

4　讨论

多年来，我国在流动沙丘上实行扎麦草方格、栽植灌木的方法防风固沙，而各种单一的固沙措施都有其特点和局限性。工程固沙虽快速有效，但成本高且与生物、环境相容性差；植物固沙虽有很好的生态环境保护作用，是最理想的固沙方式，但因沙漠或沙地恶劣的气候、水文条件，通常使植物无法种植或种植后无法存活；化学固沙虽然目前阶段成本稍高，但以后随着研制工作的进一步开展完善，其方法会逐渐改进，形成机械化、规模化操作，成本将渐次降低[7]。在流动沙丘表面喷洒某种化学固沙材料使沙面固化，可有效防止因风起沙；若在已固化的沙地上再播种草本植物或栽植灌木，可大大增加沙丘表面的粗糙度，从而增强防风固沙的效能。所以说，将化学方法和生物工程措旋结合起来有望探索一条建立防风固沙植被的新途径。

参考文献

[1] 丁庆军，许祥俊，陈友治，等.化学固沙材料研究进展 [J].武汉理工大学学报，2003，25（5）：27-29.

[2] 王银梅，韩文峰，谌文武.化学固沙材料在干旱沙漠地区的应用 [J].中国地质灾害与防治学报，2004，15（2）：78-81.

[2] 徐先英，唐进年，金红喜，等.3种新型固沙剂的固沙效益实验研究 [J].水土保持研究，2005，19（3）：62-65.

[3] 韩致文，胡英娣，陈广庭，等.化学工程固沙在塔里木沙漠公路沙害防治中的适宜性 [J].环境科学，2000，21（5）：86-88.

[4] 李臻，王宗玉，胡英娣.新型化学固沙剂的试验研究 [J].石油工程建设，1997，23（2）：3-7.

[5] 温学飞.柠条在生态环境建设中的作用 [J].牧草与饲料，2010，4（2）：3-6.

[6] 谭菊，赵丕兵，宋伦碧.水培和盆栽试验玉米生物性状的比较 [J].中国农学通报，2010，26（14）：162-165.

[7] 卫秀成.化学固沙剂制备与性能研究 [D].兰州：兰州大学，2004.

（2013.3.20发表于《宁夏农林科技》）

干旱风沙区人工柠条林对退化沙地改良效果的
关联度分析与综合评价

何全发　王占军　蒋齐　李生宝　潘占兵

摘　要：针对宁夏干旱风沙区大量营造人工柠条灌木林恢复治理沙化土地的状况下，作者从影响土壤质地结构、物理性质、化学性质以及地上植被生态系统等11个因素入手，对退化沙地土壤与环境的影响进行灰色关联分析和综合评价，结果表明：无论在各评价性状权重值同等重要的情况下还是各评价性状权重值非等同的情况下排列位次是一致的，呈现出造林密度1665丛/hm²>2490丛/hm²>3330丛/hm²自然恢复地。由此说明干旱风沙区营造人工柠条灌木林对退化沙地土壤改良及植被的恢复具有积极的作用，而且从综合效果来讲，人工柠条营造密度为1665丛/hm²~2490丛/hm²较为适宜。

关键词：干旱风沙区；灌木林；灰色关联

1　引言

灰色关联分析是对一个发展变化系统进行发展动态量化比较的一种分析方法[1, 2]。它是事物之间、因素之间的关联程度、数量表现。通过计算关联系数和关联度，可以从整体上和动态上定量分析事物之间关联程度和影响程度，为确定发展变化因素提供数量依据[3]。在这个发展变化的系统中，某一因素对退化沙地的影响的主导地位也是变化的。目前衡量人工柠条灌木林不同营造密度对退化沙地改良效果紧紧从某一两个方面进行评价往往不够准确科学，具有一定的片面性，因此运用灰色关联度分析法对退化沙地改良效果进行综合评价，旨在为人工柠条灌木林营造最佳配置密度提供科学依据。

2 研究地区与方法

2.1 研究地区的自然概况

宁夏中部干旱风沙区位于我国东部季风区、西北干旱区和青藏高原区三大自然区域结合部，地质构造上属于鄂尔多斯台地，该区属于典型的中温带大陆性气候，年降水量在230~300 mm，年际变化较大，干燥度3.1。潜在蒸发力2100 mm，年均气温7.6 ℃，≥10 ℃积温2945 ℃，无霜期120 d。该地区干旱少雨，植被稀疏，风沙灾害频繁，综合水资源量1.27亿m³。严重的水源短缺和干旱、风沙危害，使农业生产长期徘徊不前，生态环境极为脆弱。加上过度放牧和人为采挖，草场退化、土地沙化严重，水土流失面积达88 %。天然植被从东到西由典型草原逐渐过渡到荒漠草原，相应的土壤由普通灰钙土变为淡灰钙土。除此，还有风沙土、盐碱土等隐域土类。

2.2 研究方法

根据研究内容从2002年到2004年对柠条林龄为17年的种植密度分别为3300丛/hm²（4 m带间距）、2500丛/hm²（7 m带间距）、1660丛/hm²（10 m带间距）的带间土壤结构（细沙量的多少）、土壤团聚体（>0.25 mm颗粒含量）、土壤酶活性（尿酶）、土壤理化性质（含水量、水分入渗、有机质含量）以及对环境影响力较强的植被恢复指标（植被盖度、多样性、植物系统稳定性）等多个方面进行测定。

2.3 综合评判的计算方法

关联度分析是根据数列的可比性、可近性分析系统内部因素之间的相关程度，定量地刻划系统内部结构之间的联系，对系统内部各事物之间状态进行量化比较分析[4, 9, 10]。对退化沙地改良效果进行评判时，以人工柠条不同种植密度和自然恢复地为参考列，记为$\{x_0(k)\}$，k=1，2，3，…n；各种样地土壤理化性质及植物生态系统功能作为评价指标为比较列，记为$\{x_i(k)\}$，k=1，2，3，…m。由于$\{x_i(k)\}$中的元素是根据各指标的性质和特点给出的科学的定性或定量的预测值，而$\{x_0(k)\}$中的元素是对各指标影响预测值中的最优值。因此，分析系统内部各指标因素优劣程度用$\{x_i(k)\}$与$\{x_0(k)\}$的关联度来衡量[5, 11]。

$$\xi_i(k) = \frac{min_i min_k |X_0(k) - X_i(k)| + \rho max_i max_k |X_0(k) - X_i(k)|}{|X_0(k) - X_i(k)| + \rho max_i max_k |X_0(k) - X_i(k)|}$$

式中：$|x_0(k) - x_i(k)| = \Delta_i(k)$表示$x_0$数列与$x_i$数列在第$k$点的绝对差。$min_k|x_0(k) - x_i(k)|$是一级最小差，即在绝对差$|x_0(k) - x_i(k)|$中按不同$k$值挑选其中最小者；$min_i min_k|x_0(k) - x_i(k)|$是二级最小差，即在$min_k|x_0(k) - x_i(k)|$中按不同$i$值（比较数列值）挑选其中最小者[6, 7]。同理$max_k|x_0(k) - x_i(k)|$是一级最大差，$max_i max_k|x_0(k) - x_i(k)|$是二级最大差，其意义与二级最小差相似。$\rho$为分辨

系数，作用在于提高关联系数间的差异显著性，取值在0~1。通常取 ρ =0.5，认为同等重要[8]。

3 计算结果与分析

3.1 建立标准数列

表1 人工柠条对退化沙地改良效果性能指标

| 样地 | 团聚体 | | | 酶活性土壤尿酸 | 土壤理化性质 | | | | 盖度 | 植被生态恢复 | |
	结构细沙粒 % >	0.25 mm	破坏率 %		含水量	总孔隙度	初渗速率	有机质		多样性	稳定性
标准	73.54	32.8	54.97	0.0185	9.5	54.65	8.14	3.69	86.17	1.48	3.11
4m	73.54	24.12	91.04	0.0075	3.26	47.46	7.74	2.67	64.00	1.03	1.09
7m	73.33	32.82	57.97	0.01675	8.84	49.55	6.03	3.53	86.17	0.37	3.11
10m	71.2	20.84	67.05	0.0185	9.5	54.65	8.14	3.69	80.33	1.48	1.42
对照	59.87	11.44	84.04	0.00575	7.49	38.98	4.22	2.57	74.00	0.77	0.39

进行原始数据初始化根据人工柠条灌木林不同营造密度对退化沙地影响程度的差异性，以及评价影响能力指标选择的要求，选用细沙含量、>0.25 mm颗粒含量、团聚体破坏率（%）、尿酶含量、土壤含水量（%）、土壤总孔隙度（%）、初入渗率、有机质含量、植被盖度、植物多样性、植物系统稳定性11个指标作为综合评价指标，并以各性状表现的最优值作为标准数列。构建原始数列矩阵如表1。

3.2 计算关联系数关联度

将表1中数据进行无量纲初始化处理，结果见表2。由于柠条不同种植密度对每一个改良效果因素都有一个关联系数，从而造成关联系数的信息过于分散，不便进行综合比较，因此，将不同性状的关联系数集中，体现为一个值，可以反映比较的综合性，表3可根据公式$r_i=1n\sum_\zeta (k)$计算各指标的关联度。

表2 主要因子初始化

k	1	2	3	4	5	6	7	8	9	10	11
$Y_0(k)$	1	1	1	1	1	1	1	1	1	1	1
$Y_1(k)$	1.000	0.126	0.604	0.405	0	0.868	0.0951	0.724	0.743	0.696	0.350

续表

k	1	2	3	4	5	6	7	8	9	10	11
$Y_2(k)$	0.997	1.000	1.000	0.905	0.93	0.907	0.741	0.957	1.000	0.250	1.000
$Y_3(k)$	0.968	0.635	0.820	1.000	1.000	1.000	1.000	1.000	0.932	1.000	0.457
$Y_4(k)$	0.814	0.349	0.654	0.311	0.788	0.713	0.518	0.696	0.859	0.520	0.125

注：1为细沙粒，2为>0.25mm，3为破坏率（%），4为土壤尿酶，5为含水量（%），6为总孔隙度（%），7为入渗率（mm/min），8为有机质，9为盖度（%），10为多样性，11为稳定性。下同。

表3 不同密度的人工柠条林的关联系数

k	1	2	3	4	5	6	7	8	9	10	11
$\varsigma_1(k)$	1.000	0.334	0.525	0.424	0.3	0.768	0.899	0.613	0.630	0.590	0.402
$\varsigma_2(k)$	0.993	1.000	1.000	0.822	0.862	0.825	0.628	0.911	1.000	0.368	1.000
$\varsigma_3(k)$	0.932	0.545	0.709	1.000	1.000	1.000	1.000	1.000	0.865	1.000	0.446
$\varsigma_4(k)$	0.702	0.402	0.558	0.388	0.604	0.604	0.476	0.590	0.756	0.477	0.333

由 $r = \frac{r_i}{\sum r_i}$ 计算各指标对应的权重值。结果为：$r_1=0.12$，$r_2=0.0$，$r_3=0.09$，$r_4=0.08$，$r_5=0.09$，$r_6=0.1$，$r_7=0.1$，$r_8=0.1$，$r_9=0.1$，$r_{10}=0.07$，$r_{11}=0.07$。通过柠条不同种植密度对退化沙地的改良效果的土壤结构特征、土壤酶活性、土壤理化性质、地上植被生态系统恢复等11个指标的综合评价，结果显示柠条不同种植密度对退化沙地改良效果的综合评价。从表4可知，等权关联序、加权关联序位次是一致的由等权关联度，加权关联序可知最好的10 cm带分别为0.86，0.875，对照地的关联度最小为0.536、0.549，综合表现最差。由此说明营造适宜密度的柠条灌木林对退化沙地的改良有积极的作用，而且从综合效果来看，人工柠条灌木林营造种植密度为1665丛/hm²~2490丛/hm²较为适宜。

表4 柠条各样地关联度及排序

样地	等权关联度	排序	加权关联度
4 m	0.586	3	0.614
7 m	0.855	2	0.86
10 m	0.863	1	0.881
对照	0.542	4	0.558

4 讨论

4.1 在各评价性状同等重要的情况下，参与评价的不同密度的人工柠条林与天然草地对沙化土壤改良效果用土壤结构特征、土壤酶活性、土壤理化性质、植被生态系统恢复等指标综合评价，结果显示1665丛/hm²>2490丛/hm²>3330丛/hm²>自然恢复地。在评价性状非等同重要的情况（权重值不同）下，进行人工柠条林对退化沙地改良效果综合评价时，1665丛/hm²的柠条林效果最优，结论与等全情况下（权重值相同）一致。

4.2 通过对柠条各样地的关联度的计算和排序可以看出造林密度为1665丛/hm²~2490丛/hm²关联度明显高于造林密度为3330丛/hm²和自然恢复地。虽然造林密度为3330丛/hm²关联度高于自然恢复地，但是从测得土壤水分来看明显低于自然恢复地土壤含水量，从而引起土壤旱化，说明在宁夏干旱风沙区营造人工柠条林密度为1665丛/hm²~2490丛/hm²较为适宜。

参考文献

［1］高素玲，王文贤，娄麦兰，等.灰色关联度分析法应用于玉米杂交种综合评判的初探［J］.玉米科学，1995，3（2）：21-24.

［2］李鲁华，陈树宾.应用灰色系统评价新疆玉米品种［J］.玉米科学，2001，9（4）：21-22.

［3］袁嘉祖.灰色系统理论及其应用［M］.北京：科学出版社，1991.

［4］张延欣，吴涛.系统工程学［M］.北京：气象出版社，1996.

［5］郭亚军.多属性综合评价［M］.沈阳：东北大学出版社，1996.

［6］吴学忠，阮培均，潘国元，等.灰色局势决策在玉米品种综合评价中的应用［J］.山地农业生物学报，2001，20（6）：407-411.

［7］张薇，曹连甫，吕新，等.用灰色关联度分析评价大麦区试品种［J］.种子，2000，107（1）：21-25.

［8］卓德众.灰色关联度分析法在玉米育种中的应用［J］.玉米科学，1996，4（3）：31-34.

［9］郭瑞林.作物灰色育种学［M］.北京：中国农业科技出版社，1995.

［10］吴效生，戴景瑞.灰色系统理论在玉米育种中的综合应用［J］.华北农学报，1999，14：30-35.

［11］慕平，魏臻武，李发弟.用灰色关联系数法对苜蓿品种生产性能综合评价［J］.草业科学，2004，21（3）：26-29.

（2007.2.28发表于《水土保持研究》）

宁夏干旱风沙区人工柠条林内植被恢复的研究

陈云云　潘占兵　王占军　左忠　郭永忠　谢应忠

摘　要： 研究了宁夏毛乌素沙区退化草地封育后人工柠条林内草地植物群落的恢复过程，尤其对群落中物种的替代过程及群落结构的变化情况作了详细分析，结果表明，退化草地在种植了人工柠条林后，植物群落随着柠条的生长，其物种丰富度发生了很大的变化，多年生植物逐渐取代了一年生植物的优势地位，群落多样性、均匀度指数不断增长，生态优势度指数逐渐降低，在带间距为6 m、株行距为1 m×1 m的林地内，柠条生长到第11年时，植被恢复状况达到最佳，而当柠条生长到第17年时，群落出现一定的退化现象，说明采用人工柠条进行退化草地的植被恢复时，柠条的种植时间、种植密度要适度，才能达到较好的植被恢复效果。

关键词： 柠条；退化草地；植被恢复；群落结构

1　引言

植被恢复是退化生态系统恢复与重建的第一步，毛乌素沙区退化草地生态系统具有干旱沙区草地的许多特征，如植被覆盖度极低，风蚀严重，土壤贫瘠且基质不稳定，植被的自我修复能力微弱。柠条具有许多生态学意义，柠条灌丛在沙区退化草地植被恢复过程中起着独特的有益作用。柠条灌丛可以挡滞降雪，固沙阻尘，其根系的固氮作用不仅给周围植物提供丰富的氮素，还可以使其周围牧草生长良好，尤其有利于禾本科植物的恢复。另外，柠条灌丛的发育使退化草地景观异质性变大，景观廊道由相对"平直"变得更"曲折"。本文就是在这样的背景下，研究不同种植年限的柠条林内草地植物群落的植被恢复情况，以期为沙化草地的植被恢复提供科学依据。

2 研究地区自然概况

试验区地处宁夏盐池北部毛乌素风沙区，为鄂尔多斯台地向黄土高原过渡地带，地理位置为北纬37°40′~38°40′，东经106°45′~107°45′；气候属温带大陆性季风气候，四季少雨多风，气候干燥，年降水量在230~300 mm，季节变化和年际变化量较大；年均气温7.6 ℃，年均蒸发量高于2000 mm，≥10 ℃积温2944.9 ℃；基质以黏土或细沙粒物质为主，易受风蚀而沙化，土壤结构松散，肥力偏低，保水能力较差。试验区有天然植物175种，分属36科，分布最广的有菊科、禾本科、豆科、藜科及蔷薇科，其中可饲用的植物有156种，占全部种的89 %。

3 研究方法

3.1 调查研究的基本情况

样地设置于2003年8月，选择封育状态下6 m带距（柠条种植密度为2490丛/hm²，株行距为1 m×1 m）林地内，柠条种植年龄为6 a、11 a、17 a和以沙蒿为主的天然草地植物群落为研究对象，在每个群落内采用典型取样法设置样方，样方面积为1 m×1 m，共4个样地，51个样方。

3.2 调查及测定内容和方法

3.2.1 植被调查

采用常规生态调查方法，分别测定样方内植物种类组成及其高度、盖度、株丛数和地上生物量等，地上生物量采用刈割法测定，用电子天平按植物种称取其鲜重和烘干重（85 ℃）。

3.2.2 土壤养分的测定

土壤取样在生长季后（10月），分别在每个样地内作土壤剖面，每个剖面（0~100 cm）按20 cm为1层，共5层，取土样时先将剖面上2~3 mm表层土刮去，捏碎土块，拣掉石砾、动植物残体，把同层土样混合拌匀，形成混合土，每个剖面取200 g土样，于塑料袋中封好，带回实验室进行化验分析，测定项目有：pH、有机质、水解N、速效P和速效K（中国科学院南京土壤研究所，1978）。

pH：酸度计法。

有机质：铬酸氧还滴定法。

水解N：碱解扩散法。

速效P：0.5M NaHCO₃浸提——钼锑抗比色法。

速效K：1NNH4AC浸提——火焰光度法。

3.2.3　土壤水分的测定

采用TDR（Time Dormain Reflectory）时域反射仪，于2003年8月测定对照、南梁、李记沟、柳杨堡柠条林内距柠条带1.5 m处的土壤水分，测定土层为0~100 cm，每20 cm为1层。

3.3　数据分析

3.3.1　物种丰富度R

R=出现在样地的物种数

3.3.2　物种优势度

重要值=（相对密度+相对盖度+相对频度+相对高度）/4

物种优势度（SDR5）=（相对密度+相对盖度+相对频度+相对高度+
相对生物量）/5

3.3.3　多样性指数

采用Shannon-Wiener指数测定物种多样性（马克平，1994）：

SW=3.3219（$LogN$-（$\sum niLogni$）1/N）

其中SW是Shannon-Wiener多样性指数，N为物种总个体数，ni为物种i的个体数。文中ni用物种优势度代替。

3.3.4　生态优势度

采用Simpson指数测定生态优势度（Pielou，1977）：SN=$\sum$ni（ni-1）/N（N-1）

其中，SN为Simpson指数，ni、N的含义同上式。

3.3.5　群落均匀度

采用PW指数测定群落均匀度（彭少麟等，1983；1988）：

PW=LogN-（1/N）Logni（ni-1）/LogN-（1/N）［α（s-β）Logα+β（α+1）Log（α+1）］

其中s为群落中的物种数，N为所有物种的个体总数，ni为第i种的个体数，用物种优势度代替，β是N被s整除以后的余数〔（0≤β<n），α=（Nβ）/s〕。

3.3.6　群落相似度的计算

采用Sorensen相似性指数来计算群落的相似度：C=Zj/（a+b）式中，Zj为两个群落共有种在各群落中重要值的总和，a和b分别是两个群落所有种重要值的总和。

4　结果与分析

4.1　柠条对植物物种结构与优势度的影响

4.1.1　物种丰富度和优势度分析

植物群落内种群的优势度决定着群落的结构、功能和其他种群所需要的群落环境。采用物种优势度指标可以比较全面地反映植被不同的发育时期种群在群落中的功能地位和分布格局。植物群落从简单到复杂，首先表现在种群丰富度的变化上。从表1可以看出，随着柠条种植年限及林下植物群落发育的增长，种群丰富度逐渐增加并趋向于稳定，而且优势种的重要值和数量结构也发生了很大变化。在以沙蒿为主的天然草地上，沙面受风沙吹蚀的影响严重，此时群落内的优势种是一些一年生先锋植物，如狗尾草（*Staria viridis*）、虫实（*Corispermum didutum*）等，优势度分别在2.67和1.91，以及一年生伴生种猪毛菜（*Salsola collina*），优势度为1.08，另外，还有多年生草本植物牛心朴子（*Cynanchum komarovii* AL），由于其颇强的耐旱力，常散生于半荒漠地带的沙化草地，在沙质草地过牧情况下能生长成片，构成群落的建群种，优势度可达1.14，此时植物丰富度为15；在柠条生长的0~6 a，沙面基本固定，群落积累枯枝落叶和拦截大气降尘作用逐渐增强，土壤的养分条件得到了相对改善，给其他物种的侵入创造了条件，植物种类由15种增加到26种，多年生的植物种类如刺叶柄棘豆（*Oxytropis aciphvlla* Ledeb.）、老鹳草（*Geranium*）、牛枝子（*L.potaninii*）、白草（*Pennisetum centrasiaticum*）、黄蒿（*Atemisia scoparia*）、甘草（*Glycyrrhiza uralensis*）等植物相继出现，其优势度均在0.8左右，但群落仍以狗尾草和虫实等一年生植物为主，群落仍处于脆弱和不稳定状态。随着柠条枝叶和根系的生长，到第11年时，柠条林下植物群落环境开始形成，植物种类有所降低，物种丰富度为21种，此时狗尾草由最初的主导地位而逐渐下降，1年生植物猪毛菜、虫实、画眉草（*Eragrostis poeaoides*）、地锦（*Euphobia humifusa*）和伴生种刺叶柄棘豆、老鹳草等一些植物种也逐渐消退。2 a生及多年生菊科植物黄蒿和狭叶山苦荬（*Ixeris chinensis*）优势度升高，同时还出现了多年生豆科植物草木樨状黄芪（*Astragalius melilotoides Pall.*）及多年生优等草本植物糙隐子草［*C.squarrosa*（*Trin.*）*Keng*］，它们是改良退化草场的优良草种。多年丛生下繁草针茅（*Stipa grandis*）在调查地也有出现，其优势度为1.01；到17年时，种类丰富度仍为21种，从优势度来看，群落内主要以白草构成优势种，其优势度高达3.82，其次是豆科植物草木樨状黄芪，其优势度升为2.88，菊科植物黄蒿优势度变化较小，仍是重要的组成部分，然而一年生植物如狗尾草、虫实的优势度又有上升趋势，牛心朴子和天然恢复草地上的优势种沙蒿也有所增加，可见，在柠条生长到17年时，草地植物群落开始出现了一定退化现象。在人工柠条17年间的生长过程中，0~6 a的6 a间植物种类数增加了11种，在6 a~11 a的5 a间种类数减少了5种，到第17年时，物种数虽然没有变，但在结构组成上有所退化，反映流动沙丘在固定过程中物种的迅速侵入，其后则是缓慢发展并处于相对稳定的过程，当柠条生长年限继续增加时，草地开始出现了退化的迹象。

表1 不同年龄柠条林内植物群落种类组成及优势度

物种名称	天然	6a	11a	17a
牛心朴子	1.14	0.43	0.67	1.11
猪毛菜	1.08	0.94	0.31	0.32
狗尾草	2.67	1.40	0.33	1.17
乳浆大戟	0.11	0.15	0.24	0.28
砂珍棘豆	0.12	0.29	0.16	0.14
牛枝子	0.23	1.01	2.07	0.60
狭叶山苦荬	0.22	0.35	0.52	0.20
虫实	1.91	0.95	0	0.70
苦豆子	0.54	0.56	0	0.63
地绵	0.19	0.10	0	0.03
画眉草	0.02	0.13	0	0.06
披针叶黄华	0.59	0	0	0
田旋花	0.07	0	0	0
沙蒿	1.00	0	0	1.22
糙影子草	0	0	0.17	0.20
草木樨状黄芪	0	0	0.25	2.88
针矛	0	0	1.01	0
米口袋	0	0.19	0	0
二裂委陵菜		0.16	0.32	0
骆驼蒿	0	0.26	0.23	0
菟丝子	0	0.65	0.15	0
银灰旋花	0	0.12	0.30	0
远志	0	0.07	0.14	0
刺叶柄棘豆	0	0.80	0	0
老鹳草	0	0.81	0	0
雾冰藜	0	0.21	0	0.22
阿尔泰狗娃花	0	0.10	0.21	0.23
白草	0	0.79	2.10	3.82
叉枝鸦葱	0	0.28	0.11	0.14
甘草	0	1.64	0.65	0.12

续表

物种名称	天然	6a	11a	17a
黄蒿	0	0.78	1.62	1.16
赖草	0	1.11	0.55	0.71
总种数	15	26	21	21

4.1.2　分科结构的变化

随着沙丘逐渐固定和柠条林下植物群落的不断发育，群落内物种组成数量逐渐增加并趋于稳定，但不同科属植物种增加的速度不同，使群落结构也在变化，总的趋势是：豆科和藜科植物种类数比较稳定，分别维持在5种和3种；禾本科和菊科植物个体增加很快，种类数所占比例有逐渐增加的趋势；从数量上看，以禾本科、豆科和菊科占优势，藜科植物较少。在天然恢复的草地上，豆科植物的种类数最多，其他科的植物较少；在柠条生长的0~6 a间，禾本科、豆科和菊科植物种类数增长比较快，藜科植物增长较慢，在6 a~11 a间，禾本科和菊科植物种类数继续增加，而豆科和藜科植物种类数有所减少，到第17年时，禾本科和菊科植物种类数保持稳定，豆科和藜科植物种类数又有增加。

表2　不同年龄柠条林内植物群落种类组成的分科结构

柠条年龄（年）	总属数	总科数	禾本科		豆科		菊科		藜科	
			种数	优势度	种数	优势度	种数	优势度	种数	优势度
天然	13	7	2	1.44	4	0.37	2	0.61	2	1.49
6	24	10	4	0.86	6	0.50	4	0.38	3	0.70
11	21	9	5	0.79	4	0.79	5	0.53	2	0.30
17	19	6	5	1.20	5	0.87	5	0.59	3	0.40

4.2　物种多样性与均匀性分析

物种多样性是反映群落结构、功能特征的有效指标，是生态系统稳定性的量度。一般认为物种多样性指数是通过测度群落中的种数、各种群的均匀程度以及总个体数来表征群落的组成结构水平。在表征群落多样性结构方面，群落均匀度与生态优势度的变化趋势是相反的，群落中种群分布均匀，群落均匀度指数高，则生态优势度较低；反之，种群分布集中，群落均匀度指数低，生态优势度就较高；群落多样性指数和均匀度指数的变化趋势常常一致[1]。

用重要值计算的多样性指数表明，随着柠条生长年限的增加，林下草地植物群落的多样性特征也发生了很大变化（表3）。在0~6 a间，种的多样性指数和均匀度指数均不断增长，Shannon-Wiener多样性指数从3.5877增加到4.9187；均匀度由0.1910增加到0.2586；而Simpson优势度指数则由大变小，从0.4716减少到0.2490。这说明植物群落的发育过程是由简单到复杂，物种不断增多，早期优势种不断消退和均匀性逐渐增长的过程，也是物种多样性指数逐渐增加即稳定性逐渐发展的过程。到第11年时，多样性指数和均匀度指数分别降低到4.5872和0.2426，而生态优势度增加到0.2537。到第17年时，多样性指数和均匀度指数继续降低，生态优势度也继续升高。

表3　不同年龄柠条林内植物群落的结构变化

指　数	柠条种植年龄（年）			
	天然	6	11	17
多样性指数	3.5877	4.9187	4.5872	4.0859
均匀度指数	0.1910	0.2586	0.2426	0.2135
生态优势度	0.4716	0.2490	0.2573	0.3392

4.3　群落相似性分析

进行相似性的分析，不仅要考虑到群落内各种物种的存在度，同时也要考虑到各物种的丰度和盖度。本研究相似度计算公式中的个体数量用重要值来代替，使群落的相似性分析具有更高的可信度和多重意义。表4中的相似性系数表明，草地植被的恢复过程中，随着柠条年龄的增长，林内植物群落与天然恢复的植物群落相似程度不断降低，17 a间相似性指数从0.7789降低到0.4234又升高为0.5665，说明在柠条发育的第6年，林内植物群落和天然恢复草地比较接近，随着柠条的生长，林内植物群落与天然恢复草地相差越来越大，但是当柠条生长到一定年限后，其群落相似程度又有所提高，这也从另一个方面反映了人工柠条对林下植物的影响是随着柠条生长年限而改变的。相似性系数的这种变化清楚地表明了植被恢复过程中物种组成结构的递进性和渐变性。

表4　不同年龄柠条林内植物群落的结构变化

柠条种植年龄	天然	6	11	17
天然	1	0.7789	0.4232	0.5665
6 a		1	0.8271	0.8642
11 a			1	0.8345
17 a				1

4.4 柠条对土壤水分的影响

柠条系深根系豆科灌木，其根系对土层深处的土壤水分分布有着显著的影响。不同年龄柠条林内土壤水分的垂直分布如图1所示，在土壤表层（0~20 cm）处，土壤含水量由大到小的顺序是：6 a生柠条林>天然草地>11 a生柠条林>17 a生柠条林，这是由于土壤表层受蒸发和地表植物的耗水影响所致，6 a生柠条林的植物多样性指数与均匀度指数均高于11 a生和17 a生柠条林，植被盖度相对来说就较高，相反土壤表层蒸发就小，而在天然草地内，虽然植被盖度低，但物种优势度要高于11 a生和17 a生柠条林，植物对水分的利用增大了其表层土壤的含水量；随着土壤深度的增加，天然草地与17 a生柠条林内土壤含水量相应增加，而6 a生与11 a生柠条林内土壤含水量有下降趋势：在20~40 cm土层处，土壤含水量仍是6 a生柠条林最大，17 a生柠条林有所增加，11 a生柠条林与天然草地开始下降；在40~100 cm土层中，17 a生柠条林土壤含水量跃居第一，天然草地次之，然后是6 a生柠条林，11 a生柠条林最小，40~100 cm土层土壤含水量的这一变化充分体现了柠条根系对土壤水分的影响：在天然草地内，由于土层深处不受植物根系影响，其土壤水分逐层增加，符合自然规律；17 a生柠条林内，柠条发育良好，根系最深可达3 m，但在40~100 cm土层中柠条根系分布很少，所以对水分的消耗比较小；11 a生柠条林土壤含水量大于6 a生柠条林，可能是与柠条地上部分的耗水有密切关系。总的来说，在林下植被根系分布最广的0~40 cm土层中，6 a生柠条林内土壤含水量最大，能够提供给植物生长发育所需的水分，而柠条种植年龄过大，则不利于土壤水分的恢复与植物的水分需要。

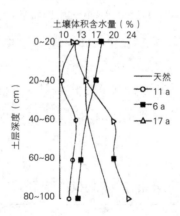

图1 不同年龄柠条林内土壤含水量的垂直变化图

4.5 柠条对土壤养分的影响

随着柠条的生长和植物群落的发育，天然恢复草地与不同林龄柠条林内土壤养分的变化也不相同。在40 cm土层以下，柠条林内养分含量均高于天然恢复草地，说明人工柠条林建立后，柠条根系对土壤养分的改善起到了一定的作用，而在40 cm土层以上，土壤养分含量仍受地上枯落物和大气降尘的影响。

经相关分析与回归分析知，速效P含量（Y_1）与柠条生长年限（X）之间存在着较为显著的三次函数关系：

$$Y_1=0.620000+0.555897X-0.085939X^2+0.003234X^3$$

其拟合曲线如图2所示。另外，各养分之间存在着一定的关系，如速效P与速效K（Y_4）之间的Pearson相关系数为0.617，其回归模型为$Y_1=0.02508\times Y_4-0.238$（$t$分布的显著性概率为0.004），速效P与水解N之间的Pearson相关系数为0.589，其回归模型为$Y_1=0.05824\times Y_3-0.411$（$t$分布的显著性概率为0.006）；有机质（$Y_2$）与水解N（$Y_3$）之间有密切的线性相关关系（Pearson相关系数为0.937），它们的回归模型为：$Y_2=0.334+0.293\times Y_3$，其标准化回归模型为：$Y_2=0.937\times Y_3$，$t$分布的双尾显著性概率$Sig=0.000<0.05$，说明回归系数是显著的。同时有机质与速效P之间也存在着线性关系（Pearson相关系数为0.460），但不是很显著。由于水解N与速效P的含量与有机质均有如上的相关性，所以，通过有机质的变化，我们可以了解水解N与速效P含量的变化规律。从不同年龄柠条林土壤有机质的垂直变化图3可以看出，天然恢复草地土壤有机质是随着土层加深含量下降，6 a与17 a柠条林的土壤有机质随深度而升高，在土壤表层处（0~20 cm），11年生柠条林内有机质均比6 a和17 a的柠条林土壤有机质大。

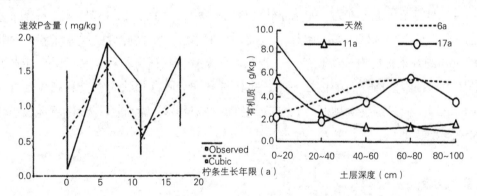

图2　速效P与柠条生长年限的关系　　图3　不同年龄柠条林内土壤有机质含量垂直变化图

5　结论

5.1　在6 m带距（柠条种植密度为2490丛/hm²，株行距为1 m×1 m）的人工柠条林内，草地植物群落的发育过程是物种多样性指数和均匀度指数先增长后降低和优势度指数先降低后增长的过程，也是与天然恢复草地相似度不断降低的过程，即稳定性不断增长的过程。种类丰富度逐渐增加并且趋向平稳，由15种增加到26种，随后稍下降到21种。一年生植物和多年生植物顺序侵入，并且生活型结构逐渐趋于复杂，多年生植物在群落中的地位逐渐提高，一年生植物的地位逐渐下降。禾本科、豆科和菊科植物个体数增加很快，所占比例也不断升高；藜科植物所占比例下降。总体来看，当柠条林内植物群落发育到第11年内植物恢复状况最好，而到第17年后，由于受到柠条各方面的影响，群落结构开始出现一定的退化现象。

5.2　在6 m带距（柠条种植密度为2490丛/hm²，株行距为1 m×1 m）的人工柠条林内，在林下植被根系分布最广的0~40 cm土层中，6 a生柠条林内土壤含水量最大，能够提供给植物生长发育所需的水分，而天然草地和柠条种植年龄为11 a和17 a的柠条林内土壤水分均小于其。

5.3　采用人工柠条固沙后，群落环境逐渐向稳定方向发展，土壤养分条件有所改善，速效P与柠条生长年限之间存在着较为显著的三次函数关系，有机质、速效K、水解N与速效P之间存在着一定的关系，并且有机质与水解N之间存在密切的线性关系。所以，通过对有机质含量变化的研究，可以大致了解其他养分的变化状况。在土壤表层处（0~20 cm），11 a生柠条林内有机质均比6 a和17 a的柠条林土壤有机质大，说明采用人工柠条进行退化草地的植被恢复时，并不是柠条种植时间越长，植被恢复的效果就越好，而是适合的柠条种植年龄有助于改善土壤养分。

5.4　对柠条种植密度为2490丛/hm²，株行距为1 m×1 m的6 m带距人工柠条灌丛草地而言，从不同种植年龄柠条林下植被、土壤水分、土壤养分的关系来看，种植年龄为6 a的柠条林内植被生长良好，土壤水分及养分均适合植物生长所需。由此，我们认为，在固沙造林、植被恢复中，采用柠条作为固沙植物时，其种植年龄并不是越大越好，而是需要因地制宜，选择适宜的种植年龄，从而达到沙化草地植被恢复的最佳效果。

参考文献

［1］汪殿蓓，等.植物群落物种多样性研究综述［J］.生态学杂志，2001，20（4）：55-60.

［2］常学礼，邬建国.科尔沁沙地沙漠化过程中的物种多样性［J］.应用生态学报，1997，8（2）：151-156.

［3］徐彩琳，李自珍.干旱荒漠区人工植物群落演替模式及其生态学机制研究［J］.应用生态学报，2003，14（9）：1451-1456.

［4］PrachK, PrsekP, SmilauerP.Preditionofvegetationsuccessioninhuman-disturbedhabitatsusinganexpertsysterm［J］.RestorationEcology，1999，7（1）：15-23.

［5］OdumEP.Thestratagyofecosystemdevelopment［J］.Science，1969，164：262-270.

［6］张新时.毛乌素沙地的生态背景及草地建设的原则与优化模式［J］.植物生态学报，1994，18（1）：

1-16.

［7］李新荣，等.毛乌素沙地飞播植被与生境演变的研究［J］.植物生态学报，1999，23（2）：116-124.

［8］沈渭寿.沙坡头沙地人工植被演替的群落学特征［J］.中国沙漠，1988，8（3）.

［9］赵平，彭少麟.种的多样性及退化生态系统功能的恢复和维持研究［J］.应用生态学报，2001，12（1）：132-136.

（2004.06.10发表于《宁夏农林科技》）

柠条蒸腾特征及影响因子的研究

潘占兵　蒋齐　郭永忠　温学飞　左忠

摘　要：试验研究柠条蒸腾特征及影响因子结果表明，柠条蒸腾日变化呈明显双峰型，峰值分别出现在11：00和15：00，其日平均蒸腾速率为4.51 mmol/m²·s；影响柠条蒸腾强度的主要因子为气温、空气相对湿度和土壤含水量。

关键词：柠条；蒸腾速率；空气相对湿度；土壤含水量

蒸腾速率是反映植物潜在耗水能力的重要水分参数之一[1]，蒸腾作用除取决于植物本身的生物学特性外，还受外界环境因子的制约[2~4]。柠条（*Caragana korshinskii*）是豆科锦鸡儿属植物，为我国北方干旱、半干旱脆弱生态区治理中的常用树种，具有极强的生命力和抗逆性，在年降水量150 mm，年有效积温≥1500 ℃地区均能正常生长。本研究分析了柠条蒸腾速率与土壤含水量、气温、空气相对湿度的关系，阐明柠条蒸腾速率与环境因子的相关性，为干旱区灌木造林提供科学依据。

1　研究区域概况与研究方法

试验于2003年（年均降雨量293.9 mm）在宁夏盐池县北部风沙区进行，该地地处毛乌素沙地过渡地带，属中温带大陆性气候，年均气温7.6 ℃，≥10 ℃年积温2945 ℃，年降水量230~300 mm，季节变化和年际变化均较大，干燥度3.1，潜在蒸发量2100 mm，年无霜期162 d，植被类型为荒漠草原，土壤类型为轻沙土和紧沙土，土壤结构松散，肥力偏低，保水能力较差，供试验植物为1986年毛乌素沙地退化草场改良时人工种植的柠条植株。用英国产CIRAs—工型便携式光合测定仪在柠条生长期（5~10月）各月中旬测定柠条叶片蒸腾速率日变化，测定时选择3~5株生长良好植株并取其中上部向阳叶片进行测定，重复次3~5次。用德国产TDR时域反射仪，分5层测定0~100 cm土层土壤含水量，用阿斯曼机械通风干湿温度计测定距地面1 m处空气相对湿度和温度。

2 结果与分析

2.1 柠条蒸腾季节与日变化规律

植物蒸腾率高的季节变化与植物生长发育节律有密切关系，植物生长旺盛季节其蒸腾强度量大[5~6]。根据柠条各生育期叶片蒸腾速率的观测值分析发现，柠条蒸腾速率随发育期而变化，生长初期（5月、6月）柠条生长旺盛，蒸腾速率较高，5月蒸腾速率为5.92 mmol／m²·s，6月为6.87 mmol／m²·s，5、6月蒸腾量占生长期蒸腾量的45.81%；之后随柠条的生长，叶片蒸腾速率降低，7~9月蒸腾速率分别为6.17 mmol／m²·s、3.94 mmol／m²·s和3.45 mmol／m²·s；10月柠条叶片即将凋谢时气温降低，柠条耗水量相对减少，叶片蒸腾速率降至最低值1.57 mmol／m²·s。

由各月柠条蒸腾速率观测值日变化可知（见图1），柠条蒸腾速率日变化基本呈双峰型，日均蒸腾速率为4.51 mmol/m²·s，早晨7：00平均蒸腾速率为1.92 mmol/m²·s，11：00叶片各月平均蒸腾速率达到第1个峰值，蒸腾速率为6.18 mmol/m²·s，13：00蒸腾出现明显午休现象，蒸腾速率减小，15：00达到第2个峰值，平均蒸腾速率达7.99 mmol/m²·s，之后叶片蒸腾速率又开始下降，19：00平均蒸腾速率为2.03 mmol/m²·s。

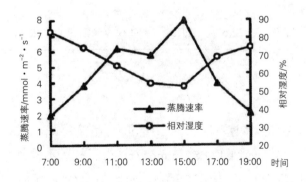

图1 空气相对湿度与柠条叶片蒸腾速率的关系

2.2 空气相对湿度与柠条叶片蒸腾速率的关系

蒸腾作用是植物体内水分从表面以气态水的形式向外界大气输送的过程，是正常状态下水分近饱和叶片与较干大气之间的水汽压梯度造成的水分交换，故湿润空气中叶片蒸腾速率相对较小。由图1可知空气相对湿度越大，柠条叶片蒸腾速率越低，空气相对湿度日变化与柠条蒸腾速率日变化趋势明显相反，空气相对湿度日变化呈"V"字形，而柠条蒸腾速率日变化呈倒"V"字形。

2.3 气温及土壤含水量与柠条叶片蒸腾速率的关系

柠条蒸腾速率变化趋势与气温有密切关系，早晨7：00气温较低，柠条蒸腾速率最低，仅为1.92 mmol/m² · s，随气温升高，蒸腾速率增大，由于柠条蒸腾速率在中午有午休特性，中午13：00柠条蒸腾速率减小，之后开始增大，15：00达另一高峰，之后随气温降低，柠条蒸腾速率降低。试验区位于干旱区，地下水贫乏，植物蒸腾过程也就是土壤水分消耗的过程，柠条蒸腾速率的大小可间接反映土壤含水量的高低。由表1可知7：00柠条蒸腾速率最小时，柠条消耗土壤水较小，土壤含水量较高，随空气相对湿度减小，柠条蒸腾速率增加，土壤含水量受柠条蒸腾及土壤蒸发的影响，在中午降至最小值，之后柠条蒸腾速率减小，土壤含水量升高，经分析林地土壤贮水量日变化与柠条蒸腾速率日变化间存在显著负相关（r=-0.812）。

表1 气温及土壤含水量与柠条叶片蒸腾速率的关系

项目	时间							平均
	7：00	9：00	11：00	13：00	15：00	17：00	19：00	
蒸汽速率 mmol · m⁻² · s⁻¹	1.92	3.80	6.18	5.74	7.99	3.93	2.03	4.51
气温（℃）	13.0	15.9	18.7	21.8	21.4	19.7	17.5	18.3
体积含水量（%）	22.9	22.5	21.5	21.6	21.3	22.0	22.4	22.0

3 小结与讨论

柠条叶片生长初期蒸腾速率较大，6月达最大值6.87 mmol/m² · s，之后不断减小，落叶时蒸腾速率降至最低值1.57 mmol/m² · s；柠条蒸腾速率日变化基本呈双峰型，峰值分别出现在11：00和15：00，蒸腾速率分别为6.18 mmol/m² · s，7.99 mmol/m² · s，波谷在13：00，此时蒸腾速率减小，蒸腾出现明显午休现象。土壤充分供水下光照强度、气温和相对湿率是影响柠条蒸腾速率的气象因子，湿润空气中柠条蒸腾速率相对较小，空气相对湿度日变化呈正态变化，与柠条叶片蒸腾速率呈负相关。同一天中柠条蒸腾速率与气温的变化趋势基本一致，7：00气温较低，柠条蒸腾速率最低，随气温升高，蒸腾速率增大，在11：00和15：00达到峰值。土壤贮水量日变化与柠条蒸腾速率日变化间存在显著负相关（r=-0.812），7：00蒸腾速率最小时柠条消耗土壤水较小，土壤含水量较高，随柠条蒸腾速率增加，土壤含水量在中午降至最小值，之后柠条蒸腾速率减小，土壤含水量升高。

参考文献

［1］周平，李吉跃，招礼军.北方主要造林树种苗木蒸腾耗水特性研究.北京林业大学学报，2002，24（5/6）：50-55.

［2］魏天兴，朱金兆，张学培.林分蒸腾耗水量测定方法评述.北京林业大学学报，1999，21（3）：85-91.

［3］王孟本，李洪建，柴宝峰.柠条（Caragana korshinskii）的水分生理生态学特性.植物生态学报，1996，42（6）：494-501.

［4］王孟本，李洪建.柠条林蒸腾状况与土壤水分动态研究.水土保持通报，1990，10（6）：85-90.

［5］裴保华，周宝顺.三种灌木林地水分平衡研究.林业科学研究，1993，6（6）：597-601.

［6］李代琼，吴钦孝，刘克俭，等.宁南沙棘、柠条蒸腾和土壤水分动态研究.中国水土保持，1990（6）：29-32.

（2004.06.30发表于《中国生态农业学报》）

基于干旱胁迫的沙地柠条生理生态响应

王占军　蒋齐　刘华　潘占兵

摘　要：通过研究柠条对干旱胁迫的生理生态响应，从而为干旱风沙区柠条的抗旱机理及造林技术提供科学依据。采用正常水分处理（Control，CK）、轻度水分胁迫（Lightstress，T3）、中度水分胁迫（Mediumstress，T2）和重度水分胁迫（Severestress，T1）沙地柠条幼苗，对其生长性状、叶绿素含量、脯氨酸、酶活性和丙二醛（MDA）进行了测定，结果表明：随着水分胁迫时间的延长和胁迫程度的加重，苗高的相对增长量和平均生长速率均呈现下降的趋势。柠条在轻度水分胁迫时相对生长速率为无胁迫的72.73 %，而在严重胁迫下仅为对照的45.45 %。在严重胁迫处理的后半期，柠条则逐渐表现出叶片枯黄、卷曲等受胁迫的症状；最后8.5 %的柠条在胁迫的末期死亡。随着不同水分梯度的胁迫时间延长，严重胁迫和重度胁迫的叶绿素含量呈现先增加后降低的趋势，而无胁迫和轻度胁迫下叶绿素含量变化幅度不大，叶绿素a的含量初期表现为中度胁迫和严重胁迫的较高，后期严重胁迫叶绿素含量下降幅度最大，而叶绿素b在不同胁迫处理下均表现出先升高后下降的趋势。脯氨酸含量初期以轻度胁迫的较高，严重胁迫的脯氨酸含量较低，随着水分胁迫时间的延长严重胁迫处理脯氨酸含量明显上升，且在后期含量一直保持最高水平；严重胁迫后期POD含量明显高于其他处理措施，丙二醛的含量后期严重胁迫的最高，其次为轻度胁迫和中度胁迫，无胁迫的最低。

关键词：柠条；干旱胁迫；生理生态响应

0　引言

当今，生态问题已成为世界各国普遍关注的重点问题，就中国西北干旱风沙而言，如何选择合适的抗旱造林树种进行植被恢复一直是人们关注的重点。在干旱条件下解决抗旱造林的技术问题，无论是从大的地区来看，还是从小范围的立地条件来看，都必须以适地适树为前提。要做到适地适树，一方面要研究造林地的土壤水分变化规律，根据不同的树种的要求，通过蓄水保墒的整地措施，改善立地的水分状况达到成活的目的，这方面工作已经做了很多。另一方面要根据不同的立地条件，在研究树木不同的生物学特性，特别是生理、生化指标的综合评价的基础上进行选择[1~2]，特别是在针对宁夏干旱风沙区的一些主要的适宜干旱地区的生态林的抗旱性的研究中就少之又少。为了进一步解决宁夏干旱地区生态治理问题，因此对耐旱树种的抗旱指标体系的研究工作已经成为一种客观的要求。研究通过不同干旱胁迫处理对柠条水分含量，植株高生长，丙二醛（MDA）含量，脯氨酸含量及叶绿素含量等生理生态指标，探讨干旱风沙区柠条对干旱胁迫的响应，为柠条的生态型形成和抗旱机理提供可靠的理论依据。

1 材料与方法

1.1 试验材料

供试材料来源于宁夏干旱风沙区柠条灌木林采摘种子，经苗圃育苗，取1年生植株为实验材料，于2007年5月15日移植到花盆中，待苗木完全恢复正常生长状况（6月5日）进行人工控制条件下的胁迫处理。

1.2 干旱胁迫的处理方法

实验设置对照（正常供水）和干旱处理，处理标准参照赵凤君硕士论文（2004年）和Hsiao.TC（1973年）相结合的办法，如表1所示，共设4个水分胁迫强度处理水平，分别为对照正常水分处理（Control，CK）、轻度水分胁迫（Lightstress，T3）、中度水分胁迫（Mediumstress，T2）和重度水分胁迫（Severestress，T1），即土壤含水量分别控制在田间持水量（17.18 %）的75 %~80 %、55 %~60 %、35 %~40 %、15 %~20 %。同一水分处理下所有苗木浇水量相同，设定苗木土壤水分等级后，用薄膜塑料覆盖，防止土壤水分的蒸发。每个处理水平设6个重复。用烘干和称重相结合的方法控制土壤含水量，每天下午六点向盆中用量杯补充消耗的水分，并记下消耗的水量。使各处理稳定在设定土壤含水量范围内，实验连续处理40天。在胁迫期间内间隔约10天于上午8：00~9：00取不同处理各树种中上部生长位点相近的叶片，用保鲜带装好置于放有冰块的保温壶中速带回试验室进行相应指标的测定，每个处理做3次重复。

1.3 测定指标及方法

土壤含水量、叶片相对含水量和水分饱和亏采用烘干称重法；叶片失水率（LWR）用自然干燥法，MDA、脯氨酸和叶绿素含量按张宪政等[3]方法测定。

表1　长期控水各水平土壤含水量变化范围对照表

处理水平	田间持水量（%）	容积含水量（%）	重量含水量（%）	土壤容重（g/cm³）
CK	75~80	20.36~21.72	12.86~13.74	1.58
T1	55~60	14.93~16.29	9.45~10.31	1.58
T2	35~40	9.50~10.86	6.01~6.87	1.58
T3	15~20	4.07~5.43	2.58~3.44	1.58

2　研究结果与分析

2.1　水分胁迫对各树种生长性状的影响分析

水分是苗木体内的重要组成部分，是苗木成活的基本条件之一。各树种苗木水分状况，不仅影响造林成活率，还对已成活苗木的代谢和当年的生长也有影响，由表2可见，苗木体内水分状况是影响造林成活率和保存率的关键因素。对于柠条来讲，在长期控水处理下，前期各处理对各树种影响在外部形态上表现差异不明显；在中度胁迫处理后期和严重胁迫处理的后半期，柠条则逐渐表现出叶片枯黄、卷曲等受胁迫的症状；最后8.5%的柠条，在胁迫的末期死亡。由此说明植物在不同水分胁迫处理下，各自的生长同外界环境的适应性存在着一定的差别。随着干旱时间的延长和干旱强度的增加，苗木会发生一系列的生理生化反应，如细胞膜相对透性增大，呼吸强度减弱，叶片水势降低，相对含水量减少，pH值改变，破坏了离子平衡，酶失活，代谢失调，最终导致植株伤害甚至死亡。

表2　长期控水干旱胁迫下柠条胁迫症状调查表

胁迫水平	7月5日	7月15日	7月25日	8月10日	成活率（%）
CK	正常	正常	正常	正常	100
T1	正常	正常	正常	正常	100
T2	正常	正常	正常	部分叶片颜色发黄	100
T3	正常	正常	部分叶片发黄	部分叶片颜色发白	85~90

2.2　水分胁迫对苗高的影响

环境胁迫对植物体的影响是多方面的，但最终都体现在植物的生长和发育上[4]。

由表3可知，随着水分胁迫时间的延长和胁迫程度的加重，苗高的相对增长量和平均生长速率均呈现下降的趋势。柠条在轻度水分胁迫时相对生长速率为无胁迫的72.73 %，而在严重胁迫下仅为对照的45.45 %；柠条在不同水分胁迫处理下，植物生长量的变化幅度较小，因此显示出较强的抗旱性。

表3 不同水分胁迫水平下苗木相对增长量、生长速率和抗旱系数

处理水平	7月5日		7月15日		7月25日		8月5日		C (cm)	DC (%)
	A (cm)	B (cm/d)	A (cm)	B (cm/d)	A (cm)	B (cm/d)	A (cm)	B/(cm/d)		
CK	1	0.1	0.5	0.05	0.8	0.08	0.2	0.02	2.5	45.45
T1	1.2	0.12	0.3	0.03	1.2	0.12	0.2	0.02	2.9	52.73
T2	1.5	0.15	0.2	0.02	1.3	0.13	1	0.1	4.0	72.73
T3	2.2	0.22	0.6	0.06	0.9	0.09	1.8	0.18	5.5	

注：A（相对增长量）=第n次测量的苗高−第（n−1）次测量的苗高；B（生长速率）=A/10；C（增长量）=第4次测量的苗高−第1次测量的苗高；DC（抗旱系数）=100×（处理的苗高增长量/对照的苗高增长）。

2.3 水分胁迫下叶绿素总含量的变化

叶绿素存在于植物的各种器官和组织中，叶片叶绿素的含量可在一定程度上反映叶片的光合能力[5]，用水分胁迫下叶绿素含量的变化，可以指示植物对水分胁迫的敏感性，叶绿素a和叶绿素b是植物叶绿素的两种非常重要的色素，叶绿素a的功能主要是将汇聚的光能转变为化学能进行光化学反应，而叶绿素b则主要是收集光能，有研究表明，叶绿素a/b比值下降的程度也可评定作物品种的抗旱性[6-7]。从表4可以知道，柠条在不同水分胁迫处理下，初期表现为叶绿素a的含量中度胁迫和严重胁迫的较高，干旱后期严重胁迫叶绿素含量下降幅度最大，而叶绿素b在不同胁迫处理下均表现出先升高后下降的趋势，但各处理间的变化幅度不一致，且在不同胁迫处理初期以严重胁迫和无胁迫较高，在干旱后期以轻度胁迫和中度胁迫较高。柠条在不同水分胁迫初期，以中度胁迫和重度胁迫叶绿素含量较高，随着不同水分梯度的胁迫时间延长，严重胁迫和重度胁迫的叶绿素含量呈现先增加后降低的趋势，而无胁迫和轻度胁迫下柠条的叶绿素含量随时间的延长变化幅度不大，这可能是由于植物叶片在干旱失水的情况下导致鲜重减少引起叶绿素含量的增加。

表4　水分胁迫对叶绿素a和b含量影响

处理	日期	Chla	Chlb	Chla/b
CK	7.5	0.97	0.353	2.749
	7.15	1.025	0.363	2.824
	7.25	0.856	0.32	2.676
	8.5	0.467	0.147	3.187
T1	7.5	0.783	0.254	3.087
	7.15	1.111	0.462	2.405
	7.25	1.09	0.411	2.652
	8.5	1.145	0.324	3.539
T2	7.5	1.114	0.34	3.272
	7.15	1.078	0.419	2.570
	7.25	1.044	0.397	2.631
	8.5	0.674	0.199	3.388
T3	7.5	1.119	0.366	3.059
	7.15	0.666	0.31	2.148
	7.25	1.344	0.493	2.728
	8.5	0.872	0.265	3.296

2.4　水分胁迫对内渗透调节物质及POD活性的影响

植物遭受逆境胁迫后，体内脯氨酸含量越高，抗逆能力越强，这一结论适合于大多数植物，但也有少数植物在逆境条件下，脯氨酸含量变化不大[8]。由图1、图2可知，柠条在水分胁迫初期以轻度胁迫的脯氨酸含量较高，严重胁迫的脯氨酸含量较低，其他处理措施差异不显著，随着不同水分胁迫处理下时间的延长，严重胁迫处理脯氨酸含量明显上升，且在后期含量一直保持最高水平，其次为中度胁迫，最低的为无胁迫和轻度胁迫，且它们之间的差异很小。不同水分梯度胁迫处理下初期的POD含量以无胁迫的最高，其他处理间POD的含量差异不显著，当旱化胁迫时间延长到40天时，严重干旱条件下的POD含量明显高于其他处理措施，而其他处理措施下的POD含量变化不大，由此说明柠条在随着干旱胁迫的严重，脯氨酸作为植物在渗透胁迫下一种无毒的渗透调节剂，在细胞质内的大量积累，迅速降低细胞的水势，并在高渗环境中获取水分；在受到逆境胁迫的细胞内，能够保护酶的空间结构，稳定膜系统，参与叶绿素合成，提高植物抗性，这是植物在干旱胁迫下自身的

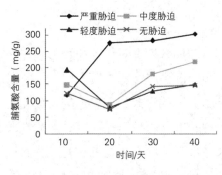

图1 柠条在不同水分胁迫下脯氨酸含量变化

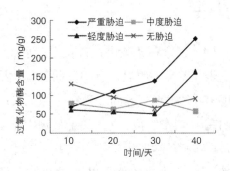

图2 柠条在不同水分胁迫下POD含量变化

对外界环境的性适应的结果，也说明柠条在干旱胁迫下其适应性很强。

2.5 水分胁迫对丙二醛含量的影响

植物在逆境条件下，往往发生膜质过氧化作用，丙二醛（MDA）是脂质过氧化的主要产物之一，其含量可以反映植物遭受伤害的程度，它可与细胞膜上的蛋白质、酶等结合、交联使之失活，从而破坏生物膜的结构与功能，是有细胞毒性的物质，对许多生物大分子均有破坏作用，人们常以MDA作为判断膜质过氧化作用的一种主要指标[9~10]。由图3可以看出柠条在水分胁迫下，与对照（无胁迫处理）相比，在控水初期，各处理之间丙二醛含量的差异不显著，当随着不同胁迫处理时间的延长，在后期严重胁迫的丙二醛的含量最高，其次为轻度胁迫和中度胁迫，对照的最低。由此可以看出柠条在后期MDA含量下降，这与树种在后期SOD活性上升有关，因此植物在干旱胁迫后期，通过一定的调节机制来缓解水分胁迫所带来的伤害，均表现出较强的抗旱性。

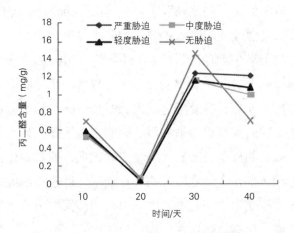

图3 柠条在不同水分胁迫下丙二醛含量变化

3 讨论

3.1　对于柠条来讲，在长期控水处理下，前期各处理对柠条树种影响在外部形态上表现差异不明显；在中度胁迫处理后期和严重胁迫处理的后半期，柠条则逐渐表现出叶片枯黄、卷曲等受胁迫的症状；最后8.5 %的柠条，在胁迫的末期死亡，这说明在干旱条件下，高生长量是树木抗旱育种的重要选择指标。但对于树木来说，仅根据苗期的生长，特别是盆栽苗的生长来进行选种是不一定可靠的。然而将胁迫条件下和非胁迫条件下苗木的生长相比较，则能较好地反映出植物对干旱的适应能力。

3.2　柠条随着不同水分梯度的胁迫时间延长，严重胁迫和重度胁迫的叶绿素含量呈现先增加后降低的趋势，而无胁迫和轻度胁迫下柠条的叶绿素含量随时间的延长变化幅度不大，初期表现为叶绿素a的含量中度胁迫和严重胁迫的较高，干旱后期严重胁迫叶绿素含量下降幅度最大，而叶绿素b在不同胁迫处理下均表现出先升高后下降的趋势，但各处理间的变化幅度不一致，且在不同胁迫处理初期以严重胁迫和无胁迫较高，在干旱后期以轻度胁迫和中度胁迫较高。这可能是由于柠条在干旱胁迫过程中，中度和重度水分胁迫处理后植物为减少逆境伤害增加渗透调节的作用，而积累了大量的脯氨酸，脯氨酸的积累会促进叶绿素的合成。随着干旱胁迫时间的增加40天后，在严重干旱胁迫下，干旱首先限制了单叶面积的扩大、叶片变厚、比叶重增加的结果（姬谦龙，2001）导致叶绿素含量又急剧下降。

3.3　分胁迫初期以轻度胁迫的脯氨酸含量较高，严重胁迫的脯氨酸含量较低，其他处理措施差异不显著，随着不同水分胁迫处理下时间的延长严重胁迫处理脯氨酸含量明显上升，且在后期含量一直保持最高水平，其次为中度胁迫，最低的为无胁迫和轻度胁迫，且它们之间的差异很小。不同水分梯度胁迫处理下初期的POD含量以无胁迫的最高，其他处理间的POD含量差异不显著，随着不同水分胁迫梯度的旱化时间的延长，当干旱40天时，严重干旱的条件下的POD含量明显高于其他处理措施，而其他处理措施下的POD含量变化不大，柠条在水分胁迫下，与对照（无胁迫处理）相比，在控水初期，各处理之间丙二醛含量的差异不显著，当随着不同胁迫处理时间的延长，在后期严重胁迫的丙二醛的含量最高，其次为轻度胁迫和中度胁迫，对照的最低。说明柠条在随着干旱胁迫的加重，脯氨酸作为植物在渗透胁迫下一种无毒的渗透调节剂，在细胞质内的大量积累，迅速降低细胞的水势，并在高渗环境中获取水分；在受到逆境胁迫的细胞内，能够保护酶的空间结构，稳定膜系统，参与叶绿素合成，提高植物抗性，这是植物在干旱胁迫下自身的对外界环境的适应的结果，也说明在轻度胁迫和中度胁迫下，由于植物自身的抗旱性能较强，并没有引起植物体内的自由基伤害防护酶的破坏，而当严重胁迫下，由于植物体内的自由基伤害防护酶的加强或者是植物体内丙二醛含量的增加对植物自身调节系统造成了破坏。从而植物体内通过POD活性的增强，来消除自由基的伤害或丙二醛氧化酶的伤害，达到适应干旱胁迫的目的。

参考文献

[1]李古跃.植物耐旱性及其机理[J].北京林业大学学报，1991，13（3）：92-97.

[2]张宪政，陈凤玉，王荣富.植物生理学实验研究技术[M].沈阳：辽宁科学技术出版社，1994.

[3]徐文铎，郑元润.沙地云杉苗期生长与干物质生产关系的研究[J].应用生态学报，1993，4（1）：1-6.

[4]戴建良，王芳，何虎林，等.侧柏不同种源对水分胁迫反应的初步研究[J].甘肃林业科技，1997，（2）：1-7.

[5]徐小牛.水分胁迫对三桠生理特性的影响水分胁迫对三桠生理特性的影响[J].安徽农业大学学报，1995，22（1）：42-47.

[6]徐文铎，李维典，郑沅.内蒙古沙地云杉分类的研究[J].植物研究，1994，14（1）：59-68.

[7]高武军，李书粉.植物抵御非生物胁迫的内源性保护物质及其作用机制[J].植物生理学通讯，2006，42（2）：337-342.

[8]李晶，阎秀峰，祖元刚.低温胁迫下红松幼苗活性氧的产生及保护酶的变化[J].植物学报，2000，42（2）：148-152.

[9]赵世杰，许长成.植物组织中丙二醛测定方法的改进[J].植物生理学通讯1994，30（3）：207-210.

[10]王爱国，邵从本.作为植物脂质过氧化指标的探讨[J].植物生理学通讯，1986，（2）：49-53.

（2009.12.5发表于《中国农学通报》）

宁夏毛乌素沙地不同密度柠条林对
土壤结构及植物群落特征的影响

王占军　蒋齐　潘占兵　王顺霞　张虎

摘　要：通过对种植不同密度的柠条对退化草原恢复效应的研究，结果表明随着柠条带间距的增加，土壤的物理性质得到极大的改善，容重逐渐减小，土壤的毛管孔隙度、总孔隙度、透气性、排水能力呈增加的趋势，其中10 m带距的增幅最大。植被恢复后柠条带间土壤水分呈现10 m>7 m>对照>4 m的趋势。建立柠条林后随着植物种类的增加，个体重要值相对下降，各项生态指数不断升高。说明随着带间距的增加，群落结构在逐渐发生变化，使原来的荒漠化群落结构变得相对复杂并逐渐向稳定阶段发展。

关键词：毛乌素沙地；柠条；土壤特性；群落特征

　　沙漠化是土地退化最严重的形式之一[1]。沙漠化过程中土壤和植被都会发生明显的变化。对于一个严重退化的生态系统，要想从根本上解决现实问题，只有在生态效应方面进行研究搞好植被建设[2]，其恢复程度，可以通过土壤肥力和物种的多样性的恢复两个方面进行表征[3]。地处毛乌素沙漠西南部的草原区由于常年干旱少雨、多风沙使得该地区成为典型的严重退化草原区。通过在该地区种植不同密度的柠条林的恢复措施来研究土壤的物理变化以及植物群落的演替。旨在从土壤结构以及植被变化角度探索严重退化草原区生态系统恢复机理。

1　研究地区自然概况

　　研究地位于宁夏毛乌素沙地西南边缘。北纬37° 47′ ~38° 40′，东经106° 42′ ~107° 45′，该地区干旱少雨，风多沙大，光热资源丰富。年均气温7.7 ℃，年日照时数2867.9 h，无霜期145 d，年降水量小于300 mm，且主要集中在

7日、8日、9日3个月，约占全年降水量的60 %以上，蒸发量是降水量的7倍，年均风速为3.2 m/s，年均大风日数为28 d，沙暴日数22 d。该地区总面积28.124万hm²，地貌类型复杂，生态环境恶劣，沙漠化危害严重，草场退化，天然植被从东到西由典型草原逐渐过渡到荒漠草原，土质差，相应的土壤由普通灰钙土变为淡灰钙土。除此，还有风沙土、盐碱土等隐域土类。植物组成以白草、沙蒿（*Artemisiaarenaria*）、猪毛菜（*Salsolacollina*）、披针叶黄华（*Thermopsis*）等适应沙区生长的沙生植物为主。

2 试验地选择，研究内容及方法

2.1 试验地的选择

选择该地区柠条林龄为18 a的种植密度分别为3300丛/hm²（4 m带间距）、2500丛/hm²（7 m带间距）、1660丛/hm²（10 m带间距）土壤和植被为研究对象，同时以同一地貌部位荒地作为对照对土壤理化性质变化规律以及柠条带内的植被群落结构进行分析研究。

2.2 研究内容

研究内容包括如下几个方面：（1）土壤容重；（2）总孔隙度，毛管孔隙度，非毛管孔隙度；（3）土壤透气度，排水能力；（4）植被的盖度、频度、密度、高度以及重要值。

2.3 研究方法

（1）土壤取样。土壤取样从4月到10月每个月在不同带距每个剖面按0~20 cm、20~40 cm、40~60 cm、60~80 cm、80~100 cm 5个层次随即取样3个重复分析结果，最后取平均值。（2）物理性能测定环刀法。（3）调查样方选择柠条的不同种植年份1985年、1992年、1997年以10 m带距为研究对象。对各样地随机抽取6个1×1 m（6次重复）的样方进行测定。（4）群落中植物种的重要值：根据调查样方测得植物盖度频度、密度、以及平均高度，计算各种群的重要值。

3 结果与分析

3.1 土壤的物理性状是土壤持水性能的重要体现，土壤总孔隙度，毛管孔隙度和非毛管孔隙度综合反映了透水持水能力和基本物理性能，土壤透气度、排水能力反映了土壤的保水能力及土壤透气性。通常土壤容重越小、孔隙度就越大，土壤持水量就越大；从土壤保水性能来看，毛管孔隙中的水可长时间保存在土壤中，主要用于植物根系吸收和土壤蒸发，而非毛管孔隙中的水可以及时排空，更有利于水分的下渗[4]。

表1 柠条不同种植密度对土壤物理性状的影响

立地类型	土层（cm）	容重（g/cm³）	非毛管孔隙度（%）	毛管孔隙度（%）	总孔隙度（%）	土壤透气度（%）	最佳含水量（mm）	排水能力（mm）
4 m 带距	0~20	1.53	5.61	36.12	41.73	39.29	9.48	69.91
	20~60	1.30	9.58	37.87	47.45	34.86	12.41	77.18
	60~100	1.44	6.49	36.18	42.67	37.38	14.92	64.03
7 m 带距	0~20	1.50	7.79	34.30	42.09	39.51	33.23	36.71
	20~60	1.40	6.16	43.39	49.55	38.62	18.91	72.08
	60~100	1.35	8.01	39.72	47.73	38.82	16.79	71.49
10 m 带距	0~20	1.48	7.37	36.92	44.29	41.74	13.81	68.85
	20~60	1.20	14.19	40.47	54.65	40.77	23.57	75.63
	60~100	1.53	10.20	30.46	40.67	29.30	17.90	55.76
对照	0~20	1.31	6.72	43.08	49.79	30.46	19.70	25.76
	20~60	1.52	5.25	33.73	38.98	22.40	12.84	22.28
	60~100	1.51	6.73	33.42	40.16	31.14	12.73	25.27

　　由于植被根系和柠条根主要分布在20~60 cm土层，由表1可知，在该层种植不同密度柠条土壤容重均比对照低；在20~60 cm土层柠条10 m、7 m、4 m带距容重分别比对照低20.58 %、8.4 %、14.1 %；总孔隙度10 m、7 m、4 m均比对照高40.12 %、27.51 %及21.96 %；毛管孔隙度比对照分别高19.26 %、29.53 %、12.72 %。0~100 cm柠条10 m、7 m、4 m，土壤透气度比对照高32.25 %、41.36 %、48.17 %；排水能力10 m、7m、4 m比对照高158.2 %、187.2 %、180.53 %说明4 m、7 m、10 m带距柠条种植均改善了土壤物理结构，明显增加土壤透水性及保水能力，有利于水分下渗，减少地表径流的冲刷，而且10 m带距的改善尤为突出。

　　3.2　在干旱半干旱草原区，水分是植物生存、分布和生长的一个重要限制因子，是决定生态系统结构与功能的关键因子[5, 6]。土壤贮水量的月变化由图1、2、3、4可知，柠条10 m带距20~100 cm土层的贮水量最高，7 m带距次之，4 m带距和对照的土层贮水量最差。各带距贮水量季节变化一般出现2个高峰。第一高峰出现在4月，该时期从前一年10月下旬开始，植物枝叶枯萎，土壤水分散失减少，加之土壤

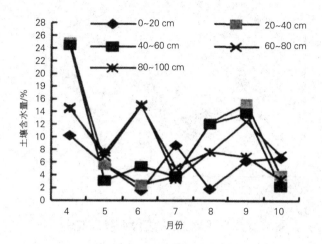

图1　柠条10 m带距不同土层土壤含水量月变化

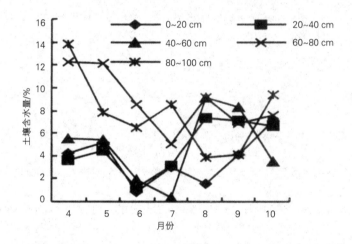

图2　柠条7 m带距不同土层土壤含水量月变化

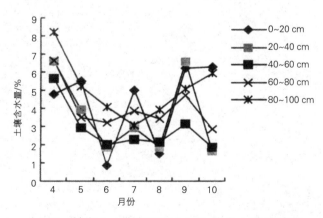

图3　柠条4 m带距不同土层土壤含水量月变化

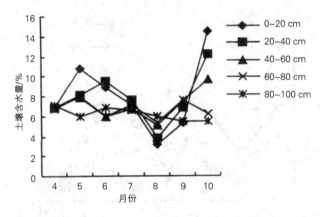

图4 对照不同土层土壤含水量月变化

冻结的作用，使得水分逐渐恢复积累，而对照第一个高峰期在5月，其原因是对照地植被基本为一年生植物，生育期比各柠条带距内多年生富的矿藏和水利势能，为国民经济建设做出巨大贡献。快速地恢复采金剥离物的植被是治理水土流失、保护生态环境和保持资源可持续利用的最有效手段。

参考文献

［1］刘建军，等.延安市张梁区退耕地植被自然恢复与多样性变化［J］.西北林学院学报，2002，（3）：8–11.

［2］王改玲，等.安太堡露天煤矿排土场植被恢复的主要限制因子及对策［J］.水土保持研究，2002，9（3）：38–40.

［3］杨富裕，等.藏北高寒退化草地植被恢复过程的障碍因子初探［J］.水土保持通报，2003，23（8）：17–19.

［4］傅沛云.东北植物检索表［M］.北京：科学出版社，1995.

［5］唐庭棣.大兴安岭药用资源［M］.哈尔滨：哈尔滨出版社，2001.

［6］王晓辉，等.黑河地区林业生态工程构建技术［J］.东北林业大学学报，2003，31（5）：57–58.

（2005.12.30发表于《水土保持研究》）

柠条不同种植密度对植物群落稳定性的研究

王占军 李生宝 蒋齐 潘占兵

摘 要：针对毛乌素沙地柠条不同种植密度对植物群落稳定性的影响，选择不同种植密度和自然恢复地进行研究对比。结果表明：自然恢复地以狗尾草、虫实、猪毛菜为主要优势种，建植柠条后，种植密度为1660丛/hm²的带间草本植物的重要值发生了很大的变化。多年生的植物种草木犀状黄芪、白草开始侵入并逐步成为优势种。种植密度为2490丛/hm²的带间草本植物则逐步演替为白草、沙蒿为主的植物群落。群落的植被覆盖度则以2490丛/hm²、1660丛/hm²的较高，分别达到了86.17 %、80.33 %；3330丛/hm²最低为64.17 %，比自然恢复地低13.28 %。通过对种植不同密度柠条林各样地群落种百分数与累积相对频度比值的计算，发现种植密度为2490丛/hm²、1660丛/hm²样地群落种百分数与相对累加频度比值最接近20/80的稳定点。可以看出随着柠条带间距的增加柠条带内的植物群落更加趋于稳定。

关键词：毛乌素沙地；植物群落；稳定性

沙漠化是土地退化最严重的形式之一[1]。恢复与重建植被是荒漠化综合防治中最主要和最基本的措施。植物群落是生态系统维持相对稳定的基础，生态系统的稳定性很大程度上取决于植物群落对干扰的抵抗力和自我修复能力。因而群落或系统的稳定性和可持续性是评价植被恢复成功与否的重要标志[2, 3]。地处中国北方农牧交错带的宁夏毛乌素沙地，由于沙化较为严重，多年来在该地区种植柠条以成为治理生态环境的有效措施。本文通过研究不同种植密度的柠条林带间的植物群落的特征及稳定性，旨在从植物群落稳定角度，探索退化沙地恢复机制和沙漠化逆转过程。

1 研究地区与方法

1.1 研究地区的自然概况

研究地位于宁夏盐池县北部毛乌素沙地西南边缘。此地干旱少雨，风多沙大，光热资源丰富，年均气温7.7 ℃，年降水量250~300 mm，且主要集中在7月、8月、9月3个月，约占全年降水量的60％以上，年均风速为3.0 m/s。该地区总面积28.124万hm²，地貌类型复杂，土质差，有梁地、坡地、滩地、盐碱地、平地及沙丘地，流动沙地与村庄、草场、农田相互交错，地带性土壤为灰钙土，非地带性土壤主要是风沙土和盐碱土，沙漠化危害严重，草场退化较为严重。植物组成以白草、沙蒿（*Artemisia arenaria*）、猪毛菜（*Salsola collina*）、披针叶黄华（*Thermopsis Lanceolata*）等适应沙区生长的沙生植物为主。

1.2 研究内容及方法

2002年，选择该地区柠条林龄为18 a的种植密度分别为3300丛/hm²（4 m带间距）、2490丛/hm²（7 m带间距）、1660丛/hm²（10 m带间距）植被为研究对象，同时以自然恢复地作为对照对柠条带内的植被群落结构及稳定性进行分析研究。根据柠条带距种植宽度不同，每月中旬分别对4 m、7 m、10 m带距和自然恢复地（对照）进行随机抽样，选取1 m×1 m样方；设置6个重复。调查记录内容主要包括：草本植物的密度、频度、高度、覆盖度和生物量。草群盖度采用针刺法；频度采用样圈法测定。

群落中植物种的重要值：根据调查样方测得植物盖度、频度、密度以及平均高度，计算各种群的重要值。

IV=（相对株高+相对盖度+相对密度+相对频度）/400

稳定性测定方法：它是由所研究的植物群落中所有种类的数量和这些种类的频度进行计算。首先把所研究群落中不同种植物的频度测定值按由大到小的顺序排列，并把植物的频度换算成相对频度，按相对频度由大到小的顺序逐步累积起来，然后将整个群落内植物种类的总和取倒数，按着植物种类排列的顺序也逐步累积起来，由对应的结果可以看出百分之多少的种类占有多大的累积相对频度。

2 结果与分析

2.1 不同种植密度柠条林的植被特征

植被恢复与重建是生物因素与非生物因素共同作用的一个复杂的生态学过程[4]。在对退化生态系统进行植被恢复过程中，植物种类数和个体数量都会明显地增加，使多样性的增加，从而影响到生态系统[2]。由于人工柠条林的建立，有效地削弱风速和抑制沙粒的移动，使土壤环境得到改善，疏松的土壤为植物的入侵和生长创造了条件，一些一年生的先锋植物首先侵入，随着柠条龄林的增加，物种数量、植被盖度增加，使得林带间的草本植物群落经历了由简单到复杂的演变过程。从表1可以看出在未种植柠条的自然恢复地，植被群落以虫实、狗尾草、猪毛菜为主要建群种。群落种的总数为10种，建植柠条后，种植密度为1660丛/hm²的带间草本植物的重要值发生了很大的变化。多年生的植物种草木樨状黄芪、白草开始侵入并逐步成为优势种。种植密度为2490丛/hm²的带间草本植物则逐步演替为白草、沙蒿为主的植物群落。种植密度为3330丛/hm²的柠条林由于种植密度过大，对土壤水分消耗过大，使得植被覆盖度低于自然恢复地。

表1　不同种植密度柠条林植物种类组成及重要值

种类	自然恢复地	3330丛/hm²	2490丛/hm²	1660丛/hm²
白草	0	48	60.63	19.25
沙蒿	4.29	12.88	18.79	7.82
草木樨状黄芪	0	0	0	29.27
苦豆子	2.47	9.81	8.4	7.97
牛枝子	0	0	0	6.77
狗尾草	34.04	20.96	0	5.76
赖草	0	0	5.67	0
牛心朴子	3.56	0	0	7.13
虫实	35.47	0	0	11.54
猪毛菜	10.03	3.85	3.01	0
披针叶黄华	5.81	0	0	0
地锦	1.95	0	0	0
乳浆大戟	0.73	0	0	3.08
砂珍棘豆	0.50	0	0	0
星状雾冰藜	0	2.09	2.33	0
阿尔泰狗娃花	0	0.84	0	0
狭叶山苦荬	0	2.40	0.78	0
糙影子草	0	0	0	1.40
总种数	10	8.00	7.00	10.00
总盖度	74	64.17	86.17	80.33

2.2 不同种植密度柠条林植被群落稳定性的评价

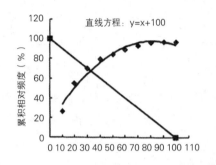

图1 CK样地群落种数与累加频度的关系

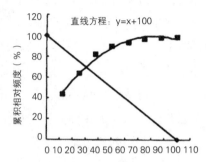

图2 1号样地群落种数与累加频度的关系

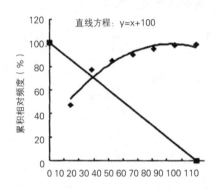

图3 2号样地群落种数与累加频度的关系

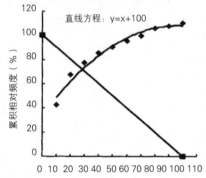

图4 4号样地群落种数与累加频度的关系

生态系统具备耗散结构特征，根据耗散结构理论，系统通过功能结构涨落之间的相互作用达到有序和谐。这里所谈及的"涨落"可视为是一种生态现象，是指系统在内部因子或外部因子的影响下偏离某一稳态的波动。涨落是触发生态序发生变化的杠杆，而生态序的改变势必引起生态稳定性的变化，因此涨落与系统的结构和稳定性密切相关。稳定性是指每一个生态系统经过扰动后，所有的考察对象都能回到扰动以前的状态，通常以数学方法或经验方法来度量，其中经验方法是建立一套与生态系统的结构、功能特征及环境特征有关的稳定性指标，来判断生态系统的相对稳定性[5]。将植物种类百分数同累积相对频度一一对应，画出散点图，并将各点以一条平滑的曲线连接起来，在两个坐标轴的100处连一直线，与曲线的交点即为所求点。根据这种方法，种百分数与累积相对频度比值越接近20/80群落就越稳定，在20/80这一点上是群落的稳定点。图1、2、3、4分别代表自然恢复地、3300丛/hm²（4 m带间距）、2490丛/hm²（7 m带间距）、1660丛/hm²（10 m带间距）样地群落种数与相对累加频度之间的关系。可以看出它们之间的关系的拟合曲线与直线方程$Y=-X+100$的交点为各样地群落的稳定点。

表2　不同植被类型群落的稳定性

样地	回归方程	相关性R种数与累积频度比值
自然恢复地	$y=-0.0125x^2+2.0444x+14.429$	0.966832.41/67.58
3330丛/hm²	$y=-0.0109x^2+1.8019x+25.116$	0.98230.3/69.7
2490丛/hm²	$y=-0.0098x^2+1.6369x+31.117$	0.945729.31/70.69
1660丛/hm²	$y=-0.0081x^2+1.5398x+34.475$	0.970528.37/71.63

为了准确得到稳定点种的百分数与累积相对频度的比值，在绘制散点图及曲线平滑的过程中，首先建立数学模型，模拟散点图平滑曲线，平滑曲线模拟模型为：$y=ax^2+bx+c$与直线方程：$y=100-x$根据研究情况，交点 x 轴的坐标应大于0小于100，这样可以客观地求出交点坐标，并可实现计算程序的自动化处理。表2显示柠条不同种植密度和自然恢复地的群落种数和累加频度关系的数学模型，看出群落种数和累加频度之间的相关性很好，相关系数均在0.94以上。运用建立的数学模型和直线方程Y=100-X进行求解得到种百分数与累积相对频度比值。可以看出自然恢复地种百分数与累积相对频度比值偏离20/80最大，说明自然恢复地的植被群落稳定性最差，随着柠条带间距的增加柠条带内的植物群落更加趋于稳定。通过对种植不同密度柠条林各样地群落种百分数与累积相对频度比值的计算，发现种植密度为2490丛/hm²（7 m带间距）、1660丛/hm²（10 m带间距）样地群落种百分数与相对累加频度比值最接近20/80的稳定点。说明柠条种植密度过大，植物群落的稳定性相对来说较差。一定程度减小柠条种植密度有利于带间植被群落稳定性的增加。

3　结论与讨论

宁夏毛乌素沙地通过建立不同种植密度的柠条林后，植被群落结构发生很大的变化，一些一年生的先锋植物首先侵入，随着柠条龄林的增加，物种数量、植被覆盖度增加，使得林带间的草本植物群落经历了由简单到复杂的演变过程。自然恢复地的狗尾草、虫实、猪毛菜为主要优势种，重要值分别达到了35.47 %、34.04 %、10.03 %。建林18 a时种植密度为3330丛/hm²（4 m带间距）植物群落以白草、沙蒿、狗尾草为主，重要值分别达到了48 %、20.96 %、12.88 %。2490丛/hm²（7 m带间距）则以白草、沙蒿为优势种，重要值分别达到了60.63 %、18.79 %。1660丛/hm²（7 m带间距）逐步演替为草木犀状黄芪、白草为主的优势种，重要值分别达到了29.27 %、19.25 %。群落的植被盖度则以2490丛/hm²（7 m带间距）、1660丛/hm²（10 m带间距）的较高，分别达到了86.17%、80.33%，3330丛/hm²（4 m带间距）最低为64.17%，比自然恢复地低13.28%。

通过对种植不同密度柠条林各样地群落种百分数与累积相对频度比值的计算，发现种植密度为2490丛/hm²（7 m带间距）、1660丛/hm²（10 m带间距）样地群落种百分数与相对累加频度比值最接近20/80的稳定点。可以看出随着柠条带间距的增加柠条带内的植物群落更加趋于稳定。

参考文献

[1]赵哈林，周瑞莲，张铜会，等.科尔沁沙地植被的统计学特征与土地沙漠化[J].中国沙漠，2004，24（3）：274-278.

[2]草成有，蒋得明，骆永明，等.小叶锦鸡儿防风固沙林稳定性研究[J].生态学报，2004，24（6）：1178-1185.

[3]草成有，朱丽辉，蒋得明，等.固沙植物群落稳定性机制的探讨[J].中国沙漠，2004，24（3）：274-278.

[4]苏永中，赵哈林，张铜会，等.科尔沁沙地不同年代小叶锦鸡儿人工林植物群落特征及其土壤特性[J].植物生态学报，2004，28（1）：93-100.

[5]张云飞，乌云娜，杨持，等.草原植物群落物种多样性与结构稳定性之间的相关性分析[J].内蒙古大学学报（自然科学版），1997，28（3）：419-423.

宁夏干旱风沙区柠条灌草生态系统和自然恢复草地土壤水分研究

徐荣　张玉发　潘占兵　郭永忠　左忠

摘　要： 在1997年（干旱年）和2002年（丰水年），在宁夏盐池县柳杨堡退化草地恢复和重建示范区，对11年生和16年生不同带距的柠条（*Caragana intermedia*）灌草生态系统以及自然恢复草地进行了整个生长季水分定位观测。从其土壤水分季节性动态、水分垂直分布及贮水量的动态变化几个方面进行了比较分析，以反映干旱风沙区退化草地恢复和重建过程中，不同改良措施下，草地生态系统水分恢复状况。

关键词： 干旱风沙区；柠条；灌草生态系统；自然恢复草地；土壤水分

土壤水分的含量对植物的生长而言是最大的限制因子，而且可能遏止沙漠化危害，在干旱条件下，水是影响环境变化的最重要因子。水的时空有效性是决定生态系统结构与动态的唯一重要因素[1]。土壤水分的含量对植物的生长而言是最大的限制因子，而且可能遏止沙漠化危害[2~5]。宁夏盐池是典型的干旱风沙区，草场风蚀、沙化，植被破坏严重，通过采用围栏封育和人工播种柠条造林技术，对天然草地进行植被恢复和重建的研究。形成了结构稳定、灌草有机结合的复合生态系统。通过1997年和2002年定位观测水分资料，研究土壤水分的变化特征对干旱风沙区草地植被恢复与重建提供科学依据，为西部大开发进行生态环境治理提供参考。

1　试验区自然概况

试验区选在宁夏盐池县北部柳杨堡乡，该区属于毛乌素沙地的西南缘，地处北纬37°40'，东经106°45'。在地质构造上属于鄂尔多斯台地，地面经过长期剥蚀，形成波状起伏的高原景观。海拔在1400~1500 m之间。上覆盖薄层黄土，下伏白砂岩。该区属于典型的中温带大陆性气候，年降水量在230~300 mm，而年际变化较大，干燥度3.1，潜在蒸发量2100 mm。年均气温7.6 ℃，≥10 ℃积温2945 ℃，无霜期120 d。类型属于荒漠草原，土壤属于淡灰钙土，此外，还有风沙土、盐碱土等隐域土类。

2　研究方法

1986年在柳杨堡乡建立了退化草地恢复和重建试验区，分自然恢复草地，人工种植柠条灌草草地，柠条为双行带状种植，株行距1 m×2 m，柠条种植密度分别为3330丛/hm²（带间距4 m）、2490丛/hm²（带间距7 m）和1665丛/hm²（带间距10 m）。

2.1　土壤水分的测定

在1997年4月至10月，采用土壤剖面法测定，每月测定一次，每20 cm为一层，每层重复三次，测定0~80 cm土壤重量含水量。

在2002年5月下旬至11月上旬，采用TDR时域反射仪（time to main reflectometry）法观测。每月上旬、中旬、下旬各测定一次，每20 cm为一层，测定深度0~100 cm。

3　观测年降水分配评价

为了便于评价当地的降水年型，按多年平均降水量上下各50mm分界划分[6]，1997年降水量为256.4 mm，为干旱年份；2002年降水量399.1 mm属于丰水年份。由图1可看出，2002年1~12月降水按月呈"双峰"型，两个峰值分别在6月和9月，降水量分别为111.9 mm和91.3 mm。1997年与多年平均降水量均呈"单峰"型，峰值均在7月份，为141.4 mm和79.1 mm。1997年和2002年生长季各月份的降水量与同期多年平均值相比较，1997年7月降水量高出多年平均值许多。其他各月份低于多年平均值。2002年生长季从4月到6月均高于平均值，但在植物生长旺季7月和8月却低于多

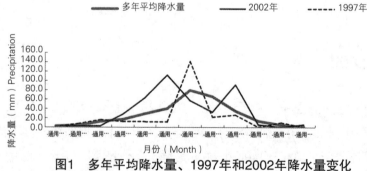

图1　多年平均降水量、1997年和2002年降水量变化

Fig.1　Changes of precipitation in 1997 and 2002 and average precipitation of many years

年平均值，给植物的生长带来一定的影响。9月出现了第二个峰值，为土壤蓄水的主要时期。

4 结果与分析

4.1 土壤水分的季节性动态

由图2、图3可以看出：1997年干旱年，4月、5月、6月降水量很低，但随着气温的上升总蒸发量增大，土壤含水量（干重 %）呈逐渐下降趋势。7月141.4 mm的降水

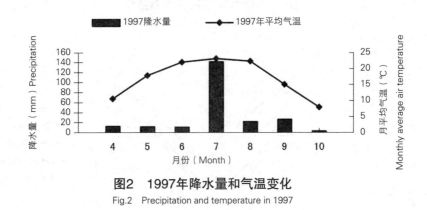

图2 1997年降水量和气温变化

Fig.2 Precipitation and temperature in 1997

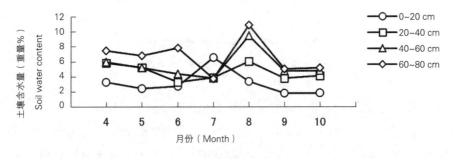

图3 1997年土壤水分季节性动态变化

Fig.3 Seasonal variations of soil water content in 1997

是全年降水量最多的月份。降水量的增大，只有0~20 cm土层土壤含水量呈现出上升趋势，20~80 cm土层的含水量并没因为降水量的增大而得到补偿，仍然呈下降的趋势。经过7月较大的降水对表层土壤湿度还是起到一定的湿润作用。8月降水量虽有下降，20~80 cm土层土壤含水量有所上升，由于7月较大的降水的入渗积累所致，0~20 cm表层，由于蒸发和降水的入渗，土壤含水量反而下降。9月以后，由于8月植物旺盛生长对根系主要集中分布层水分消耗，土壤水分呈下降趋势。总的来看，土

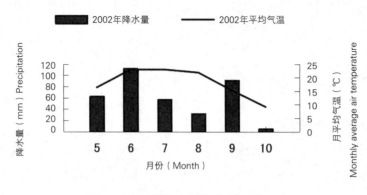

图4　2002年降水量和气温变化

Fig.4　Precipitation and temperature in 2002

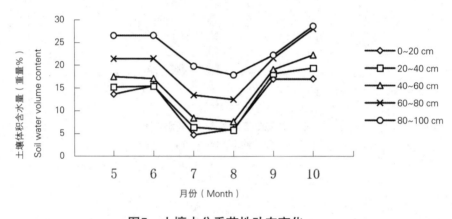

图5　土壤水分季节性动态变化

Fig.5　Seasonal variations of soil water content

壤含水量季节性动态变化可以认为是由于降水的季节分布差异所引起。

　　由图4、图5可以看出：2002年丰水年，5月，降水量较高，土壤水分含量保持在一个较高的水平。6月降水量为一年之中最高的时期，这时气温上升，总蒸发量大，植物开始进入生长旺盛期，通过雨季降水，土壤湿度可得到一定程度的补偿。0~100 mm各土层的含水量，维持在一个较高的水平。7~8月降水量相对较低，此时植物生长旺盛，加之气温高，是植物蒸腾的高峰阶段，正是植物需水高峰期，整个土层土壤湿度处于生长季中最低阶段。9月进入第二次降水高峰，此时，气温也相应下降，植物生长也由旺盛生长转入维持生长阶段。植物耗水量下降，土壤含水量呈上升的趋势。10月植物已几乎全部落叶，处于生长停滞阶段。经过雨季，降水入渗积蓄，土壤含水量继续保持上升的趋势。天然降水是盐池干旱风沙区土壤水分储量的唯一补给源。因此，草地生态系统的季节动态特征主要决定于年内降水的季节性变化。

4.2 不同类型草地生态系统土壤含水量的垂直变化

1997年干旱年，各类型草地土壤含水量垂直变化规律表现为：由上到下含水量逐渐增加，0~20 cm表层土壤含水量较低，在3 %~4 %，是由于土壤表层受气象因素的影响最大，受降水量和蒸发的影响所致。20~40 cm土壤含水量逐渐增加，在4.5 %~6.2 %。40~80 cm土壤含水量，各类型草地系统都有较大的增加（图6）。经方差分析，不同类型草地生态系统之间没有显著的差异。由此可见，11年生柠条灌草生态系统土壤水分状况受柠条密度的影响不明显。

2002年丰水年，各类型的草地，不同土层土壤含水量垂直分布发生了明显分异（图7）。10 m带距柠条灌草生态系统0~100 cm各土层土壤含水量均极显著高于4 m

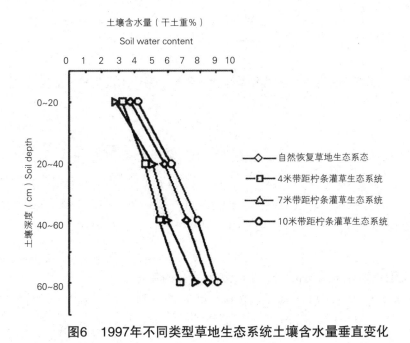

图6 1997年不同类型草地生态系统土壤含水量垂直变化

Fig.6 Vertical changes of soil water content in different grassland eco-systems in 1997

带距（$P<0.01$）。与7 m带距相比，20~40 cm土层土壤含水量极显著的高于7 m带距（$P<0.01$）；60~80 cm土层含水量显著地高于7 m带距（$P<0.05$）；40~60 cm和80~100 cm土层没有明显的差异。说明退化天然草地补播柠条，采用适宜的密度不仅可以提高植被盖度，增加生物量。而且有利于土壤结构的改良，增大蓄水能力。而密度过大，对土壤水分恢复不利。自然恢复草地，在0~60 cm，土壤水分含量与7 m带距差异不显著。在60~100 cm深层土壤，天然恢复草地土壤含水量显著地低于7 m和10 m带距。各类草地土壤水分垂直变化的总趋势为：从表层到深层土壤含水量递

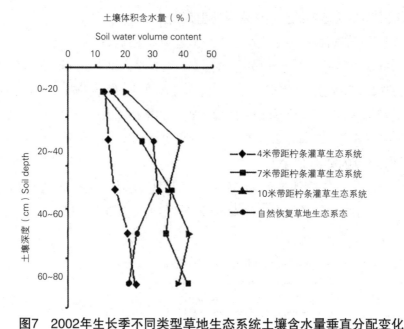

图7 2002年生长季不同类型草地生态系统土壤含水量垂直分配变化

Fig.7 Vertical variances of soil water of different grassland ecosystems during growth season in 2002

增。表层土壤水分含量低主要是由于沙土地表蒸发与入渗量较大的缘故。20~60 cm 土层含水量受植物根系吸水和降水的影响，由于降水的补偿，土壤湿度相对比表层大。60~100 cm土壤水分含量较高，主要是由于根系分布较少，受植物耗水的影响小，且该实验区100 cm以下为沙浆岩，对土壤水分入渗起阻隔作用，土壤水分下渗量少的缘故。

4.3 不同类型草地生态系统0~100 cm土壤贮水量的变化

土壤贮水量的变化反映了一定时段内一定土层土壤含水量的平衡状况。2002年土壤0~100 cm贮水量的动态变化（见图8），5月各类草地贮水量保持在一个较高的水平。10 m带距柠条灌草生态系统贮水量为最高值，极显著地高于其他各类草地（$P<0.01$）。6月8日63.0 mm特大降水和6月21日29.2 mm的较大降水。使6月各类草地贮水量继续保持在一个较高的水平，而各类草地之间的贮水量仍有显著的差异。10 m带距贮水量极显著地高于其他各类草地（$P<0.01$）；7 m带距和自然恢复草地贮水量无显著的差异；4 m带距贮水量显著地低于其他各类草地。7月由于降水量减少，气温升高，植物蒸腾较强，土壤水分蒸发量增大，土壤贮水量下降。但不同类型的草地下降幅度不同。4 m带距土壤贮水量下降最多，7 m带距和自然恢复草地下降幅度大于10 m带距。这是由于4 m带距柠条灌草生态系统柠条密度过密，植物蒸腾耗水强烈，根系吸水损失量大的原因。方差分析结果表明：10 m带距贮水量极显著地高于

其他各类草地（*P*<0.01）；4 m带距极显著低于其他各类草地贮水量（*P*<0.01）；7 m带距和自然恢复草地无明显的差异。8月降水量的继续减少，气温却维持在较高水平，草地群落中主要植物种类处于结实期，正是生理需水旺盛期，植物耗水增加。而且，土壤水分得不到降水的补偿，土壤贮水量明显地下降了。8月各类草地贮水量方差分析结果表现出极显著的差异（*P*<0.01）。9月降水量增加，特别是9月4日的42.7 mm大降水和9月12日15.2 mm的降水，各类草地贮水量上升幅度都很大。10 m带距土壤贮水量最高，极显著地高了4 m带距（*P*<0.01），显著地高于自然恢复草地土壤贮水量（*P*<0.05），与7 m带距差异不显著。7 m带距和自然恢复草地土壤贮水量之间没有显著的差异。10月经过雨季，由于降水入渗补偿，各类草地土壤贮水量达到生长季最大峰值，差异达到了极显著水平（*P*<0.01）。是由于大部分植物已落叶，达到生理贮水最低点，加之气温下降，地表蒸发减弱所致。

5　结论

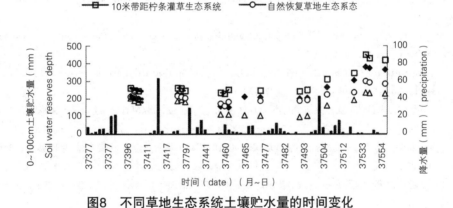

图8　不同草地生态系统土壤贮水量的时间变化

Fig.8　Changes of soil water reserves of different grassland ecosystems

5.1　土壤含水量的垂直分布规律为，柠条灌草生态系统和自然恢复草地生态系统，从表层到深层土壤含水量递增。

5.2　建立11年（1997年，干旱年份）和16 a（2002年，丰水年）的柠条灌草生态系统土壤水分测定结果表明，土壤水分的季节性动态变化受降水量的影响。李新荣等研究表明[7]，固沙植被建立初期，其土壤水分因受降水的影响而季节变化明显，之后趋于不明显。

5.3 11年生不同密度柠条灌草生态系统和自然恢复草地间，0~100 cm各土层含水量没有显著的差异。16 a生不同密度柠条灌草生态系统和自然恢复草地间，各层土壤含水量具有显著的差异。可以认为，柠条建立11年对土壤水分没有显著的影响，随柠条年龄的增长对土壤水分影响显著。

5.4 10 m带距（1665丛/hm²）16 a生柠条灌草生态系统，0~100 cm土壤贮水量最高，土壤水分状况明显地优于4 m、7 m带距柠条灌草生态系统和自然恢复草地生态系统。蒋谨等人研究结果也表明[8]，随固沙植物年龄的增长，其所需的营养面积增大，单位面积的沙地要求更低的密度。因此，宁夏盐池典型干旱风沙区，在退化草地的恢复与重建过程中，采用人工补播柠条进行天然草场改良，10 m带距柠条灌草生态系统（1665丛/hm²），在增大植被覆盖度、生物量的同时，土壤水分也得到了恢复，可作为退化草地恢复和重建及实现农业可持续发展的主要措施。

参考文献

[1] Selaoe.Long-ermsoilwaterdynamicsintheshortgrasssteppe [J].Ecology，1992，739（4）：1175-1181.

[2] NishMS，WierengaPJ.Timeseriesanalysisofsoilmoistureandrainalongalinetransectinaridrangeland [J]. SoilScience，1991，（152）：189-198.

[3] BerndtssonR，NodomiK.Soilwaterandtemperaturepatternsinanaeiddesertdunesand [J].JournalofHydrology，1996，（185）：221-240.

[4] Southgate RIand MasterP.PrecipitationandbiomasschangesintheNamibdesertduneecosystem [J]. JournalofAridEnvironments，1996，（33）：267-280.

[5] BerndtssonR，ChenH.Variabilityofsoilwatercontentalongatransectinadesertarea [J]. JournalofAridEnvironments，1994，（27）：127-139.

[6] 韩仕峰，史竹叶，徐建荣.宁南半干旱地区不同立地农田水分恢复评价 [J].水土保持研究，1996，3（1）：22-26.

[7] 李新荣，马凤云，龙立群，等.沙坡头地区固沙植被土壤水分动态研究 [J].中国沙漠，2001，21（3）：217-221.

[8] 沙坡头沙漠试验研究站.腾格里沙漠沙坡头地区流沙治理研究（2）[C].银川：宁夏人民出版社，1991.13-25.

不同柠条密度在退化草地恢复过程中对土壤水分的影响

徐荣　张玉发　潘占兵　郭永忠　左忠

摘　要：宁夏盐池县常受干旱风沙的影响，加上过度放牧，草场退化严重。1987年在柳杨堡乡建立了退化草场植被恢复与风蚀沙化防治技术示范区，带状种植了柠条（中间锦鸡儿*Caraganai intermedia*），对退化草场进行改良。种植柠条，一方面增大了植被的覆盖度和土地生物产量，另一方面，由于柠条的生长也增大了对土壤水分的消耗。为此，我们进行了水分定位观测，从土壤水分季节性动态、水分垂直分布及贮水量几个方面作了系统的比较分析，研究柠条种植密度对土壤水分的影响，选择适宜的柠条种植密度。结果表明，柠条半人工草地土壤水分的季节变化受降水的影响，随降水量多少而变化。0~100 cm土壤含水量的垂直分布规律为从表层到深层含水量递增。在定植后第11年，不同种植密度柠条草地土壤含水量没有显著的差异。定植后第16年，土壤含水量出现了显著的差异。种植密度1665丛/hm²柠条半人工草地，0~100 cm土层中，各土层含水量均显著地高于3330丛/hm²柠条半人工草地，其0~100 cm土壤贮水量最高，为245.4 mm，比2490丛/hm²柠条半人工草地高48.10 mm，比3330丛/hm²柠条半人工草地高151.99 mm。

关键词：柠条密度；退化草地恢复；土壤水分

土壤水分作为重要的生态要素在国内外受到了科学界广泛的关注[1-6]。在干旱地区，土壤水分的含量对植物的生长是最大的限制因子，也是影响环境变异的最重要因子。而且土壤水分条件的改善可遏止沙漠化危害[7~10]。宁夏盐池县受干旱风沙的影响，草场风蚀、沙化，加上过度放牧，草场退化严重。1987年在盐池建立了退化草场植被恢复与风蚀沙化防治技术示范区，在退化草地上带状种植了柠条（中间锦鸡儿*Caragana intermedia*），对退化草场进行改良。我们进行了水分定位观测，从其土壤水分季节性动态、水分垂直分布及贮水量的变化等几个方面对土壤水分的消长状况作了系统的比较分析。

1　试验区自然概况

试验区位于宁夏盐池县北部柳杨堡乡，属于毛乌素沙地的西南缘，北纬 37°40′，东经106°45′。在地质构造上属于鄂尔多斯台地，地面经过长期剥蚀，形成波状起伏的高原景观，海拔1400~1500 m。上覆薄层黄土，下伏白砂岩。该区属于典型的中温带大陆性气候，年降水量在230~300 mm，年际变化较大，干燥度3.1，潜在蒸发量2100 mm，年均气温7.6 ℃，≥10 ℃积温2945 ℃，无霜期120 d。草原类型属于荒漠草原，土壤属于淡灰钙土，此外，还有风沙土、盐碱土等隐域土类。1987年柠条为双行带状种植，株行距1 m×2 m，柠条种植密度分别为3330丛/hm²（柠条带间距4 m），2490丛/hm²（柠条带间距6 m）和1665丛/hm²（柠条带间距10 m）。分别于1997年和2002年对定植后第11年的柠条和定植后第16 a的柠条半人工草地土壤水分进行观测。

2　土壤水分的测定

2.1　在1997年4月至10月，采用土壤剖面法测定，每月测定一次，每20 cm为一层，每层重复三次，测定0~80 cm土壤质量含水量。

2.2　在2002年5月下旬~11月上旬，采用TDR时域反射仪（time to main reflectometry）法观测。每月上旬、中旬、下旬各测定一次，每20cm为一层，测定深度0~100c m。

3　观测年降水分配评价

为了便于评价当地的降水年型，按多年平均降水量值上下各50 mm分界划分[11]。1997年降水量为256.4 mm，为干旱年份，2002年降水量399.1 mm，属于丰水年份。由表1可看出，2002年1~12月降水出现两个峰值，分别在6月和9月，降水量分别为111.9 mm和91.3 mm。1997年与多年平均降水量均为"单峰"型，峰值均在7月，为141.4 mm和79.1 mm。1997年和2002年生长季各月份的降水量与同期多年平均值相比较，1997年7月降水量高出多年平均值许多。其他各月份低于多年平均值。2002年生长季从4月到6月均高于平均值，但在植物生长旺季7月和8月却低于多年平均值，给植物的生长带来一定的影响。9月出现了第2个峰值，为土壤蓄水的主要时期。

表1 试验区气象资料

月份	1997年月平均气温（℃）	1997年降水量（mm）	2002年月平均气温（℃）	2002年降水量（mm）	多年平均降水量（mm）
1	−6.3	1.1	−3.5	1.0	2.3
2	−2.9	7.0	−0.1	2.3	3.9
3	5.4	15.7	5.4	2.6	12.0
4	10.5	11.9	10.7	27.3	16.3
5	17.8	11.2	16.4	62.9	28.6
6	22.0	10.8	23.0	111.9	39.8
7	23.1	141.4	23.0	56.9	79.1
8	22.3	21.4	21.9	32.1	65.5
9	15.0	26.0	15.3	91.3	34.7
10	7.9	0.2	9.2	5.2	13.1
11	0.7	9.7	2.0	0.1	4.9
12	−5.3	0.0	−6.9	5.5	1.3

4 结果与分析

4.1 柠条半人工草地土壤水分的季节性变化

1997年（干旱年份）植物生长季中4月、5月、6月份降水量一直很低（见表1），各土层的含水量也很低。7月141.4 mm的降水，是全年最大的月降水。对土壤有一定的湿润作用，同月0~20 cm表层土壤含水量上升。由于7月较大降水的入渗积累，8月较深层土壤含水量增加，20~80 cm土层土壤含水量全年最高达10.87 %（质量 %）。9月以后，降水减少，土壤含水量迅速下降，最低值仅有1.81 %。总的来看，由于降水偏少，土壤含水量受降雨的影响明显（见图1）。

2002年（丰水年）5~6月降水量较高（见表1），两个月降水量174.8 mm，0~100 mm各土层的含水量保持在一个较高的水平，最高达26.53 %（体积含水量）。7~8月降水量减少，此时植物生长旺盛，是植物需水高峰期，加之气温高，土壤含水量最低。9~10月进入第二次降水高峰，土壤含水量增大。最高达到28.61 %（体积含水量）。土壤水分得到恢复补偿。天然降水是盐池干旱风沙区土壤水分的唯一补给源。因此，草地生态系统的季节动态特征主要取决于年内降水的季节性变化，随着降水量多少而变化（图2）。李新荣等研究结果也证明了这一点[12]。

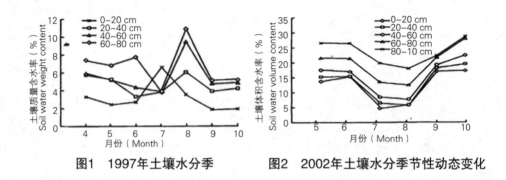

图1　1997年土壤水分季　　图2　2002年土壤水分季节性动态变化

4.2　不同密度柠条半人工草地土壤含水量的垂直变化

柠条在定植后第11年（1997年，干旱年），不同种植密度柠条半人工草地0~20 cm表层土壤含水量均较低，在3 %~4 %（质量），这是由于土壤表层受蒸发的影响所致。20~40 cm土壤含水量逐渐增加，在4.5 %~6.2 %范围内。40~60 cm土壤含水量在5.47 %~7.8 %，60~80 cm土壤含水量在6.69 %~9.06 %（图3）。土壤含水量垂直变化规律为：由表层到深层含水量逐渐增加。不同密度柠条半人工草地0~100 cm土壤含水量没有显著的差异。

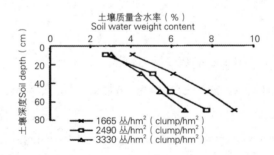

图3　不同柠条种植密度对土壤含水量垂直分布的影响（1997）

不同种植密度柠条在定植后第16年（2002年，丰水年），柠条半人工草地土壤含水量垂直分布产生了显著的差异（表2）。1665丛/hm²柠条半人工草地各土层含水量均为最高，极显著地高于3330丛/hm²柠条半人工草地；与2490丛/hm²柠条半人工草地土壤含水量相比，20~40 cm和60~80 cm土层土壤含水量显著偏高，40~60 cm和80~100 cm土层土壤含水量没有显著的差异。说明退化草地补播柠条，采用1665丛/hm²（带间距10 m）种植密度最适宜，密度过大，对土壤水分恢复不利。

4.3 不同密度柠条半人工草地土壤贮水量的比较

土壤贮水量的变化反映了一定时段内一定土层土壤含水量的平衡状况。不同种植密度柠条在定植后第16年（2002年，丰水年），土壤0~100 cm贮水量的变化表明（表2）：1665丛/hm²柠条半人工草地贮水量最高，为245.40 mm。极显著地高于其他密度柠条半人工草地，比2490丛/hm²柠条半人工草地高48.10 mm，比3330丛/hm²柠条半人工草地高151.99 mm。2490丛/hm²柠条半人工草地贮水量为197.27 mm，极显著地高于3330丛/hm²柠条半人工草地贮水量，3330丛/hm²柠条半人工草地贮水量最低，为93.41 mm。

表2　不同密度柠条半人工草地土壤含水量和贮水量

种植密度 （丛/hm²）	土壤体积含水量（%）					0~100cm上层储水量（mm）
	0~20cm	20~40cm	40cm~60cm	60cm~80cm	80cm~100cm	
3330	5.2Bb	4.67 Bb	6.33 Bb	13.4 Bb	16.9 Bb	93.41Cc
2490	5.43 Bb	14.73 Cc	22.57 Aa	24.63 Cc	31.27 Aa	197.27 Bb
1665	12.20Aa	22.97 Aa	23.13 Aa	32.93 Aa	29.40 Aa	245.40 Aa

注：同列中不同大写字母表示差异极显著（$P<0.01$），不同小写字母表示差异显著（$P<0.05$）。

5 结论

5.1　柠条半人工草地土壤水分的季节变化受降水的影响，随降水量多少而变化。

5.2　0~100 cm土壤含水量的垂直分布规律为从表层到深层土壤含水量递增。不同种植密度柠条在定植后第11年，草地土壤含水量没有显著的差异。定植后第16年，土壤含水量出现了显著的差异。种植密度1665丛/hm²柠条半人工草地，0~100 cm范围内，各土层含水量均极显著地高于3330丛/hm²柠条半人工草地。

5.3　定植后第16年，种植密度1665丛/hm²柠条半人工草地0~100 cm土壤贮水量最高，为245.4 mm。比2490丛/hm²柠条半人工草地高48.10 mm，比3330丛/hm²柠条半人工草地高151.99 mm。因此，干旱风沙区，在退化草地治理过程中，补播柠条，采用1665丛/hm²（带间距10 m）密度，不仅增大了植被盖度和生物量，提高了土地资源的利用率，而且有利于土壤水分的恢复。

参考文献

［1］Scientific Committeeonthe Water Resources.Waterresourcesresearch：Trendsandneedsin1997［J］.HydroSciJ，998，43（1）：19–46.

［2］穆兴民.黄土高原人工林对区域深层土壤水环境的影响［J］.土壤学报，2003，40（2）：210–217.

［3］侯喜禄，白岗栓，曹清玉.黄土丘陵区湾塌地乔灌林土壤水分动态监测［J］.水土保持研究，1996，3（2）：57–65.

［4］冯起，高前兆.禹城沙地水分动态规律及其影响因子［J］.中国沙漠，1995.15（2）：153–175.

［5］李风民，张振万.宁夏盐池长芒草草原和苜蓿人工草地水分利用研究［J］.植物生态学与地植物学学报，1991，15（4）：319–329.

［6］杨新民.黄土高原灌木林地水分环境特性研究［J］.干旱区研究，2001，18（1）：8–12.

［7］NishMS，WierengaPJ.Time series analysis of soil moisture and rain along aline transect in aridrange land［J］.Soil Science，1991，152：189–198.

［8］BerndtssonR，NodomiK.Soilwater and temperature patterns

In anarid desert dunesand［J］.JournalofHydrology，1996，185：221–240.

［9］SouthgateRI，MasterP.Precipit ation and biomass changesin the Namib desert duneecosystem［J］.Journal of Arid Environments，1996，33：267–280.

［10］BerndtssonR，Chen H.Variability of soil water contental on gatransectina desert area［J］.Journal of Arid Environments，1994，27：127–139.

［11］韩仕峰，史竹叶，徐建荣.宁南半干旱地区不同立地农田水分恢复评价［J］.水土保持，1996，3（1）：22–26.

［12］李新荣，马凤云，龙立群，等.沙坡头地区固沙植被土壤水分动态研究［J］.中国沙漠，2001，21（3）：217–221.

（2004.3.10发表于《干旱地区农业研究》）

不同种植密度人工柠条林对土壤水分的影响

潘占兵　李生宝　郭永忠　王占军　温学飞

摘　要：通过对宁夏盐池干旱退化草场植被恢复与风蚀沙化防治技术示范区内不同种植密度的柠条林土壤水分进行了定位观测，从土壤水分日变化、季节性变化、水分垂直分布等方面进行了分析。结果表明：土壤含水量主要受大气降雨及植物生长节律的影响，变化较大。0~100 cm土壤含水量的垂直分布规律为：从表层到深层土壤含水量递增。林地土壤水分随着离柠条带距离的增加显著（$P<0.05$）增加。种植密度不同土壤贮水量明显不同，密度分别为3330丛／hm²（带间距4 m），土壤水分处于亏损状态，0~100 cm土壤贮水量极显著低于对照，柠条密度为2490丛／hm²（柠条带间距7 m）和1665丛／hm²。柠条带间距10 m时，土壤含水量变化不大，但0~100 cm土壤贮水量极显著高于对照。针对盐池干旱风沙区，柠条林种植适宜密度为7 m或大于7 m为宜。

关键词：柠条；退化草场；土壤水分；种植密度

在干旱、半干旱生态脆弱区进行带状耕地，然后种植柠条（*Caragana intermedia*）等植物是对恢复退化草地、防治土地风蚀沙化的有效举措之一。人工柠条林的种植，在防风固沙、保持水土、饲料补给、维系生态平衡等方面发挥着重要的作用，并形成了大面积人工固沙植被Ⅲ级，由于造林密度直接影响土壤水分，而沙区土壤水分状况又是影响固沙植被稳定性的主要因子[1]，研究不同种植密度人工柠条林地土壤水分状况，对于建立合理稳定的固沙植被有着重要而深远的意义，本文以不同密度人工柠条林土壤含水量为研究对象，探讨封育状态下不同种植密度人工柠条林土壤水分空间变异性，为退化草地的恢复和可持续利用提供基础依据。

1　试验区自然概况

试验区位于宁夏盐池县北部风沙区，地处毛乌素沙地过渡地带，属中温带大陆气候。年降水量为230~300 mm，季节变化和年际变化较大，干燥度3.1，潜在蒸发量2100 mm，无霜期为162 d，年均气温7.6 ℃，≥10 ℃积温2945 ℃。土壤类型从东向西由普通的灰钙土过渡为淡灰钙土，隐域土主要为风沙土、盐碱土，其中，风沙土分布最广，其基质以黏土或细沙粒物质为主。土壤结构松散，肥力偏低，保水能力较差，植被类型为荒漠草原，近几年由于人为不合理开发利用土地及持续干旱造成土地退化严重，生态环境日益恶化。因此，大力种植灌木林，防治沙漠化，改善生态环境已迫在眉睫。

2 研究方法

在带状耕地种植不同种植密度的双行带状柠条为研究对象，柠条种植密度分别为3330丛／hm²（带间距4 m）、2490丛／hm²（柠条带间距7 m）和1665丛／hm²（柠条带间距10 m）。2003年（按多年平均降水量上下各50 mm分界划分为平水年），采用TDR时域反射仪测定不同密度人工柠条林带间土壤体积含水量的动态变化。

3 结果分析

3.1 不同密度人工柠条林对土壤水分季节变化

干旱区风沙区土壤水分主要靠大气降雨补给，因此，土壤含水量主要受蒸发、大气降雨及植物生长节律的影响，土壤贮水量月变化较大。由图1可见，所调查的柠条林中不论种植密度多大，柠条林0~100 cm土壤贮水量在5月为最大值，密度为3330丛／hm²（柠条带间距4 m）时，0~100 cm土壤贮水量为15.6 mm，比对照低3.8 mm；密度为2490丛／hm²（柠条带间距7 m）时土壤贮水量高达25.5 mm，比对照高6.1 mm；密度为1665丛／hm²（柠条带间距10 m）时土壤贮水量高达29 mm，比对照高9.6 mm。

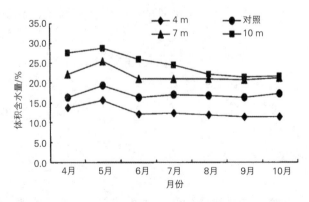

图1 不同带距人工柠条林土壤水分季节变化

在固定流沙工作中，总是希望流沙早日固定，故植物初期密度往往很大。但实际上干旱风沙区的植物被盖度和植株密度是由沙地水分条件和当地的降雨量决定的，二者之间是相互制约的关系[2]。2003年不同密度柠条林土壤贮水量月变化平均值结果为：密度为3330丛／hm²（柠条带间距4 m）时，各月0~100 cm土壤平均贮水量为12.8 mm，比对照低4.5 mm；密度为2490丛／hm²（柠条带间距7 m）时，各月0~100 cm土壤为平均贮水量为22.1 mm，比对照高4.8 mm；密度为1665丛／hm²（柠条带间距10 m）时，0~100 cm土壤平均贮水量最高，各月土壤平均贮水量为25.3 mm，比对照高8.0 mm，7 m和10 m带间距人工柠条林0~100 cm土壤各月平均贮水量变化并不显著，但均比对照高。柠条群落对不同带距柠条带内土壤含水量方差分析（见表1）结果表明：带距为4 m时，土壤贮水量极显著低于对照；带距为7 m、10 m时，土壤贮水量极显著（$P<0.01$）高于4 m带，而7 m带距人工柠条林土壤贮水量与10 m带距相比，随带距增加表现出显著变化（$P<0.05$），但均极显著地高于近几年由于人为不合理开发利用土地及持续干旱造成土地退化严重，生态环境日益恶化的土地。因此，大力种植灌木林，防治沙漠化，改善生态环境已迫在眉睫。

表1　不同带距人工柠条林土壤体积含水量方差分析LSD

带距	带距（m）	平均数	显著性差异
CK	4	4.4857	0.001
	7	−4.8000	0.001
	10	−7.9857	0.000
4m	7	−9.2857	0.000
	10	12.4714	0.000
7m	10	−3.1857	0.015

3.2　距柠条带不同距离处土壤水分变化规律

生长在沙丘上的天然小叶锦鸡儿有十分庞大的根系，而人工柠条水平根系一般只有3~5 m，其吸收养分和水分的空间比天然柠条小得多[2]，距柠条带越近，土层内柠条根系分布越多，对土壤含水量及养分影响越敏感，通过对同一带距，距柠条不同距离处土壤贮水量调查分析，结果表明：距柠条带越远，柠条林土壤贮水量越高，在带距为7 m时，距柠条0.5 m处土壤贮水量为12.7 mm，比对照低4.6 mm，而距

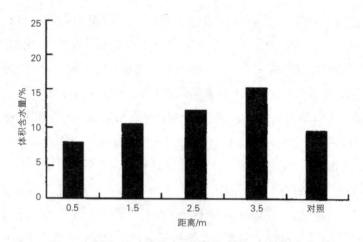

图2 距柠条不同距离处土壤体积含水量变化图

柠条带3.5 m处土壤贮水量为22.1 mm，比对照高5.8 mm，距柠条的远近可反应土壤水分受柠条生长影响程度大小。干旱风沙区柠条林地土壤的这种变化规律反映了土壤含水量高低与柠条种植密度有着紧密的关系，距柠条带不同距离处土壤含水量方差分析，结果表明林地土壤水分随着离柠条带的增加而显著增加。

3.3 人工柠条林土壤体积含水量垂直变化规律

表2 不同带距人工柠条林地土壤含水量垂直变化

深度	0~20cm	20~40cm	40~60cm	60~80cm	80~100cm	平均
4 m带	11.52	10.77	10.8	13.79	17.15	12.81
7 m	12.44	22.03	22.45	22.74	31.77	22.29
10 m	17.48	24.12	28.75	30.26	24.30	24.98
对照	14.63	16.07	16.82	18.68	20.30	17.30

对不同带间距人工柠条林土壤水分分层调查结果（如表2）从表中可以看出，一、随着带间距的增加各层土壤含水量而增加——这与阿拉木萨等研究结果相符。柠条大部分根系主要分布在20~80 cm的土层之间，而柠条密度越大，土层中柠条根系分布越多，柠条生长耗水量越大，土壤含水量越低。2003年（年降雨量牌平水年），土壤水分调查结果为：4 m带间距20~80 cm内各层土壤含水量均比对照低，7 m与10 m带间距20~80 cm内各层土壤含水量均比对照高，说明干旱区柠条的种植密度直接影响着土壤含水量的多少，种植密度越大土壤含水量越高，同时说明在干旱区盐池种植柠条林时，带间距应以7 m或大于7 m为宜。二、各层土壤含水量相比，

土壤表层由于受蒸散影响较大，该层土壤含水量最低，随着土层的变深，土壤含水量增加，尤其在0~80 cm范围内土壤含水量显著（$P<0.05$）增加，由于降水量少、植物蒸散、土壤蒸散等，大气降雨对深层土壤含水量影响不大，因此，60~100 cm内土壤含水量虽然增加，但变化不显著，这说明干旱风沙区，2003年大气降雨、植物蒸散仅仅对人工柠条林0~80 cm内土壤含水量产生显著影响。

4 结论

4.1 干旱区土壤水分主要靠大气降雨补给，土壤含水量主要受蒸发、大气降雨及植物生长节律的影响，柠条林土壤贮水量月变化较大，柠条林土壤含水量日变化主要受植物蒸腾与土壤蒸散影响，在中午达到最低值。

4.2 人工柠条林种植密度影响土壤水分状况。带间距为4 m时，人工柠条林密度过大，柠条生长耗水大于补给量，土壤水分处于亏损状态，土壤贮水量比对照低，对柠条长期生存不利，而带间距为7 m、10 m时，柠条密度相对较小，柠条生长对土壤贮水量影响不大，土壤水分处于积蓄状态，土壤贮水量比对照高，有利于柠条生长。

4.3 同一带间距，距柠条越近，土层中柠条根系分布越多，消耗土壤水分越多，土壤贮水量越低，林地土壤水分随着离柠条带的增加而显著（$P<0.05$）增加。

4.4 随着带间距的增加各层土壤含水量增加，4 m带间距条20~80 cm内各层土壤含水量均比对照低，7 m与10 cm带间距20~80 cm内各层土壤含水量均比对照高，柠条密度直接影响着土壤含水量的高低，在干旱区盐池种植柠条林时，带间距应以7 m或大于7 m为宜。土壤表层由于受蒸散影响较大，含水量最低，随着土层的变深，在0~80 cm范围内土壤含水量显著（$P<0.05$）增加，说明柠条对0~80 cm土壤含水量产生显著影响。

参考文献

[1] 阿拉木萨，蒋德明，范士香，等.人工小叶锦鸡儿（*Caragana microphylla*）灌丛土壤水分动态研究[J].应用生态学报，2002，13（12）：1537-1540.

[2] 曹成有，寇正武，姜德明，等.沙地小叶锦儿群落经营的对策[J].中国沙漠，1999，19（3）：241-242.

[3] 孙铁军，朴顺姬，潮洛蒙，等.羊草草原退化上群落蒸发蒸腾El进程的分析[J].内蒙古农业大学学报，2000，21（互）：53-57.

[4] 韩仕峰，史竹叶，徐建荣.宁南半干旱地区不同立地农田水分恢复评价[J].水土保持研究，1996，3（1）：22~26.

（2004.9.30发表于《水土保持研究》）

干旱风沙区营造人工柠条林对退化沙地土壤水分运动参数的影响

李鸿军　蒋齐　李生宝　潘占兵　王占军

摘　要： 以宁夏盐池沙区退化沙地为研究对象，探讨其在营造人工柠条灌木林后，对土壤水分运动参数的影响，研究结果显示：退化沙地营造人工柠条林后，0~40 cm土层的土壤水分扩散率呈现增加的趋势；0~40 cm土层的土壤基质势明显低于对照天然草地；0~40 cm土层的土壤比水容量随造林密度的增加测定值降低；0~40 cm土层的土壤比水容量林地明显低于对照天然恢复草地；人工柠条林土壤非饱和导水率显著低于对照天然草地，其大小排序为天然草地>2490丛/hm^{2}柠条林>1665丛/hm^{2}柠条林>3330丛/hm^{2}柠条林。

关键词： 干旱风沙区；柠条；退化沙地；土壤；水分运动参数

土壤水分含量的测定，虽然在许多土壤物理学和工程学中应用，但不足以提供土壤水状态和运动的说明。应用水分能态观点与数学物理方法即土壤水动力学原理研究土壤中水分迁移和转化规律，国外始于20世纪50年代末，国内始于20世纪80年代初，其研究对象主要是一般农田。退化沙地作为重要的土地资源，对其治理、开发利用已引起人们的高度重视，因此，对其土壤水分运动参数的研究，有助于从机理上理解退化沙地土壤水分的动态特性，从而为研究植物在干旱风沙条件下的耗水规律，探讨植物需水要求，进而为干旱风沙区植被恢复与重建提供科学依据。

1　试验区自然概况

试验区位于宁夏河东沙地的典型区域——盐池县花马池镇柳杨堡村，该地属于毛乌素沙地的西南缘的一部分，位于北纬37°40′、东经106°45′。在地质构造上为鄂尔多斯台地，土层浅薄（土层厚度在0~80 cm），粗骨物质多，海拔

1400~1500 m。该区为典型的中温带大陆性气候，年降水量为230~300 mm，年际变化较大，≥300 mm的降水保证率为35 %，≥250 mm为77 %。干旱是这一区域显著的特点，干燥度3.1，潜在蒸发量2100 mm。年均气温7.6 ℃，≥10 ℃积温2945 ℃。此地多风，以冬春季节最大，年平均风速2.8 m/s，8级以上大风年均25 d以上。植被属于荒漠草原，主要有虫实（*Coripermum tylocarpum*）、猪毛菜（*Salsola collina*）、沙蒿（*Artemisia arenaria*）、狗尾草（*Setaria viridis*）、白草（*Pennisetum centrasiaticum*）等。土壤属于淡灰钙土，伴有风沙土、盐碱土等隐域土类。

2 研究内容及方法

2.1 研究内容

以两种植被恢复改良退化沙地措施为研究对象，即营造人工柠条林（3种造林密度分别为3330丛/hm²、带间距4 m，2490丛/hm²、带间距7 m，1665丛/hm²、带间距10 m）和天然草地自然恢复地。每种类型选择长、宽分别为2 km的地块作为试验测定区，测定不同植被恢复措施对土壤水分扩散率、土壤水分特征曲线、土壤比水容量、土壤非饱和导水率的影响。

2.2 方法

2.2.1 土壤水分扩散率的测定

土壤水扩散率的测定在水平试验槽中进行。试验开始时，从试验地取土，风干，破碎后过直径2 mm的筛，按照土壤的容重将土全部装入土柱室，制成均匀土柱。由马氏瓶向土柱供水，并记录时间，这时土壤的入渗只靠土壤本身的吸力。当湿润峰进入整个土柱的3/4时停止供水，并记录时间，按一定距离及时取土、称重，按烘干法计算土壤含水量。根据公式计算，本试验共测了6块不同林地的土壤水扩散率。

2.2.2 土壤水分特征曲线的测定　采用土壤压力膜法测定。

2.2.3 土壤比水容量C（θ）的测定　采用土壤压力膜法测定。

2.2.4 土壤非饱和导水率的测定　采用土壤特征曲线与比水容量推导法测定。

3 结果与分析

3.1 人工柠条林对退化沙地土壤水分扩散率的影响

土壤水分扩散率是研究地表水—土壤水—地下水转化规律的一个不可缺少的重要参数，也是反映土壤结构好坏的重要指标。通过图1至图6可以看出：各样地20~40 cm

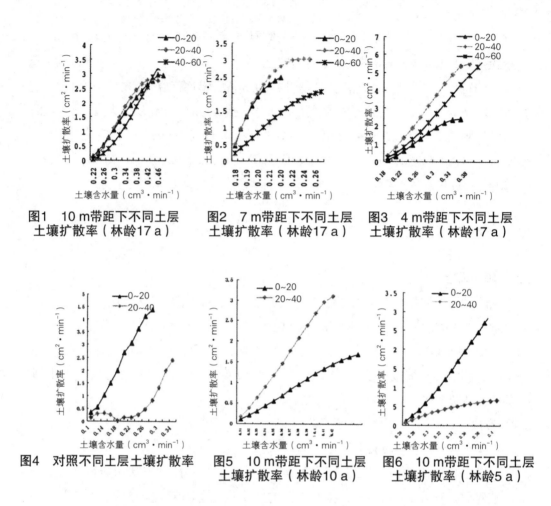

图1 10 m带距下不同土层
土壤扩散率（林龄17 a）

图2 7 m带距下不同土层
土壤扩散率（林龄17 a）

图3 4 m带距下不同土层
土壤扩散率（林龄17 a）

图4 对照不同土层土壤扩散率

图5 10 m带距下不同土层
土壤扩散率（林龄10 a）

图6 10 m带距下不同土层
土壤扩散率（林龄5 a）

土层在含水率很低的情况下最先开始扩散，可能由于有植物根系分布，导致该土层的孔隙度、机械组成、理化性质改变幅度相对大于其他土层，所以便于扩散。就造林时间长短而言，随着柠条林龄的增加，植物根系主要分布层20~40 cm扩散率也基本呈增加趋势。不同土层扩散率$D(\theta)$随θ的变化可分为2段，其转折点基本在$\theta=30\%~40\%$，当$\theta>40\%$时，$D(\theta)$值随θ值的增加迅速增大；而当$\theta<30\%$时，$D(\theta)$值随θ的增加而缓慢增大，二者之间具有明显的指数关系。含水量与扩散率的关系［即$D(\theta)—\theta$关系曲线］，采用经验公式$D(\theta)=a\theta b$拟合，结果见表1。结果充分说明扩散率是含水量的单值增函数关系。研究结果还表明，扩散率受土壤含水量、土壤容重和土壤孔隙度影响，而且与土壤容重的关系十分密切。统计分析表明土壤容重与扩散系数呈线性负相关。建立回归方程$Y=231.04X^3-969.18X^2+133.58X-601.77$，$R_2=0.8604$。

表1 不同植被类型土壤水分扩散率 $D(\theta)$

林龄（a）	样地	土层（cm）	扩散率方程	相关系数	应用范围
	天然草地CK	0~20	$D(\theta) = 6E+10\theta$	$R^2 = 0.8999$	$0.335 \leqslant \theta \leqslant 0.385$
		20~40	$D(\theta) = 87\,696\theta$	$R^2 = 0.3840$	$0.09 \leqslant \theta \leqslant 0.34$
17	1665丛/hm²	0~20	$D(\theta) = 73\,811\theta$	$R^2 = 0.8933$	$0.26 \leqslant \theta \leqslant 0.54$
		20~40	$D(\theta) = 3\,965\theta$	$R^2 = 0.8449$	$0.22 \leqslant \theta \leqslant 0.48$
		40~60	$D(\theta) = 37\,231\theta$	$R^2 = 0.9116$	$0.2 \leqslant \theta \leqslant 0.48$
17	1665丛/hm²	0~20	$D(\theta) = 45\,355\theta$	$R^2 = 0.789$	$0.17 \leqslant \theta \leqslant 0.23$
		20~40	$D(\theta) = 17\,065\theta$	$R^2 = 0.8102$	$0.2 \leqslant \theta \leqslant 0.35$
		40~60	$D(\theta) = 111.9\theta$	$R^2 = 0.9121$	$0.18 \leqslant \theta \leqslant 0.37$
17	1665丛/hm²	0~20	$D(\theta) = 33\,563\theta$	$R^2 = 0.8861$	$0.16 \leqslant \theta \leqslant 0.38$
		20~40	$D(\theta) = 38\,674\theta$	$R^2 = 0.9211$	$0.16 \leqslant \theta \leqslant 0.37$
		40~60	$D(\theta) = 14\,993\theta$	$R^2 = 0.9418$	$0.18 \leqslant \theta \leqslant 0.46$
10	1665丛/hm²	0~20	$D(\theta) = 42\,184\theta$	$R^2 = 0.9175$	$0.25 \leqslant \theta \leqslant 0.41$
		20~40	$D(\theta) = 6\,994\,6\theta$	$R^2 = 0.9172$	$0.3 \leqslant \theta \leqslant 0.42$
5	1665丛/hm²	0~20	$D(\theta) = 2\,444\,6\theta$	$R^2 = 0.9269$	$0.25 \leqslant \theta \leqslant 0.4$
		20~40	$D(\theta) = 37\,576\theta$	$R^2 = 0.8443$	$0.25 \leqslant \theta \leqslant 0.4$

3.2 人工柠条林对退化沙地土壤水分特征曲线的影响

土壤水分特征曲线，是土壤水的能量和数量之间的关系，即土壤吸力和土壤含水量之间的关系曲线，是研究土壤水分的保持和运动所用到的反映土壤水分基本特征的曲线。

经绘制不同密度柠条林地土壤水分特征曲线图，可以看出在含水率一定的情况下对照天然草地表现为，0~20 cm土层的土壤基质势大于20~40 cm土层的土壤水势；而不同密度柠条林地则表现有差异性，密度为1665丛/hm²的柠条林表层土壤基质势随土层深度增加而增加；2490丛/hm²的柠条林土壤基质势则表现为20~60 cm低于表土层；3330丛/hm²柠条林土壤基质势表现为0~40 cm土层土壤基质势最低，其次为表土层，最高为40~60 cm土层。

还可从图中看出：退化沙地营造人工柠条林后，0~40 cm土层的土壤基质势明显低于对照天然草地，说明天然草地的束缚水含量高于柠条林地，在较低土壤含水量的情况下，柠条林地的土壤水还处于可利用状态，而天然草地则处于不可利用状态。反映出柠条人工林的种植改善了土壤的结构，影响了土壤基质势，改变了土壤水的状况。其结果与我们研究柠条林对土壤结构、理化性质的改善相吻合。与柠条林对退化沙地土壤凋萎含水量及土壤有效水含量研究结果相一致。

3.3 人工柠条林对退化沙地土壤比水容量C（θ）的影响

土壤水分特征曲线可以间接地反映出土壤中各实效孔径D的分布情况。根据实效孔径的分布情况，可以估计土壤在不同吸力变化范围内能保持或释放的水量，这对估计土壤水分对植物吸收的有效性是十分有用的。常把含水量θ随基质势ϕm变化的导数，即单位基质势的变化引起的含水量变化称为比水容量，记为C（θ），即：C（θ）=d（θ）/d（ϕm），由于ϕm=-s，所以比水容量C（θ）也可表示为：C（θ）=-d（θ）/d（s）。

从表2可以看出：退化沙地营造人工柠条林后，0~40 cm土层的土壤比水容量随造林密度的增加测定值降低。林地与对照天然草地相比，0~40 cm土层的土壤比水容量林地明显低于对照。

3.4 人工柠条林对退化沙地土壤非饱和导水率的影响

非饱和导水率是由实测的土壤水扩散率D（θ）和由土壤水分特征曲线推求的比水容量C（θ）推求得到的，不同含水量下的非饱和导水量计算结果见表3。通过表3可以看出：退化沙地营造人工柠条林后，其土壤非饱和导水率显著低于对照天然草地，其大小排序为天然草地（43.116）>2490丛/hm^2柠条林（18.005）>1665丛/hm^2柠条林>3330丛/hm^2柠条林。天然草地非饱和导水率随土层加深而变小，林地则表现为随土层加深，导水率逐渐增大。不同柠条种植措施后各样地的K（θ）的计算结果和测定的土壤扩散率的结果相吻合。

表2 不同密度柠条林对退化沙地土壤比水容量的影响

林龄（a）	标准地名称	土层厚度（cm）	比水容重测定值	比水容量方程	相关系数
		0~20	30.844	C（θ）= 7.194 θ$^{-1.1871}$	R^2=0.9567
	对照	20~40	21.789		R^2=0.974
		平均	26.321	C（θ）= 4.5804 θ$^{-1.1713}$	
		0~20	9.788		R^2=0.9294
17	1665丛/hm^2	20~40	10.86	C（θ）= 5.7232 θ$^{-1.3799}$	R^2=0.9468
		平均	10.324		

续表

林龄（a）	标准地名称	土层厚度（cm）	比水容重测定值	比水容量方程	相关系数
17	2490丛/hm²	0~20	12.03	$C(\theta) = 12.1893\theta^{-1.5955}$	$R^2=0.7994$
		20~40	8.392	$C(\theta) = 13.2023\theta^{-1.85231}$	$R^2=0.7815$
		平均	10.211		
17	3330丛/hm²	0~20	10.758	$C(\theta) = 9.4882\theta^{-1.4683}$	$R^2=0.872$
		20~40	8.743	$C(\theta) = 5.4136\theta^{-1.4071}$	$R^2=0.9814$
		平均	9.751		

表3 非饱和导水率的推算结果

林龄（a）	标准地名称	土层厚度（cm）	土壤非饱和导水率	$K(\theta)-\theta$ 拟合方程	相关系数
	对照天然草地CK	0~20	71.867	$K(\theta) = 432E+11\theta^{22.589}$	−0.963 26
		20~40	14.365	$K(\theta) = 40.17\theta^{0.878}$	−0.782 03
17	1665丛/hm²	0~20	16.238	$K(\theta) = 4\,224\,350\theta^{3.0676}$	−0.954 55
		20~40	17.962	$K(\theta) = 2\,476\,288\theta^{4.218}$	−0.945 73
		40~60	35.181	$K(\theta) = 3\,411.48\theta^{4.3941}$	−0.947 49
17	2490丛/hm²	0~20	14.257	$K(\theta) = 1\,477.37\theta^{2.307}$	
		20~40	19.041	$K(\theta) = 510.5851\theta^{2.065}$	
		40~60	20.716	$K(\theta) = 4\,091.091\theta^{2.794}$	
17	3330丛/hm²	0~20	14.728	$K(\theta) = 430\,338.5\theta^{4.836}$	−0.910 75
		20~40	26.928	$K(\theta) = 923.834\theta^{1.969}$	−0.9443
		40~60	46.141	$K(\theta) = 960.959^{2.082}$	−0.951 19

4 结语

宁夏毛乌素干旱风沙区通过营造人工柠条林来恢复植被，治理沙漠化土地，改善生态环境的措施，能够明显影响退化沙地的土壤水分扩散率、土壤水分特征曲线、土壤比水容量C（θ）、土壤非饱和导水率，改善退化沙地土壤的水分入渗、扩散状况，蓄水、贮水能力，以及土壤的水分供给能力，说明选用适宜植被恢复措施是治理退化沙地的有效措施，这对于干旱风沙区开展以生态建设为突破口，以水分平衡为基础的区域环境治理具有重要的借鉴意义。

参考文献

［1］黄昌勇.土壤学［M］.北京：中国农业出版社，2000.

［2］邵明安，李开元，钟良平.根据土壤水分特征曲线推水土壤的导水参数［J］.中国科学院水利部西北水土保持研究所集刊，1991，13：26-32.

［3］邵明安.不同方法测定土壤基质势的差别及准确性的初步研究［J］.土壤通报，1985，16（5）：223-226.

［4］邵明安.非饱和土壤导水系数的推求Ⅰ：理论［J］.中国科学院水土保持研究所集刊，1991，13：13-25.

［5］王全九，邵明安.非饱和土壤导水特性分析［J］.土壤侵蚀与水土保持学报，1998，4（6）：16-22.

［6］希勒尔.土壤水动力学计算模拟（罗焕炎等译）［M］.北京：中国农业出版社，1979

（2007.7.15发表于《防护林科技》）

宁夏干旱风沙区不同密度人工柠条林营建
对土壤环境质量的影响

王占军　蒋齐　潘占兵　何建龙　舒维花

摘　要：以宁夏干旱风沙区人工柠条灌木林为研究对象，对退化沙地（对照）和种植不同密度柠条林的土壤环境质量及草地生产力进行研究。结果表明，不同密度柠条林对土壤贮水量的影响为0.1665万/hm²>0.2490万/hm²>退化沙地>0.3330万/hm²。营造人工柠条林能明显改善退化沙地20 cm以下土层土壤体积质量、总孔隙度。适宜的造林密度能够改善土壤有机质、全氮含量。柠条林间草地地上生物量，以0.1665万/hm²柠条草地最高，显著高于其他密度林地和退化沙地（对照）（P<0.05）；其次是0.2490万/hm²。综合评价，低密度柠条林对水分含量有较大的改善效果，而高密度柠条林可造成土壤的旱化，在退化沙地改良中，营造0.2490万/hm²和0.1665万/hm²密度的柠条林能充分利用天然降水，获得较高的生物产量。

关键词：干旱风沙区；人工柠条林；土壤贮水量；土壤肥力

　　沙漠化是土地退化最严重的形式之一[1]。沙漠化过程中土壤和植被都会发生明显变化。反映在地表上为不利于发展生产的土地荒芜状态；反映在地表组成物质上是土壤理化性质、地表植被和生产力的改变导致土壤的贫瘠；反映在沙地生态系统上则表现为植物种类组成、群落或系统结构改变、生物多样性减小、生物生产力降低、土壤和微环境恶化等。对于一个严重退化的生态系统，要想从根本上解决现实问题，只有在生态效应方面进行研究，搞好植被建设，提高土壤质量[2-3]，水分是决定干旱、半干旱地区人工造林成败的关键因子，如何解决干旱风沙区制约人工造林中的关键技术问题——土壤水分平衡，防止因人为干扰而造成土地资源利用过渡和不合理的造林模式而引起土壤旱化，以及退耕还林后对土壤环境和植物群落稳定性的影响等问题，是近年来中国西部干旱风沙区的研究热点和重点之一[4-6]。地处中国北方农牧交错带的宁夏干旱风沙区，由于沙化较为严重，多年来在该地区种植柠条已成为治理生态环境的有效措施。因此，以人工柠条林的恢复模式为研究对象，测定土壤环境质量以及植被的动态变化，总结出干旱风沙区退耕还林还草模式对土壤理化性质和林地植被生产力的变化规律，不仅对宁夏和西北干旱风沙区退化沙地植被恢复、重建和提高土地的生产力具有重要意义，而且对巩固退耕还林成果，促进生态环境建设的可持续发展具有十分重要的意义[7~8]。

1　研究区概况

研究区位于宁夏盐池县花马池镇柳杨堡行政村，地处盐池县北部，距县城10 km，地理位置北纬37°53′27″~37°53′50″，东经107°20′35″~107°25′28″。该区属典型的中温带大陆性气候，年降水量230~300 mm，年际变化较大，干燥度3.1。潜在蒸发量2100 mm，年均气温7.6 ℃，≥10 ℃积温2945 ℃，无霜期120 d。该区自然地理地带和经济类型区域表现为多重过渡，地理特征表现为干旱多风、水资源短缺、沙质荒漠化严重、自然灾害群聚、农牧业波动大等。水分条件特别是大气降水年际间波动较大，导致土地资源的利用表现出明显的波动脆弱性，并显示出跃变、放大及灾变等特点，形成人地关系不协调和自然灾害频发的基础。天然植被从东到西由典型草原逐渐过渡到荒漠草原，相应地土壤由普通灰钙土变为淡灰钙土，除此，还有风沙土、盐碱土等。

2　研究内容及方法

采用定位和半定位相结合的方法，选择具有代表性的典型样地，主要选择该地区林龄为17 a 的人工柠条林，种植密度分别为3330丛／hm²（0.3330万/hm²），4 m带间距；2490丛／hm²（0.2490万/hm²），7 m带间距；1665丛／hm²（0.1665万/hm²），10 m带间距。同时以同一地貌部位退化沙地作为对照（CK）。从土壤水分、体积质量、总孔隙度、全氮、水解氮、有机质以及植被等方面，分析种植不同密度人工柠条林对土壤理化性质和林带间草地生产力变化的影响，总结出该造林模式下土壤环境质量及草地生产力的变化规律，为宁夏中部干旱风沙区退化沙地植被恢复、重建和提高土地生产力提供科学依据。

2.1　土壤贮水量测定

采用德国产ＴＤＲ时域反射仪（time domain reflectometry），每月上旬、中旬、下旬各观测1次，每20 cm为1层，测定深度0~100 cm。

2.2 土壤物理性能测定

采用环刀法测定，土壤随机取样，每个剖面按0~20 cm、20~40 cm、40~60 cm、60~80 cm、80~100 cm 5个层次，设3个重复，用烘干法和浸提法测定土壤的各项指标，计算结果取平均值。

2.3 土壤化学指标测定

采用土钻法，按梅花形方式设点10个，0~20、20~40 cm、40~60 cm、60~80 cm、80~100 cm 5个层次取样，取样后把10个重复的上样分层均匀混合。自然风干后剔除杂质，磨碎过0.25 cm筛。土壤全氮采用凯氏定N法，土壤水解氮采用NaOH水解法，土壤有机质采用铬酸氧还滴定法[9]。

2.4 林带间草地生产力调查

选取1 m×1 m样方，各样地随机布设6个点进行测定。调查记录内容主要包括：草本植物的密度、频度、高度、盖度和生物量，然后分种齐地面刈割样方内植物地上部分，并收集样方内的立枯物与凋落物，测定群落地上生物量，用电子天平称取鲜质量和烘干质量（样品在恒温箱中60 ℃烘至恒质量）。

3 结果与分析

3.1 不同密度人工柠条林对退化沙地土壤贮水量的影响

土壤贮水量是反映土壤中水分多少的重要指标，它的变化反映一定时段内一定土层土壤贮水量的平衡状况[10]。由图1可以看出，营造人工柠条灌木林后，0~100cm土层土壤贮水量以柠条林密度为0.1665万／hm²最高，其次是密度为0.2490万／hm²柠条林地，土壤贮水量最低的为密度0.3330万／hm²柠条林地。受降雨量和柠条生长物候期的影响，不同处理土壤贮水量季节变化趋势基本一致，表现为：4~5月土壤贮水量略有上升，5~8月土壤贮水量逐渐下降，9~10月土壤贮水量变化不大。可见，5~6月柠条开花和结荚，植株对土壤水分需求增加，导致土壤贮水量呈下降趋势。7~8月

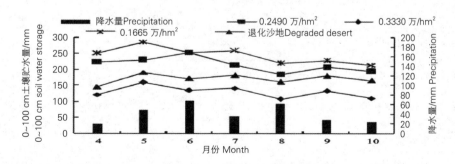

图1　不同密度柠条林的土壤贮水量

柠条林处于生长旺盛期，植物根系需水量大，而且此时气温高，土壤水蒸发量大，导致土壤贮水量持续下降。综合分析，适宜的造林密度能够改善土壤贮水量，造林密度过大会引起土壤水分亏缺，影响植株的生长。

3.2 不同密度人工柠条林对退化沙地土壤理化性质的影响

不同植被恢复模式对土壤养分影响不同[11~12]。由表1可以看出，土壤体积质量：在0~20 cm土壤表层，不同密度柠条林地均大于退化沙地，20~100 cm土层均表现出不同密度的柠条林土壤体积质量低于退化沙地，且以0.1665万/hm²柠条林地最低。说明营造人工柠条林能够明显改善退化沙地20 cm以下土层土壤结构。土壤总孔隙度：在0~20 cm土壤表层以退化沙地最高，随着柠条种植密度的降低，土壤总孔隙度呈上升趋势，20~100 cm土层均表现出不同密度柠条林总孔隙度高于退化沙地，且随着造林密度的增加呈下降趋势。说明种植柠条林带能够很好地改善退化沙地20 cm以下土层土壤孔隙结构。土壤有机质：0~100 cm土层均值表现为0.1665万/hm²（3.18g/kg）>0.2490万/hm²（2.82g/kg）>退化沙地（2.66g/kg）>0.3330万/hm²（2.52 g/kg）。土壤全氮：0.1650万/hm²（0.38g/kg）>0.2490万/hm²（0.34 g/kg）>0.3330万（0.31 g/kg），表现为中间土层含量高，上下土层含量低的特征。土壤碱解氮：表现为0~20 cm退化沙地显著高于不同密度柠条林地，60~100cm则表现为柠条林地水解氮高于退化沙地，柠条林地水解氮的垂直分布为从上至下逐渐增加，退化沙地水解氮的垂直分布，为自上而下逐渐降低。

表1 不同密度人工柠条林的土壤理化性质

样地	土壤深度（cm）	体积质量（g/cm³）	总孔隙度（%）	有机质（g/kg）	全氮（g/kg）	碱解氮（g/kg）
0.3330万/hm²	0~20	1.53	41.73	2.22	0.28	8.52
	>20~60	1.3	47.45	1.68	0.37	6.39
	>60~100	1.44	42.67	3.66	0.28	8.70
	平均值	1.42	43.95	2.52	0.31	7.87
0.2490万/hm²	0~20	1.5	42.09	1.76	0.28	4.97
	>20~60	1.4	49.55	1.51	0.44	5.86
	>60~100	1.35	47.73	5.20	0.3	15.65
	平均值	1.42	46.46	2.82	0.34	8.83

续表

样地	土壤深度（m）	体积质量（g/cm³）	总孔隙度（%）	有机质（g/kg）	全氮（g/kg）	碱解氮（g/kg）
0.1665万/hm²	0~20	1.48	44.29	2.13	0.37	8.52
	>20~60	1.2	54.65	2.69	0.435	8.69
	>60~100	1.53	40.67	4.71	0.32	12.62
	平均值	1.40	46.54	3.18	0.38	9.94
CK	0~20	1.31	49.79	2.83	0.18	24.80
	>20~60	1.52	38.98	3.96	0.11	6.64
	>60~100	1.51	40.16	1.19	0.22	3.38
	平均值	1.45	42.98	2.66	0.17	11.61

3.3 不同密度人工柠条林对退化沙地草场地上生物量的影响

表2 不同密度柠条林地上生物量

样地	柠条地上生物量（kg/hm²）	林间草地地上生物量（g/m²）	地上总生物量（kg/hm²）
CK		237.05	2370.62
0.3330万/hm²	4957.97	193.11	6889.17
0.2490万/hm²	4951.12	286.80	7819.26
0.1665万/hm²	1501.33	595.90	7460.63

注：同列不同小写字母表示0.05水平上的差异。

由表2可见，柠条林间草地地上生物量表现为0.1665万／hm²柠条草地最高，为5595.9 g/m²，显著地高于其他密度林地和退化沙地（对照）（P＜0.05）；其次是0.2490万/hm²柠条林地，为286.80 g/m²；退化沙地地上生物量为237.05 g/m²；0.3330万/hm²柠条林地地上生物量最小，为193.11 g/m²。柠条林地上生物量0.2490万/hm²最高，为4951.12 kg/hm²；其次是0.3330万/hm²，为4957.97 kg/hm²，显著高于0.1665万/hm²。地上总生物量0.2490万/hm²柠条草地最高，为7819.26 kg/hm²；其次是0.1665万/hm²，为7460.63 kg/hm²；0.3330万/hm²，为6889.17 kg/hm²，退化沙地（对照）最低，只有2370.62 kg/hm²。因此，采取0.2490万/hm²和0.1665万/hm²密度营造柠条林，可使地上生物量显著高于对照（退化沙地），使草地生产力得到提高。

4 结论与讨论

4.1 宁夏干旱风沙区营建人工柠条林（适宜的造林密度）对退化沙地植被恢复有积极作用，不同季节土壤贮水量变化的趋势主要受降水和柠条生长季的影响，但不同密度人工林对水分变化的幅度有明显影响，即柠条林与退化沙地土壤含水量季节动态特征主要决定于年内降水的季节性变化，变化幅度则受造林密度和降水的双重影响。适宜的造林密度能够有效提高土壤贮水量，而造林密度较高则使得土壤趋于旱化。

4.2 营建人工柠条林能明显提高土壤中有机质含量，改善土壤肥力状况，但不同建植密度下土壤有机质、全氮增加量不同。柠条种植密度为0.1665万/hm²人工林对土壤体积质量的改善主要在20~60 cm土层，种植密度为0.2490万/hm²和0.3330万/hm²柠条林对土壤体积质量的改善主要在20~100 cm土层。而且以0.1665万/hm²和0.2490万/hm²柠条林对土壤肥力的改良尤为突出，这说明，适宜的林草配置对土壤环境质量的改善作用较大。

4.3 总体来看，随着人工柠条林造林密度的增加，土壤水分逐步亏缺，但是适宜的造林密度并不引起土壤旱化。人工柠条林营建能明显改善土壤肥力，提高土壤环境质量，但对于不同的造林密度，各种肥力增加量不同，且均有一定的差异性。采用0.1665万/hm²和0.2490万/hm²密度营造人工柠条林（尤其是0.1665万/hm²柠条林效果较为理想），可增大植被盖度和生物产量，提高植被群落的稳定性，因此，在该区域进行适宜密度的人工造林可起到改善生态环境，提高草地生产力的作用。

参考文献

［1］朱震达，陈广庭.中国土地沙质荒漠化［M］.北京：科学出版社，1994.

［2］王海珍，韩蕊莲，冉隆贵，等.不同土壤水分条件对辽东栎、大叶细裂槭水分状况的影响［J］.水土保持学报，2004，18（1）：78-81.

［3］徐文铎，邹春静.中国沙地森林生态系统［M］.北京：中国林业出版社，1998.

［4］李慧成，郝明德，杨晓，等.黄土高原苜蓿草地在不同种植方式下的土壤水分变化［J］.西北农业学报，2009，18（3）：141-146.

［5］雷文文，王辉，王婷婷，等.弃耕砂田造林地土壤水分生态研究化［J］.西北农业学报，2010，19（2）：198－202.

［6］王志强，刘宝元，路炳军.黄土高原半干旱区土壤干层水分恢复研究［J］.生态学报，2003，23（9）：1944-1950.

［7］杨光，孙保平，赵廷宁，等.黄土丘陵沟壑区退耕还林工程植被恢复效益初步研究［J］.干旱区资源与环境，2006，20（2）：165-170.

［8］许智超，张岩，刘宪春，等.半干旱黄土区退耕还林十年植被恢复变化分析——以陕西吴起县为例［J］.生态环境学报，2011，20（1）：91-96.

［9］张凤杰，乌云娜，杨宝灵，等.呼伦贝尔草原土壤养分与植物群落数量特征的空间异质性［J］.西北农业学报，2009，18（2）：173-177.

［10］王兵，崔向慧，等.民勤绿洲：荒漠过度区水量平衡规律研究［J］.生态学报，2004，24（2）：235-240.

［11］张杨，梁爱华，王平平，等.黄土丘陵区不同植被恢复模式土壤养分效应［J］.西北农业学报，2010，19（9）：114-118.

［12］王占军，蒋齐，潘占兵，等.宁夏河东沙地农牧交错区不同放牧方式对土壤环境影响的研究［J］.水土保持通报，2007，27（6）：220-224.

（2012.12.25发表于《西北农业学报》）

宁夏干旱风沙区林药间作生态恢复措施
与土壤环境效应响应的研究

王占军　蒋齐　刘华　潘占兵　许浩

摘　要： 以干旱风沙区林药间作恢复措施为研究对象，研究了通过不同密度柠条林内种植甘草的生态恢复措施对土壤环境的影响。结果表明：8 m、6 m柠条带间的土壤含水量明显高于自然恢复地，3 m带间土壤含水量低于自然恢复地；土壤容重以6 m带距和8 m带距的较低，自然恢复地最高；总孔隙度以6 m带距内的最高，其他处理措施差异性不显著；土壤速效氮、速效磷表现出以自然恢复地较高；物种多样性为8 m带距内的人工甘草恢复区>6 m带距内的人工甘草恢复区>野生甘草自然恢复区>3 m带距内的人工甘草恢复区；适宜的林药间作恢复措施一定程度上增加了物种数和植被的盖度，但是人工柠条林的密度过大，反而引起植被盖度的下降及单个植物优势度的增加。

关键词： 干旱风沙区；林药间作；生态恢复；土壤环境

宁夏实施退耕还林6 a来，对改善生态环境和农民生产生活条件，促进农业结构调整和农民致富，加快畜牧业发展发挥了重要作用。从目前情况看，实施退耕还林工程的一些地区尚未完全形成后续产业，巩固退耕还林工程建设成果的任务仍然十分艰巨。大规模的退耕还林（草）工程尚处于摸索阶段，为了解决干旱风沙区造林与"退耕还林"的早期经济效益问题，使生态、经济双赢，提高造林保存率，还须对退耕还林（草）以来植被恢复和土壤环境之间的响应进行进一步的研究。本文以林药间作恢复模式为研究对象，测定土壤养分、土壤的结构和土壤质地以及植被的动态变化，总结出干旱风沙区林药间作恢复模式与土壤环境的响应规律，并建立恢复模式效果的综合评价指标体系，这不仅对西北和宁夏干旱风沙区退化沙地植被恢复、重建和提高土地的生产力具有重要意义，而且对巩固退耕还林成果、生态环境建设的可持续发展具有十分重要的意义。

1 试验区概况与研究方法

1.1 实验区概况

盐池县花马池镇柳杨堡行政村，地处盐池县北部，距县城10 km，地理位置为北纬37° 53′ 27″~37° 53′ 50″，东经107° 20′ 35″~107° 25′ 28″。该区属于典型的中温带大陆性气候，年降水量230~300 mm，年际变化较大，干燥度为3.1，潜在蒸发量2100 mm，年均气温7.6 ℃，≥10 ℃积温2945 ℃，无霜期120天。天然植被从东到西由典型草原逐渐过渡到荒漠草原，相应地土壤由普通灰钙土变为淡灰钙土，除此之外，还有风沙土、盐碱土等隐域土类。植物组成以白草（*Pennisetum centrasiaticumTzvel*）、沙蒿（*Artemisia arenaria*）、狗尾草（*Setaria viridis*）、猪毛菜（*SalsolaollinaPall*）等适应沙区生长的沙生植物为主。

1.2 研究方法

（1）土壤水分调查：采用德国产TDR时域反射仪（time to main reflectometry），每月上旬、中旬、下旬各观测一次，每20 cm为一层，测定深度0~100 cm。（2）土壤取样：每个月在不同带距的每个剖面按0~20 cm；20~40 cm；40~60 cm；60~80 cm；80~100 cm 5个层次随机取样3个。（3）土壤物理性能测定：环刀法。（4）土壤化学性能测定：全N测定采用凯氏定N法（Kjeldahl）；土壤水解氮的测定采用NaOH水解法；速效P的测定采用0.5 mol/L NaHCO$_3$浸提—钼锑抗比色法；速效K采用1 mol/L NH$_4$AC浸提—火焰光度法；有机质采用铬酸氧还滴定法。（5）植被调查方法：选择该地区柠条林龄3 a且种植密度分别为3 m带间距、6 m带间距、8 m带间距的植物为研究对象，从植物生长季开始，每月中旬分别对3 m、6 m、8 m带距和自然恢复地进行随机抽样，选取1 m×1 m样方，6个重复。调查记录内容主要包括：草本植物的密度、频度、高度、盖度和生物种类，同时收获地上生物量称取鲜重，并带回实验室烘干称重。

2 结果与分析

2.1 不同带距的林药间作恢复措施对土壤水分的影响

在干旱半干旱草原区，水分是植物生存、分布和生长的一个重要限制因子，是决定生态系统结构与功能的关键因子[1, 2]。林药间作不同恢复措施下土壤含水量的月变化受降雨量的影响波动很大，7月和10月的土壤含水量较高，6月和9月的则较低，柠条8 m带间距、6 m带间距土壤含水量6~10月平均值为13.29 %和10.94 %，分别比自然恢复地提高了45.5 %、19.4 %，3 m带间距内土壤含水量为8.58 %，比自然恢复地下降了6.1 %。由此说明随着柠条带间距的增加，土壤水分明显好于自然恢复地，相反柠条带间距过小（柠条造林密度过大），反而引起土壤水分的亏缺。

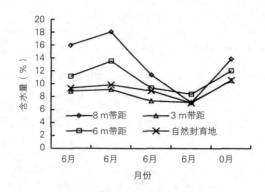

图1　不同林药间作恢复措施下土壤水分变化

2.2　不同带间距的林药间作恢复措施对土壤物理性状的影响

土壤的物理性状是土壤持水性能的重要体现，土壤总孔隙度、毛管孔隙度和非毛管孔隙度综合反映了土壤的透水持水能力和基本物理性能[3]。通常土壤容重越小，孔隙度就越大，土壤持水量也就越大；从土壤保水性能来看，毛管孔隙中的水可长时间保存在土壤中，主要用于植物根系吸收和土壤蒸发，而非毛管孔隙中的水可以及时排空，更有利于水分的下渗[4]。在土壤表层0~20 cm，土壤容重以3 m、6 m的较低，自然恢复地最高；土壤储水量的排列顺序为8 m带间距>6 m带间距=3 m带间距>自然恢复地；土壤总孔隙度8 m带间距、6 m带间距、3 m带间距分别比对照提高了8.14 %、18.2 %、10.35 %；毛管孔隙度8 m带间距、6 m带间距、3 m带间距分别比对照提高了10.2 %、22.98 %、3.91 %。20~60 cm土壤容重以6 m带间距和8 m带间距的较低，自然恢复地最高，总孔隙度以6 m带间距的最高，其他处理措施差异性不显著，毛管孔隙度以6 m带间距、3 m带间距较高，8 m带间距和自然恢复地最低。

表1　不同林药间作恢复措施对土壤物理性状的影响

类型	土层深度（cm）	容重（g/cm³）	土壤储水量（ml）	最小持水量（%）	非毛管孔隙度（%）	毛管孔隙度（%）	总孔隙度（%）
自然恢复地	0~20	1.50	9.57	18.92	4.71	40.11	44.82
	20~60	1.45	12.57	25.61	6.73	45.82	52.55
3 m带距	0~20	1.35	9.79	16.86	7.78	41.68	49.46
	20~60	1.42	14.98	27.03	2.80	49.44	52.24

续表

类型	土层深度（cm）	容重/（g/cm³）	土壤储水量（ml）	最小持水量（%）	非毛管孔隙度（%）	毛管孔隙度（%）	总孔隙度（%）
6 m带距	0~20	1.34	16.17	29.68	3.66	49.33	52.99
	20~60	1.29	14.87	30.43	4.97	50.40	55.37
8 m带距	0~20	1.48	11.58	18.00	4.25	44.22	48.47
	20~60	1.38	16.21	25.20	6.10	44.29	50.39

2.3 不同带距的林药间作恢复措施对土壤养分的影响

表2 不同林药间作恢复措施对土壤养分的影响

类型	土层深度(cm)	pH值	有机质(g/kg)	全氮(g/kg)	全磷(g/kg)	全钾(g/kg)	速效氮(mg/kg)	速效磷(mg/kg)	速效钾(mg/kg)
自然恢复地	0~20	8.540	4.73	0.29	0.29	20.40	20.00	4.08	114
	20~40	8.320	6.53	0.48	0.46	22.40	24.00	1.49	102
	40~60	8.300	7.21	0.56	0.62	23.80	25.00	1.02	112
	平均	8.387	6.16	0.44	0.46	22.20	23.00	2.20	109
3 m带距	0~20	8.460	4.51	0.31	0.32	20.80	16.00	3.20	74
	20~40	8.400	6.76	0.48	0.50	21.10	22.00	0.97	96
	40~60	8.340	9.35	0.60	0.63	23.40	20.00	1.16	108
	平均	8.400	6.87	0.46	0.48	21.77	19.33	1.78	93
6 m带距	0~20	8.440	4.06	0.30	0.28	20.50	15.00	2.60	72
	20~40	8.240	9.35	0.59	0.62	23.30	27.00	1.16	97
	40~60	8.390	8.34	0.53	0.64	23.30	20.00	0.83	89
	平均	8.357	7.25	0.47	0.51	22.37	20.67	1.53	86
8 m带距	0~20	8.570	4.40	0.31	0.30	21.00	17.00	3.12	85
	20~40	8.510	4.28	0.28	0.33	21.20	16.00	1.20	56
	40~60	8.340	8.00	0.58	0.60	23.20	25.00	0.97	87
	平均	8.473	5.56	0.39	0.41	21.80	19.33	1.76	76

土壤肥力是土壤养分、水分、热量和空气等方面供应和协调作物生长的综合能力，具体表现在土壤物理特性和土壤养分状况两个方面[5]。土壤养分的高低直接影

响植物的生长发育状况，它不仅能增加土壤的保肥和供肥能力，提高土壤养分的有效性，而且可促进团粒结构的形成，改善土壤的透水性、蓄水能力及通气性，增加土壤的缓冲性等[6]。由表2可以看出，无论是在土壤表层0~20 cm，还是在20~40 cm以及40~60 cm，不同恢复措施及野生甘草自然恢复区的土壤pH值、全氮、全磷含量均表现出差异不显著，土壤的速效氮、速效磷表现为自然恢复地较高，随着柠条带距的增加，土壤表层0~20 cm速效氮、速效钾的含量逐渐增加，20~40 cm和40~60 cm的土壤养分含量呈下降趋势。

2.4 不同带距的林药间作恢复措施下植物群落特征

植被恢复与重建是生物因素与非生物因素共同作用的一个复杂的生态学过程[7]。具有不同功能作用的不同物种及其个体相对多度的差异是形成不同群落的基础，在对退化生态系统进行植被恢复过程中，植物种类数和个体数量都会明显地增加，增加了植被的多样性，从而影响到生态系统。由表3可以看出，无论是天然野生甘草自然恢复地，还是不同柠条带内的人工甘草恢复区，其植物群落均以猪毛菜、甘草为主，其他植物种的重要值很低，还不到0.1；8 m、6 m、3 m带间距内植物的物种数分别比野生甘草自然恢复区提高了40 %、20 %和20 %；植物总盖度以8 m带距内的人工甘草恢复区最高，为69.7 %，其次为6 m带间距内的人工甘草恢复区和野生甘草自然恢复地，最低的为3 m带间距内的人工甘草恢复区，总盖度低于50 %。由此说明，适宜的林药间作恢复措施一定程度上增加了物种数和植被的盖度，但是人工柠条林的密度过大，反而引起植被盖度的下降及单个植物优势度的增加。

表3　不同带距的林药间作恢复措施下植物群落组成及重要值

植物种类	自然恢复	3 m带距	6 m带距	8 m带距
甘草	0.264	0.142	0.273	0.257
猪毛菜	0.613	0.565	0.524	0.479
田旋花	0.055	0.135	0.067	0.115
虫实	0.004	0.010	0.047	0.051
白草	0.007	0.022	0.039	0.035
蒺藜	0.036	0.000	0.000	0.001
星状雾冰藜	0.002	0.000	0.034	0.031
牛心朴子	0.000	0.006	0.000	0.000
苦豆子	0.000	0.025	0.000	0.000

续表

植物种类	自然恢复	3 m带距	6 m带距	8 m带距
乳浆大戟	0.009	0.039	0.009	0.001
牛枝子	0.000	0.005	0.009	0.002
山苦荬	0.000	0.003	0.000	0.000
铁杆蒿	0.005	0.000	0.000	0.003
粗隐子草	0.000	0.000	0.002	0.009
叉枝鸦葱	0.000	0.033	0.003	0.005
披针叶黄华	0.009	0.005	0.000	0.000
阿尔泰狗娃花	0.000	0.000	0.000	0.009
狗尾草	0.000	0.000	0.009	0.011
总种数	10	12	12	14
总盖度（%）	62	54	63	70

2.5 不同带距的林药间作恢复措施对植物多样性的影响

物种多样性的增加是评价草地生态系统恢复和重建工作的重要指标[8]，群落的物种多样性水平依赖于多样性指数、丰富度指数、均匀度指数以及优势度指数。种群在群落的分布出现频率不同说明它们在种群内的作用不同，多样性指数是物种与均匀度结合起来的单一统计量[9]。由表4可以看出：8 m带间距、6 m带间距内的人工甘草恢复区植物多样性、均匀度明显高于3 m带间距内的人工甘草恢复区和野生甘草自然恢复区，生态优势度则呈相反趋势。通过对8 m、6 m、3 m的柠条带及自然恢复区内植物丰富度指数、多样性指数、优势度指数的相关分析，结果表明，多样性指数（H）与群落优势度指数（D）呈负相关，运用SPSS统计软件对物种的多样性和生态优势度进行拟合，二者之间可用下述非线性回归方程描述：

$$H=-3.2921D^2+3.2773D$$

$$R^2=0.9772 \quad （P<0.01）$$

通过统计表明物种多样性（H）与群落的均匀度（J）、丰富度（S）呈正相关，它们之间的关系可表示为：

$$H=-20.984J^3+12.989J^2+0.1277J+0.0595 \quad R^2=0.9958$$

$$（P<0.01）H=0.0279S^3-0.7052S^2+5.8736S-15.827 \quad R^2=0.2848$$

由此可以说明群落的均匀度、丰富度的增加对物种的多样性影响很大，但均匀度是引起物种多样性增加的主要因子。

表4 不同带间距的林药间作恢复模式对植物多样性、生态优势度的影响

类型	月份	丰富度	均匀度	生态优势度	多样性
自然恢复地	6	7	0.053	0.966	0.102
	7	6	0.022	0.988	0.040
	8	7	0.044	0.972	0.086
3 m带距	6	8	0.051	0.964	0.107
	7	10	0.039	0.973	0.091
	8	10	0.061	0.951	0.141
类型	月份	丰富度	均匀度	生态优势度	多样性
6 m带距	6	8	0.119	0.918	0.213
	7	6	0.178	0.851	0.37
	8	8	0.212	0.828	0.442
8 m带距	6	10	0.223	0.753	0.514
	7	11	0.300	0.677	0.72
	8	8	0.405	0.634	0.843

3 结果与讨论

3.1 适宜的林药间作恢复措施一定程度上增加了土壤含水量、物种数和植被的覆盖度，但是人工柠条林的密度过大，反而引起土壤水分、植被覆盖度下降及单个植物优势度的增加。

3.2 土壤容重以6 m间间距和8 m带间距的较低，自然恢复地最高；总孔隙度以6 m带距的最高，其他处理措施差异性不显著；毛管孔隙度以6 m带间距、3 m带间距较高，8 m带间距和自然恢复地的最低。由此可以看出，不同林药间作恢复措施在一定程度上改善了土壤的物理性状，使得土壤结构趋于好转。

3.3 由于柠条带间距内的甘草生长吸收了土壤的部分养分，使得土壤的养分呈下降趋势，而且随着甘草种植密度、生长量的增加，下降日趋明显。由此说明，采用不同恢复措施的林药间作恢复模式一定程度上消耗了部分土壤养分，因此建议在退耕还林地土壤条件较好、甘草种植密度较大、长势较好的地区，在雨季进行适当地补肥措施，将更加有利于植被的恢复及甘草的生长，从而实现生态的恢复与经济

效益增长双赢的目的。

3.4　就物种多样性而言，由于3 m带间距内的人工甘草恢复区和野生甘草自然恢复区猪毛菜优势种密度相当大，出现的频率和盖度很高，使得其他相对弱势物种在群落中比例很低。多样性总体表现为8 m带间距内的人工甘草恢复区>6 m带间距内的人工甘草恢复区>野生甘草自然恢复区>3 m带间距内的人工甘草恢复区的趋势。

参考文献

［1］徐文铎，邹春静.中国沙地森林生态系统［M］.北京：中国林业出版社，1998.

［2］王兵，崔向慧，等.民勤绿洲——荒漠过渡区水量平衡规律研究［J］.生态学报，2004，24（2）：235-240.

［3］王占军，蒋齐，潘占兵，等.宁夏毛乌素沙地不同密度柠条林对土壤结构及植物群落特征的影响［J］.水土保持研究，2005，12（6）：123-125.

［4］李德生，张萍，张水龙，等.黄前库区森林地表径流水移动规律的研究［J］.水土保持学报，2004，18（1）：78-81.

［5］汤建东.耕作改制对土壤肥力的影响Ⅱ［J］.土壤与环境，2000，9（3）：257-260.

［6］李生宝，王占军，王月玲，等.宁南山区不同生态恢复措施对土壤环境效应影响的研究［J］.水土保持学报，2006，20（4）：20-22.

［7］王占军，王顺霞，潘占兵，等.宁夏毛乌素沙地不同恢复措施对物种结构及多样性的影响［J］.生态学杂志，2005，24（4）：464-466.

［8］侯扶江，南志标，肖金玉，等.重牧退化草地的植被、土壤及其耦合特征［J］.应用生态学报，2002，13（8）：915-922.

［9］杨玉盛，何宗明，邱仁辉，等.严重退化生态系统不同恢复和重建措施的植物多样性与地理差异研究［J］.生态学报，1999，19（4）：490-494.

（2007.08.15发表于《水土保持学报》）

不同平茬处理柠条生长规律观测

左忠　郭永忠　余峰　王峰　温学飞

摘　要：本文从柠条平茬的角度出发，主要针对不同留茬高度、利用方式、平茬间隔期和未平茬等处理，对平茬与未平茬柠条的高生长、地径、产量和不同留茬高度柠条萌发情况等内容进行了重点观测和综合分析。分析发现不同留茬高度在当地两种立地类型中对高生长差异都不显著，其显著性水平分别为0.215和0.584，远大于假设值0.05；观测还发现无论围栏还是放牧区柠条当年最大高度都出现在8月，月最大生长量在7月；绘制出了平茬后2 a内柠条高生长曲线，提出并分析了与平茬利用相关的一系列问题。

关键词：柠条平茬；留茬高度；高生长；平茬时期

柠条是豆科锦鸡儿属（*Caragana Fabr.*）植物的俗称，是我国北方地区主要的防风固沙和水土保持树种。柠条枝叶富含氮、磷、钾等微量元素，为优良的绿肥，根、花、种子亦可入药，有滋阴养血、通经、镇静、止痒等作用，纤维可用作造纸及制造纤维板[1]。柠条鲜枝营养丰富，粗蛋白含量可达11.21 %~36.27 %[2, 3]，与苜蓿的相当，是玉米的2~4倍。柠条所含氨基酸有19种[2]，约有6.0 %[4]整株含量可达125.3 g·kg^{-1}[3]，是苜蓿的11倍之多，其中家畜日粮中所必需的10种氨基酸占氨基酸总量的44 %~53 %[2, 4]，具有很高的饲用和开发价值。在宁夏主要分布的树种有小叶锦鸡儿（*C. microphylla*）、柠条锦鸡儿（*C. koushinskii*）、中间锦鸡儿（*C. intermedia*）等[5]。试验主要从柠条平茬与开发利用的角度出发，探讨不同平茬处理柠条的主要性状和生长规律，旨在促使其向着规模化和产业化的方向健康发展，为加快柠条资源的应用和开发力度提供指导依据。

1 试验区概况

试验地位于宁夏盐池县花马池镇，地处毛乌素沙地西南缘，属鄂尔多斯台地向黄土高原过渡地带，为宁夏中部干旱带和宁夏河东沙地的重要组成部分。该地年均气温7.6 ℃，一月平均气温-8.9 ℃，七月平均气温22.3 ℃，年温差31.2 ℃，≥10 ℃积温2944.9 ℃，无霜期138d，年降水量为250~300 mm，其中7~9月降水量约占全年降水量的60 %以上，降水年变率大于30 %，潜在蒸发量2100 mm，干燥度3.1，年均风速2.8 m/s，年均大风日数25.2 d，主害风为西北风、南风次之，主要自然灾害为春夏干旱和沙尘暴。主要造林树种为柠条，约占总造林面积的95 %以上，截至2003年，全县柠条存林面积达12.2万hm²，占全县总土地面积的17.14 %，仅2003年柠条造林验收合格面积就达3.07万hm²。造林力度之大，存林率之高都为历史之最。因此研究和合理开发柠条资源对当地的经济发展和农民增收具有举足轻重的作用，特别是自去年全县和今年全区实施禁牧以来，柠条饲料加工的研究与开发已成为解决当前畜产品的供不应求与饲料严重短缺，以及棘手的"三农"问题等一系列矛盾的首要任务。

2 不同平茬时期柠条各性状分析

试验选择不同林龄的柠条带为研究对象，分梁滩地和覆沙地两种立地类型，主要观测其高生长、地径、当年二次平茬产量、不同留茬高度萌发情况等内容，各组试验数据都用加权法平均所得。

2.1 逐年平茬柠条长势

针对不同平茬间隔年柠条丛萌枝数、地径等性状的差异性，选择了5种平茬间隔年限的柠条为调查对象，每组重复20株，以未平茬（林龄13a）为对照，2003年4月调查后所得：

表1 不同林龄平茬柠条各性状对比表

平茬间隔年（a）	上次平茬时间	丛萌枝数	地径（cm）	最大枝长（cm）	枝条分枝数	当年萌枝长（cm）
13	未平茬（对照）	35	1.13Aa	137.2Aa	19Aa	38.9Bb
5	1998.4	49	1.05Aa	111Bb	16.5Aab	38.1Bb
4	1999.2	51	1.03Aa	94.6Bb	14Aab	35Bb
3	2000.2	59	0.692Aa	111.8Bb	18.5Aa	42.6Abb
2	2001.4	119	0.620Aa	95.5Bb	16Aab	38.4Bb
1	2002.4	156	0.505Aa	51.1Cc	7.4Ab	51.1Aa

可以明显看出，平茬后2 a内柠条高生长最快，株高可达95 cm以上，之后高生长就趋于平缓，地径3 a内基本都在1 cm以内。由于对水分、光照生长限制因子的竞争，丛萌枝数随平茬时期的增大而明显减少，枝条细小的部分逐渐干枯死亡，被竞争强的粗枝所取代，而丛内最大枝长、地径和分枝数明显增加，由于在竞争中具有明显优势加速了它们的生长，而当年萌发枝长无明显规律。

新复极差（DUNCAN）测验结果表明：不同平茬间隔年份对柠条地径的影响差异不显著；最大枝长为当年生（1a）与13a生之间、与2a~5a生之间差异都极显著（$P<0.01$），但2a~5a生之间差异不显著（$P>0.05$）；枝条分枝数1a与3a和13a之间差异显著（$P<0.05$），其他项差异不显著；当年萌枝长1a和3a间差异显著（$P<0.05$），1a和3a与其他项差异也极显著（$P<0.01$）。

2.2　逐月平茬后柠条生长情况

从柠条萌发期4月开始，用未留茬的平茬方式逐月平茬一次，至当年10月结束，次年9月对平茬后柠条各性状做综合调查。与逐年平茬相比，逐月平茬在观测期内由于生长期短，丛萌枝数比平茬期在3 a及以上增加了2~3倍，各月差异不大，且无明显变化规律，而地径、株高和单株鲜重随生长期的延长明显增加。调查发现上年4~5月

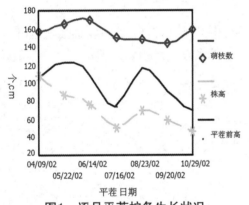

图1　逐月平茬柠条生长状况

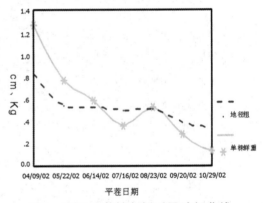

图2　逐月平茬柠条鲜重及地径曲线

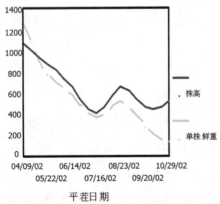

图3　逐月平茬柠条鲜重与高生长曲线

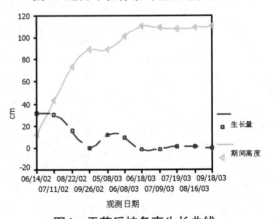

图4　平茬后柠条高生长曲线

平茬后的柠条，次年就可结实，而6月及以后平茬的柠条，次年未发现果荚。

表2　不同平茬月份柠条各性状对比表

平茬时间	丛萌枝数	地径（cm）	株高（cm）	单株鲜重（kg）	种荚数（个）	平茬前株高（cm）
2002/04/09	156	0.834	107.8	1.27	115.3	105.8
2002/05/22	166	0.54	86.6	0.77	8.3	123.3
2002/06/14	169	0.53	76.0	0.59	—	107.3
2002/07/16	151	0.50	50.5	0.36	—	74.3
2002/08/23	148	0.506	68.9	0.52	—	115
2002/09/20	144	0.387	58.8	0.28	—	91.2
2002/10/29	158	0.348	45.9	0.13	—	68.67

2.3　柠条平茬后高生长曲线

图4所示为覆沙地林龄为15a围栏内选择的30株试验样，上年4月未留茬平茬后高生长曲线。可以明显看出，柠条高生长与一般植物的类似，受降水、季节等因素影响也较大，平茬后2 a左右高生长就趋于稳定。5~7月柠条高生长较快，8月下旬开始柠条高生长基本停止，之后逐渐出现萎缩，萎缩幅度为总高度的1 %~3 %，枝条越嫩，萎缩幅度相对越大。这可能是由于柠条体内水势减少，枝叶收缩后产生的一种特有的生理现象。而据观测，柠条叶片6月水势最大，9月最小，从6月到9月叶水势有逐渐减小的趋势[6]，而当植物缺水时（即叶片含水量变小时），叶片水势下降，也从生理试验角度很好地解释了这一现象。

3　不同留茬高度与柠条高生长相关性研究

自2002年4月开始，在围栏内覆沙地选择林龄15a长势相当的从未平茬的柠条为试验对象，分别设0 cm、5 cm、10 cm、15 cm 4种不同留茬高度，各类留茬每次分别平茬10株，每月一次，至当年10月结束，并逐月观测其萌发情况。在2003年9月当年柠条高生长基本结束，对所平茬的柠条调查后用加权法平均所得。

3.1　不同留茬高度对柠条高生长影响

由图5可知，不同留茬高度柠条高生长月内差异不大，月季间以4月平茬项生长

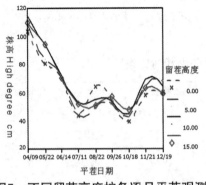

图5 不同留茬高度柠条逐月平茬观测

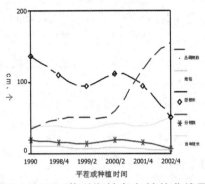

图6 不同平茬时期柠条各性状曲线图

量最大，5月次之，11月和12月项平茬后生长速度也明显较其他月份平茬的快，其他月份变幅较大，可能是受温度和降雨等共同作用的结果。平茬结果显示，8月是柠条平茬后当年萌发的最后时段，9月及以后平茬的柠条当年未萌发，但次年可正常萌发。调查还发现平茬前植株越大，平茬后高生长速度也较快，平茬时未被剪掉的丛内小分叉，生长速度会成倍地高于平茬后萌发的新植株。

3.2 方差分析结果

利用SPSS11.0对梁滩地和覆沙地两种立地类型对平茬后不同留茬高度柠条的高生长作了方差分析，以F值的显著性水平为0.05，假设各留茬高度间没有显著性差异，探讨不同留茬高度对柠条高生长影响的显著性，所得结果如下：

表3 梁滩地和覆沙地方差分析表

		离差平方和 Sum of Squares	自由度 df	均方和 Mean Square	F值	显著性 Sig
梁滩地	组间 Between Groups	1269.700	3	423.233	1.525	0.215
	组内 Within Groups	21098.500	76	277.612		
	总和 Total	22368.200	79			
覆沙地	组间 Between Groups	536.850	3	178.950	0.651	0.584
	组内 Within Groups	20875.900	76	274.683		
	总和 Total	21412.750	79			

由表可知，所求F1和F2值的显著性水平分别为0.215和0.584，远远大于0.05，因此原假设成立，即不同立地类型、不同留茬高度对高生长无显著差异。用常规方差计算方法也得出了相同的结论。

4 当年二次平茬

分别在2002年4月、5月、6月3个月对围栏内林龄为15a多年生柠条平茬后的在当年9月末又进行了第二次平茬，每处理重复10株平均后所得，目的是想观测当年生长状况与次年萌蘖状况。首次平茬留茬都为5 cm，二次平茬时未留茬，其中现生长高度为2003年9月进行的调查。由于今年全区禁牧，所以上年放牧区所有数据无法取得，仅把上年放牧区和围栏二次平茬用加权法进行了平均。

从表6中可以看出，放牧区5~6月平茬后柠条的高生长和粗生长都较围栏内快，这一现象在未平茬放牧区柠条中也存在，可能是由于这一时间的柠条较其他牧草特别是一些禾本科牧草适口性较差，而当年降雨量较往年偏高，适口性较好的牧草长势较往年好，使家畜有选择性地增加了柠条林带适口性较好牧草的采食量，从而减少了林带水分的消耗，促进了柠条快速萌发。同时放牧区内家畜的排泄物增加了土壤有机质的含量，产生的肥效可能加速了带内有机质的循环[7, 8, 9]，也是这一原因合理的解释。与之相反，如果家畜采食量过大或活动量较大的区域，如羊路、饮羊井和村庄周围，相对较好的土壤水分条件和养分条件反而为抗性较强而适口性差的牧草或毒草创造了条件，比例明显加大，如牛心朴子、骆驼蒿等，使土壤水分和养分被它们占有，在一定程度上又抑制了草场元素的循环[10]，形成典型的退化草场景观。

表4 不同利用方式下当年二次平茬结果

首次平茬	利用方式	平前高（cm）	二次平前高（cm）	丛萌枝数	地径（mm）	单株鲜重（kg）	现生长高度（cm）
4月	围栏	115.81	86.87	88	5.41	0.34	53.6
	放牧	102.42	84.41	83.4	5.33		
5月	围栏	91.7	52.91	96.4	4.55	0.42	54.7
	放牧	103.3	59.40	71	4.74		
6月	围栏	92.9	44.79	64	3.62	0.31	50.8
	放牧	90.57	48.36	69.8	3.69		
7月	围栏	91.34	23.75	—	2.87	0.29	48.6
	放牧	80.70	22.54	—	2.98		
8月	围栏	91.2	—		—	0.32	53.20

从鲜生物产量来看，当年4月平茬的柠条，当年产量为900 kg/hm²左右，如果按

4 a一个平茬周期计算，产量在3600 kg/hm²左右的柠条鲜饲料，这与直接按4 a后一次平茬产量无明显增加，而且从人、物力资源和对柠条的损伤等角度来考虑，也不合算，所以生产中不提倡。

5 未平茬柠条年生长规律

以15a生柠条为观测对象，分别选择围栏与放牧两种利用方式，各选10株与平茬柠条生境相似、长势相当的柠条挂牌后，对每株最大枝高逐月测量一次。无论围栏还是放牧区柠条当年最大高度也都出现在8月，月最大生长量出现在当年7月，其中放牧区该月生长量为16.3 cm，是围栏内6.2 cm的2.57倍，高生长速度明显快于围栏内，与平茬柠条一样可能也是放牧作用的结果，与之不同的是放牧区柠条冬季被啃食后，新萌枝条生长速度也明显快于围栏内。说明适度放牧可明显促进柠条林带单位面积的生物产量，增加林内的载畜量，有效提高林地的经济效益。调查还发现，放牧区所有平茬柠条当年8月左右就开始被采食，特别是自9月中旬以后，由于草场内其他草本植物基本已停止生长，载畜量较大的草场家畜就开始采食一些食口性较差的牧草，而刚萌蘖的柠条则是它们的首选，随着秋冬季的来临，这一现象尤为突出，但并不影响其次年的正常萌发。

6 结论与探讨

6.1 由于上年试验区降水量达到390.2 mm，今年降雨量也明显多于往年，两年都在7月中旬至8月中上旬出现较严重的夏旱，参试柠条平茬后均出现了不同程度的落叶和卷叶现象——可能是正常的生理现象。不同带间距上年柠条土壤含水量也始终大于1.5 %（小于或等于1.5 %时，就会出现死亡[6]）。需要指出的是，在贫雨年，生长季平茬是否会显著影响柠条的成活，还需进一步探讨。

6.2 林龄选择不当时，对柠条平茬后的萌发影响很大。林龄较大的，平茬后未发现死亡，对于林龄小于5a时，由于生长点较高，根系和积沙量都较小，特别是无覆沙地段，平茬后易出现死亡现象。因此生长季内不宜平茬。

6.3 利用SPSS11.0分析发现不同留茬高度在当地梁滩地和覆沙地两种立地类型对高生长差异都不显著，其显著性水平分别为0.215和0.584，远远大于0.05。所得结论与常规计算方法相同。

6.4 分析发现适度放牧可明显促进柠条林带单位面积的生物产量，增加林内载畜量，有效提高林地的经济效益。

参考文献

［1］中国饲用植物编辑委员会.中国饲用植物志（第1卷）［M］.北京：农业出版社，1987，219–225.

［2］王北，李生宝，袁世杰.宁夏沙地主要饲料灌木营养分析［J］.林业科学研究，1992，5（12）：98–103.

［3］王玉魁，闫艳霞，安守芹.乌兰布和沙漠沙生灌木饲用营养成分的研究［J］.中国沙漠，1999，19（3）：280–284.

［4］张强，牛西午，杨治平，等.小叶锦鸡儿营养特征研究［J］.林业科技管理（增刊），2003：70–74.

［5］周世权，马恩伟.植物分类学［M］北京：2003.117–119.

［6］张国盛，干旱.半干旱地区乔灌木树种耐旱性及林地水分动态研究进展［J］.中国沙漠，2000，20（4）：363–368.

［7］Frank D A，Evans R. Effects of native grazers on grassland N cycling in Yellowstone National Park［J］. Ecology.1997，78：2238–2248.

［8］Holland E A，Delting J K. Plant response to herbivorey and below–ground nitrogen cycling［J］. Ecology. 1990，71：1040–1049.

［9］McNaughton S J. Promotion of the cycling of diet–enhancing nutrients by African grazers［J］. Science. 1997，278：1798–1800.

［10］李金花，李镇清，任继周.放牧对草原植物的影响［J］.草业学报，2002，11（1）：4–11.

［11］曹成有，寇振武，蒋德明，等.沙地小叶锦鸡儿群落持续经营的对策［J］.中国沙漠，1999，19（3）：239–242.

［12］刘国谦，张俊宝，刘东庆.柠条的开发利用及草粉加工饲喂技术［J］.草业科学，2003，20（7）：26–31.

［13］温学飞，左忠，王峰.宁夏中部干旱带草地畜牧业发展措施的研究［J］.草业科学，2003，20（11）：44–46.

放牧、围栏和平茬对不同林龄柠条高生长的影响

王峰　左忠　余峰　张清云　周全良

摘　要：本文讨论了放牧、围栏禁牧、平茬等对不同林龄柠条高生长的影响，平茬和适度放牧可促进柠条的萌发和高生长；分析了水分和气温对高生长的作用；介绍了柠条根系分布特性。

关键词：柠条；高生长；平茬

柠条是生长在干旱与半干旱区豆科锦鸡儿属（*Caragana Fabr.*）多年生落叶灌木。现存锦鸡儿属植物70余种，我国已查明的有66种，广泛分布于"三北"地区。代表种有：小叶锦鸡儿（*C. microphylla*）、柠条锦鸡儿（*C. korshinskii*）、中间锦鸡儿（*C. intermedia*）、短角锦鸡儿（*C. brachypoda*）、垫状锦鸡儿（*C. tibetica*）和荒漠锦鸡儿（*C. roborovskyi*）等[1]。宁夏共有12种，2个变种，主要分布在宁夏贺兰山及灵武、盐池、中宁、同心、海原等干旱荒漠区[2]。人工种植的主要有：小叶锦鸡儿、柠条锦鸡儿和中间锦鸡儿。短脚锦鸡儿、垫状锦鸡儿等是主要天然分布种。柠条抗逆性强[3]，是防风固沙、保持水土的优良灌木。[4]锦鸡儿营养丰富，枝繁叶茂，是优良的饲用植物[5~8]。合理开发利用柠条对于发展草食畜牧业，尤其是解决家畜冬春饲草紧缺有重要意义[9]。

1　试验区自然概况

试验区地处毛乌素沙地西南缘的宁夏盐池县花马池镇，属鄂尔多斯台地向黄土高原过渡地带。该地年均气温7.6 ℃，1月平均气温-8.9 ℃，7月平均气温22.3 ℃，年温差31.2 ℃，≥10 ℃活动积温2944.9 ℃，无霜期138d，年降水量为250~300 mm，其中7~9月降水量约占全年降水量的60 %以上，降水年变率大于30 %，潜在蒸发量2100 mm，干燥度3.1，年均风速2.8 m/s，年均大风日数25.2 d。具有干旱少雨、风多

沙大、光热资源丰富等气候特点。西北风、春夏干热风和沙尘暴是主要自然灾害。

2 柠条生长规律

2.1 围栏与放牧未平茬柠条高生长变化

以未平茬的15a生柠条林为观察对象，在围栏与放牧两类区内各选择长势相当的20个丛，对丛内最高株挂牌，每月测定其生长量。两种经营方式柠条当年最大高度都出现在8月，月最大生长量都出现在7月。各月间放牧区月高生长量除8月（由于当月放牧区内参试样部分被羊只采食过）外，都明显快于围栏内。以7月为例，围栏内当月生长量为6.2 cm，而放牧区则为16.3 cm，是前者的2.57倍，说明适度放牧可明显促进柠条萌发，提高林带单位面积的生物产量。

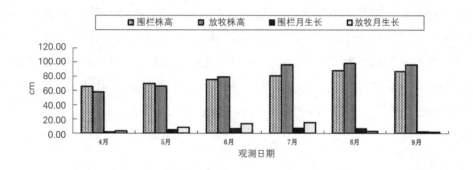

图1 围栏与放牧柠条株高与月生长量

观测还发现，放牧区所有平茬柠条当年8月前后就开始被采食，特别是9月中旬后，由于草场内其他草本植物大都停止生长，而俗有"救命草""接口草"[10]和"空中牧场"[11~13]等美称的柠条林则成了它们采食的首选，这一现象在秋冬季尤为突出。适度采食并不影响翌年萌发，但如放牧过渡，春季返青期出现柠条枝皮层被啃食，萌发枝当年干枯死亡，尤以山羊为主的过牧草场最为严重。啃食较轻、长势旺盛的枝丛可重新萌发，但长势削弱，延后萌发。啃食严重的，部分或整株死亡。为有效避免发生这一现象，需要减少草场载畜量，实行轮牧、休牧。

2.2 平茬与未平茬柠条高生长对比观测

图2为围栏15 a柠条林经平茬处理的效应。柠条于当年4月平茬，当年高生长加快，平茬后2 a，丛高接近林龄相同从未平茬的对照，而对照样在2 a内高生长缓慢，趋于停止。说明定期平茬有利于加速柠条高生长，提高单位面积生物产量。

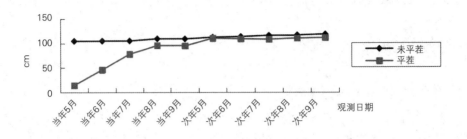

图2　平茬与未平茬围栏柠条高生长对比

2.3　不同林龄柠条平茬与未平茬的高生长

在围栏覆沙地内选择土壤水分与肥力条件相当的5a生、10a生、15a生3种林龄的柠条，采用平茬与未平茬两种措施，共6个处理，每个处理选择长势相近的60丛，于4月萌发期平茬，逐月观测高生长，到9月底生长季结束。不同林龄萌发条的高生长曲线变化幅度相仿，但15a柠条高生长明显比5a快，10a居中。未平茬柠条高生长速度也与平茬柠条呈相似的变化规律。平茬后当年生长季后期，15a柠条株高就可以超过5a未平茬的，而10a平茬柠条当年末期也与5a未平茬株高相近，这说明人工平茬对加快不同林龄柠条萌发，提高单位面积生物量有促进作用（图3）。

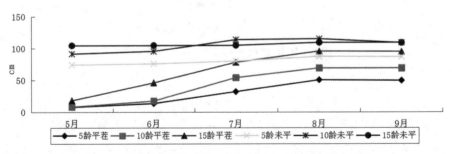

图3　围栏内不同林龄柠条平茬与未平茬高生长曲线

2.4　不同林龄柠条根系分布特征

生长在沙丘上的天然小叶锦鸡儿水平根幅可达8.0 m以上，垂直根深达3.0 m以下[14]。据调查，生长在沙质土上的2个月的幼苗仅高约7 cm，但根深就可达1 m，根茎比达12以上。此外，多年生天然和人工柠条的主根都可穿透约1 m厚的坚硬钙积土层，根系密集交错，可以充分吸收深层水和地表水，具有很强的抗干旱逆境特性。

在围栏5a、10a、15a柠条林内，各选择长势相似的柠条3株，剖土观测其根系分布。表1中列举了各观测指标的平均值，其中干重为105 ℃烘箱持续烘12 h测得。

表1　不同林龄柠条根系特征

| 林龄 (a) | 主根 | | | 根总鲜重 (g) | 根总风干重 (g) | 根幅 (cm) | 坑幅 (cm) | 根深 (cm) |
	根长 (cm)	鲜重 (g)	烘干重 (g)					
5	180	917	483	847.19	433.85	230×265	210×245	115
10	215	548	293	854.24	446.98	430×430	235×240	132
15	340	7300	4030	9166.5	5504.7	360×350	265×290	156

可以看出，随着林龄的增加，垂直根系分布无明显差异，5 a以上人工柠条垂直根系一般长1.1~1.6 m，主根系主要集中分布40~80 cm土层内，80 cm以下总的根量显著减少。在土质坚硬、立地条件较差的地段，人工柠条垂直根系深度显著小于立地条件较好的沙质土壤，且无明显主根，但侧根相对发达。

3　水分与柠条高生长的关系

3.1　土壤含水量对平茬柠条高生长的影响

观测对象：围栏15a人工柠条带，林带间宽6 m，带内宽3 m，双行种植。4月平茬后，从5月开始到次年10月生长期结束，在近两年间用德国产TDR水分测量仪分0~20 cm、20~40 cm、40~60 cm、60~80 cm和80~100 cm共5个土壤层在林带宽行内距林带1 m处埋置水分观测管后，逐月观测含水量与柠条高生长量。以两年内各观测月不同土层含水量与柠条生长量分别绘制出了图4和图5。

从图4可以看出，平茬后当年6月以前，虽然各层土壤含水量都明显高于其他各月，但高生长却明显较慢。自6月以后，各层土壤含水量明显减少，但高生长却迅速增加，可能是由于柠条的快速生长大量消耗了土壤水分，以及受气温、降雨量等的共同作用的结果。此外，还可以看出，各观测层不同月份土壤含水量变幅相似，而

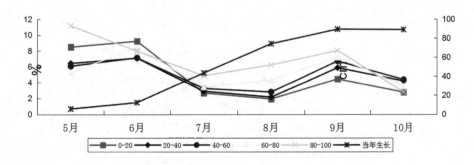

图4　平茬后当年高生长与0 ~100 cm土壤含水量

整个观测期内80~100 cm土壤含水量变幅都较其他各层小，土壤含水量较为稳定。

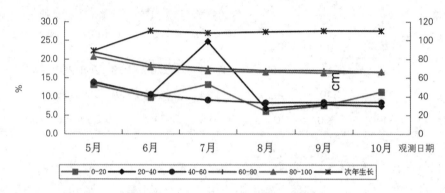

图5 平茬后次年高生长与0~100cm土壤含水量

从图5可以看出，平茬后柠条次年高生长速度明显减慢，而次年0~20 cm和20~40 cm两层土壤含水量由于受降雨量（图6）影响明显，各月间变幅很大。与之相反60~80 cm和80~100 cm两深层土壤含水量与平茬当年变幅相似，各月都相对稳定。与图4相比，由于平茬次年柠条高生长速度明显减缓，虽然两年间柠条生长季内各年降雨量变幅相似，但两图中相同观测层土壤含水量变幅却相差很大，由此可见，平茬后柠条高生长速度对其根系主要分布层内土壤含水量的影响是很明显的。

3.2 降雨量对柠条高生长的影响

图6示围栏覆沙地内选择的30株15a柠条在上年4月平茬后柠条高生长曲线，图中柠条株高单位为cm、降雨量单位为mm。从降水量曲线可以看出，2002年试区全年降水量为399.1 mm，2003年为283.9 mm。在2 a内，最大降雨量都出现在6月，而第二次强降雨量2002年出现在8月、2003年出现在9月。其中2002年6月降雨量为111.9 mm，是该年总降雨量的28.0 %，2003年6月当月降雨量为66.5 mm，是当年总降雨量的23.4 %。降水量少，不同年份和月份变幅大是这一地区的降水特点。

从高生长曲线可以看出，平茬后2 a左右高生长趋于稳定。5~7月柠条高生长较

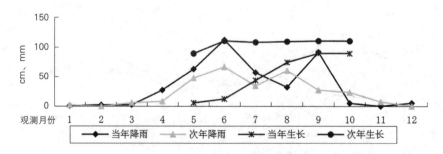

图6 平茬后2a内降雨量与柠条高生长相关性分析

快，8月中下旬柠条高生长基本停滞。调查还发现自8月开始至当年生长期结束，柠条株高出现"倒缩"现象，"倒缩"幅度一般为总株高的3 %~5 %，且枝条越嫩，"倒缩"幅度相对越大。这可能是由于此时柠条体内水势减少，枝叶收缩后产生的生理现象。而据张国盛等报道，柠条叶片6月水势最大，9月水势最小，从6月到9月叶水势有逐渐减小的趋势，也从生理角度很好地解释了这一现象。

4 小结

4.1 平茬和适度放牧可明显促进柠条萌发，提高柠条高生长量，加快柠条林带自我更新速度。围栏不利于加速柠条高生长。

4.2 随着林龄的增加，柠条根系主要表现为以侧根为主的粗生长，人工柠条的主根系主要集中分布在水分最为活跃的40~80 cm土层内。

4.3 平茬后自6月开始，柠条高生长迅速加快。围栏与放牧两种经营方式柠条当年最大高度都出现在8月，月最大生长量都出现在7月。

参考文献

［1］周世权，马恩伟.植物分类学［M］.北京：中国林业出版社，1995.

［2］宁夏回族自治区农业现代化基地办公室，宁夏回族自治区畜牧局，陕西省西北植物研究所.中国滩羊区植物志（第二卷）［M］.银川：宁夏人民出版社，1993：409–418.

［3］张慧茹.宁夏区内抗旱牧草硝酸还原酶活力的比较研究［J］.宁夏大学学报（自然科学版），2002，23（3）：278.

［4］山西省池县水利水保局.大种柠条发大财［J］.经济开发，1996，（7）：38.

［5］王北，李生宝，袁世杰.宁夏沙地主要饲料灌木营养分析［J］.林业科学研究，1992，5（12）：98–103.

［6］王玉魁，闫艳霞，安守芹.乌兰布和沙漠沙生灌木饲用营养成分的研究［J］.中国沙漠，1999，19（3）：280–284

［7］张强，牛西午，杨治平，等.小叶锦鸡儿营养特征研究［J］.林业科技管理，2003，（增刊）：70–74.

［8］王峰，温学飞，张浩.柠条饲料化技术及应用［J］.西北农业学报，2004（3）：143–147.

［9］刘国谦，张俊宝，刘东庆.柠条的开发利用及草粉加工饲喂技术［J］.草业科学，2003，20（7）：26–31.

［10］靖德兵，李培军，寇振武，等.木本饲用植物资源的开发及生产应用研究［J］.草业学报.2003，12（2）：7–13.

［11］王承斌.内蒙古的木本饲用植物资源.中国草地［J］，1987，（5）：1–5.

［12］周芳萍，陈宝昌，周旭英.林业饲料资源的利用与开发［J］.饲料研究，2000，（7）：17–21.

［13］张清斌，陈玉芬，李捷，等.新疆野生木本饲用植物评价及其开发利用［J］.草业科学，1996，13（6）：1–4.

［14］张国盛.干旱半干旱地区乔灌木树种耐旱性及林地水分动态研究进展［J］.中国沙漠，2000，20（4）：363–368.

（2004.07.01发表于北方省区《灌木暨山杏选育、栽培及开发利用》研讨会论文集）

柠条机械平茬相关问题的探讨

王峰　左忠　郭永忠　周全良　王鸿泉

摘　要： 通过利用几类不同厂家与型号的平茬割灌机，对柠条平茬效率及油耗、锯片选择等方面所涉及的相关问题进行了对比分析，初步筛选出较为适宜的柠条平茬机械适机型、平茬方式、存在问题及建议等，旨在为加速柠条资源的可持续经营与产业化开发提供技术参考。

关键词： 柠条；效率；平茬技术

柠条是豆科锦鸡儿属植物栽培种的俗称，主要分布于我国黄河流域以北干燥地区及西北地区，是这些地方主要的防风固沙和水土保持造林树种。由于造林成林低、易成活、生物量高、生物周期长等优点，多年来一直是宁夏人工灌林、造林的首选树种。据最新统计，截至2003年，宁夏柠条资源总存林面积已达43.6724万 hm²，占宁夏总土地面积的8.431 %，主要分布于宁夏中部干旱带和宁南山区，其中人工柠条林面积累计已达41.0819万 hm²，天然柠条林为2.5905万 hm²，分别占全区柠条总面积的94.068 %和5.932 %。宁夏柠条资源主要表现为新植林占绝对比重，人工林占绝对优势，具有总面积大、分布广、生物贮量多、利用前景广阔等特点。但长期以来，柠条一般仅用于自由放牧和燃料，利用率低下，而且由于长期不能按期合理的平茬更新，均不同程度地出现了老化、退化现象。在宁夏回族自治区推行轮牧、休牧和舍饲养殖的情况下，研究探索并推广柠条平茬复壮与饲料加工技术，是提高柠条利用率和生物产量的有效途径。柠条的平茬是柠条原料采收很重要的一个环节。技术程度的高低直接影响到柠条饲料的成本、营养成分和后期萌发。因此选择实用高效的平茬工具、方式和适宜的平茬时期至关重要。

1 柠条平茬机械选择试验

多年以来，当地柠条的平茬都是以撅头、砍刀、果树剪等传统工具为主，具有劳动强度大，生产效率低，易伤根致死等缺点，很难适应当地柠条平茬复壮的紧迫性和产业化发展需要。因此，研究探讨柠条机械化平茬复壮技术，是实现柠条资源集约化经营和产业化开发的首要环节。

为此引进了4种国内常见市售平茬割灌机作为参试机型，对比分析各机型平茬效率、主要问题及改进方法等。所选机型分别为山东华盛农业药械股份有限公司产CG415型直轴侧挂式平茬机（功率1.47 kW）、陕西西北林业机械股份有限公司的"峰林"牌IE4F C型硬轴圆把背负式平茬机（功率1.84 kW）和北京西郊机械厂生产的功率都为1.47 kW硬轴背负式和直轴双把侧挂式机型。

以林龄为10 a、确定平茬间隔期为4 a地块的柠条进行试验，4种机型同时开机，各进行了累计20 h的平茬试验。其中柠条林以宽窄行双行种植，其中窄带宽2 m，宽带宽7 m，实测平茬面积与油耗等都为含宽窄的毛面积。

2 平茬效率及油耗

测试发现，山东华盛CG415型侧挂式平茬机效率最高，北京侧挂式和背负式次之，陕西峰林最低，山东华盛与陕西峰林差异性显著（见图1）。油耗量以北京侧挂式最高，陕西峰林背负式最少（见图2），二者差异极显著，其他各组差异不显著（见表1）。

表1 柠条机械平茬效率及油耗速率多重比较结果

	供试机型	平均值	5％显著水平	1％极显著水平
平茬效率 （丛/h）	山东华盛	365.0	a	A
	陕西峰林	312.3	b	A
	北京西郊（背负）	336.7	ab	A
	北京西郊（侧挂）	341.3	ab	A
油耗速率 （g/h）	山东华盛	241.2	a	A
	陕西峰林	224.7	a	A
	北京西郊（背负）	227.0	a	A
	北京西郊（侧挂）	278.5	b	B

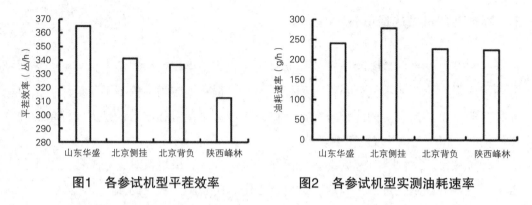

图1 各参试机型平茬效率　　　　图2 各参试机型实测油耗速率

由试验可知，各机型油耗量一般为1.0 L/hm²~1.5 L/hm²，耗油成本为5.0元/hm²~7.5元/hm²。1名较熟练的操作手工作效率为3 hm²/d~4.5 hm²/d，平茬成本为15.0元/hm²~20.0元/hm²，平茬效率及所需成本明显比其他平茬方式（如人工撅头）理想。测试尽管所测结果受平茬柠条的长势、密度，操作手体力、熟练程度等差异的影响，但总的来讲，不管从机械性能稳定程度、启动难易、机械材料等来看，4类机型中都以山东华盛侧挂式机型最好。

3 主要问题及建议

为便于操作和安全因素，与收获牧草高秆作物为主要用途的割灌机相比，柠条割灌机的操作杆不能太短。从使用效果来看，由于平茬作业时用力较强，功率和转速最好在1.5 kW和6000 r/min以上。需要注意的是，由于此类机械的发动机一般都为风冷机型，因此停止平茬后最好让发动机空转1 min~2 min后再停机为好。每次使用后要把油用尽或把油倒出以防机油沉淀，下次难以启动。另外，在春季扬沙天气平茬时，由于空气中沙尘颗粒含量太大，空气滤清器负荷过重，易导致机器故障，缩短机器使用寿命，应加以注意。

3.1 机械锯片的选择

为提高工作效率，较细的柠条可选用60齿（外径250 mm）粗齿锯片。反之柠条较粗时，为减轻机器负荷，以80齿（外径250 mm）为易。如果枝条明显较粗时，可根据需要选择200 mm和180 mm。选用硬质合金的锯片耐磨性要比65 Mn金属材料制成的普通锯片大4~6倍，价格也与65 Mn的相当，即20元/片左右，适宜柠条平茬的锯片有200 mm和255 mm 2种，锯齿数以60齿为宜（见表2）。

表2　各类锯片规格及主要特点（单位：mm）

| | 外径 | 内径 | 厚度 | 槽深 | 前角 | 楔角 | 合金部分 | | 可平茬面积（hm²） | 市场价格（元） |
							宽	厚		
合金80齿	252.7	25.4	3.0	7.5	18°	33°	4.5	1.5	8~12	20–25
合金60齿	248.2	25.4	3.0	8.0	18°	33°	4.0	1.5	8~10	20–25
合金60齿	201.4	25.4	3.0	6.0	18°	33°	4.5	1.6	8~10	20–25
合金60齿	178.5	25.4	2.5	6.0	18°	33°	4.5	1.6	8~10	20–25
65Mn60齿	246.8	25.4	1.8	6.0	20°	35°	—	—	0.3~0.5	10–15

3.2　可供参考的几种割灌机及其特点

见表3。目前国产机械全套售价在2000元内，其主要优势为价格低廉，但机械故障较多，有时启动困难，而同类进口产品都在3000元以上，较昂贵操作中发现，侧挂式圆把手用力困难，不易作业，不宜选用。侧挂式双把手虽然操作活动幅度较小，由于操作时操作手臂部也需长时间随操作杆的来回摆动而移动，体力消耗较大，但基本不影响使用效果。背负式软轴操作杆虽然可以克服侧挂式双把手操作杆的缺点，但操作杆与汽油机接触的部位由于活动较频繁，易出现断裂现象。因此，生产中应在克服以上缺点的基础上，提倡以侧挂式为主的机型推广应用。

表3　可供参考的柠条割灌机及其特点

型号	厂家	功率（动力）	重量（kg）	参考价（元）	特点
2GC-3	江苏林海动力机械集团公司	1.84P	10.5	1800左右	硬轴双肩侧挂式
华盛CG330	山东常州明远绿化设备服务中心	IE36F1.5P	5.5	1900	直轴双把手
3GC-1.5A	柳州索罗小型动力机械厂	1E40fl 1.5 P	10.0	1800左右	硬轴侧挂式二冲程
2GB-2A/3GH-1/3GC-1	陕西西北林业机械股份有限公司	1E40/36/34FC	11.5/9.5/5.4	1700	背负/背负/侧挂式圆把手
BC3401/4301	日本小松	33.6/44.5CC	7.1/7.4	3300/3450	直轴双把手
SKF400	日本樱花	三菱1.5P	7.0	3200	直轴双把手
FS120/200/250	德国斯蒂尔（STIHL）	1.8/2.2/2.2P	6.1	3400/3500/3700	直轴双/圆双把手

4 适宜平茬时期的选择与平茬方式的确定

4.1 适宜平茬时期的选择

有关研究表明[1~7]，柠条、粗蛋白含量以花期（5月末至6月初）和鲜嫩枝最多，多年生鲜枝粗，蛋白最高可达19 %，是放牧补饲和饲料加工利用的理想原料[8]。据化验[1, 2]，冬季混合样粗蛋白为8.4 %左右，叶片无氮浸出物6月和9月含量分别为33.53 %和46.48 %。从饲料加工的角度考虑，柠条在整个生长期内和不同平茬间隔年限各部位养分差异很大，季节性波动性大，因此，用作饲料加工利用，适时平茬非常重要。

实际生产中关于柠条平茬的最佳时期[1, 2]，要根据柠条生育期、平茬目的和效益等综合考虑。从饲料加工的角度考虑，建议在5~6月平茬，单从平茬前产量考虑，9月初当年生物量积累最多，从全生育期生物量积累来考虑，这一时期平茬最为理想。如果单为柠条更新复壮而平茬，则在整个土壤封冻期为好。

4.2 科学合理的平茬技术[1, 2]

对于覆沙地可直接齐地平茬，其他地类建议采取5~10 cm的留茬高度，通过分期隔行逐年平茬的方法，即每隔1行或2行~3行平茬1行~2行，每2 a~3 a为1个平茬周期，最好不要超过4 a，保证有较高的营养成分。同时，2 a~3 a内柠条地径一般都在1 cm以内，可从根本上提高柠条饲料粉碎效率，降低粉碎成本。此外，采用分期或隔行平茬还可有效降低沙质地表风沙危害，提高柠条带阻沙能力，是很值得推广的平茬方式。实践证明，林龄较大时整个生长季平茬都基本不影响其正常萌发，林龄较小时，特别是5龄以下的生长季内不宜平茬。需要特别注意的是无论何时对任何林龄柠条平茬时，均不得伤害其分蘖点。

5 结论与探讨

5.1 山东华盛CG415型侧挂式平茬机效率最高，北京侧挂式和背负式次之，陕西峰林最低。油耗量以北京侧挂式最高，陕西峰林背负式最少。从机械性能稳定程度、启动难易、机械材料等来看，4类机型中都以山东华盛侧挂式机型最好。

5.2 各机型油耗量一般为1.0 L/hm²~1.5 L/hm²，耗油成本为5.0元/hm²~7.5元/hm²；1名较熟练的操作手工作效率为3 hm²/d~4.5 hm²/d，平茬成本为15.0元/hm²~20.0元/hm²，平茬效率及所需成本均远高于人工撅头。锯片大小与锯龄类型选择，要根据平茬柠条性状确定，较细柠条可选用60齿（外径250 mm）粗齿锯片，反之以80齿（外径250 mm）为易。

5.3 在干旱风沙区，从生态保护角度来看，大规模的柠条平茬更新必须采用隔行隔年等间缓性平茬技术；适度留茬有利于机械作业，减轻锯片与机械磨损；平茬最佳时期的确定，要根据柠条生育期、平茬目的和效益等综合考虑。

6 主要体会及建议

柠条专用平茬机械产品的设计与应用国内鲜有报道，根据柠条主要分布的北方大部分地区的实际生产条件，从广大农户的角度来讲，关于平茬机械设计原理及动力问题，应重点放在便携式平茬机的设计和改型上，或是依靠小型农用车为主要配套动力的小型平茬机械的研发上，适当考虑规模化加工企业所需的大型采收机的引进或研发。从设计与改进思路来看，应本着高效节油、轻便灵活、材好价廉、故障少、易启动等原则。从试验情况看，所有参试机型机械故障都较多，机械质量和稳定性还有待于改进。相比之下，机械平茬效率不仅明显提高，而且在成本、劳力等方面都有节省，平茬质量也比手工平茬要高得多，很好地克服了手工平茬（如撅头）易伤根致死的缺点，值得探讨和推广。

柠条饲料规模化开发与利用目前所面临的主要问题是机械加工，特别是柠条平茬机具和粉碎机具的效率、耐磨性与成本等问题。只有很好地解决了柠条平茬、机械加工的效率、成本和自动化等问题，才能从真正意义上实现柠条资源的产业化开发和规模化发展，促使柠条资源的开发与利用向健康有序的方向发展。解决这些问题的关键除了要从压缩柠条平茬周期外，最主要的是要从机械加工研制的角度入手，本着低成本、低磨损、高效率的指导方针，以适合农户使用的小型机具的研制为突破口，以大型机组特别是自喂料粉碎组为最终研发目标，加大机械研究力度，使生态资源优势有效地转化为经济优势，形成持续稳定的草产业体系，带动生态、畜牧和区域经济建设等诸多领域的发展，实现生态改善、经济增长和环保突现三赢的目标。

参考文献

[1]王峰，左忠，张浩，等.柠条饲料加工相关问题的探讨[J].草业科学，2005，22（6）：75- 80.

[2]左忠，张浩，王峰，等.柠条饲料加工技术研究[J].草业科学，2005，22（3）：30-34.

[3]王北，李生宝，袁世杰.宁夏沙地主要饲料灌木营养分析[J].林业科学研究，1992，5（12）：98-103.

[4]王玉魁，闻艳霞，安守芹.乌兰布和沙漠沙生灌木饲用营养成分的研究[J].中国沙漠，1999，19（3）：280-284.

[5]张强，牛西午，杨治平，等.小叶锦鸡儿营养特征研究[J].林业科技管理，2003，（增刊）：70-74.

[6]刘国谦，张俊宝，刘东庆.柠条的开发利用及草粉加工饲喂技术[J]草业科学，2003，20（7）：26 31.

[7]刘晶，魏绍成，李世钢.柠条饲料生产的开发[J].草业科学，2003，20（6）：32-35.

[8]温学飞，左忠，王峰.宁夏中部干旱带草地畜牧业发展措施的研究[J].草业科学，2003，20（11）：44 46.

（2006.11.15发表于《草业科学》）

柠条平茬后植株水分变化规律研究

左忠　季文龙　王峰　李振永　郭永忠

摘　要：通过对放牧区和围栏区柠条花、叶、枝条在生长季水分变化规律的研究表明：柠条叶含水量以5月叶片初展期（花）最大为（80.17），随后逐月递减，10月枯黄期最小3枝越嫩，叶含水量越高。柠条生长季内枝叶混合样（整株）含水量呈较规律的抛物线状变化，以5月最高，但放牧较围栏内含水量大。

关键词：柠条；含水量；变化规律

柠条是豆科锦鸡儿属（*Caragana Fabr.*）植物的俗称。世界上现存锦鸡儿属植物约80余种，我国有60余种，主要分布于黄河流域以北的干旱地区，其中在滩羊主产区（包括宁夏中部、甘肃东北部、内蒙古阿拉善左旗及陕西北部等4省区）分布的共有12种，2个变种（中国滩羊区植物志，1993），是这些地区主要的造林树种。宁夏的柠条栽培种中以小叶锦鸡儿（*C.microphylla*）为主。柠条生长速度快，根系发达，适应性强，在进行水土保持、防风固沙等方面，是个不可多得的树种。柠条鲜枝营养丰富，花期粗蛋白含量可达到11.21 %~36.27 %[1, 2]，是玉米的2~4倍，与苜蓿粗蛋白含量相当。但长期以来，柠条一般仅用于自由放牧和用作燃料，由于不能按期合理地进行平茬更新，再加上过渡地放牧，均不同程度地出现了老化现象，明显降低了柠条的饲用价值，造成了资源的极大浪费。因此研究将柠条作为主要的饲用原料，部分取代传统饲料，对解决柠条资源的合理利用，缓解畜牧业原料短缺的压力等都具有重大而深远的现实意义。

1　测试材料与方法

试验地位于毛乌素沙地西南边缘的宁夏盐池县花马池镇，属鄂尔多斯台地向黄土高原过渡地带。试验选择林龄为15年从未进行过平茬的柠条人工林，设围栏禁牧和放牧两种样地。在柠条生长季内每月中旬对柠条叶和枝叶混合样进行采集。根据试验观测，试验区柠条花期为4月中旬至5月上中旬，落叶枯黄期为10月上中旬。由此5月中旬我们进行柠条花的样品采集，测定柠条叶的风干与烘干含水量。并随机在4月中旬（花期前期）、5月中旬（花期后期）和9月枯黄期对枝叶混合枝条（带叶枝条）的可食部分与不可食部分（一般认为，当径粗大于3 mm时羊只就不能直接采食，称之为不可食枝，反之为可食枝[1]）的含水量进行了测定分析。

图1中1年生项为9月对当年4月平茬后新生枝进行的二次平茬；图2是每月平茬20株后，整株室外常温晾晒30 d后称量的平均所得；图3对平茬枝条只测了4月、5月和9月三项。烘干物各试验样每组设3个重复，每重复取样500 g，在75 ℃条件下烘12 h后测得。

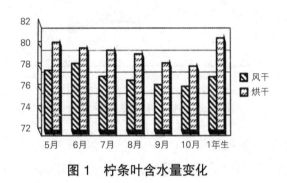

图 1　柠条叶含水量变化

2　柠条水分变化规律

2.1　柠条叶含水量变化

我们将调查数据汇总后制成柱状图（图1）。从图1中可以明显看出：柠条叶风干时含水量变化呈较规律的抛物线状变化趋势，以荚果期的6月最大，为78.25 %，花期5月次之，为77.84 %，10月枯黄期最小，为76.08 %。烘干后含水量以5月最大，为80 %，以后逐月递减，10月最小　　%。而当年新萌发的柠条叶含水量明显高于15年生从未平过茬的柠条，可达80.56 %，说明柠条叶含水量还与树龄有关，枝条越鲜嫩，叶片含水量越高。由此可见，柠条叶含水量变化规律为：5月最大，以后逐月递减，但变幅不大，到10月枯黄期最小，而枝条越鲜嫩，叶片含水量越高。据有关研究，柠条叶片6月水势最大，9月水势最小，从6月到9月叶水势有逐渐降低的趋势。[1]而当植物缺水时（即叶片含水量变小时），叶片水势下降，[8]也从生理角度很好地反映了这一现象。

2.2 柠条枝叶混合样（整株）含水量变化

柠条生长季从4月萌芽开始，到10月枯黄结束。本试验测定了围栏禁牧与放牧两个样地柠条枝叶混合样含水量的变化。从图2可以看出，4月柠条放牧区含水量为 %，小于围栏区36.54 %的含水量。两个样地整株柠条混合样风干和烘干含水量都以花期5月最大，分别为54.35 %和59.35 %，6月次之，分别为50.32 %和55.35 %，9至10月最小，仅为28 %左右，两变化曲线都呈明显的抛物线状分布，且变幅较大。从5月开始，放牧区柠条混合样含水量均高于围栏区，说明适当被羊只啃食会刺激柠条枝条的萌发和生长，鲜嫩枝比例增加。

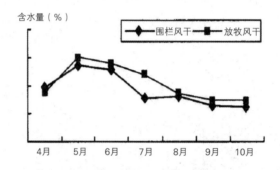

图 2 围栏与放牧平茬后整株柠条含水量变化

2.3 柠条枝条与花含水量的变化

从图3围栏禁牧与放牧样地枝条含水量变化曲线可以看出，围栏与放牧样地不同月份柠条的不可食枝（枝条粗度>3 mm）含水量生长季内变幅不大；柠条花的含水量高达78 %以上，但围栏与放牧两组对照含水量差异不大。所测的3个月中，可食枝以5月（枝条粗度≤3 mm）含水量最大，为64.48 %，9月最小。另据测定[1]，柠条花的粗蛋白可达27.588 %~30.593 %，可溶性糖和粗脂肪的含量也相当高，分别可达11 %和12 %，而粗纤维仅为15.38 %，是很好的饲料原料，但鲜料含水量很高，采集时随时都会发霉，因此要及时凉晒，但其风干物与烘干物含水量差异不大，说明只要柠条花被风干，含水量就趋于稳定。

3 结论与讨论

3.1 柠条叶含水量变化规律为：5月叶片初展期最大，以后逐月递减，到10月枯黄期最小；同时枝条越嫩，叶片含水量越高；围栏与放牧各月不可食枝含水量变幅不大；可食枝含水量以5月最大，9月最小。

3.2 柠条枝叶混合样（整株）风干和烘干含水量都以花期5月最大，分别为54.35 %

和59.35 %，6月次之，分别为50.32 %和55 %，9~10月最小，两曲线都呈明显的抛物线状分布，且变化幅度较大。柠条混合样含水量放牧区明显大于围栏区，反映出适度放牧可刺激或促进柠条萌发，提高柠条林地的利用效率。

3.3　从生理角度来讲，柠条花、叶、枝条及整株含水量变化规律研究是研究柠条水势变化、抗旱性、抗逆性的前提。同时，它也是林地土壤含水量、土壤水势、物种间水分竞争及其对环境作用的间接反映，因此很有必要开展上述与柠条含水量变化有关的各因子间的相关性研究。

3.4　从柠条饲料开发利用来看，搞好水分研究对多途径开发柠条饲料（如青贮、发酵、蒸煮、氨化等），并研究环境因素（如温度、湿度）对柠条饲料加工及产业化开发的影响，奠定了基础。

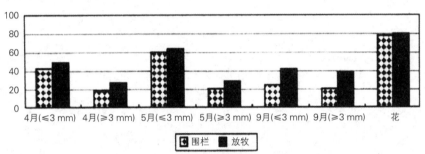

图 3　围栏与放牧柠条枝条和花含水量

4　小结

含水量是饲料很重要的衡量指标，直接影响到它的产品质量、加工成本和安全贮藏等。据资料显示，当柠条含水量在15 %~17 %时，切割或粉碎就更为容易，含水量过高时不易加工；[3, 10, 11] 含水量只有控制在15 %以下时，柠条饲料成品才可安全贮藏[3]。特别是4~5月、9~10月分别是柠条萌芽期与花期、生长期与枯黄期的一个交替阶段，准确掌握这些时期柠条生物水分变化规律，对柠条资源的开发和饲料加工向着高品质、低成本、低耗能和规模化的方向发展，具有很重要的应用价值。

参考文献

[1] 王北，李生宝，袁世杰.宁夏沙地主要饲料灌木营养分析［J］.林业科学研究，1992，5（12）：98-103.

[2] 王玉魁，闫艳霞，安守芹.乌兰布和沙漠沙生灌木饲用营养成分的研究［J］.中国沙漠，1999，19（3）：280-284.

[3] 刘国谦，张俊宝，刘东庆.柠条的开发利用及草粉加工饲喂技术［J］.草业科学，2003，20（7）：26-31.

[4] 王北，李生宝，袁世杰.宁夏沙地毛条和柠条生物量的研究［J］.林业科学研究，1992，5（12）：58-63.

［5］宁夏回族自治区农业现代化基地办公室，宁夏回族自治区畜牧局，陕西省西北植物研究所.中国滩羊区植物志第二卷［M］.宁夏：宁夏人民出版社，1993，7：409–418.

［6］张强，牛西午，杨治平，等.小叶锦鸡儿营养特征研究［J］.林业科技管理（增刊）.2003：70–74.

［7］张国盛.干旱半干旱地区乔灌木树种耐旱性及林地水分动态研究进展［J］.中国沙漠，2000，20（4）：363–368.

［8］陈润政，黄上志，宋松泉，等.植物生理学［J］.广州：中山大学出版社，1998：151.

［9］刘晶，魏绍成，李世钢.柠条饲料生产的开发.草业科学，2003，20（6）：32–35.

［10］靖德兵，李培军，寇振武，等.木本饲用植物资源的开发及生产应用研究［J］.草业学报，2003，12（2）：7–13.

［11］马文智，赵丽莉，姚爱兴.柠条饲用价值及其加工利用研究进展［J］.宁夏农学院学报，2004，25（4）：72–75.

（2005.10.10发表于《宁夏农林科技》）

柠条平茬机械与平茬耐磨锯片的选择

温学飞　王峰

摘　要： 针对柠条人工平茬劳动强度大的问题，选择国内背负式和侧挂式两类割灌机进行平茬试验，试验结果表明：IE4FC型背负式割灌机平茬效率为0.234 hm²/h比CG415型侧挂式0.256 hm²/h低8.6 %，人工平茬收割仅为0.046 hm²/h；IE4FC型背负式、CG415型侧挂式每小时平茬效率分别比人工平茬高4.1倍和4.6倍。所使用的超硬钨钢耐磨锯片可平茬柠条6.942 hm²/片比原机锯片1.427 hm²/片高3.86倍；超硬钨钢耐磨锯片平茬成本为0.0133元/kg比使用原机锯片平茬成本低50 %，比人工0.0444元/kg降低70 %。

关键词： 柠条；平茬；割灌机；锯片；筛选

柠条是豆科锦鸡儿属（*Caragana Fabr.*）植物栽培种的俗称[1]，截至2003年年底宁夏柠条存林为44.59万hm²，每年需要进行平茬复壮更新的面积为5.419万hm²。目前柠条平茬主要是采用砍刀、斧头、镢头、刀具等进行人工砍伐[2, 3]，劳动强度大，作业效率低，且不安全[4]。应用国内普通割灌机，刀片性能差容易变形，平茬效率低，平茬成本较高，不适合大面积生产利用。因此，要促进柠条林的复壮更新，解决人工平茬强度大的问题，就需要合理地选用机械平茬及适合平茬用的锯片。目前市场上便携式林木割灌机种类繁多，仅国外的割灌机有小松、STIHL、ALPINA、MCCULLOCH、SOLO等几十个品牌，产品价格过于昂贵，国内生产的割灌机厂家有几十家，产品价格较低廉、产品质量也良莠不齐[5, 6]，多适用于季节性林木侧枝修剪、苗圃幼苗平茬。通过平茬试验筛选出适宜柠条平茬的割灌机与耐磨损锯片，对推动平茬生产方式的转变，加快柠条资源更新的利用起到积极作用。

1 柠条平茬机械的筛选

1.1 柠条平茬机械的选择

柠条适生于严酷的自然环境，由于根基部的积沙使地面高低不平，造成机械化平茬作业难的主要原因，同时还要考虑留茬不易过高。因此，对柠条平茬收割机定型的选择，要求具备安全、轻便、耐用、价廉、耗能低、效率高、操作灵活等特点[6]。

目前国内市场便携式林木割灌机械产品按操作方式和机械结构分为背负式和侧挂式两类，通过多次机械性能试验、平茬试验观测筛选了几种可以用于柠条平茬的割灌机。试验选择陕西IE4FC型背负式（软轴传动）、山东CG415型侧挂式（直轴传动）两种普通割灌机与人工（镢头砍伐）进行平茬比较，以全面了解两种普通割灌机平茬的效率和机械性能等。所选用的这两类机型价格在1800元/台左右，仅为进口产品的1/3~1/2，可符合贫困地区农民接受能力和经营需要。

1.2 机械与人工平茬收割效率比较

为避免试验误差，试验选择柠条的长势和分布均匀，平均密度为802.5丛/hm²，平均单丛生物量2.32 kg立地类型一致的平滩地，平茬采取隔带平茬[2, 3, 7]，按实际平茬丛数折合成有效面积，以及统计单丛数和生物量等进行平茬效率和机械性能比较。

1.2.1 两种割灌机械平茬与人工平茬效率比较

表1 两种割灌机与人工平茬收割效率比较

项目平茬方法	平茬时间（h）	平茬丛数（丛）	折合有效面积（hm²）	折合总生物量（kg）	每小时平茬面积（hm²）	每小时平茬生物量（kg）
IE4FC	19	3561	4.44	8261.5	0.234	434.8
CG415	21	4309	5.37	9996.8	0.256	476.0
人工	12	441	0.55	1023.1	0.046	85.3

由表1可知，两种机型相比较，在相同工作时间内，IE4FC型背负式割灌机平茬效率为0.234 hm²/h比CG415型侧挂式机割灌机0.256 hm²/h低8.6 %，两种机型平茬效率之间差异不显著；人工平茬收割仅为0.046 hm²/h。两种机型平茬效率分别比人工平茬高4.1倍和4.6倍；按日平均有效作业8 h可平茬收割的面积计算，人工平茬为0.37 hm²，而IE4FC型背负式机型为1.87 hm²，CG415型侧挂式机型为2.05 hm²。因此，采用机械平茬收割效率明显高于人工，背负式机型故障较多，排除故障时间多与侧挂式机型2 h，侧挂式机型略好于背负式机型。

1.2.2 两种割灌机械平茬与人工平茬成本分析

表2 两种割灌机与人工平茬收割每公顷成本比较

平茬方法	机械耗油（元/hm²）	折旧维修（元/hm²）	人工工资（元/hm²）	合计（元/hm²）	每千克费用（元/kg）
IE4FC	11.87	22.29	15.45	49.35	0.0265
CG415	12.15	19.95	14.70	46.80	0.0252
人工	—	—	82.65	82.65	0.0444

由表2看出，IE4FC型背负式割灌机、CG415型侧挂式机割灌机平茬成本为49.35元/hm²、46.80元/hm²比人工平茬86.25元/hm²显著低33.3元/hm²和35.9元/hm²。IE4FC型背负式割灌机、CG415型侧挂式机割灌机每千克平茬成本也分别比人工0.044元/kg低40.3％和43.2％。从平茬成本来看，IE4FC型背负式机型略高，主要是机械折旧维修费用增加所致，使每公顷和每千克平茬的成本有所提高，因此，IE4FC型背负式机械性能有待进一步改进。

1.2.3 不同机型机械性能比较

从实际平茬中试用的效果来看：背负式机型在操作者背部机械振动大、劳动强度大，对操作者伤害较大，有效工作持续的时间短；操作过程中发生故障时，发动机在背部操作较困难；采用软轴传动方式，故障多，特别是软轴易断损和维修费用高。侧挂式机型是机体在操作者侧挂，手臂受力较小，有效地避免了背负式机型机械振动对人体产生的直接影响，消耗体力小，劳动强度小，持续作业的有效时间相对较长，直轴转动，动力负荷较小，阻机现象和机械故障比背负式机型要少。

表3 两种割灌机机械性能对比

机型	机体悬挂部位	震动	劳动强度	传轴	有效时间
IE4FC	操作者背部	大	大	软轴	长
CG415	操作者身侧	小	小	直轴	短

1.3 割灌机的筛选

通过平茬效率的测试、生产成本的分析、机械性能的比较，侧挂式各方面均优于背负式，因此，侧挂式割灌机适宜于柠条平茬。

2 耐磨损锯片的选择及性能改进

国产便携式割灌机在柠条平茬收割时原机锯片抗磨性差，平茬收割成本高，仅锯片损耗成本就占平茬收割总成本的38.2 %。需要通过技术改进，选择耐磨损锯片，以提高机械作业效率，来降低机械平茬成本。

2.1 原机锯片材质分析

表4 CG415型侧挂式机型原机所带锯片材质化验分析（ % ）

成分材料	C	Si	Mn	P	S	Cu	Cr	Mo	Ni
原机磨损锯片样块	0.71	0.26	0.47	0.016	0.006	0.0035	0.43	0.13	0.66
SKS5合金工具钢	0.75~0.85	≤0.35	≤0.5				0.2~0.5		0.7~1.3

对原机锯片化学成分测定分析（表4），山东CG415型侧挂式机型原机锯片的材料为日本的钢材标准SKS5合金工具钢，是日本推荐用于圆锯和带锯的工具材料，其淬火硬度为≥HRc45。分析认为，这种锯片硬度偏低是其不耐磨损的主要原因，不适宜柠条平茬收割使用。

2.2 超硬钨钢锯片的选择及性能改进

根据试验结果，柠条平茬收割机锯片淬火硬度以HRc60左右为宜。试验选用的合金工具钢和65Mn钢，经淬火硬度都可达到HRc60左右，柠条平茬机锯片直径较大（180~220 mm），厚度又很薄（2~3 mm），要求淬火硬度达到HRc60左右，虽然适宜柠条平茬使用，但其热处理工艺很复杂，锯片的成本增加很多，并且硬度过大，韧性将会降低，在机械高速运转情况下工作极不安全。

应用超硬钨钢属硬质合金材料，用其制成的刀片硬度大于HRc60，远高于合金工具钢和65 Mn钢的锯片硬度，耐磨性和耐用度都得到相应提高，锯片刀齿的切削角度也较合理，类似金属切削加工的三面刃铣刀的性能。超硬钨钢圆锯片，是在65 Mn锯片机体上，应用较先进的焊接工艺技术，将超硬钨钢制成的刀片焊接在锯片的齿部而成。因此，这种锯片不但具有较高硬度和耐磨性的刀齿，而且机体还具有一定的韧性，使锯片具有良好的切割性和安全使用性，并且价格也较合适，直径200 mm的锯片25元/片，而相同直径的硬质合金焊接锯片在200元/片左右。

2.3 超硬钨钢耐磨锯片性能验证

试验选用超硬钨钢耐磨锯片直径为180 mm、200 mm、255 mm三种分60齿和80齿两组，以原机SKS5合金工具钢锯片为对照，对其耐磨性、平茬效果、平茬效率等进行详细试验观测，其结果如下：

2.3.1 超硬钨钢耐磨锯片耐磨性观测

从使用效果来看，"255×3×80、200×3×60、180×3×60"三种超硬钨钢耐磨锯片，每片锯片在连续平茬3.3 hm²~4 hm²柠条后，测量锯片直径和刀齿宽度尺寸磨损很小，基本上无变化，切削刃锋利，刀尖微量磨损，三种锯片前、后刀面均见微量磨损。连续平茬5.4 hm²~6.6 hm²时，无断齿或断裂的现象，刀尖和刀刃均已显著磨损，但还可以继续使用。而原机锯片开机作业十多分钟刀齿刃尖磨损明显，连续平茬1 hm²左右就得刃磨。

从锯片的直径大小看，180 mm锯片着物面积小，有效平茬效率相对较低，试验中已暂停试用；255 mm锯片虽然着物面积大，平茬的效果、效率也较好，但锯片直径略偏大，收割时有被柠条支撑而着料不畅的影响，适宜熟练工操作；最适宜的锯片直径为200 mm、220 mm、230 mm三种。从锯片齿数的多少看到，60齿锯片磨损较严重，尤其是上表面的刀尖和切削刃严重磨损，在齿槽根部磨出一圈0.5 mm左右深的沟痕，80齿的锯片磨损相对较轻，但仍可使用。

2.3.2 超硬钨钢耐磨锯片适用性和可操作性

分析耐磨锯片上表面的刀尖、切削刃严重磨损和在齿槽根部磨出的环状沟痕认为，使用超硬钨钢耐磨锯片有效地解决了原机锯片与土壤接触容易磨损（刃面上下及齿尖磨损度均匀，无偏刃，说明土壤及物料均对锯片有磨损）的问题。超硬钨钢耐磨锯片硬度提高，触土对锯片的磨损不明显，由于高速切割过程中地面或根茬对锯片产生一定反作用力，使锯片外侧面齿刃磨损减轻，齿槽根部无环状磨损；相反使齿刃上表面部在物料瞬间断开时产生的摩擦力增大，造成刀尖、切削刃严重磨损或形成齿槽根部环状磨损。试验中对齿槽环状磨损锯片继续进行使用，由于上表面锯齿内侧环状磨损部位片体变得很薄，抗压力下降，齿刃环状上卷而报废，这也是不选择硬质合金作为刃具焊接锯片的主要原因。

2.4 超硬钨钢耐磨锯片平茬试验

表5 超硬钨钢锯片与原机锯片平茬效果

项目 处理	每片锯片平茬效率			平茬成本（元/hm²）				平茬成本（元/kg）
	面积（hm²）	生物量（kg）	锯片磨损	机械耗油	机械维修	用工	合计	
超硬钨钢锯片	6.942	12 495.6	3.32	11.87	4.85	3.89	23.93	0.0133
原机锯片	1.427	2568.6	16.20	12.00	4.70	15.05	47.95	0.0266

试验采用8年生未平茬成年林，密度在1650丛/hm²~2025丛/hm²，生物量在1650~2700 kg/hm²。为了便于测试，平茬分不同区域进行。由表5看出使用超硬钨钢耐磨锯片每片平均平茬面积和生物量，分别比使用原机锯片高出近4倍。使用超硬钨钢耐磨锯片平茬柠条，可显著提高工作效率和生产力水平，平茬成本为0.0133元/kg，比使用原机锯片平茬成本低50 %，也比人工0.0444元/kg显著降低2.34倍。由每公顷平茬成本构成看出，由于收割使用的机型、燃油、人工等基本一致，单位面积机械耗油、机械维修和用工成本无明显差别，而锯片的磨损成本的差异很大。使用超硬钨钢耐磨锯片每平茬1 hm²柠条合计成本为23.93元，比使用原机锯片成本要低50.09 %；其锯片的磨损成本1 hm²仅为3.32元，仅占1 hm²合计平茬成本的13.87 %，比使用原机锯片降低79.51 %，而原机锯片磨损成本则占到自身1 hm²合计平茬成本的33.79 %；两种机型平茬的单位面积耗油量差异不大，使用超硬钨钢锯片用工费降低74.15 %。因此，对柠条平茬生产效率及成本的高低与锯片的抗磨损能力关系很大。

通过试验，超硬钨钢耐磨锯片一次性平茬柠条不低于6.6 hm²，同时还可以刃磨1次~2次，刃磨一次费用仅5元，可继续平茬柠条3.3 hm²~6.6 hm²左右，其锯片磨损成本1 hm²也只有2.6元~3元，每片锯片平柠条最少不低于10 hm²，但还可以继续用于牧草、玉米等农作物的收割，提高锯片的利用率。

3 使用割灌机时应注意的问题

在使用割灌机之前，认真阅读使用说明，正确操作和维护割灌机，以免造成对人体和机械的损害。使用割灌机应注意：一是不宜长时间平茬作业，一次使用时间不宜超过1 h，暂停20 min后可继续使用，以防止机具发热，造成损害；二是机具在停放时，软管不能弯曲挂在墙上，应尽量平放，防止软管弯曲引起传动部件损坏；三是发动机使用的汽油最好是90#汽油，并要混合机油，防止发动机损坏，不作业时倒尽油箱中的汽油和机油，防止阻塞输油管道；四是由于在平茬作业时锯片是逆时针旋转，所以应由右向左进行作业，在斜坡上作业时，应沿斜坡等高线行走，使锯片从高往低切割，平茬作业效率高[7]。

4 割灌机主要存在的问题及发展方向

在试验过程中，所选用的两种割灌机在平茬时普遍存在以下主要问题：排除故障时间长占工作时间1/5；割灌机发动机密封性差、功率低、工作效率低、可靠性较差[8]；浮子式化油器工作不稳定，易熄火[9]；锯片削割无力，刃部易磨损；传动装置容易损坏。

根据我国目前割灌机现状，应在以下几方面发展：整机重量轻，便于操作，减轻负荷；提高发动机制造水平，加强密封性；根据不同用户，选择合理的机械功率，研制出针对性强的割灌机，可适合园艺、割草、割玉米、幼林抚育、柠条平茬不同类型的割灌机；耐磨损锯片的生产，提高生产效率，降低生产成本；使用范围广，研制生产不同用途锯片的，随时更换锯片，可以进行割草、割玉米等其他用途的收割使用；结合小型电动机研制进展，改汽油发动机为电动机，减少机械故障。

参考文献

［1］周道玮，王爱霞，李宏.锦鸡儿属锦鸡儿组植物分类与分布［J］.东北师大学报自然科学版，1994（2）.

［2］刘晶，魏绍成，李世刚.柠条饲料生产的开发［J］.草业科学，2003，20（3）：32-34.

［3］刘国谦，张俊宝，刘东庆.柠条的开发利用及草粉加工饲喂技术［J］.草业科学，2003，20（7）：26-31.

［4］黄仁楚，郭建平，刘成玉等.割灌机抚育间伐的劳动负荷与工作研究［J］.林业机械，1990，（5）：32-36.

［5］梁贵清.我国割灌机的现状和发展前景［J］.广西机械，2000，（1）：24-25.

［6］许汶祥.新型割灌机的设计研制［J］.林业机械与木工设备，2002，30（2）：10-11.

［7］韩宝福，朱鸿雁.柠条生产加工技术［J］.农机科技推广，2004，（5）：29-30.

［8］张永兴.割灌机使用过程中常见的几个故障［J］.福建农机，2000，（3）：23-24.

［9］魏亚璋，盛晨钟，黄德明，等.电动割灌整枝机［J］.机电工程，1989，（3）：34-35.

柠条平茬利用技术研究

左忠　郭永忠　张清云　王峰　温学飞

摘　要： 本文从柠条平茬的角度出发，主要针对柠条饲料开发的必要性、利用方式、平茬与未平茬、逐年平茬与逐月平茬对柠条的高生长、地径和再萌发的影响等内容进行了重点观测和综合分析。确定出了柠条资源可持续利用的最佳平茬技术、平茬时期等，提出了柠条平茬技术中仍需解决的一系列问题。观测发现，无论围栏还是放牧区柠条当年最大高度都出现在8月，月最大生长量在7月。绘制出了平茬后两年内柠条高生长曲线。提出了放牧柠条草场可通过减少草场载畜量，实行轮牧、休牧和减少草场内山羊比例等可持续经营策略和适度放牧有利于柠条生物量的增加等观点。

关键词： 柠条平茬；柠条饲料；高生长；平茬时期

冬春缺草料是我国特别是北方地区畜牧业发展所面临的主要问题。由于饲料严重缺乏，冬春季饲料贮备不足，牲畜夏季复壮，秋季抓膘，10月下旬开始掉膘，羊只度过冬、春季，因抵御饥饿和寒冷使羊的体重下降二分之一到三分之一。为保证家畜健康生长，获得高产优质的畜产品，必须使饲料中含有丰富的营养物质。根据畜牧业发展的需要，当前和今后应注重大力挖掘草地资源内部生产潜力，使草业经营向着集约化、机械化、科学化方向发展。因此，开展柠条平茬与饲料开发利用技术研究，寻求新的丰富的饲草来源，对改变当地饲料严重短缺的现状，以减少农畜用地压力，替代传统耗粮型畜牧业已势在必行。

1　柠条饲料平茬利用依据概述

1.1　国内外灌木利用主要方式

就固沙型灌木林而言，发达国家主要是采用封育等保护措施来保护这些植物资源，如美国、澳大利亚等，对其利用也仅限于天然草场适度放牧利用；发展中国家则多以营建人工灌木林以解决饲料、燃料等问题，如非洲的苏丹、埃塞俄比亚等。在我国干旱荒漠区灌木林是改善生态环境的主体，其防风、固沙、改土等多种作用已广为人知。但如何将其潜在的经济价值进行合理利用，使其生态、经济效益兼顾，目前还处于一种起步阶段，对其研究也多限于生态适应性、抗逆性、生产力等方面，对其利用也多为粗放条件下的不合理放牧和补饲，如阿拉善盟的梭梭林、毛乌素沙地的柠条林都是当地羊只主要的放牧补饲原料。

1.2 柠条饲料利用价值

柠条是豆科锦鸡儿属（*Caragana Fabr.*）植物的俗称，是我国北方地区主要的防风固沙和水土保持树种。柠条枝叶富含氮、磷、钾等微量元素，为优良的绿肥，根、花、种子亦可入药，有滋阴养血、通经、镇静、止痒等作用，纤维可用作造纸及制造纤维板。柠条鲜枝营养丰富，粗蛋白含量可达11.210 %~36.27 %与首蓿的相当，是玉米的2~4倍。柠条所含氨基酸有19种，约有6.0 %整丛含量可达125.3 g/kg，是首蓿的11倍之多，其中家畜日粮中所必需的10种氨基酸占氨基酸总量的44 %~53 %，具有很高的饲用和开发价值。在宁夏主要分布的树种有小叶锦鸡儿（*Caragana nicrophylla*）、柠条锦鸡儿（*C.korshinskii*）、中间锦鸡儿（*C.intermedia*）等。

从我国北方大部分地区农业与畜牧业发展现状来看，通过研究探索推广柠条平茬复壮与饲料加工技术，广泛推广舍饲养殖技术，对柠条资源饲料化的开发有一定推动作用，也是缓解当前人口与耕地、人畜争粮等矛盾的有效手段，同时也是缓解草场压力、改善生态环境、提高柠条利用率和提高生物产量等现有畜牧业发展所面临的主要问题的有效途径。试验主要从柠条平茬与开发利用的角度出发，探讨不同平茬处理柠条的主要性状和生长规律，旨在促使其向着规模化和产业化的方向健康发展，为加快柠条资源的应用和开发力度提供了指导依据。

1.3 试验区自然及当地柠条资源发展概况

试验地位于宁夏盐池县花马池镇，地处毛乌素沙地西南缘，属鄂尔多斯台地向黄土高原过渡地带，为宁夏中部干旱带和宁夏河东沙地的重要组成部分。该地年均气温7.60 ℃，1月平均气温-8.9 ℃，7月平均气温22.3 ℃，年温差31.2 ℃，≥10 ℃积温2944.9 ℃，无霜期138天，年降水量为250~300 mm，其中7~9月分降水量约占全年降水量的60 %以上，降水年变率大于30 %，潜在蒸发量2100 mm，干燥度3.1，年均风速2.8 m/秒，年均大风日数25.2天，主害风为西北风、南风次之，主要自然灾害为春夏干旱和沙尘暴。

长期以来，该县主要造林首选树种都为柠条，约占总造林面积的95 %以上，截至2003年，全县柠条存林面积达12.946万hm²，占全县总土地面积的18.19 %，仅2003年柠条造林验收合格面积就达3.07万hm²。造林力度之大，存林率之高都为历史之最。

因此，研究和合理开发柠条资源对当地的经济发展和农民增收具有举足轻重的作用，特别是自2017年全县和2018年全区实施禁牧以来，柠条饲料加工的研究与开发已成为解决当前畜产品的供不应求与饲料严重短缺，以及棘手的"三农"问题等一系列矛盾的首要任务。

2 柠条生长规律观测

2.1 围栏与放牧未平茬柠条高生长变化

以13年生期间从未平茬的成林柠条为观测对象，分别选择围栏与放牧两种利用方式，各选20丛与平茬柠条生境相似、长势相当的柠条挂牌后，对每丛最大枝高逐月测量一次，结果见图1。

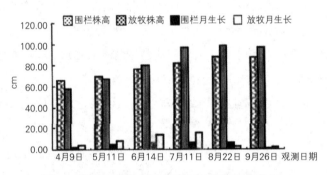

图1 围栏与放牧柠条不平茬株高与月生长

由图1可知，无论围栏还是放牧区柠条当年最大高度也都出现在8月，月最大生长量出现在当年7月，其中放牧区该月生长量为16.3 cm，是围栏内6.2 cm的2.57倍，高生长速度明显快于围栏内，与平茬柠条一样可能也是放牧作用的结果，与之不同的是放牧区柠条冬季被啃食后，新萌枝条生长速度也明显快于围栏内。说明适度放牧可明显促进柠条林带单位面积的生物产量，增加林内的载畜量，有效提高林地的经济效益。

调查还发现，放牧区所有平茬柠条当年8月左右就开始被采食，特别是自9月中旬以后，由于草场内其他草本植物基本已停止生长，载畜量较大的草场家畜就开始采食一些适口性较差的牧草，而刚萌蘖的柠条则是它们的首选。随着秋冬季的到来，这一现象尤为突出，但并不影响其次年的正常萌发。但调查发现，大多数放牧区都由于过渡啃食而出现萌发枝条被"活剥皮"的现象，这种情况在以山羊为主要养殖品种的牧场内和以春季返青期表现得尤为突出。被剥掉皮的柠条萌发枝当年就干枯死亡，长势旺盛的枝丛则重新萌发，但长势不如以前，大多数延期萌发，极少数出现死亡。为有效避免这一现象的发生，就需要在减少草场载畜量，实行轮牧、休牧等方面下工夫。

2.2 平茬与未平茬柠条高生长对比观测

图2平茬柠条为15龄围栏柠条4月平茬后的高生长曲线，未平茬柠条为同试验区内对照柠条。可以看出，柠条平茬后当年高生长增长很快，平茬后2 a内丛高就接近于未平茬，而对照未平茬柠条在观测2 a内高生长很缓慢，甚至趋于停止，说明定期平茬有利于提高柠条单位面积产量。

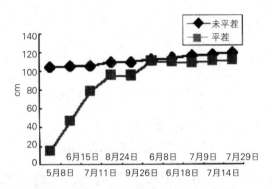

图2 平茬与未平茬柠条商生长曲线

2.3 逐年平茬柠条长势

针对不同平茬时期柠条丛萌枝数、地径、最大枝长、分枝数和当年萌枝长等性状，各选择50个观测样，其中1990项从未平茬，测定时间为2003年4月，见表1。

可以明显看出，平茬后2 a内柠条高生长最快，丛高可达95 cm以上，之后高生长就趋于平缓。地径3 a以内平均值基本在1 m以内，丛萌枝数随平茬时期的增大而明显减少，枝条细小的部分由于水分、光照等因素的影响，逐渐干枯死亡，被竞争强的粗枝所取代，而最大枝长、地径和分枝数明显增加。由于竞争中具有明显优势加速了这些枝条的枝长、地径等的生长，而当年萌发枝长无明显变化规律。

2.4 逐月平茬柠条生长情况

从柠条萌发期即4月开始，逐月平茬1次，每次处理除5月平茬50丛外，其余30丛，至当年10月结束。对平茬后柠条萌枝数、地径、丛高和单丛鲜重等性状于次年9月对调查所得进行综合分析，见表2。

表2 不同平茬月份柠条各性状对比

平茬时间	地径	CV（%）	次年丛高（cm）	CV（%）	单丛鲜重（kg）	CV（%）	丛种荚数	平茬前高（cm）	CV（%）
2002/04/09	0.834	25.18	94.9	42.67	1.27	35.43	115.3	114.17	57.66
2002/05/22	0.54	83.33	73.6	39.26	0.77	27.27	8.3	136.65	55.15
2002/06/14	0.53	64.15	67.0	48.68	0.59	55.93	—	107.3	45.67
2002/07/16	0.50	52.0	50.5	55.45	0.36	38.88	—	74.3	41.72
2002/08/23	0.506	47.43	68.9	44.99	0.52	42.31	—	115	40.87
2002/09/20	0.387	49.1	58.8	40.81	0.28	39.29	—	91.2	41.67
2002/10/29	0.348	48.85	45.9	65.36	0.13	30.77	—	68.6	16.02

与逐年平茬相比，逐月平茬由于平茬后生长期短，地径和单丛鲜重都较小，但地径、丛高和单丛鲜重随生长期的延长明显增加。次年丛高以4月为最高，可达94.91 cm；10月平茬项次年丛高最低，仅为45.9 cm。同时，也可以看出，平茬前丛高较高的柠条，平茬后高生长也较快。调查发现，上年4~5月平茬后的柠条，次年就可结实，而6月及以后平茬的柠条，次年未发现果荚。

2.5 平茬对柠条再生性的影响（见表3）

以围栏5龄4月平茬项死亡率最高，可达15 %左右，与其他项间差异也极显著；其次为放牧5龄4月平茬项。总的看来，对于林龄为5龄的柠条，由于生长点较高，根系和积沙量都较小，特别是无覆沙地段，平茬后5龄柠条平茬后都易死亡，不宜在生长季内平茬。林龄较大的柠条在整个生育期都可平茬。

表3 生长季内平茬柠条死亡率调查

平茬月份	利用方式	林龄（年）	调查丛数	次月未萌发数	次月未萌发数	死亡丛数	死亡率（%）	5 %显著性	1 %显著性
4	围栏	5	20	7	4	4	20	b	ABC
	放牧	10	20	1	1	1	5	c	BC
	围栏	10	20	2	1	1	5	c	BC

续表

平茬月份	利用方式	林龄（年）	调查丛数	次月未萌发数	次月未萌发数	死亡丛数	死亡率（%）	5 %显著性	1 %显著性
5	围栏	15	20	3	1	1	5	c	BC
	围栏	5	60	33	9	9	15	a	A
	放牧	5	60	23	5	5	8.2	b	AB
	围栏	10	60	4	0	0	0	c	C
	放牧	10	60	5	2	2	3.3	c	BC
	围栏	15	60	6	1	1	1.67	c	BC
	放牧	15	60	5	1	1	1.67	c	BC
6	围栏	10	20	0	0	0	0	c	C
	放牧	10	20	0	0	0	0	c	C
7	围栏	5	20	1	1	1	5	c	BC
	放牧	10	20	0	0	0	0	c	C
8	围栏	15	20	0	0	0	0	c	C
	放牧	15	20	1	0	0	0	c	C
9	围栏	15	20	—	—	0	0	c	C
	放牧	15	20	—	—	0	0	c	C
10	放牧	15	20	—	—	0	0	c	C

3 柠条科学利用方式的确定

3.1 平茬最佳期的确定

在整个土壤封冻期，柠条、粗蛋白含量在8.26 %~10.6 %平茬后柠条高生长和生物量积累最快，隔年就可少量结实，两年后就能正常结实，但粗纤维和木质素含量较高。5月是柠条萌发期与花期的高峰期，粗蛋白含量比4月高，平茬后是柠条次年结实的最后时段；6月柠条、粗蛋白含量最高，粗纤维和木质素也较低，当年还可采种；8月平茬是柠条当年萌发的最后期，当年可生长2~3 cm；9月是当年柠条风干物积累最多的月份。因此，柠条平茬的最佳时期，要根据柠条生育期、平茬目的和效益等综合考虑，建议选择6月、9月和整个土壤封冻期为主要平茬时期。

3.2 平茬方式的确定

对于覆沙地可直接齐地平茬，其他地类建议采取留茬5~10 cm的留茬高度。通过分期隔行逐年平茬的方法，即每隔1行或2行~3行平茬1行~2行，每2 a~3 a为1个平茬周期，最好不要超过4 a，产量比从生态角度所提倡的5 a左右为一个平茬周期可提高3~5倍，营养成分也明显提高。同时，2 a~3 a内柠条地径一般都在1 cm以内，可从根本上提高柠条饲料粉碎效率，降低粉碎成本。采用分期或隔行的方式还可有效降低沙质地表风沙危害，提高柠条带阻沙能力，是很值得推广的平茬方式。另外，根据平茬试验得知，林龄较大时整个生长季平茬都不影响萌发，较小时特别是5 a以下的由于其生长点很低，生长季内不宜平茬。需要特别注意的是，无论采取哪种平茬方式，均不得伤害其分蘖点。

4 讨论

4.1 降雨量、土壤含水量与柠条平茬后再生性研究的必要性

由于试验区2002年—2003年平茬试验期降水量明显多于往年，但两年都在7月中旬至9月中上旬出现较严重的夏旱，参试柠条平茬后均出现了不同程度的落叶和卷叶现象——可能是正常的生理现象。不同带距上年柠条土壤含水量也始终大于1.5 %小于或等于1.5 %时，就会出现死亡。需要指出的是，在贫雨年，生长季平茬是否会显著影响柠条的成活，还需进一步探讨。

4.2 林龄对柠条平茬再生性的影响

林龄选择不当时，对柠条平茬后的萌发影响很大。林龄较大的，平茬后未发现死亡。对于林龄小于5 a时，由于生长点较高，根系和积沙量都较小，特别是无覆沙地段，平茬后易出现死亡现象，生长季内不宜平茬。

4.3 柠条资源开发必须坚持可持续性的永续利用

任何自然资源的开发，都必须本着可持续发展的原则。柠条林带生态系统的建立，对当地风沙区生态环境的改善和小气候的调整起着决定性的作用。因此，柠条资源的开发必须建立在对柠条资源永续利用的安全性上。但由于本次平茬试验的短期性和区域性，在平茬对柠条再生能力的影响相关性方面的研究代表性不强。因此，非常有必要对不同降雨条件下、不同平茬强度对柠条再生性影响进行长期性研究，寻求各主要影响因素与柠条再生能力之间的相关性。

4.4 适度放牧有利于柠条生物产量的提高

分析发现，适度放牧可明显促进柠条林带单位面积的生物产量，增加林内载畜量，有效提高林地的经济效益。另外，为便于粉碎，枝条地径最好控制在1 cm以内，以3 a左右为1个平茬周期最好，立地条件较好的地区可再适当压缩。

（2005.06.20发表于《当代畜牧》）

柠条单株鲜重及产量的预测

左忠　郭永忠　周全良　温学飞　潘占兵

摘　要：利用植物生长的经验模型和最小二乘回归法、曲线模拟、相关性Spearman秩等预测方法的建立，对柠条（Caragana Fabr.）单株地上部分鲜重、风干重及其单位面积产量分析后表明，利用柠条最大枝高、一般枝高、冠幅（之和）等生长性状预测到的理论值与实际值相关性很好，为柠条及各类灌木生物量预测方法的建立及柠条资源的开发利用提供参考。

关键词：柠条；单株鲜重；风干物；产量测算

利用现有统计方法和数学模型，恰当地选择各变量，对各类生物生长量的预测是生物生长量研究中常见的研究手段之一，是人们了解和掌握各类生物生长规律的基础。森林生长和产量的模拟及预测，从1795年在德国对几个树种建立产量表开始，至今已有200多年的历史。由于树木生长和产量模型的理论价值和其在森林资源管理方面的实际应用价值，使其越来越受到各国林学家和森林资源管理者的重视。森林生长和产量模型，按其建模方法可分为3类，即经验模型（Empirical Model）、机理模型（Mechanistic Model）［又称"过程模型"（Process-basedModel］和混合模型（Hybrid Model）。

关于林木生物量预测时有报道，如马钦彦和郑郁善等分别利用经验模型对内蒙古黑里河油松生物量[6]，竹笋重量和产量预测研究[7]。洪伟等应用机理模型开展了竹林产量与立竹量关系研究[8]。张小全等利用混合模型通过针叶生理生态参数和冠层辐射场空间数据的耦联，建立了PHOTOS模型，结合气象观测数据，对单棵平均木日、季节和年净同化量、呼吸量及净初级生产量进行了模拟和验证。

近些年来，关于柠条原材料营养成分变化规律、加工及饲用价值生长特性、生物量变化等研究报道较多[1,2,9,10]，但有关柠条地上部分产量预测方式及结果方面的内容却少有报道。因此，我们对柠条单株鲜生物量与株高、最高枝、冠幅和和地径等之间的相关性，和柠条单株鲜重预测模型的建立，以及产量预测等方面进行了研究。

1 有关柠条生物量预测的相关研究

1.1 地上生物量预测

前人利用经验模型，以3 a~4 a生，5月~9月每半月进行1次生物量调查后分析认为，柠条生物量增长与生长月份（4~9月）之间存在着极显著的相关性（Y柠=0.9448），并对其可食部分与不可食部分（当径粗大于3 mm时羊只就不能直接采食，称之为不可食枝，反之为可食[1]作了分述）。对柠条的粗、中、细各部分枝条，以单丛生物量（鲜重）Y为应变量，以丛枝数、丛高、平均枝条地径、丛冠幅（东西）、丛冠幅（南北）、树龄为自变量X_1、X_2、X_3、…X_6的关系进行了回归方程的建立。所得结果为柠条可食、不可食丛生物量回归方程极显著，说明柠条各部分生物量与丛枝条数、丛高等存在着极显著的线性关系。

1.2 柠条根系生长及相关影响因素预测研究

利用机理模型，通过建立以水分为主要限制因子的柠条根系生长模型，用该模型模拟研究根系在土层中的分配形式和根冠比在不同水分条件下的行为，将模拟结果与试验数据进行对比验证，并模拟根系分配形式和根冠比对气候变化的响应，开展了柠条根系生长与环境主要因子之间的关系及其生长量预测研究。用实测数据与预测值对比发现，模型值与实测数据变化趋势基本相同，具有很强的代表性和实用性。

2 试验区自然概况与试验方法

2.1 试验区自然概况

试验地位于毛乌素沙地西南缘，属鄂尔多斯台地向黄土高原过渡地带的宁夏盐池县花马池镇。该地年平均气温7.6 ℃，1月平均气温−8.9 ℃，月平均气温22.3 ℃，年温差31.2 ℃，≥10 ℃活动积温2944.9 ℃，无霜期138 d，年降水量为250~300 mm，其中7~9月降水量约占全年降水量的60%以上。降水年变率大于30%，潜在蒸发量2100 mm，干燥度3.1，年均风速2.8 m/s，年均大风日数25.2 d，主害风为西北风，北风次之，主要自然灾害为春夏干旱和沙尘暴。

2.2 试验材料与方法

利用经验模型和分析所需的统计软件，选择林龄15a的未平茬围栏柠条，对其地上部分自4月开始到10月结束，逐月从各月平茬后的柠条中任意选50丛样品，称其鲜株重并置于阴凉干燥处风干后再次称重。运用最小二乘回归法、曲线模拟、相关性Spearman秩等预测方法，以单株鲜重Y作应变量，分别设最大枝高为X_1、一般枝高X_2、冠幅和X_3、地径X_4（注：冠幅和为柠条灌丛正东西向和正南北向冠幅之和）。通过对回归方程的建立与模型的评价、曲线的选择及预测值与实测值间的对比等，寻求柠条地上部分鲜重、风干重、单位面积生物量等之间的相关性。

3 柠条单株（地上部分）重量预测

3.1 柠条单株鲜重测算

3.1.1 回归方程的确定

分析时通过运用变量的F显著性概率作为评判标准，当变量的F显著性概率小于0.90时，此变量进入回归方程，大于0.95时剔除，求单株鲜重线性回归方程。分析可知，最先进入方程的是冠幅和，其次是最大枝高和地径，据此所确定的方程分别为：

$$Y_1 = 1.849 \times 10^{-2} X_3 - 2.111$$

$$Y_2 = 1.176 \times 10^{-3} X_1 + 1.835 \times 10^{-2} X_3 - 2.176$$

$$Y_3 = 1.329 \times 10^{-3} X_1 + 1.836 \times 10^{-2} X_3 - 0.155 X_4 - 2.033$$

模型的回归系数为0.739，其中方程Y1与利用系统默认值即当变量的F显著性概率小于0.05时，变量进入回归方程；而大于0.10时，剔除所求得的方程一样，只保留了冠幅和，其他变量都被剔除。因此，用Y_1公式预测柠条单株鲜重就显得简单而实用，但其准确性较差。除变量冠幅和外，其他变量的F显著性概率（SIG）值都在0.8以上，远远大于系统默认的0.05，因此，对应自变量对方程的贡献率也很小。

所得3个回归方程代入各式自变量后，分别得出3应变量的理论值，与实测得的

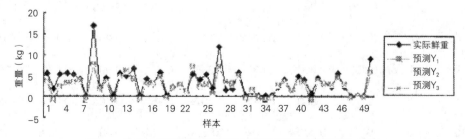

图1　单株实际鲜重与三种回归方程预测值对比曲线

鲜重绘出图1进行比较。可以看出，预测值毕竟只是一种数据运算模型，由于受样本数量、所选模型、观测误差、样本参数等多因素的影响，致使部分样值还出现了负值，这在实际中是不可能的。整体上看，预测值的波动幅度与实际所测的鲜重值基本吻合，说明所选模型具有一定的代表性和实际应用价值。从统计角度来讲，方程Y_1较简单，方程Y_2较为实用，方程Y_3更具有代表性。

3.1.2 单株鲜重预测模型的选择

利用上述样本，以单株鲜重为应变量，对柠条的最大枝高、一般枝高、冠幅和、地径等进行线性曲线（LIN）、对数模型1（LOG）、双曲线（INV）等10种曲线进行曲线拟合，结果见表1。从表1可以看出，最大枝高的2次多项式（QUA）和3次多项式（CUB）曲线相关系数的平方（RSQ）值分别为0.781和0.783，曲线分布接近2次多项式和3次多项式；冠幅和3次多项式（CUB）和对数模型1（LOG）的值分别为0.610和0.578，也较接近这两种曲线；而一般枝高的曲线和地径的RSQ值都远远小于0.50，说明观测值分布无明显规律。从显著性水平SIGF来看，冠幅和与最大枝高的显著性也明显高于一般枝高和地径，这与单株鲜重方程的预测结果一样，进一步印证了两种预测的可靠性。

表1 柠条单株鲜重预测曲线

序号	模型曲线	最大枝高		一般枝高		冠幅（之和）		地径	
		RSQ值	SIGF	RSQ值	SIGF	RSQ值	SIGF	RSQ值	SIGF
1	LIN	0.453	0.000	0.001	0.804	0.427	0.000	0.070	0.063
2	LOG	0.659	0.000	0.005	0.618	0.578	0.000	0.130	0.010
3	INV	0.383	0.000	0.054	0.105	0.377	0.000	0.079	0.049
4	QUA	0.781	0.000	0.027	0.522	0.510	0.000	0.205	0.005
5	CUB	0.783	0.000	0.066	0.362	0.610	0.000	0.252	0.004
6	COM	0.410	0.000	0.001	0.857	0.157	0.000	0.052	0.113
7	POW	0.668	0.000	0.002	0.753	0.355	0.000	0.111	0.018
8	S	0.450	0.000	0.033	0.206	0.334	0.000	0.070	0.062
9	GRO	0.410	0.000	0.001	0.857	0.157	0.004	0.052	0.113
10	EXP	0.410	0.000	0.001	0.857	0.157	0.004	0.052	0.113

3.2 柠条单株风干物质量预测

笔者以最小二乘法作为回归的基本数学原理，即通过使实测值与模型拟合值差值的均方差最小来求得模型参数，得到最佳的拟合函数表达式。对所采样本风干后对各部分风干物称重，进行柠条风干物回归方程的拟合。为保证所有自变量能进入方程，准确判断各自变量的相关程度，选择了全回归法。

以柠条单株风干重为应变量，各自变量同上。所求方程为$Y=0.002X_1+0.008X_3-0.137X_4-0.875$模型的回归系数为0.751，具有较好的相关性。利用上述所得回归方程代入各变量后，得山预测到的理论值，与实际称得的鲜重绘出图2。可以看出，利用柠条最大枝高、一般枝高等各生长因子来预测相应各株柠条风干后的重量也可得到较准确的预测结果。运用此方程，可以对柠条鲜重和风干重及其各部分所占比例进行近似估计，为柠条饲料加工原料鲜重、风干重等近似估计提供参考模式。

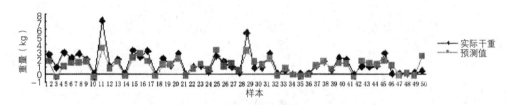

图2　柠条单株风干重实测与预测值曲线

4　柠条单位面积鲜重测算

通过选择林龄15a的多年生未平茬围栏柠条，运用相关性Spearman秩对柠条林龄、单株鲜重、密度与单位面积鲜物产量进行相关性分析，由表2可知，林龄和单株重鲜重在0.01的显著性水平上有较好的相关性，相关系数为0.757，大于0为正相关，说明单位面积鲜物产量随着单株鲜重和林龄的增加而增大，其他变量的相关系数都很小，相关性很低。同样，分别设林龄X_1、密度X_2、单株鲜重X_3为自变量，以产量Y为应变量，柠条亩产多元回归方程如下：$Y=6.507X_1+0.150X_2-0.629X_3+179.469$，模型的回归系数仅为0.148。也得出了相关性很低的结论。由表2中可看出，利用这些变量进行柠条产量预测在操作上具有一定的难度。从实地调查和分析的过程中可以看出，影响柠条产量的因素很多，表现最突出的是水分条件和立地类型，林龄、密度、利用方式和上次平茬时间等也直接或间接地影响着柠条产量，如通过灰色关联或模糊数学分析时其代表性和准确性可能会高些。

表2　相关性分析

自变量	统计项目	产量	林龄	密度	单株重
产量	相关系数	1.000	0.175	−0.148	0.241
	双侧显著性检验概率	0.0	0.534	0.597	0.386
	数据组数	15	15	15	15
林龄	相关系数	0.175	1.000	−0.385	0.757**
	双侧显著性检验概率	0.543	0.0	0.156	0.001
	数据组数	15	15	15	15
密度	相关系数	−0.148	−0.385	1.000	−0.137
	双侧显著性检验概率	0.597	0.156	0.0	0.344
	数据组数	15	15	50	50
单株鲜重	相关系数	0.241	0.757**	−0.137	1.000
	双侧显著性检验概率	0.386	0.001	0.344	0.0
	数据组数	15	15	50	50

注：**在0.01的水平上其双侧显著性检验概率的相关性显著。

5　结论与讨论

5.1　柠条单株鲜重与最大枝高、干总重、冠幅和等之间具有很好的2次多项式（QUA）、3次多项式（CUB）等线性关系，相关系数的平方（RSQ）都在0.739以上，其中变量冠幅和的相关性最好，可达0.996。

5.2　运用预测公式与实测值对比发现，各公式都对冠幅较大、鲜重较重的植株预测的准确性较高，而对生长较低、生物量较小的植株准确性较差。相比而言逐步回归法具有很强的灵活性和实用性，全回归法具有一定的代表性。

5.3　柠条单位面积鲜物产量与林龄和单株鲜重在0.01的显著性水平上其双侧显著性检验概率有较好的正相关性，相关系数为0.757，其他变量的相关性都很小，运用以上变量进行柠条单位面积产量预测具有一定的难度，应注重这方面的研究工作。

5.4　利用经验模型只是对现有生长条件下的一种预测手段，对于未来气候和环境变化以及人为干扰下的生长和产量预测，具有很大局限性和不灵活性。因此，很有必要利用机理模型，进行未来变化条件下的林木生长和产量预测。

参考文献

［1］王北，李生宝，袁世杰.宁夏沙地主要饲料灌木营养分析［J］.林业科学研究，1992，5（12）：98-103.

［2］王玉魁，闫艳霞，安守芹.乌兰布和沙漠沙生灌木饲用营养成分的研究［J］.中国沙漠，1999，19（3）：280-284.

［3］王北，李生宝，袁世杰.宁夏沙地毛条和柠条生物量的研究［J］.林业科学研究，1992，5（12）：58-63.

［4］章祖同，刘起.中国重点牧区草地资源开发利用［J］.北京：中国科学技术出版社.1994：80-103.

［5］温学飞，左忠，王峰.宁夏中部干旱带草地畜牧业发展措施的研究［J］.草业科学，2003，20（11）：44-46.

［6］马钦彦.内蒙古黑里河油松生物量的研究［J］.内蒙古林学院学报，1987，（2）：13.

［7］郑郁善，洪伟，张炜银.竹笋重量和产量预测研究［J］.林业科学，1998，34（1）：69-73.

［8］洪伟，郑郁善，邱尔发.应用列表研究竹林产出变化规律1.竹林产量与立竹量关系的研究［J］.林业科学，1998，34（1）：35-40.

［9］张强，牛西午，杨治平，等.小叶锦鸡儿营养特征研究［J］.林业科技管理（增刊），2003：70-74.

［10］刘晶，魏绍成，李世钢.柠条饲料生产的开发［J］.草业科学，2003，20（6）：32-35.

［11］李爱华.苦草期柠条草粉补饲滩羊的试验研究［J］.经验交流，2001，3（4）：27.

（2006.01.30发表于《当代畜牧》）

柠条生长季内植株水分变化规律的研究

左忠　王峰　魏耀锋　郭永忠　温学飞

摘　要： 通过对放牧区和围栏区柠条花、叶、枝条在生长季水分变化规律的研究表明：柠条叶含水量以5月叶片初展期（花期）为最大（80.17 %），随后逐月递减，到10月枯黄期最小；枝条越嫩，叶片含水量越高。柠条枝叶混合样（整株）含水量生长季呈较规律的抛物线状变化，以5月最高，但放牧区较围栏内含水量大。

关键词： 柠条；含水量；变化规律

柠条不仅可以补充饲草，而且又是防风固沙、保护农田和改良土壤的重要灌木树种。以前，对于柠条多以生长特性、营养成分、饲用价值、加工与饲喂等研究较多，而关于原材料平茬后水分变化规律却鲜有报道，因此，开展以柠条生长季植株水分变化规律的研究，对柠条资源的科学地开发利用具有很高的应用价值。

1　试验区概况

试验地位于毛乌素沙地西南缘的宁夏盐池县花马池镇，属鄂尔多斯台地向黄土高原过渡地带。年均气温7.6 ℃，一月平均气温-8.9 ℃，七月平均气温22.3 ℃，年温差31.2 ℃，≥10 ℃活动积温2944.9 ℃，无霜期138天，年降水量为250~300 mm，其中7~9月降水量约占全年降水量的60 %以上，降水年变率大于30 %，潜在蒸发量2100 mm，干燥度3.1，年均风速2.8 m/s，年均大风日数25.2天，主害风为西北风、北风次之，主要灾害为春夏干旱和沙尘暴。

长期以来，柠条是盐池县的主要造林树种，约占总造林面积的95 %以上，截至2003年，全县柠条存林面积达12.946万hm²，占全县总土地面积的18.19 %，仅2003年柠条造林验收合格面积就达3.07万hm²。

2 柠条平茬后原材料水分变化规律

2.1 测试材料与方法

试验选择林龄为15a从未进行过平茬的柠条人工林，设围栏禁牧和放牧两种样地。生长季内每月中旬对柠条的叶和枝叶混合样进行采集，5月中旬进行柠条花的样品采集，测定其叶的风干与烘干含水量。并随机在4月中旬（花期前期）、5月中旬（花期后期）和9月枯黄期对枝叶混合枝条（带叶枝条）的可食部分与不可食部分[1]（一般认为，当径粗大于3 mm时羊只就不能直接采食，称之为不可食枝，反之为可食枝）含水量进行了测定分析。

各处理风干物都是指常温下的阴干，其中柠条花、叶风干含水量测定分别设三组重复，每组2 kg。枝叶混合样风干物重采取每月随机平茬50株（丛）大样本的调查方式，不设重复。枝叶混合样可食与不可食部分风干重也为随机选取5 kg，重复三次测得。各试验的烘干重测定都重复三次，每重复取样200 g，在65 ℃条件下烘12 h后测取数据。

2.2 柠条叶含水量变化

试验区柠条花期为4月中旬至5月上中旬，落叶枯黄期为10月上中旬。我们将调查数据汇总后制成柱状图（图1）。从图中可以明显看出：柠条叶风干时含水量变化呈较规律的抛物线状变化趋势，以荚果期的6月最大，为78.25 %，花期5月次之，为77.84 %，10月枯黄期最小，为76.08 %。烘干后含水量以5月最大，为80.17 %，次后逐月递减，10月最小（77.97 %）。而当年新萌发的柠条叶含水量明显高于15 a生从未平过茬的柠条，可达80.56 %，说明柠条叶含水量还与枝条龄有关，枝条越鲜嫩，叶片含水量越高。由此可见，柠条叶含水量变化规律为：5月最大，次后逐月递减，但变幅不大，到10月枯黄期最小，而枝条越鲜嫩，叶片含水量越高。据有关研究，柠

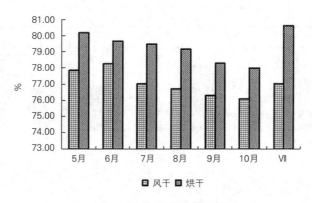

图1 柠条叶含水量变化

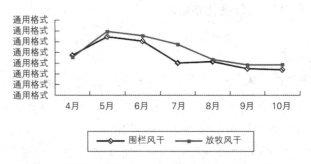

图2　围栏与放牧平茬后整株柠条含水量变化

条叶片6月水势最大，9月最小，从6月到9月叶水势有逐渐降低的趋势[2]。而当植物缺水时（即叶片含水量变小时），叶片水势下降[3]，也从生理角度很好地反映了这一现象。

2.3　柠条枝叶混合样（整株）含水量变化

柠条生长季从4月萌芽开始，到10月枯黄结束，测定了围栏禁牧与放牧两个样地柠条枝叶混合样含水量的变化。从图2可以看出柠条4月放牧区含水量为34.42 %，小于围栏内的36.54 %的含水量。两个样地整株柠条混合样风干和烘干含水量都以花期5月最大，分别为54.35 %和59.35 %，6月次之，分别为50.32 %和55.35 %，9月至10月最小，仅为28 %左右，两变化曲线都呈明显的抛物线状分布，且变幅较大。从5月开始，放牧区柠条混合样含水量均高于围栏内，说明适当被羊只啃食会刺激柠条枝条的萌发和生长，鲜嫩枝比例增加。

2.4　柠条枝条与花含水量的变化

从图3围栏禁牧与放牧样地枝条含水量变化曲线可以看出，围栏与放牧样地不同月份柠条的不可食枝（枝条粗度>3 mm）含水量生长季内变幅不大；柠条花的含水量高达78 %以上，但围栏与放牧两组对照含水量差异不大。所测的3个月中，可食枝以5月（枝条粗度≤3 mm）含水量最大，为64.48 %，9月最小。

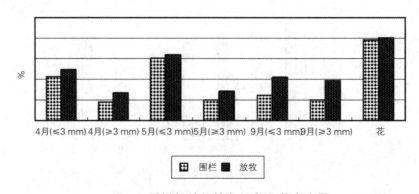

图3　围栏与放牧柠条枝条和花含水量

3 结论与讨论

3.1 柠条叶含水量变化规律为：5月叶片初展期最大，次后逐月递减，到10月枯黄期最小；同时枝条越嫩，叶片含水量越高；围栏与放牧各月不可食枝含水量变幅不大；可食枝含水量以5月最大，9月最小。

3.2 柠条枝叶混合样（整株）风干和烘干含水量都以花期5月最大，分别为54.35 %和59.35 %，6月次之，分别为50.32 %和55.35 %，9月至10月最小，仅为28 %左右，两曲线都呈明显的抛物线状分布，且变化幅度较大。柠条混合样含水量放牧区明显大于围栏内，反映出适度放牧可刺激或促进柠条萌发，提高柠条林地的利用效率。

3.3 从生理角度来讲，柠条花、叶、枝条及整株含水量变化规律研究是研究柠条水势变化、抗旱性、抗逆性等研究的前提。同时，它也是林地土壤含水量、土壤水势、物种间水分竞争及其对环境作用间的间接反映，因此很有必要开展上述与柠条含水量变化有关的各因子间的相关性研究。

3.4 从柠条饲料开发利用来看，搞好水分研究对多途径开发柠条饲料（如青贮、发酵、蒸煮、氨化等），并研究环境因素（如温度、湿度）对柠条饲料加工及产业化开发的影响，奠定了基础。

4 小结

发达的畜牧业必须以强大的饲草料加工工业作为物质基础[4]。而营养成分和含水量是饲料很重要的衡量指标，直接影响到它的产品质量、加工成本和安全贮藏等。据资料，当柠条含水量在15 %~17 %时，切割或粉碎就更为容易，含水量过高时不易加工[4~6]；含水量只有控制在15 %以下时，柠条饲料成品才可安全贮藏[5]。特别是4~5月、9~10月分别是柠条萌芽期与花期、生长期与枯黄期的一个交替阶段，能否准确掌握这些时期柠条生物水分变化，对柠条资源的开发和饲料加工向着高品质、低成本、低耗能和规模化的方向发展，具有很重要的应用价值。

参考文献

[1] 王北，李生宝，袁世杰.宁夏沙地主要饲料灌木营养分析 [J].林业科学研究，1992，5（12）：98-103.

[2] 张国盛.干旱半干旱地区乔灌木树种耐旱性及林地水分动态研究进展 [J].中国沙漠，2000，20（4）：363-368.

[3] 陈润政，黄上志，宋松泉，等.植物生理学 [M].广州：中山大学出版社，1998：151.

[4] 靖德兵，李培军，寇振武，等.木本饲用植物资源的开发及生产应用研究 [J].草业学报，2003，12（2）：7-13.

［5］刘国谦，张俊宝，刘东庆.柠条的开发利用及草粉加工饲喂技术［J］.草业科学，2003，20（7）：26-31.

［6］马文智，赵丽莉，姚爱兴.柠条饲用价值及其加工利用研究进展［J］.宁夏农学院学报，2004，25（4）：72-75.

柠条饲料加工相关问题的探讨

王峰　左忠　张浩　温学飞

　　摘　要：本文从柠条饲料加工利用的角度出发，分析和探讨了柠条养分、饲料加工、饲喂方法等问题。从养分角度来看，柠条平茬间隔期越长，营养成分差异也较差，反之越高；月季间养分差异很大，其中6月营养成分最高，钙磷与6月前基本平衡。从加工和营养角度综合考虑，选择以3 a左右为一个平茬周期最好，提出了依靠压缩平茬周期来提高柠条饲料粉碎效率、营养成分和利用效果等观点。

　　关键词：柠条；原材料；营养成分；加工

　　柠条是豆科锦鸡儿属（*Caragana Fabr.*）植物的俗称，广泛分布于我国北方地区各省区，是这些地区主要的防风固沙和水土保持造林树种。在宁夏主要分布的树种有小叶锦鸡儿（*Caragana microphylla*）、柠条锦鸡儿（*C.korshinskii*）、中间锦鸡儿（*C.intermedia*）、狭叶锦鸡儿（*C.stenophylla*）等[1]。柠条枝叶富含氮、磷、钾，为优良的绿肥，根、花、种子亦可入药，有滋阴养血、通经、镇静、止痒等作用，茎纤维可供造纸及制造纤维板[2]，目前主要用于自由放牧和生态治理。本文主要从柠条平茬和饲料加工利用的角度出发，分析和探讨了与之相关的一些性状，旨在加快其合理开发和应用的力度，促使其向着规模化和产业化的方向发展。

1　试验区自然概况

　　试验地位于宁夏回族自治区盐池县花马池镇，为宁夏中部干旱带的重要组成部分，该地年均气温7.6 ℃，一月平均气温−8.9 ℃，七月平均气温22.3 ℃，年温差31.2 ℃，≥10 ℃积温2944.9 ℃，无霜期138天，年降水量250~300 mm，其中7~9月降水量约占全年降水量的60 %以上，降水年变率大于30 %，潜在蒸发量2100 mm，干燥度3.1，年均风速2.8 m/s，年均大风日数25.2天，主害风为西北风、南风次之，主要自然灾害为春夏干旱和沙尘暴。主要造林树种为柠条，约占总造林面积的95 %以上。因此研究和开发柠条资源对当地畜牧业发展和农民增收，部分替代传统的豆类、油料等高蛋白粮食饲料，发展节粮型畜牧产业具有举足轻重的作用，特别是全区实施禁牧以来柠条饲料加工的研究与开发已成为解决当前畜产品的供不应求与饲料严重的不足之间的首要矛盾。

2 柠条营养成分分析

2.1 不同平茬期柠条营养成分变化

柠条的营养价值很高，但不同生育期的营养价值差异很大。在营养期内含有较高的粗蛋白（CP）和钙（Ca），开花至结实期则显著下降，而粗纤维的含量则相反[2, 3]。柠条的粗蛋白品质较好，含有丰富的家畜必需的氨基酸，其含量高于一般禾谷类饲料。柠条维生素含量丰富，其中以Vc含量较高，3a生枝条Vc含量可达568.4 mg/kg，高于许多水果，主要存在于韧皮部[4]。因此，作为饲料加工粗蛋白的原料，柠条具有很强的可推广性。

由此可见，关于柠条鲜枝营养成分、柠条氨基酸、柠条维生素含量等近几年报道较多，但从柠条饲料加工利用的角度出发，以不同平茬间隔年、各季节内相同林龄等全株营养成分动态变化却鲜有报道。试验通过对不同平茬间隔年份、月份等处理对柠条全株营养成分和主要生长季各月间柠条叶养分变化作了一次综合性的对比化验，借以全面了解和分析柠条各项营养指标，为各不同时期柠条饲料平茬利用提供试验依据。测定方法为常规分析法，其中不同平茬间隔年分样为当年4月采集，表中13 a样（对照未平茬）为1990年种植生长了13a，之前从未平茬。

表1　不同平茬间隔年限柠条原材料营养成分测定（单位：%）

上次平茬时间	水分	粗蛋白	粗脂肪	无氮浸出物	粗纤维	木质素	粗灰分	钙	磷
13a生（对照未平茬）	6.41	8.26	3.82	36.1	16.59	28.76	3.52	1.52	0.75
5a生	6.33	8.57	3.73	37.85	17.09	26.43	2.98	1.48	0.78
4a生	6.57	8.87	2.95	38.97	16.35	26.29	3.69	1.62	0.82
3a生	6.49	10.25	3.4	38.36	14.8	26.7	3.97	1.75	0.85
2a生	6.54	9.97	3.71	37.43	16.35	26.0	3.07	1.51	0.77
1a生	6.5	10.6	3.99	40.36	8.33	30.22	3.47	1.52	0.74

从表1可以看出，粗蛋白、粗脂肪（EE）、无氮浸出物都以1a生为最高，分别为10.6 %、3.99 %和40.36 %；木质素（ADL）含量2 a生较低，为26.0 %，13 a生相对较高，为28.76 %；粗纤维含量5a生样和13a生样最高，分别为17.09 %和16.59 %，其他成分差异不大。总体上讲，营养成分以1 a生、2 a生和3 a生最为理想，直接反映出平茬周期越短，柠条枝条就越鲜嫩，营养成分越高，周期越长，粗纤维、粗灰分（CA）等相对就越高，营养价值越小。说明通过人为调控，选择3 a左右为一个平茬周期，对提高柠条营养成分、降低柠条加工成本等方面都有很大的贡献和很强的可操作性。

表2　不同平茬月份柠条营养成分对比（单位：%）

平茬月份	水分	粗蛋白	粗脂肪	无氮浸出物	粗纤维	粗灰分	木质素
2月	8.01	9.01	3.65	32.42	44.30	2.62	8.0
4月	7.11	9.56	3.91	33.96	42.76	2.70	7.11
5月	7.32	10.26	3.18	36.03	39.57	3.64	7.32
6月	7.61	12.65	3.76	36.15	35.58	4.25	7.61
7月	6.99	11.28	5.5	35.39	36.65	4.19	6.99
8月	6.56	10.33	6.22	34.57	37.76	4.56	6.56
9月	6.57	9.68	3.45	37.35	39.45	3.50	6.57
10月	7.34	7.11	4.85	36.17	41.32	3.21	7.34
11月	6.01	9.3	3.88	35.05	42.23	3.53	6.01

注：平茬样品为成年柠条全株营养成分。

表2中所测各项内容都为当月采集到的柠条多年生全株风干物样营养成分。可以看出，柠条全株6月、7月、8月3个月营养成分最好，其中粗蛋白以6月最高，可达12.65 %，明显要高于其他月份，粗脂肪以8月样最高，为6.22 %，无氮浸出物以9月最高，为37.35 %，粗纤维和木质素休眠期较高。说明柠条全株营养成分季节性变化较大，总体表现为生长旺盛季营养成分较好，特别是粗蛋白、粗脂肪和无氮浸出物等主要营养指标。

表3 不同月份柠条叶营养成分对比（单位：%）

采集时间	水分	粗蛋白	粗脂肪	无氮浸出物	粗纤维	木质素	粗灰分	钙	磷
5月	9.10	22.82	2.88	43.13	14.16	5.24	7.91	0.72	0.60
6月	9.51	21.23	1.73	33.53	19.55	9.10	8.45	1.67	1.39
9月	9.08	19.03	3.70	46.48	14.34	8.57	7.37	1.64	1.36

柠条叶养分化验按照柠条花期、果期和成熟期等主要生育期采集了5月、6月和9月3项，总体上讲，各类成分变化幅度不大。从表中可以看出，5月柠条叶粗蛋白可达22.82 %，为最多，9月相对较少，为19.03 %。粗脂肪和无氮浸出物9月样含量最多，分别为3.70 %和46.48 %，无氮浸出物在33.53 %~46.48 %之间波动，是玉米无氮浸出物70.7 %[4]含量的66.23 %，粗纤维、木质素和粗灰分6月样最多，分别为19.55 %、9.10 %和8.45 %，钙磷比都平衡。由此可见，柠条叶养分含量和质量都要比柠条全株含好得多，而且季节性变化幅度不大，是很理想的家畜饲料。

2.2 柠条原材料钙磷元素年变化

钙和磷是家畜矿物营养中密切相关的两种元素[5]，在家畜的骨骼发育和正常的代谢方面都起着很重要的作用，日粮中如果缺乏钙磷或钙磷比例失调都会引起家畜特别是胎畜的不良发育，家畜日粮钙磷的最佳比例为2∶1，反刍家畜可通过腮腺和唾液分泌再循环重复利用大量的磷，所以反刍家畜耐受钙磷比的极限可达7∶1，因此在各类饲料配制过程中必须考虑钙磷比的最佳比例。表中各年平茬样除1a10月为2003年10月采集外，其他都为2003年4月采集。其中13 a样为种植时间，之前未平茬，1 a 4月样、1 a 10月样上次平茬时间为2002年4月，分别在2003年4月和10月进行了二次平茬。

表4 不同平茬时期柠条钙磷比对比

处理	间隔年份	钙 %	磷 %	比值	处理	平茬月份	钙 %	磷 %	比值
	13a	1.52	0.75	2.03		2	0.93	0.41	2.27
	5a	1.48	0.78	1.90		4	1.52	0.75	2.03
各年平茬项	4a	1.62	0.82	1.98	各月平茬项	5	0.78	0.40	1.82
	3a	1.75	0.85	2.06		6	0.98	0.16	6.13
	2a	1.51	0.77	1.96		7	1.18	0.11	10.73
	1a生4月测	1.52	0.74	2.05		8	1.46	0.10	14.60
	1a生10月测	0.86	0.66	1.30		9	0.90	0.75	1.20
						10	1.08	0.41	2.63

表中各年平茬项为4月取的多年生种后从未平茬柠条枝叶混合样。可以看出，钙磷比相差不大，说明林龄、平茬间隔期对柠条钙磷比影响不大，而各月平茬项差异很大。当年5月以前钙磷比值都接近于2∶1，可以达到反刍家畜耐受范围，而6~8月比值明显偏大，在这一时期平茬的柠条就必须考虑适当添加富含磷元素如麦麸、米糠、骨粉或各类油料饼等来调节其比例。

3 柠条的平茬与加工饲喂

3.1 不同间隔期平茬柠条产量及粉碎效率

3.1.1 饲料粉碎的意义

饲料粉碎是饲料生产的一道重要工序，对饲料生产成本、产量、后续加工工序、饲料的营养价值及动物的生长生产性能影响很大[6]。粉碎工序的耗电量占饲料厂生产车间总电耗的30 %~70 %[7]。饲料粉碎在饲料加工中的意义重大，适当粉碎，饲草粉碎或制成饲料可增大表面积，增加采食量45 %（绵羊）和11 %（牛），食物在瘤胃中的停留时间缩短，进入十二指肠的氨基酸和微生物蛋白合成效率提高[8]。另据刘继业报道[9]，饲料经粉碎后，表面积增大，与肠道消化酶或微生物作用的机会增加，消化利用率提高；粉碎使配方中各组分均匀地混合，减少了混合后的自动，可提高饲料的调质与制粒效果以及适口性等。而当粉碎较细时，饲料以较快的速度经胃进入十二指肠、空肠和回肠，导致肌胃萎缩（重量减轻、内容物pH值升高），小肠肥大，肠道食糜pH值降低，细菌发酵加强，生成挥发性脂肪酸（VFA）增加。此变化将影响食欲，导致采食量下降，进而影响动物的生产性能[10]。

3.1.2 不同平茬间隔年限柠条原材料粉碎效率测定

图中所用柠条都为种植13年的成林柠条样，其中13a样为该柠条已生长了13a，期间从未平茬，5a、4a等分别表示最后一次平茬后生长了5a、4a等。对各处理样各采50

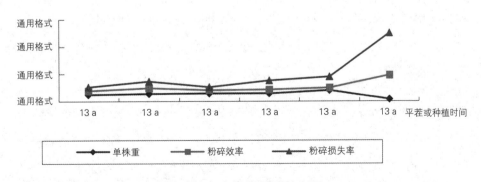

图1 不同平茬处理柠条产量与粉碎效率图

株测得，表中单株重指平均鲜重。粉碎效率采用内蒙古杭锦后旗产9FG—42B型锤片式切割型下出料饲料粉碎机测得，配套动力为11 kW，筛孔孔径为15Φ，粉碎效率和粉碎损失率都相对湿粉而言，其中粉碎损失率指粉碎前后重量之差与粉碎前的百分比。

由图可以看出，平茬后2a柠条单株鲜重就可达4.48 kg，与平茬后3 a和3 a以上样本相差很小，是对照未平茬13a样5.53 kg的81 %，而且粉碎效率要比样高近1倍，但由于枝条鲜嫩，粉碎损失率相对较高。

由此可见，从柠条产量和加工效率上讲，选择3 a左右为一个平茬周期是完全可行的，比以生态建设为主要目地的传统利用方式上所提倡的柠条最好以5 a左右[3]为一个平茬周期的产量可提高2~3倍。

3.1.3 柠条揉韧性的测定

原材料的揉韧性是饲料加工的一项很重要的指标，一般来说，原料揉韧性的大小直接决定着粉碎程度的难易。根据植物纤维折、搓、拉、捶等一般的测定方法[11]，我们选择了65支不同粗度生长通直的柠条风干枝条（含水量为6.54 %），截成30 cm测量枝条中部的茎粗后，在市用台秤上用力下按，记录下压折时瞬间最大读数，绘出地径与压力的曲线图，具体如下：

从表中可以看出，除INV曲线相关系数的平方RSQ值为0.559较小以外，其他数值都在0.7以上，说明柠条茎粗与抗压折力有着很好的拟合关系，呈有规律地分布。其中图1为RSQ值大于0.85的柠条茎粗与抗压折力拟合曲线。实验发现，当枝条径粗接近于1.0 cm时，抗压折力就直线上升，间接反映出如想从根本上减小过粗柠条在原料中的比例，降低粉碎成本，就要从压缩柠条平茬周期、增加柠条平茬频度上下工夫。

表5　柠条茎粗与抗压折力曲线拟合

序号	模型曲线	RSQ值	D.F.	F	SIGF	b0	b1	b2	b3
1	LIN	0.845	64	349.35	0.000	−66.808	191.898		
2	LOG	0.722	64	166.10	0.000	95.4906	89.7991		
3	INV	0.559	63	80.97	0.000	106.764	−35.438		
4	QUA	0.929	62	409.12	0.000	25.6093	−173.26	329.363	
5	CUB	0.929	64	270.7	0.000	49.0994	−322.85	624.945	−181.37
6	COM	0.839	64	332.74	0.000	0.5671	833.795		

续表

序号	模型曲线	RSQ值	D.F.	F	SIGF	b0	b1	b2	b3
7	POW	0.868	64	421.32	0.000	212.109	3.4649		
8	S	0.830	64	311.37	0.000	6.2167	−1.5195		
9	GRO	0.839	64	332.74	0.000	−0.5671	6.7260		
10	EXP	0.839	64	332.74	0.000	0.5671	6.7260		

3.1.4 柠条原料粉碎方式的确定

按照饲喂需要和柠条特性，可采用"一次成粉""粗粉再加工"和"先切段后粉碎"等工艺[11]。对于平茬间隔期为2 a或2 a以内的原材料，地径粗度一般在7 mm以内，风干后可直接一次成粉，平茬间隔期为3 a左右长势不太好地径粗度在9 mm以内的柠条，可粗粉后再加工，5 a以上未平茬的柠条地径一般都在10 mm以上，为有效提高粉碎效率，最好采取先切段后粉碎的加工方式，条件允许时可用揉碎机直接对原料揉碎后再加工成草粉或颗粒，或与其他秸秆制成混合饲料。为便于机械操作，柠条原料粉碎时含水量要控制在15 %以内。目前我们正着手于柠条专用粉碎机、平茬机具和切割机具的研制与开发，预计将会有较大的突破，较好地解决柠条机械化问题，可以从根本上降低柠条饲料加工成本，加大柠条资源开发力度，带动柠条产业的迅速发展。

3.2 柠条平茬时期的确定

从当年11月至次年4月，柠条、粗蛋白含量在8.26 %~10.6 %之间，季节性差异不大，与玉米的8.0 %~9.5 %含量相当；钙磷比在2：1左右波动，完全可满足反刍家畜7：1的极限需求[5]；由于土壤封冻，有利用各种平茬工具的操作，平茬效率高、用工少、成本低，而且是农闲时期，在此期间平茬起到复壮更新的同时，也是优良的蛋白饲料，平茬后隔年就可少量结实，两年后就能正常结实，但粗纤维和木质素含量较高。5月是柠条萌发期与花期的交替时段，平茬后是柠条次年结实的最后时段，粗蛋白含量也较4月的高。6月是柠条钙磷比较平衡的最后期，柠条蛋白质含量最大，可达19.46 %，是优良的粗蛋白原料采收的最佳时期，当年还可采种[12]，在此之前平茬的原料不用添加其他磷原料就可直接饲用，大大减少了饲料配制中的营养学问，在农村具有很强的可推广性。7~8月粗蛋白含也相当高，当年可采种，但钙磷比较高，8月平茬是柠条当年萌发的最后期，当年可生长2~3 cm。9月及以后则是当年生物量积累最多的月份，单从平茬前产量考虑，这一时期是柠条平茬的最佳时期。

由此可见，关于柠条平茬的最佳时期，要根据柠条生育期、平茬目的和平茬效益等综合考虑而定。在此建议选择6月、9月和整个土壤封冻期为主要平茬时期，在此时段内再根据平茬需要而选择最佳的柠条平茬时期为好。

3.3 柠条的凉晒

牧草最佳的干燥方法是直接烘干，其次是晒后烘干、阴干，晒干最差[13]。含水率降低越快，即达到安全含水率经过的时间越短，牧草的养分损失越小[13, 14]。由于日光的光化作用，引起胡萝卜素（维生素A的主要来源）破坏，日晒时间愈长且直射作用越强，损失就愈大[13, 14]。因此柠条平茬后要及时收集，尽量阴干，不要曝晒。

3.4 饲喂方法

柠条有直接利用和与精饲料混合饲喂两种，其中前者包括直接放牧采食、平茬粉碎后直接饲喂和粉碎后再直接饲喂三种。后者包括与精料混后直接饲喂和用制粒机制成全价饲料后饲喂，条件允许时也可通过青贮、黄贮、微贮、氨化，要特别注意压紧盖实，以防雨水进入，也可直接加入木质素降解酶常温处理后饲喂[15, 16]。经青贮、氨化、微贮等处理后的柠条、粗蛋白含量比未处理有较明显的提高，特别是氨化后可提高6 %左右，粗纤维和木质素都有不同程度的降低。

相比之下，直接饲喂成本和利用率低、技术含量小、饲喂效率不显著，后者则相反，由于在与精料混合时可以结合柠条不同生育期养分含量与比例灵活操作原料比例，包括一些用于降低柠条纤维素酶、半纤维素酶和木质素酶等酶制剂，纤维素酶等酶制剂的添加量，一般为0.1 %~0.3 %[2]，设备允许时可制成颗粒饲料，饲喂利用率几乎可达100 %。

对于准备制粒的柠条原粉，制粒前可配合一定精料、骨粉、豆粕、麦麸、尿素、食盐和其他添加剂等，添加比例要根据饲喂家畜种类、柠条原材料平茬时期和饲喂户经济条件等决定。一般在柠条生长季平茬，原材料养分含量较高，配制比例可小些，反之在休眠期平茬的原料则要大些，同时，长期饲喂时还要注意其钙磷比的平衡。我们采用江苏正昌集团公司生产的SZLH30型环模制粒机试验，制粒效率为410 kg/h~650 kg/h，是精饲料效率的一半左右。羊饲料最适粒径为6Φ或8Φ。由于柠条受压后很紧实，粒径过小（特别是制羊料时）下次制粒前易出现阻塞现象，料粗不能小于4Φ。为避免阻塞，每次制粒后必须用精料冲淘环模再停机。牛饲料需稍大些，可选择8Φ~12Φ。草粉和颗粒饲料最好用麻袋或透气性好的编织袋盛装，保存在黑暗干燥的房间或专用库房[16]，定期查看，即时饲喂。

4 讨论

4.1 从营养成分来看，平茬间隔期越短，柠条养分越高，但差别不太明显，说明缩短平茬周期对提高柠条养分有一定的贡献。柠条生长季内养分变幅很大，其中6月样粗蛋白含量最大，粗脂肪、无氮浸出物和粗灰分都以9月为最大，粗纤维4月最大，钙磷比6月以前平衡。另外，需加大纤维素和木质素等降解方式的研究。

4.2 柠条茎粗与抗压折力有着很好的线性关系，其二次多项式（QUA）、3次多项式（CUB）相关系数的平方（RSQ）都为0.929，呈很规律的分布。同时发现，直径在0.90 cm以上时抗压折力直线上升。从柠条产量和加工效率上讲，选择3 a左右为一个平茬周期也是完全可行的。

4.3 建议每隔3 a左右为一个平茬周期，以柠条营养成分为主要衡量指标，兼顾其他主要影响因子，采用分期隔行的平茬方法，除可有效降低粉碎成本外，还可提高沙质地表柠条带阻沙能力，是很值得推广的平茬方式。

4.4 关于柠条平茬的最佳时期，要根据柠条生育期、平茬目的和经济效益等综合考虑。从饲料加工的角度考虑，建议在6月平茬，9月初是当年生物量积累最多的月份，单从平茬前产量考虑，这一时期最为理想。如果单为柠条更新复壮而平茬，则在整个土壤封冻期（当年11月至次年3月）为好。

参考文献

［1］周世权，马恩伟主编.植物分类学［M］北京：中国林业出版社，2003.117-119.

［2］刘国谦，张俊宝，刘东庆.柠条的开发利用及草粉加工饲喂技术［J］.草业科学，2003，20（7）：26-31.

［3］王北，李生宝，袁世杰.宁夏沙地主要饲料灌木营养分析［J］.林业科学研究，1992，5（12）：98-103.

［4］张强，牛西午，杨治平，等.小叶锦鸡儿营养特征研究［J］.林业科技管理（增刊），2003：70-74.

［5］王玉魁，闫艳霞，安守芹.乌兰布和沙漠沙生灌木饲用营养成分的研究［J］.中国沙漠，1999，19（3）：280-284.

［6］周庆安，姚军虎，刘文网，等.粉碎工艺对饲料加工营养价值以及动物生产性能的影响［J］.西北农林科技大学学报（自然科学版），2002，30（6）：247-252.

［7］庞声海，饶应昌，张华珍，等.配合饲料机械［M］.北京：农业出版社.1989，68-127.

［8］韩正康，陈杰.反刍动物瘤胃的消化和代谢［M］.北京：科学出版社.1988，148.

［9］刘继业.饲料工业手册［M］.北京：新华出版社.1990，227-272.

［10］刘建平，冯斌.饲料加工工艺与饲料质量［J］.中国饲料，2001，24（9）：27.

［11］刘晶，魏绍成，李世钢.柠条饲料生产的开发［J］.草业科学，2003，20（6）：32-35.

［12］何明勋主编.资源植物学［M］.上海：华东师范大学出版社.1996，92.

［13］裴彩霞，董宽虎，范华.不同刈割期和干燥方法对牧草营养成分含量的影响［J］.中国草地，2002，20（11）：32-37.

［14］中国科学技术协会普及部，中国农学会.退耕还草与草地生态建设［M］.北京：中国农业科学技术出版社.2002，161.

［15］王峰，吕海军，温学飞，等.提高柠条饲料利用率的研究［J］.草业科学，2005，22（3）：35-39.

［16］温学飞，王峰，黎玉琼，等.柠条颗粒饲料开发利用技术研究［J］.草业科学，2005，22（3）：26-29.

（2005.06.15发表于《草业科学》）

柠条饲料机械加工技术探讨

左忠　张浩　刘旭宇　温学飞

摘　要：本文以柠条饲料开发利用的必要性为出发点，主要针对柠条机械加工、原材料贮备、饲喂方法与制粒技术等问题，重点阐述了柠条饲料研究与开发的意义、柠条的调制和粉碎方法等，旨在为加速柠条资源的研究与开发力度，促使其向着规模化、产业化的方向发展提供技术参考。

关键词：柠条饲料；机械加工；调制；粉碎

柠条是豆科锦鸡儿属（*Caragana Fabr.*）植物种的俗称，主要分布于我国黄河流域以北干燥地区及西北地区，是这些地区主要的防风固沙和水土保持造林树种。柠条鲜枝营养丰富，粗蛋白含量可达11.21 %~36.27 %[1, 2]，与苜蓿粗蛋白质相当，是玉米的2~4倍。柠条所含氨基酸有19种之多[1]，是苜蓿的11倍左右，其中家畜日粮中所必需的10种氨基酸占氨基酸总量的44 %~53 %[1, 3]。

据不完全统计，截至2003年仅宁夏柠条［以小叶锦鸡儿（*Caragana microphylla*）为主］保存面积（不包括泾源县，原洲区，利通区，陶乐四县、区）就达39.9万hm²，以盐池、同心县为最多。但长期以来，柠条一般仅用于自由放牧和燃料，由于不能按期合理地平茬更新，再加上羊只的过度啃食，均不同程度地出现了老化、退化和"活剥皮"等现象，这种现象在以山羊为主要品种的草场特别是春季返青期表现得尤为突出。为从根本上避免这些现象，就需要在减少草场载畜量，实行轮牧、休牧和降低草场内山羊数量等方面下工夫。而广泛推行舍饲养殖，研究探索推广柠条平茬复壮与饲料加工技术，是缓解草场压力、改善生态环境、提高柠条利用率和生物产量的有效途径。

1 柠条平茬

柠条平茬是柠条原料采收很重要的一个环节，平茬效率和平茬期直接影响到柠条饲料的成本、营养成分和后期的萌发，因此选择经济实用的平茬工具和适宜的平茬时期至关重要。

1.1 平茬工具的选择

我们先后选用山东华盛农业药械股份有限公司产CG415型侧挂式平茬机（功率1.47 kW）、陕西西北林业机械股份有限公司生产的"峰林"牌IE4FC型背负式平茬机（功率1.84 kW）和北京西郊机械厂生产的背负式平茬机（功率1.47 kW）3种机型。目前国产机械全套售价在1200元/台~1600元/台，选用硬质合金的锯片耐磨性要比普通锯片大4~6倍，价格为20元/片左右，适宜柠条平茬的锯片有200 mm和255 mm两种，锯齿数以60齿为宜。油耗量一般为1.0 L/hm²~1.5 L/hm²，耗油成本为3.0元/hm²~4.5元/hm²，一名较熟练的操作手工作效率为3 hm²/d~4.5 hm²/d，平茬成本为10.0元/hm²~15.0元/hm²，平茬效率及所需成本明显比其他理想。

需要注意的是，由于此类机械的发动机一般都为风冷机型，因此停止平茬后最好让发动机空转1 min~2 min后再停机为好。从目前试验情况看，所有参试机型出现机械故障较多，机械质量和稳定性还有待于改进。关于柠条平茬机械设计，重点应放在依靠小型农用车为主的配套动力上。

1.2 平茬方式

对于覆沙地可直接齐地平茬，其他地类建议采取5~10 cm的留茬高度，通过分期隔行逐年平茬的方法，即每隔1行或2行~3行平茬1行~2行，每2a~3a为一个平茬周期，最好不要超过4 a，生物产量比传统经营提倡5a左右[1]可提高3~5倍，营养成分也明显提高。同时，2 a~3 a内柠条地径一般都在1 cm以内，可从根本上提高柠条饲料粉碎效率，降低粉碎成本。此外，采用分期或隔行平茬还可有效降低沙质地表风沙危害，提高柠条带阻沙能力，是很值得推广的平茬方式。实践证明，林龄较大时整个生长季平茬都基本不影响其正常萌发，林龄较小时，特别是5龄以下的生长季内不宜平茬。需要特别注意的是：无论何时平茬，均不得伤害其分蘖点。

2 饲料的调制方法

柠条饲料的调制是柠条资源开发利用的前题和基础，科学的调制方法，可以减少营养物质的损失和浪费，又便于粉碎加工、防火防霉。如调制不当，会造成干草的发霉变质，降低柠条饲用价值，失去调制的目的。柠条调制的核心内容是控制它的含水量。

2.1 柠条的干燥

柠条的干燥，是柠条饲料加工中重要的生产环节。新鲜的柠条全株含水量一般在40 %~55 %，直接粉碎时极易造成机械堵塞，加重负荷而造成机械事故，影响正常生产，只有凉晒到安全含水量范围内才可正常粉碎。牧草最佳的干燥方法是直接烘干，其次是晒后烘干、阴干，晒干最差[4]。因此建议采用阴干，尽量避免暴晒。可采取直接折断的方法判断干燥程度：折断时有清脆声，能立即折断为好，否则需继续凉晒。

2.2 柠条采收与调制应注意的问题

2.2.1 适时平茬

从饲料加工的角度考虑，柠条在整个生长期内和不同平茬间隔年限内各部位养分差异很大，粗蛋白质以花期（5月末至6月初）为最大[2, 10]。据有关资料显示[2]，多年生鲜枝粗蛋白最高可达19.46 %，而据我们化验，冬季混合样为8.4 %左右，叶片无氮浸出物6月和9月含量分别为33.53 %和46.48 %，季节性波动也很大，因此，适时平茬非常重要。关于柠条平茬的最佳时期，要根据柠条生育期、平茬目的和经济效益等综合考虑。从饲料加工的角度考虑，建议在5~6月平茬，单从平茬前产量考虑，9月及以后则是当年生物量积累最多的月份，这一时期最为理想。如果单为柠条更新复壮而平茬，则在整个土壤封冻期为好。

2.2.2 迅速阴干

一般牧草一经刈割，便中断了水分等营养来源，由于此时含水率较高，呼吸作用及氧化活动还存在，不断消耗和破坏养分并分解粗蛋白及氨化物，使牧草营养遭到破坏，这个过程一直持续到牧草达到安全含水率（15 %左右）[5]。含水率降低越快，即达到安全含水率经过的时间越短，牧草的养分损失越小[4, 5]。

2.2.3 避免雨水淋湿和阳光曝晒

雨水淋洗会加强植物水解和氧化过程，促进微生物，微生物活动使干草品质降低，水溶性糖和淀粉含量下降，发霉严重时，脂肪含量下降，蛋白质被破坏；雨淋可使无机盐损失高达60 %~70 %，糖类损失40 %，日光的光化作用，引起胡萝卜素（维生素A的主要来源）破坏，日晒时间愈长，直射强度越强，损失就愈大[4, 5]。因此，平茬后要及时收集，尽量阴干，不要曝晒。因此目前平茬后绝大多数都要在野外经长时间日晒后才回收的做法是不可取的。

3 柠条的粉碎与利用方法

3.1 柠条的粉碎

饲料粉碎在饲料加工中的意义重大。有资料表明[6]，适当粉碎，饲草粉碎或制成饲料可增大表面积，增加采食量45 %（绵羊）和11 %（牛）。另据刘继业等[1]，饲料经粉碎后，表面积增大，与肠道消化酶或微生物作用的机会增加，消化利用率提高；粉碎使配方中各组分均匀地混合，可提高饲料的调质与制粒效果以及适口性等[8]。对于反刍家畜，未被切碎的长干草纤维消化率最高，但采食量不如粉碎制料后的干草，且浪费较大。但如果饲喂粉碎较细的细粉料时，会导致肌胃萎缩，细菌发酵加强，生成挥发性脂肪酸（VFA）增加等，此变化将影响食欲，导致采食量下降，进而影响动物的生产性能[9]。因此粉碎与否，粒径大小都将影响到家畜的采食量和吸收率，甚至影响到家畜能否健康发育。

3.1.1 粉碎方法

柠条的粉碎是柠条饲料加工中最基本、最主要的环节，直接影响着柠条饲料的加工成本、适口性和利用率等。柠条材质较硬，常用锤片式粉碎机粉碎粒度的均匀性较差，机械磨损高、耗电多、风扇负荷重、出料困难等，且易造成过度粉碎，产生的柠条细粉也过多。根据试验，下出料式饲料粉机型不易堵机，叶轮负荷小，效果比较理想。筛孔孔径以10Φ~15Φ为宜，料粉长度在3~4.5 cm，粗度为0.1~0.2 cm。

3.1.2 机械选择

我们采用内蒙古杭锦后旗产9FG—42B型锤片式切割型下出料饲料粉碎机，生产能力为200 kg/h，配套动力11 kW，日可产1.6 t，效率较理想，但机身稳定性、刀片材料等还有待改进。也可选用新疆双泉（呼图壁）机械厂生产的650型（配套动力7.5 kW，生产能力125 kg/h，日产1 t）或800型（配套动力13 kW，生产能力165 kg/h，日产1.3 t）多功能牧草粉碎机[10]。另据刘晶等[11]从法国引进的现代化整套机械，将柠条茎秆输入机器后，根据需要可直接制成草粉、颗粒、饼状、块状饲料或制成混合饲料。目前我们已研制出柠条专用粉碎机（配套动力15 kW，生产能力800 kg/h~1000 kg/h，日产7 t左右）和切割机两类机械，正着手于柠条平茬机械的改型。

3.2 制粒技术

柠条原粉制粒前要配合一定量的精料、骨粉、豆粕、麦麸、尿素、食盐和其他添加剂等，还要考虑添加一些用于降低柠条纤维素酶、半纤维素酶和木质素酶等酶制剂，纤维素酶等酶制剂的添加量，一般为0.1 %~0.3 %[7]。一般在柠条生长季平茬时，添加比例可小些，反之则要大些。长期饲喂还需注意其钙磷的质量比要保持在

2∶1以内[2]。由于柠条受压后很紧实，粒径过小（特别是制羊料时）下次制粒前易出现阻塞现象，粒径过大时家畜不易采食。试验结果：羊饲料最适粒径为6Φ或8Φ，不能小于4Φ，牛饲料需稍大些，可选择8Φ~12Φ。为避免塞机，每次制粒后必须用精料冲淘环模再停机。

目前，饲料制粒技术在国内市场已经相当成熟，可供选择的机型很多，较为出名的有江苏正昌、牧羊等。我们采用江苏正昌集团公司生产的SZLH30型环模制粒机进行柠条制粒试验，生产能力为410 kg/h~650 kg/h，约为精饲料的一半。加工好的草粉和颗粒饲料最好用麻袋或透气性好的编制袋盛装，保存在黑暗干燥的房间或专用库房，定期查看，即时饲喂。

3.3 柠条饲喂方法

柠条分直接利用和与精饲料混合饲喂两种，前者包括直接放牧采食、平茬后直接饲喂和平茬粉碎后再饲喂三种。后者包括与精料混后直接饲喂和用制粒机制成全价饲料后饲喂，条件允许时也可经青贮、黄贮、微贮、氨化等处理后饲喂。贮藏时要特别注意压紧盖实，以防雨水进入，也可直接加入木质素降解酶常温处理后饲喂。经青贮、氨化、微贮等处理后的柠条、粗蛋白含量比未处理有较明显的提高，特别是氨化后可提高6 %左右，同时粗纤维和木质素均有不同程度的降低，设备允许时可制成颗粒饲料，饲喂利用率几乎可达100 %。相比之下，直接饲喂成本和利用率低、技术含量小、饲喂效率不显著，后者则相反。

4　结束语

柠条饲料利用技术研究是一项涉及林牧生产、机械研制、饲料加工、生态建设等诸多领域。目前所面临的主要问题是机械加工，特别是柠条平茬机具和粉碎机具的效率、耐磨性与成本等问题。解决这些问题的关键除了要从压缩柠条平茬周期外，最主要的是要从机械加工研制的角度入手，本着低成本、低磨损、高效率的指导方针，以适合农户使用的小型机具的研制为突破口，以大型机组特别是自喂料粉碎组为最终研发目标，加大机械研究力度。只有很好地解决了柠条平茬、机械加工的效率、成本和自动化等问题，才能从真正意义上实现柠条资源的产业化开发和规模化发展，带动柠条资源开发与利用向健康有序的方向发展，使生态资源优势有效地转化为经济优势，形成持续稳定的林草产业体系，带动生态、畜牧和区域经济建设等诸多领域的发展，实现生态、经济和环保效益三盈的目标。

参考文献

［1］王北，李生宝，袁世杰.宁夏沙地主要饲料灌木营养分析［J］.林业科学研究，1992，5（12）：98-103.

［2］王玉魁，闫艳霞，安守芹.乌兰布和沙漠沙生灌木饲用营养成分的研究［J］.中国沙漠，1999，19（3）：280-284.

［3］张强，牛西午，杨治平，等.小叶锦鸡儿营养特征研究［J］.林业科技管理（增刊），2003：70-74.

［4］裴彩霞，董宽虎，范华.不同刈割期和干燥方法对牧草营养成分含量的影响［J］.中国草地，2002，20（11）：32-37.

［5］中国科学技术协会普及部，中国农学会.退耕还草与草地生态建设［M］.北京：中国农业科学技术出版社，2002，161.

［6］韩正康，陈杰.反刍动物瘤胃的消化和代谢［M］.北京：科学出版社，1988，148.

［7］刘继业.饲料工业手册［M］.北京：新华出版社，1990，227-272.

［8］章祖同，刘起.中国重点牧区草地资源开发利用［M］.北京：1994.80-103.

［9］刘建平，冯斌.饲料加工工艺与饲料质量［J］.中国饲料，2001，24（9）：27.

［10］刘国谦，张俊宝，刘东庆.柠条的开发利用及草粉加工饲喂技术［J］.草业科学，2003，20（7）：26-31.

［11］刘晶，魏绍成，李世钢.柠条饲料生产的开发［J］.草业科学，2003，20（6）：32-35.

（2004.07.01发表于北方省区《灌木暨山杏选育、栽培及开发利用》研讨会论文集）

柠条饲料加工利用技术研究

左忠　张浩　王峰　郭永忠

　　摘　要： 本文以柠条饲料开发利用的必要性为出发点，主要针对柠条原材料贮备、粉碎、饲喂方法与制粒技术等问题，重点阐述了柠条饲料研究与开发的意义、柠条饲料的调制和柠条的粉碎方法等，旨在为加速柠条资源的研究与开发力度，促使其向着规模化、产业化的方向发展提供技术参考。

　　关键词： 柠条饲料；调制；粉碎；方法

　　柠条是豆科锦鸡儿属（*Caragana Fabr.*）植物的俗称，广泛分布于我国北方各省区，是这些地区主要的防风固沙和水土保持造林树种。柠条鲜枝营养丰富，粗蛋白含量可达11.21 %~36.27 %[1, 2]，与苜蓿粗蛋白质相当，是玉米的2~4倍。柠条所含氨基酸有19种之多[1]，可达125.3 g/kg[2]，是苜蓿的11倍左右，其中家畜日粮中所必需的10种氨基酸占氨基酸总量的44 %~53 %[1, 3]。据不完全统计，截至2003年仅宁夏存林面积（不包括泾源县、原洲区、利通区和陶乐四县区）就达39.9万ha，以盐池、同心县为最多。

　　但长期以来，一般仅用于自由放牧和燃料，由于不能按期合理地平茬更新，再加上羊只的过度啃食，均不同程度地出现了老化、退化和"活剥皮"等现象，造成了资源的极大浪费。这种现象在以山羊为主要品种的草场特别是春季返青期表现得尤为突出，啃食严重的当年就干枯死亡，程度较轻而长势旺盛的则延期萌发，但长势明显不如以前，少数出现死亡。为从根本上避免这些现象的发生，就需要在减少草场载畜量，实行轮牧、休牧和降低草场内山羊数量等方面下工夫。而广泛推广舍饲养殖技术，研究探索推广柠条平茬复壮与饲料加工技术，是解决这些问题、缓解草场压力、改善生态环境、提高柠条利用率和生物产量的有效途径。由此可见，通过柠条对现有大面积柠条资源科学的采收、调制与加工，最大可能地保持原有养分，提高柠条饲料的适口性，缓解畜牧业原料短缺压力，具有很大的研究价值和开发潜力。

1　柠条饲料开发的必要性

1.1　具有很高的饲用价值

柠条的营养价值很高，但不同生育期的营养价值差异很大。在营养期内含有较高的粗蛋白（CP）和钙（Ca），开花至结实期则显著下降，而粗纤维的含量则相反[4, 5]。柠条的粗蛋白品质较好，含有丰富的家畜必需的氨基酸，其含量高于一般禾谷类饲料。柠条维生素含量丰富，其中以Vc含量较高，3 a生枝条Vc含量可达568.4 mg/kg，高于许多水果，主要存在于韧皮部[3]。柠条叶5月时粗蛋白可达28.82 %，无氮浸出物在33.53 %~46.48 %之间波动，是玉米[6]无氮浸出物70.7 %含量的66.23 %，粗纤维、木质素和粗灰分6月样最大，分别为19.55 %、9.10 %和8.45 %。由此可见，柠条叶养分要比柠条全株好得多，而且季节性变化幅度不大，是很理想的家畜饲料。因此，作为饲料加工粗蛋白的原料，柠条具有很强的可推广性。

1.2　是畜牧业发展的需要

冬春缺草料是我国特别是北方地区畜牧业发展所面临的主要问题。每个羊单位必须准备150~200 kg（低标准）—300 kg青干草，才能度过100~150 d的严寒的冬春季。而占我国畜牧业发展很大比例的北方地区，年人均占有粮食低仅有四五百千克左右，很难用多余的粮食投入到畜牧业生产中[7]。由于饲料严重缺乏，冬春季饲料贮备不足，牲畜夏季复壮，秋季抓膘，11月下旬开始掉膘，羊只度过冬春季，抵御饥饿和寒冷使羊的体重下降1/3至1/2，即相当于75 kg粮食和375 kg青草的营养价值[8]。

为保证家畜健康生长，获得高产优质的畜产品，必须使饲料中含有丰富的营养物质，特别是要保证具有较高全价营养的蛋白质原料。目前，这些地区主要是通过自由放牧和大量的农作物秸秆风干物、青贮等作为畜牧业发展主要的粗饲料资源。由于秸秆资源总量有限，秸秆风干物品质差、饲喂困难、适口性差、调制困难等因素使秸秆风干物难当此重任。而有资料表明[9]，如长期饲喂大量青贮秸秆青贮饲料时，家畜会患酸中毒，这种疾病会导致奶牛停乳、家畜采食量下降，从而使产乳量下降，牛奶品质低劣等。

根据畜牧业发展的需要，当前和今后应注重大力挖掘草地资源内部生产潜力，使草业经营向着集约化、机械化、科学化方向发展[7]。如果仅靠草原来进行畜牧业生产，势必会造成草地生态系统压力持续加重。因此，要加快柠条资源研究与开发的力度，寻求以柠条饲料产业为突破口，大力发展柠条资源的产业化开发，增加柠条原材料的贮备，不仅可以推动传统林牧生产系统的调整，而且还可以降低畜牧业生产成本，改变当地饲料严重短缺的现状，带动当地畜牧业的发展，减少农畜用地压力，替代传统耗粮型畜牧业发展思路，使农、林、牧有机结合，从而达到生态、经济、社会效益统一协调发展的良好局面。

1.3　可满足饲料消费市场的有效供给

目前，全世界各种饲料总产量达6.05亿吨，人均占有饲料由1990年的97 kg上升到1996年的105 kg[6]。由于绿色饲料产业的兴起，青饲料在家畜日粮中所占比例达到80 %以上。目前高蛋白饲料市场看好，苜蓿草饼的售价在800元/t左右，草粉售价可达1000元 · t^{-1}。

而据我们测算，柠条加工成全价颗粒饲料后，成本价在560元/t左右，如按700元/t的价格出售，也会有很好的市场竞争力和很高的经济效益。从长远来看，随着畜牧业集约化生产的提高，饲料粮紧缺和饲料成本增高的趋势会日益加剧。因此在充分有效地利用现在常规饲料资源，提高饲料品质的同时，必须开辟新的饲料资源，尤其是非常规蛋白质资源的开发利用，如柠条饲料。

1.4　是确保粮食安全，提高人民生活质量的有效途径

我国是个人口大国，尽管近几年，我国粮食连年稳定增长，但由于人口不断增加、耕地逐年减少、水资源不足等因素影响，限制了人均粮食增长幅度。通过调整产业结构，增加动物性食品的供给如肉、奶，也有效降低人们对粮食的消费与需求。目前我国年人均肉类占有量近40 kg，已超过世界平均水平，但主要是以耗粮型猪禽为主，禽肉比重占到80 %以上，牛羊肉所占比例很低，而国外发达国家牛肉在肉类中的比重都在50 %以上[8]。同时我国奶类年人均占有量远远低于世界平均水平。因此通过柠条资源的开发利用，带动草地型畜牧业的发展，可有效提高草食型家畜饲养量，提供更多的质优价廉的肉奶制品，提高我国人民食物构成质量，从而有效缓解人口对粮食的压力，确保我国粮食安全。

2　柠条的平茬

柠条平茬是柠条原料采收很重要的一个环节，平茬效率的高低和时期的选择直接影响到柠条饲料的成本、营养成分和后期的萌发，因此选择经济实用的平茬工具和适宜的平茬时期至关重要。

2.1 平茬工具的选择

关于平茬机械我们先后选用山东华盛农业药械股份有限公司产CG415型侧挂式平茬机（功率1.47 kW）、陕西西北林业机械股份有限公司生产的"峰林"牌IE4FC型背负式平茬机（功率1.84 kW）和北京西郊机械厂生产的背负式平茬机（功率1.47 kW）3种机型。目前国产机械全套售价在1200元/台~1600元/台，选用硬质合金的锯片耐磨性要比普通锯片大4~6倍，价格为20元/片左右，适宜柠条平茬的锯片有200 mm和255 mm两种，锯齿数以60齿为宜。油耗量一般为5.25 L/hm²~8.5 L/hm²，耗油成本为15.8元/hm²~25.5元/hm²，一名较熟练的操作手机械平茬的效率为3.5 hm²/d~4 hm²/d，直接成本为22元/hm²~32.6元/hm²（不含机械磨损费），而较理想的传统的人工加镢头砍伐的成本为37.5元/hm²~46.9元/hm²。

但从目前试验情况来看，所有参试机型都表现为机械故障较多，机械的质量和稳定性还有待于改进。为便于操作，操作杆上最好装一副把手。需要注意的是，由于此类机械的发动机一般都为风冷机型，因此停止平茬后最好让发动机空转1 min~2 min后再停机为好。如采用手工平茬（如镢头）易伤根致死。相比之下，机械平茬效率不仅明显提高，而且在成本、劳力等方面都有节省，平茬质量也比手工平茬要高得多，很值得探讨和推广。关于平茬机械设计原理及动力问题，思路应重点放在依靠小型农用车为主要配套动力上，而国外（如瑞典）大型速生丰产林采收机也能给我们一定的启发。

2.2 平茬方式

对于覆沙地可直接齐地平茬，其他地类建议采取留茬5~10 cm的留茬高度，通过分期隔行逐年平茬的方法，即每隔1行或2行~3行平茬1行~2行，每2 a~3 a为一个平茬周期，最好不要超过4 a，产量比从生态角度所提倡的5 a左右[1]可为一个平茬周期提高3~5倍，营养成分也明显提高。同时，2~3 a内柠条地径一般都在1 cm以内，可从根本上提高柠条饲料粉碎效率，降低粉碎成本。采用分期或隔行的方式还可有效降低沙质地表风沙危害，提高柠条带阻沙能力，是很值得推广的平茬方式。另外根据平茬试验得知，林龄较大时整个生长季平茬都不影响萌发，较小时特别是5 a以下的由于其生长点很低，生长季内不宜平茬。需要特别注意的是：无论采取哪种平茬方式，均不得伤害其分蘖点。

3 柠条饲料的调制方法

柠条饲料的调制是柠条资源开发与利用的前提和基础，科学可靠的调制方法，既可以减少营养物质的损失和浪费，又便于粉碎加工、防火防霉。如调制不当，会造成干草的发霉变质，降低柠条饲用价值，失去调制的目的。柠条调制的核心内容是控制它的含水量。当柠条干草水分含量达到15 %~18 %时，即可安全贮藏[4]。

3.1 柠条的干燥

柠条的干燥，是柠条饲料加工中一项重要的生产环节。新鲜的柠条全株含水量一般在40 %~55 %，直接粉碎时极易造成机械堵塞，加重负荷而造成机械事故，影响正常生产，只有凉晒到安全含水量范围内才可正常粉碎。根据牧草最佳的干燥方法是直接烘干，其次是晒后烘干、阴干，晒干最差[11]。因此建议养殖户阴干牧草，尽量避免暴晒。干燥程度可采取直接折断的方法进行判断，具体为折断时有清脆声，能立即折断为好，如不能立即折断，且揉拧时韧性较大，说明柠条含水量偏高，需继续凉晒。

3.2 柠条的贮藏

由于柠条材长、质硬、疏松，刚平茬后用小型农用车拉回后就可直接安全堆放，不用人工再进行翻晒，对农户较为适宜，垛高以1.5~2 m为宜。规模型的堆放主要为草垛堆放，适合于大型柠条饲料加工厂或养殖场。草垛的形状有长方形和圆形两种，长方形草垛有占地小、拆除易、便于农用车进出等优点，而圆形草垛浪费小、便于长期贮藏。由于柠条取材容易，原材料价格低廉，建议选择长方形草垛。长方形垛的大小，一般是宽4.5~5.0 m，高6.0~6.5 m，长8.0~10.0 m，雨季时注意四周排水。

3.3 柠条采收与调制应注意的问题

3.3.1 适时平茬

从饲料加工的角度考虑，柠条在整个生长期内和不同平茬间隔年限各部位养分差异很大，粗蛋白质以花期（5月末至6月初）为最大[1, 2, 3, 4]。据化验[2]，多年生鲜枝粗蛋白最高可达19.46 %，而据我们化验，冬季混合样为8.4 %左右，叶片无氮浸出物6月和9月含量分别为33.53 %和46.48 %，季节性波动也很大，因此适时平茬显得非常重要。

关于柠条平茬的最佳时期，要根据柠条生育期、平茬目的和经济效益等综合考虑。从饲料加工的角度考虑，建议在5~6月平茬，9月及以后则是当年生物量积累最多的月份，单从平茬前产量考虑，这一时期最为理想。如果单为柠条更新复壮而平茬，则在整个土壤封冻期（当年11月至次年3月）为好。

3.3.2 迅速阴干

一般牧草一经刈割，便中断了水分等营养来源，由于此时含水率较高，呼吸作用及氧化活动还存在，不断消耗和破坏养分并分解粗蛋白及氨化物，使牧草营养遭到破坏，这个过程一直持续到牧草达到安全含水率15 %左右时[9]。含水率降低越快，即达到安全含水率经过的时间越短，牧草的养分损失越小[9, 10]，作为有代表性豆科植物的柠条也应不例外。

3.3.3 避免雨水淋湿和阳光暴晒

雨水淋湿会加速植物水解和氧化发过程，促进微生物生长，微生物活动使干草品质降低，水溶性糖和淀粉含量下降，发霉严重时，脂肪含量下降，蛋白质被破坏；雨淋可使矿物质损失高达60 %~70 %，糖类损失40 %，日光的光化作用，引起胡萝卜素（维生素A的主要来源）破坏，日晒时间愈长且直射作用越强，损失就愈大[9, 10]。

新鲜的柠条枝条一般为鲜绿色或灰绿色，雨淋后就变成黑褐色，整株叶片全部脱落。由于认识的不足，目前平茬后绝大多数都要在野外经长时间日晒后才进行回收，由于雨雪淋洗和日光暴晒等，加速了原材料养分的流失。因此平茬后要及时收集，尽量阴干，不要暴晒。

4 柠条的粉碎与利用方法

4.1 柠条饲喂方法

柠条分可直接利用和与精饲料混合饲喂两种，前者包括直接放牧采食、平茬粉碎后直接饲喂和粉碎后再直接饲喂三种；后者包括与精料混后直接饲喂和用制粒机制成全价饲料后饲喂，条件允许时也可经青贮、黄贮、微贮、氨化等处理后饲喂。贮藏时要特别注意压紧盖实，以防雨水进入，也可直接加入木质素降解酶常温处理后饲喂。经青贮、氨化、微贮等处理后的柠条、粗蛋白含量比未处理有较明显的提高，特别是氨化后可提高6 %左右，同时粗纤维和木质素均有不同程度的降低，设备允许时可制成颗粒饲料，饲喂利用率几乎可达100 %。相比之下，直接饲喂成本和利用率低、技术含量小、饲喂效率不显著，后者则相反。

4.2 柠条的粉碎

饲料粉碎在饲料加工中的意义重大。有资料表明[12]，适当粉碎，饲草粉碎或制成饲料可增大表面积，增加采食量45 %（绵羊）和11 %（牛），食物在瘤胃中的停留时间缩短，进入十二指肠的氨基酸和微生物蛋白合成效率提高。另据刘继业报道[6]，饲料经粉碎后，表面积增大，与肠道消化酶或微生物作用的机会增加，消化利用率提高；粉碎使配方中各组分均匀地混合，可提高饲料的调质与制粒效果以及适口性等[8]。对于反刍家畜，未被切碎的长干草纤维消化率最高，但采食量不如粉碎制料后的干草，且浪费较大，家畜对粉碎干草的自由采食量比采食长干草或简单切短的高30 %，采食量增加会补偿粉碎对纤维消化降低的影响，使总的摄入能量增加，从而增进家畜产肉、产奶的生产力[9]。但如果饲喂粉碎较细的细粉料时，饲料以较快的速度经胃进入十二指肠、空肠和回肠，导致肌胃萎缩（重量减轻、内容物pH值升高），小肠肥大，肠道食糜pH值降低，细菌发酵加强，生成挥发性脂肪酸（VFA）增加，此变化将影响食欲，导致采食量下降，进而影响动物的生产性能[13]。因此粉碎与否，粒径大小都将影响到家畜的采食量和吸收率，甚至影响到家畜能否健康发育。

4.2.1 粉碎方法

柠条的粉碎是柠条饲料加工中最基本、最主要的环节，直接影响着柠条饲料的加工成本、适口性和利用率等。柠条材质较硬，常用的锤片式粉碎机粉碎粒度的均匀性较差，机械磨损高、耗电多、风扇负荷重、出料困难等，且易造成过度粉碎，产生的柠条细粉也过多。根据试验，粗粉选择下出料式饲料粉机型不易堵机，叶轮负荷小，效果比较理想。筛孔孔径以10Φ~15Φ为宜，料粉长度在3~4.5 cm，粗度为0.1~0.2 cm。细粉时一般家用粉碎机都可使用，长度与粗度可根据需要确定，一般只要进行了二次粉碎，就可饲喂，粉碎效率为200 kg/h~300 kg/h。规模化生产最好选择一次型成粉的自喂料饲料粉碎机为好，但传输履带不能太多，否则能量损失太大，机械加工效率太低，会导致成本过高。

4.2.2 机械选择

我们采用内蒙古杭锦后旗产的9FG-42B型锤片式切割型下出料饲料粉碎机，生产能力为200 kg/h，配套动力11 kW，日可产1.6 t，效率较理想，但机身稳定性、刀片材料等还有待改进。也可选用新疆双泉（呼图壁）机械厂生产的650型（配套动力7.5 kW，生产能力125 kg/h，日产1 t）或800型（配套动力13 kW，生产能力165 kg/h，日产1.3 t）多功能牧草粉碎机[4]。另据刘晶等报道[14]从法国引进的现代化整套机械，将柠条茎秆输入机器后，根据需要不仅可直接制成草粉、颗粒、饼状、块状饲料，还可与其他秸秆混合制成混合饲料。目前日本名古屋市也生产有大型的与挖掘机相似的可移动的木质材料专用的粉碎机，但其功率在180 kW左右，价格也相当昂贵，不适宜在我国北方地区推广应用，但在其设计思路上也可以作为参考。目前我们已研制出柠条专用粉碎机（配套动力15 kW，生产能力400 kg/h~550 kg/h，日产3.5 t左右）和切割机两类机械，正着手于柠条平茬机械的改型，较好地解决了柠条机械化问题，可以从根本上降低柠条饲料加工成本，加大柠条资源开发力度，带动柠条产业的迅速发展。

4.3 制粒技术

柠条原粉制粒前要配合一定量的精料、骨粉、豆粕、麦麸、尿素、食盐和其他添加剂等。柠条的木质素和纤维素含量都较高，纤维素含量全年变化一般在31.37 %~43.98 %之间，木质素一般在24.28 %~27.25 %，因此也要考虑添加一些用于降低柠条纤维素酶、半纤维素酶和木质素酶等酶制剂，具体比例要根据饲喂家畜种类、柠条原材料平茬时期和饲喂户经济条件等决定。一般在柠条生长季平茬时，原材料养分含量较高，添加比例可小些，反之在休眠平茬时则要大些，纤维素酶等酶制剂的添加量，一般为0.1 %~0.3 %[6]。长期饲喂还需注意其钙磷的质量比要保持在2∶1以内[2]。由于柠条受压后很紧实，粒径过小（特别是制羊料时）下次制粒前易出现阻塞现象，粒径过大时家畜不易采食。试验得知：羊饲料最适粒径为6mm或8 mm，不能小于4 mm，牛饲料需稍大些，可选择8~12 mm。为避免塞机，每次制粒后必须用精料冲淘环模再停机。

目前，饲料制粒技术在国内市场已经相当成熟，可供选择的机型很多，较为出名的有江苏正昌、牧羊等。我们采用江苏正昌集团公司生产的SZLH30型环模制粒机进行柠条制粒试验，生产能力为410 kg/h~650 kg/h，约为精饲料的一半。加工好的草粉和颗粒饲料最好用麻袋或透气性好的编制袋盛装，保存在黑暗干燥的房间或专用库房，定期查看，即时饲喂。

5 结束语

柠条饲料利用技术研究是一项涉及林牧生产、机械研制、饲料加工、生态建设等诸多领域。目前所面临的主要问题是机械加工，特别是柠条平茬机具和粉碎机具的效率、耐磨性与成本等问题。解决这些问题的关键除了要从压缩柠条平茬周期，提高柠条资源利用频度外，主要是要从机械加工研制的角度入手，本着低成本、低磨损、高效率的指导方针，以适合农户使用的小型机具的研制为突破口，以大型机组特别是自喂料粉碎组为最终研发目标，加大机械研究的投资力度。只有很好地解决了柠条平茬、机械加工的效率、成本和自动化等问题，才能从真正意义上实现柠条资源的产业化开发和规模化发展，促使柠条资源的开发与利用向健康有序的方向发展，提升养殖业的转化增值力度，使生态资源优势有效地转化为经济优势；才能实现退耕还林退得下、稳得住的宏伟目标，显著提高农民的经济收入；才能形成持续稳定的林草产业体系，带动生态、畜牧和区域经济建设等诸多领域的发展，实现生态、经济和环保效益三盈的目标。

参考文献

[1] 王北，李生宝，袁世杰.宁夏沙地主要饲料灌木营养分析[J].林业科学研究，1992，5（12）：98-103.

[2] 王玉魁，闫艳霞，安守芹.乌兰布和沙漠沙生灌木饲用营养成分的研究[J].中国沙漠，1999，19（3）：280-284.

［3］张强，牛西午，杨治平，等.小叶锦鸡儿营养特征研究［J］.林业科技管理（增刊），2003：70-74.

［4］刘国谦，张俊宝，刘东庆.柠条的开发利用及草粉加工饲喂技术［J］.草业科学，2003，20（7）：26-31.

［5］庞声海，饶应昌，张华珍，等.配合饲料机械［M］.北京：农业出版社，1989，68-127.

［6］刘继业.饲料工业手册［M］.北京：新华出版社，1990，227-272.

［7］温学飞，左忠，王峰.宁夏中部干旱带草地畜牧业发展措施的研究［J］.草业科学，2003，20（11）：44-46.

［8］章祖同，刘起.中国重点牧区草地资源开发利用［M］.北京：中国科学技术出版社，1994.80-103.

［9］中国科学技术协会普及部，中国农学会，退耕还草与草地生态建设［M］.北京：中国农业科学技术出版社，2002，161.

［10］甘肃农业大学草原系编.草原学与牧草学实习实验指导书［M］.兰州：甘肃科学技术出版社，1991，104.

［11］裴彩霞，董宽虎，范华.不同刈割期和干燥方法对牧草营养成分含量的影响［J］.中国草地，2002，20（11）：32-37.

［12］韩正康，陈杰.反刍动物瘤胃的消化和代谢［M］.北京：科学出版社，1988，148.

［13］刘建平，冯斌.饲料加工工艺与饲料质量［J］.中国饲料，2001，24（9）：27.

［14］刘晶，魏绍成，李世钢.柠条饲料生产的开发［J］.草业科学，2003，20（6）：32-35.

（2005.03.15发表于《草业科学》）

提高柠条饲料利用率的研究

温学飞　王峰　张浩

摘　要： 柠条粗纤维高、适口性差、利用率低，采用物理、生物、化学处理技术进行加工处理。结果表明：柠条经过粉碎制粒后饲喂家畜，柠条利用率提高50%，家畜采食量增加20%~30%，增重提高15%左右；柠条添加5%玉米进行氨化处理，处理效果好，柠条、粗蛋白提高6.32%、粗纤维降低3.67%、木质素降低1.32%、无氮浸出物降低1.49；柠条青贮后粗蛋白提高0.06%、粗纤维降低1.6%、木质素降低2.68%、无氮浸出物降低1.87%；添加5%尿素膨化处理的效果好，柠条、粗蛋白提高10.53%、粗纤维降低1.37%、木质素降低3.03%、无氮浸出物降低8.69；柠条微贮粗蛋白、粗脂肪、木质素基本变化不大，粗纤维增加1.03%、无氮浸出物增加2.59%、粗灰分增加1.36%。

关键词： 柠条；物理化学；生物加工处理

柠条（*C.korshinskii*）是多年生豆科灌木，具有抗旱、抗寒、耐贫瘠、生物量高、生长旺盛、防风固沙、水土保持等特性。柠条饲料作为一种非竞争性资源，在我国三北地区具有数量大、分布广、价格低廉的特点，目前仅宁夏种植面积20万hm^2。但作为饲料利用量很小，仅仅只是在放牧条件下的利用。由于柠条的特性，作为饲料存在一定的问题，柠条茎秆粗硬，且在消化道停留时间长影响家畜的采食量和适口性；柠条中粗纤维和木质素含量高，动物难以消化利用。通过对柠条粉碎制粒、氨化、青贮、热喷等加工处理技术来提高柠条饲料利用率和增加其营养价值，改善柠条适口性，提高消化率，发挥柠条潜在的价值，取得了一定的进展。

1　制粒

1.1　制粒意义

制粒可以使柠条体积变小，利于运输和采食，柠条粉碎制粒可以提高饲料的进食量。制粒还能影响饲料的瘤胃降解，制粒后会增加淀粉和蛋白质的可溶部分，因而提高瘤胃降解率[1]。颗粒化处理有利于纤维素的降解，这是因为颗粒化过程中对植物细胞壁、植物纤维结构、木质素进行了破坏，使牧草的紧密纤维素结构变得松散，瘤胃微生物易于吸附、入侵、消化，因而提高了瘤胃内纤维的降解率。虽然粗饲料经过粉碎而不制粒，动物的进食量也表现为提高，但变异很大。而细粉碎再经制粒后，配合精料，营养全面，可以改善适口性，粗饲料的进食量明显提高。另外有些研究表明，饲料制粒过程中的加热作用，可增加过瘤胃蛋白质（不经过瘤胃微生物作用，而直接进入小肠的蛋白质）的数量，这种作用可通过改善小肠氨基酸吸收量而有利于日粮进食[2]。影响柠条颗粒饲料进食量其他因素包括柠条的质量、颗粒硬度、动物种类和动物年龄等。

1.2 制粒技术

柠条经过初步搓揉后再进行粉碎，根据饲喂动物的不同确定草粉的长短，牛羊需要粉碎的长度为1~3 mm。颗粒饲料的制作就是将草粉通过制粒机压制成颗粒，颗粒可大可小，直径一般为0.5~1.5 cm，长度为0.5~2.5 cm，颗粒饲料可以减少空气的接触面，减轻氧化作用，保存了营养物质[3]。

加工柠条颗粒最关键的技术是调控原料的含水量，豆科饲草做颗粒最佳含水量为14 %~16 %；冷却后的颗粒含水量不超过11 %~13 %[4]。由于柠条茎秆的纤维素含量最高，成粒性较差，只靠调整供水量还不足以压制出合乎产品标准的全价颗粒饲料，通过与其他精料等相互配合好以后进行制粒，效果会好一些，可以增加适口性，改善柠条品质。一般在配合饲料中添加黏合剂，以利于柠条草粉成型。

柠条颗粒的体积小，密度大，便于运输和贮藏，但颗粒饲料容易吸潮、氧化的特点，进行贮藏时保持含水量在12 %~15 %以下。在高温、高湿地区，应加防腐剂，以防发霉变质[1]。饲喂试验表明，柠条经过粉碎后饲喂家畜，柠条利用率提高50 %，家畜采食量增加20 %~30 %，增重提高15 %左右。

2 氨化处理

2.1 氨化处理意义

柠条经氨化处理后，通过氨解反应，破坏了木质素与多糖间的酯键，氨的弱碱性又使木质素纤维膨胀，消化酶渗透性增强，消化利用率提高。同时，由于氨化作用的氮源主要含非蛋白氮，所以氨化粗蛋白含量可以提高，较未处理增加[5]。因此，柠条经过氨化处理后提高了营养价值，增强了适口性，提高了消化率。氨化采用尿素氨化的技术简单易行，便于推广。氨化柠条与未处理的相比，反刍动物的采食量可提高15 %，消化率提高20 %左右，粗蛋白可提高6.2 %。

2.2 氨化处理技术

将柠条粉碎成草粉或打成细丝状，原料新鲜，柠条含水量在25 %~40 %，每100 kg柠条用尿素3~5 kg。

操作技术：将尿素用温水溶解，配成体积比为1∶10的尿素溶液。铡短的柠条用尿素水喷洒拌匀，分层装池压实。原料装填要高出池面30 cm，以防下陷。上层用塑料膜封顶，泥巴封严。

管理技术：氨化时间受季节气温影响。适宜季节4~10月，以8~9月最好，适宜温度为0~35 ℃。气温0~5 ℃、5 ℃~15 ℃、15 ℃~20 ℃、20 ℃~30 ℃、30 ℃以上，则氨化处理时间分别为8周以上、4周~8周、2周~4周、1周~3周、1周[2]。

氨化柠条质量主要通过感官鉴定，氨化好的柠条为棕黄色，有酸香味、糊香味，氨味也较浓，手摸质地柔软。氨化不成熟的柠条颜色与未氨化柠条颜色一样，没有糊香味，氨味较淡，质地没有变化。若无氨味，或发黑发粘，有毒味，说明氨化失败，不能饲喂。开池取用时要摊开放氨，晴天时需要10~12 h，阴天时需要24 h，待氨挥发后方可饲喂。氨化柠条用量一般占饲草量的40 %~60 %为益。

2.3 营养结构变化分析

表1　柠条氨化前后营养成分的对比（单位：%）

处理方式	粗蛋白	粗脂肪	粗纤维	木质素	粗灰分	无氮浸出物
未处理柠条	9.85	2.76	16.48	27.75	4.45	35.18
氨化柠条	15.77	2.15	15.58	27.24	4.62	32.43
加5 %玉米氨化柠条	16.17	2.67	12.81	26.43	4.98	33.69

由表1可知，氨化处理后柠条、粗蛋白提高5.92 %，粗纤维降低0.9 %，木质素降低0.51 %，无氮浸出物降低2.75 %；添加5 %玉米氨化处理的柠条、粗蛋白提高6.32 %，粗纤维降低3.67 %，木质素降低1.32 %，无氮浸出物降低1.49 %；添加5 %玉米氨化处理的比未加玉米处理的粗蛋白提高0.4 %，粗纤维降低2.77 %，木质素降低0.81 %，无氮浸出物提高1.26 %。

从表中反映的数据可以看出，柠条在氨化时添加5 %的玉米有利于提高粗蛋白的含量，降低粗纤维和木质素含量。

3　青贮处理

3.1　青贮处理意义

青贮就是在厌氧条件下，利用乳酸菌发酵产生乳酸，使青贮原料的pH下降到4.2以下，所有微生物过程都处于被抑制状态，从而达到保存青饲料营养价值的目的[6]。但是这种状态的形成并不是青贮工作一开始就出现，而是经过微生物复杂的演变而形成。

青贮柠条可保持青绿多汁饲料的营养，减少营养物质的损失；可以改善柠条的营养价值，提高家畜的适口性、消化率；可以长期保存，便于饲养管理。

3.2　青贮处理方法

含水量的调节适时收割柠条，柠条在盛花期，营养成分最好，原料新鲜，柠条水分含量在50%左右，将柠条粉碎成草粉或打成细丝状。青贮柠条含水量应在50%~70%，因此需在柠条粉中添加水分以保证顺利青贮。添加水分时，在实践中多以手抓法估测大致的含水量，将铡碎的原料拌水后，在手里握紧成团20秒~30秒后将手松开，若草团不散开，且有较多的水分渗出，其含水量大于75%；若草团不散开，但渗出水分很少，含水量在70%~75%；若草团漫漫散开，无水分渗出，含水量在60%~70%；若草团很快散开，含水量小于60%[6]。

含糖量的调节青贮原料中应有充足的糖分，青贮原料的含糖量一般不低于鲜重1%，青贮原料糖分不足，青贮时产生的乳酸就少，有害微生物就会活跃起来，青贮就会霉烂变质。柠条中糖分不足，因此，在青贮时应补充糖分。

青贮操作把5~9月柠条收割后切碎，切碎后便于压实、排空气，有益于乳酸摄取糖分和乳酸菌繁殖，切碎也有益于家畜采食。装填时原料要逐层平摊，逐层压实，原料装满压实后，要及时进行封盖。原料装填要高出池面30 cm，以防下陷，上层用塑料膜封顶，泥巴封严，防止漏气，青贮变质。

经过20~40 d便能完成发酵过程，需用时即可开池使用。良好的青贮柠条呈黄绿色，酸味浓厚，有芳香味，质地柔软。若有陈腐的臭味或令人发呕的气味，说明青贮失败，霉味说明压的不实，空气进入了青贮池。

3.3　营养结构变化分析

表2　青贮柠条饲料营养成分的对比（单位：%）

处理方式	粗蛋白	粗脂肪	粗纤维	木质素	粗灰分	无氮浸出物
未处理柠条	8.87	2.95	16.35	26.29	3.69	38.97
青贮柠条	8.81	3.25	14.75	23.61	5.02	37.10

由表2可知，经过青贮处理后，粗蛋白降低0.06 %，粗脂肪提高1.7 %，粗纤维降低1.6 %木质素降低2.68 %，无氮浸出物降低1.87 %，青贮处理可以改变柠条营养成分有利于家畜消化吸收。青贮柠条饲料具有很多优点，具有酸香味、有刺激家畜食欲、有助于消化的作用是家畜优良饲料，一般每天饲喂量占所需干物质的1/3左右。

4 膨化技术

4.1 膨化处理的意义

柠条在膨化处理时，利用蒸汽的热效应，在高温下使木质素熔化，纤维素分子断裂、降解，同时因高压力突然卸压，产生内摩擦喷爆，使纤维素细胞撕裂，细胞壁疏松，从而改变了粗纤维的整体结构和化学链分子结构。因为在膨化处理时，使柠条纤维细胞间木质素溶解，氢链断裂，纤维结晶降低。当突然喷爆时，木质素就会熔化，同时发生若干高分子物质的分解反应[7]；再通过喷爆的机械效应，应力集中于木质素的脆弱结构区，导致壁间疏松、细胞游离，柠条颗粒便会骤然变小，而总面积增大，从而达到质地柔软和味道芳香的效果，提高了家畜对柠条的采食量和消化率。

4.2 膨化处理的技术

膨化是将柠条装入密闭的膨化设备内，用高温（200 ℃）高压（1.5 MPa）水蒸气处理一定时间，向机内通入热饱和蒸气，经过一定时间后使物料受高压热力的处理，然后对物料突然降压，是柠条膨化的一种方法，使物料变为更有价值的饲料的一个压力和热力加工过程。

膨化水分控制在30 %~40 %时，容易膨化，柠条颜色呈现亮黄色，具有熟豆类的香味；水分高时膨化出来的柠条呈现暗灰色，味道也不明显。

4.3 营养结构变化分析

表3　膨化柠条饲料营养成分的对比（单位：%）

处理方式	粗蛋白	粗脂肪	粗纤维	木质素	粗灰分	无氮浸出物
未处理柠条	7.42	3.95	12.42	30.45	2.65	35.35
膨化柠条	8.92	3.82	9.96	30.03	4.28	37.36
膨化柠条（体积分数为5 %的尿素）	17.95	2.82	11.05	27.42	3.64	26.66

由表3可知，膨化处理后柠条比未处理的柠条、粗蛋白提高1.5 %，粗纤维降低2.46 %，木质素降低0.42 %，无氮浸出物提高2.01 %；添加体积分数为5 %的尿素膨化处理的柠条、粗蛋白提高10.53 %，粗纤维降低1.37 %，木质素降低3.03 %，无氮浸出物降低8.69 %；添加体积分数为5 %的尿素膨化处理的比未加体积分数为5 %的尿素膨化处理的粗蛋白提高9.03 %，粗纤维提高1.09 %，木质素降低2.61 %，无氮浸出物降低10.7 %。

从表中反映的数据可以看出，柠条在膨化时添加体积分数为5 %的尿素有利于提高粗蛋白的含量，降低木质素含量，粗纤维量略高于未加体积分数为5 %的尿素膨化处理的柠条。

5　柠条微贮饲料

柠条微贮就是在柠条草粉中加入微生物活性菌种，放入到缸或水泥池中经过一定的发酵过程，使柠条变成带有酸香味，家畜喜食的粗饲料。

5.1　微贮处理操作

微贮饲料制作的工艺流程

柠条枝条粉碎→入池（窖）→压实→封池（窖）→成品
　　　　　　　　　　↑
微贮发酵剂干菌活化→喷洒←营养物质

菌种的复活微贮剂使用武汉市华巨生物技术有限公司生产的微贮宝，一般微贮剂所含菌种处于休眠状态，使用前要用30 ℃的温水活化菌种30 min，使微生物菌种复苏，复苏后微生物菌种有利于菌种生长，缩短微贮周期。将复活好的菌剂倒入充分溶解的0.8 %~1.0 %的食盐水中拌匀。武汉市华巨生物技术有限公司生产的微贮宝50 g可处理1000 kg柠条。

含水量的调节适时收割柠条，柠条在盛花期，营养成分最好，原料新鲜，柠条水分含量在50 %左右，将柠条粉碎成草粉或打成细丝状。含水量是否合适是微贮饲料好坏的重要条件之一，微贮柠条含水量应在60 %~65 %最理想，因此需在柠条粉中添加水分以保证顺利微贮。添加水分时，在实践中多以手抓法估测大致的含水量，将铡碎的原料拌水后，用双手扭拧，若有水向下滴，其含水量大于80 %；若无水珠、松开后看到手上水分明显，约为60 %；若手上有水分（反光），为50 %~55 %；感到潮湿，为40 %~45 %；不潮湿，则在40 %以下[8]。

营养物质的添加根据本地情况，加入1 %的玉米粉、麸皮，主要目的是在发酵初期为菌种的繁殖提供一定的营养物质，以提高微贮饲料的质量。加玉米粉、麸皮时，铺一层柠条草粉撒一层玉米粉、麸皮，再喷洒一次菌液。

微贮制作用于微贮的柠条要用粉碎机粉碎养羊用的柠条草粉一般3~5 cm，养牛用的柠条草粉一般5~8 cm，这样容易压实和提高微贮池、窖的利用率，保证微贮饲料制作的质量。将柠条草粉铺在池底，后20~25 cm，喷洒菌液，压实，直至高出池口40 cm再封口[6]。分层压实的目的是为了迅速排出柠条草粉中的存留的空气，给发酵繁殖造成厌氧环境。当柠条草粉压实到高出40 cm时，再充分压实，在最上面一层均匀撒上食盐粉，再压实盖上塑料薄膜后，在上面覆土15~20 cm，密封。

夏季经过10~15 d便能完成发酵过程，冬季需要时间较长，需用时即可开池使用。良好的微贮柠条呈黄绿色，酸味浓厚，有芳香味，质地柔软；微贮干柠条呈亮黄色，醇香味和果香味，并有弱酸味。若有强酸味，表明醋酸较多，主要由于水分过多和高温发酵造成；若有陈腐的臭味或令人发呕的气味，说明微贮失败，霉味说明压的不实。

5.2 营养成分变化分析

表4 柠条微贮处理营养成分的对比（单位：%）

处理方式	粗蛋白	粗脂肪	粗纤维	木质素	粗灰分	无氮浸出物
柠条未处理	9.67	2.72	40.33	25.13	4.80	32.68
柠条微贮	10.31	3.35	41.36	25.23	6.16	35.27

由表4可知，微贮粗蛋白、粗脂肪、木质素基本变化不大，粗纤维增加1.03 %，无氮浸出物增加2.59 %，粗灰分增加1.36 %。

表5 柠条微贮处理营养成分的对比（单位：%）

处理方式	粗蛋白	粗脂肪	粗纤维	木质素	粗灰分	无氮浸出物
柠条未处理	7.65	2.53	48.61	25.83	2.66	29.53
柠条微贮	8.11	2.77	47.84	27.45	4.75	33.07

由表5可知，微贮粗蛋白、粗脂肪、粗纤维基本变化不大，无氮浸出物增加3.54，木质素增加1.62，粗灰分增加2.69。

6 小结

柠条作为家畜的饲料，主要影响因素是动物对柠条的低消化率和低摄入量以及柠条中的高纤维含量，这些因素通过以上五种处理方法得以解决。在处理的过程中，还要考虑柠条处理时所需的费用、能耗、处理等，因此，在处理柠条时要依据自身的实际情况，采取相应的处理方法，以获取最佳处理效果。以上五种处理技术，制粒、膨化需要具有颗粒机械设备、电力、资金、厂房、劳动力、操作技术等基础条件，适合于大型养殖户、饲料加工厂。氨化、青贮、微贮不需要太多资金、厂房等基础设施，操作简单容易掌握适合于小型养殖户。

参考文献

[1] 张浩，任守文.反刍动物饲料前处理的研究 [J].中国饲料，2002，（5）：30–33.

[2] 徐桂芳.肉羊饲养技术手册 [M].北京：中国农业出版社，2000，（9）：73–74.

[3] 翟桂玉.将牧草调制成干草产品的加工及贮存技术 [J].当代畜牧，2002，（1）：30–33.

[4] 武保国.草颗粒加工技术.农村养殖技术 [J].2002（18）：27.

[5] 尹长安，孔学明，等.肉羊无公害饲养综合技术 [M].北京：中国农业出版社，2003，1：74–75.

[6] 邢廷铣.农作物秸秆饲料加工与应用 [M].北京：金盾出版社，2000，11：46–66.

[7] 李德发，龚利敏.配合饲料制造工艺与技术 [M].北京：中国农业大学出版社，2003，1：147–150.

[8] 余伯良.发酵饲料生产与应用新技术 [M].北京：中国农业出版社，1999，10：50–54.

（2005.03.15发表于《草业科学》）

柠条颗粒饲料开发利用技术研究

温学飞　王峰　郭永忠　左忠

摘　要： 柠条饲料合理开发利用可以拓宽干旱沙区饲料资源，缓解草原压力，改善生态环境。根据柠条的营养特点，将柠条粉碎混合其他原料制成全价颗粒饲料，对柠条饲料进行营养技术调控，提高柠条全价颗粒饲料营养价值和消化利用率。对柠条全价颗粒饲料的加工技术及影响颗粒成型的因素进行研究，为规模化加工生产提供技术参考。

关键词： 柠条处理技术；颗粒加工技术

柠条锦鸡儿（*C.korshinskii*）在我国三北地区分布较广、面积较大，仅宁夏种植面积20万hm²。柠条是多年生豆科灌木，具有抗旱、抗寒、耐贫瘠、生物量高、生长旺盛、防风固沙、水土保持等特性。柠条鲜枝营养丰富，粗蛋白含量可达到16 %~19 %，在冬季平茬3 a生柠条、粗蛋白含量可达到8.4 %，相当于玉米的蛋白质含量，是牲畜优质豆科饲料。从营林角度考虑，每年对1/4的柠条饲料林进行科学地人工更新复壮，平茬枝条多做燃料，没有进行综合加工利用。利用平茬柠条枝条加工成饲料饲喂家畜，对缓解草场压力，发展沙区畜牧业具有积极意义。

1　柠条饲料开发的必要性

1.1　饲料粮短缺

无论是发展节粮型畜牧业，还是搞高投入、高产出的耗粮型畜牧业，都排除不了对粮食的依赖。我区干旱风沙区人均占有粮食293.4 kg左右，仍低于世界平均水平，人畜争粮的矛盾一直很突出，群众用于进行养殖业生产的粮食很少。因此，在发展节粮型畜牧业的同时，应该重视非常规饲料资源，柠条饲料的开发利用，使植物资源与动物资源得以优化配置，促进当地畜牧业的发展。

1.2　蛋白质饲料资源匮乏

干旱风沙区畜牧业由于长期蛋白质饲料的缺乏，制约了沙区畜牧业生产规模的扩大和效益的大幅度提高。蛋白质是家畜日粮中不可缺少的重要组成部分，风沙区蛋白质饲料主要是油料饼，但数量有限。家畜的生长发育需要营养全面的配合饲料，全价配合饲料可有效地提高饲料转化率，增加家畜产品的数量和质量，从而为高效草地畜牧业的发展缩短饲养周期。因此，在利用好现有的饲料资源的同时，加快开发非常规蛋白质饲料，是加快干旱风沙畜牧业发展重要工作。

1.3　生产管理技术落后

干旱风沙区畜牧业科技水平较低，畜牧业管理水平不高，各类牲畜是在恶劣环境中生长发育起来的，加之长期以来缺乏系统的选育和改良，因而大多数家畜表现个体矮小、类型不一、生产性能较差。畜群结构不合理、适龄母畜的比重偏低，影响了牲畜发展速度[1]。饲养周期长，牲畜出栏低，降低了畜产品的数量和质量，也影响了畜牧生产的经济效益。因此，在干旱风沙区，根据柠条饲料资源特点，发展畜牧业生产，不仅仅提高了畜牧业的生产，更重要的是优化了资源配置，节约了饲料粮食用量，减轻了草原的压力，可有效改善生态环境。

2　颗粒饲料的应用

颗粒饲料具有储存、运输便利，浪费少，营养全面科学，促进动物快速生长，经济效益高的优点，为广大养殖户青睐。柠条主要成分有粗蛋白、纤维素、木质素、粗灰分等，其作为饲料主要影响因素是纤维素和木质素。通过试验，柠条经过机械粉碎混合其他原料制成颗粒后，其利用率提高10 %~20 %。柠条全价颗粒饲料的开发，能够充分地利用饲料资源，不受季节气候的影响，全天候的保证饲料来源，摆脱靠天养畜的局面，解决沙区因冬季较长缺草的矛盾。广大养殖户可以利用颗粒饲料规模化生产的优点，进行规模化生产，有效提高畜牧业的生产。

3　柠条饲料生产及其营养特点

3.1　柠条饲料的成分

由表1可知，柠条因季节的变化，所含营养成分也有一定的变化，但其化学成分主要是粗蛋白、粗纤维、粗脂肪、粗灰分、无氮浸出物、木质素等；另外还含有少量的果糖、葡萄糖等，以及多种氨基酸。这些成分在家畜营养上起着不同作用，而且必须经过人为加工，才能提高它们的饲用价值。柠条、粗蛋白在盛花期含量最高，粗纤维含量较低，此时利用效果最好。

表1　不同时期的柠条营养成分（单位：%）

采样时间	粗蛋白	无氮浸出物	粗灰分	粗纤维	粗脂肪	钙含量	磷含量	钙磷比值
6月20日	19.46	40.16	5.49	31.37	3.52	0.98	0.16	6.13
7月20日	17.42	40.18	4.85	32.41	5.14	1.18	0.11	10.73
8月20日	15.99	39.18	4.78	34.25	5.80	1.46	0.10	14.60
9月20日	13.13	40.85	6.18	33.74	6.10	1.29	0.09	14.33
10~2月	8.71	40.12	6.75	34.42	3.20	1.10	0.08	

从表2中可以看出，柠条中的营养成分比一般秸秆要高，略低于苜蓿草，在利用上可以根据柠条饲料资源在营养上的特点，合理加工利用。

表2　几种常用饲草营养成分比较（单位：g/kg）

树种（饲料）	水分	灰分	粗蛋白	粗脂肪	粗纤维	无氮浸出物
柠条	78.20	44.20	98.60	25.60	392.05	318.15
苜蓿草粉	130.00	83.00	172.00	26.00	256.00	33.30
玉米秸	100.00	81.00	59.00	9.00	249.00	502.00
小麦秸	84.00	52.00	28.00	12.00	409.00	415.00

3.2　柠条饲料的营养特点

柠条饲料中有机物质中粗纤维和无氮浸出物占有相当大的比例，在80%左右，无氮浸出物中可溶性糖类的比例较少，主要为粗纤维、木质素和粗灰分。

3.2.1　粗纤维含量高

柠条在生长过程中，随着生育期的推进，植株逐渐老化，粗纤维含量增加。粗蛋白、可溶性糖类急剧下降，发生植物细胞壁的木质化，柠条中含有大量的木质素和硅酸盐，这些物质家畜难以利用，还影响其他营养物质的消化，从而降低整个饲料的营养价值。

3.2.2 蛋白质含量较高

和所有豆科植物一样，柠条的蛋白质含量要高于其他秸秆的蛋白质含量，畜在采食这种饲料可以补充其他饲料蛋白质吸收不足的缺点。

3.2.3 适口性差

柠条茎秆直径超过3 cm以上时，家畜采食有限，一般难以利用，但资源丰富，价格便宜，可以作为干旱风沙区畜牧养殖业的饲料来源进行开发。

4 影响柠条饲料消化率的因素

4.1 柠条的物理因素

同一柠条植株中不同部位的消化率不一样，在不同生育期消化率也不一样。柠条粗枝中主要含有纤维素和木质素，木质素占粗纤维的40 %~75 %，木质素是影响羊只瘤胃微生物消化降解的主要因素[2]。茎秆坚硬，家畜难以采食，不易被加工利用，因此在畜牧业生产中，通常只是利用一些细枝嫩叶。

4.2 饲喂管理技术

饲喂数量的多少都是影响消化的因素，饲喂过多，使食物在消化道流通速度过快，得不到有效吸收。饲喂次数及精料的投喂顺序，对饲料消化也有一定的影响。饲养方式的不同，对饲料消化均有显著的影响[3]。饲料的加工调制技术，能改变柠条的物理性状，有利于消化酶的作用，加工调制还可以改变适口性，从而提高饲料的消化性，但过于粉碎，对反刍动物的消化反而不利。因此，在对柠条饲料加工过程中因根据不同家畜、不同年龄的家畜以及不同育肥阶段，选择日粮配方，为进一步确定柠条在日粮中比例做好准备。

5 柠条饲料饲喂家畜的营养调控

由于柠条饲料中粗纤维含量较高，会影响日粮的消化性。我区干旱风沙区是养殖滩羊的主要区域，粗纤维对滩羊的消化必不可少，这不仅是由于粗纤维与微生物发酵的产物低级挥发性脂肪酸（VFA）具有重要的生理、生产价值，而且粗纤维在消化道内有一定的容积和机械刺激，起到填充作用，特别是在限制性饲养时，使动物产生饱感。粗纤维还可以对胃肠黏膜起到机械刺激的作用，可促使反刍动物的瘤胃运动和经常反刍[1]。柠条中蛋白质含量也较高，反刍家畜对蛋白质消化率为60 %~75 %，对反刍家畜的蛋白质饲料进行保护，主要是对蛋白质的保护，减少降解—合成过程中的氮和能量的损失，避免蛋白质在瘤胃中的降解比例过高，从而提高反刍家畜对的蛋白质利用率。在柠条饲料加工利用时应注意以下几点。

5.1 提高柠条的饲料的营养价值

由于柠条中粗纤维素含量较高，随着作物的老化，木质素含量增加，家畜对木质素几乎不能利用[2]，要保证柠条的营养价值，就要适时平茬利用。柠条在盛花期，营养价值最高，在不影响柠条以后的生长同时，及早平茬利用。破坏柠条中的木质素，物理处理方法是先用搓揉机搓揉成细条，再用粉碎机加工粉碎；化学处理就是用碱液、尿素与柠条一起加热，破坏木质素中甲氧基团。提高纤维素以及半纤维素的利用，利用热处理，可引起柠条物理结构的裂解以及一些高分子物质水解，显著增加纤维物质间孔径，是纤维分解素和纤维分解酶容易进入，有利于提高瘤胃消化率[2, 4]。尿素的添加可增加粗蛋白的含量，另外，热处理使蛋白质变性，空间构象趋于纤维状，疏水基团外露，水溶性降低，同时加强了与糖类的连接，从而降低了瘤胃细菌对它的降解速度，增加过瘤胃蛋白[4]。

5.2 提高柠条饲料利用率的调控技术

日粮配合的得当，可以提高柠条粗纤维素的消化利用，要有效利用柠条资源，还在于混合的方法。营养丰富的精料在羊只的日粮中的比例一般为40 %~60 %。精料在日粮中比例过大，不仅造成经济上的浪费，还会引起消化不良等肠胃疾病。羊只日粮中粗纤维的适宜水平为20 %左右。对成年羊只饲喂时粗饲料应不少于1 kg，也不超于2.5~3 kg。

柠条粉碎加工，其营养物质的消化率会显著提高。原因是细碎的柠条能更快地溶解于水中，在酸性溶液中也能更快地被分解。将柠条粉碎后与精料、干草混合制成颗粒，用颗粒饲料育肥羊只，比用同种散料的每天多增重40~60 g。在制作颗粒饲料中，一方面从制粒工艺上考虑，另一方面从羊只生活习性上考虑，柠条、其他秸秆、精料在搭配上一般为20 %~40 %、20 %~40 %、40 %~60 %为佳[1]。饲料的配制中，要根据不同畜禽、不同生长阶段、不同用途选择日粮配方，在确定配方的时候，应根据当地的饲料原料确定经济的饲料配方。

6 柠条粉碎、制粒与家畜生产

植物的细胞壁（纤维素、半纤维素和木质素）含量与采食量呈负相关，更确切地说，与采食量难以消化的细胞壁含量有关。这种难以消化粗纤维占据了胃肠道的空间，从而降低了采食量。除了纤维的消化不良以外，纤维消化的速度和通过胃肠道的速度（瘤胃转移速度）与采食量也密切相关。能够加速消化或加快通过速率的化学组成或加工技术，是提高采食量的关键[4]。

柠条粉碎后可增加其表面积，使瘤胃微生物及其分泌物的酶易于接触，在体内消化试验中，加工细粉碎一般表现为降低消化率，这主要是由于饲料在消化道内流动速度加快，减少了在瘤胃内停留时间。纤维素、半纤维素主要在瘤胃被消化分解，由于细粉碎的柠条饲料在瘤胃内流通速度提高，动物进食增加，可使动物消化吸收的营养总量增加。

柠条粉碎后制成全价颗粒，可以提高饲料的进食量。虽然粗饲料经过粉碎而不制粒，动物的进食量也表现为提高，但变异很大。而细粉碎再经制粒后，配合精料，营养全面，可以改善适口性，粗饲料的进食量明显提高。影响柠条全价颗粒饲料进食量的其他因素包括柠条的质量、颗粒硬度、动物种类和动物年龄等。另外有些研究表明，饲料制粒过程中的加热作用，可增加过瘤胃蛋白质（不经过瘤胃微生物作用，而直接进入小肠的蛋白质）的数量，这种作用可通过改善小肠氨基酸吸收量而有利于日粮进食[4, 5]。

7 柠条饲料加工技术

7.1 粉碎加工

借鉴农作物秸秆一次性揉搓成丝状或制成细粉的工艺技术，对柠条枝条选揉搓成细草节或细丝状草粉后再进行二次加工制粉，可明显地降低成本，提高功效20 %~30 %；揉搓后的细草节或细丝状草粉直接作为牛羊等草食家畜的饲草使用，可提高工效50 %左右[6]。

柠条经过初步搓揉后再进行粉碎，粉碎的目的是为了提高畜禽对柠条的采食率和消化率，改善柠条的木质素结构，以及加工柠条颗粒饲料或配合饲料提供粉状原料。将柠条用粉碎机在不同孔径的筛子下进行粉碎，并根据饲喂对象的不同确定草粉的长短，牛、羊草食家畜做颗粒饲料需要的草粉长度为1~3 mm[7]。

7.2 柠条颗粒饲料加工

柠条草粉混合原料压制颗粒饲料时，一般要求原料的含水率为10 %~12 %，在搅拌过程中常需喷洒温水以湿润草粉，达到混合饲料的适宜湿度[7]。压粒前原料的水分含量对制粒效果是一个十分重要的影响因素，其最高极限为18 %，含水率过高，颗粒偏软容易堵塞模孔[8]。由于柠条茎秆的纤维素含量最高，成粒性较差，只靠调整供水量还不足以压制出合乎产品标准的全价颗粒饲料，通过与其他精料等相互配合好以后，进行制粒，效果会好一些，可以增加适口性，改善柠条品质。一般在配合饲料中添加黏合剂，以利于柠条草粉成型。

8　小结

　　合理开发柠条资源，一方面发挥其防风固沙、改善生态环境的作用，另一方面，发挥其营养丰富的特点加工饲料来养畜。利用柠条颗粒饲料饲养家畜，能充分地利用饲料资源，可大规模生产加工，成本可以降低，摆脱过去靠天养畜的局面，不受季节气候的影响，可以充足保证饲料来源，科学饲养家畜缩短生长周期，大大提高畜牧业的经济效益。

参考文献

［1］山西农业大学.养羊学［M］.北京：农业出版社，1979，237–280.

［2］邢廷铣.农作物秸秆饲料加工与应用［M］.北京：金盾出版社，2000，11–140.

［3］张浩，于丽丽.秸秆养羊技术应用及研究进展，中国草食家畜，2002，（5）：45–47.

［4］顾宏如，丁成龙，胡来根，等.优质牧草生产大全［M］.南京：江苏科学技术出版社，2002，212–285.

［5］翟桂玉.将牧草调制成干草产品的加工及贮存技术［J］.当代畜牧，2002，（1）：30–33.

［6］刘世森.几种草类加工机械的功能与使用［J］.当代畜牧，2002，（5）：35.

［7］武保国.草颗粒加工技术［J］.农村养殖技术，2002，（18）：27.

［8］朱迅，阳会军，等.影响颗粒饲料的工艺因素［J］.饲料博览，2000，（5）：30–31.

（2005.03.15发表于《草业科学》）

柠条粗饲料加工技术研究

温学飞　潘占兵

摘　要：本文针对柠条收割、干燥、保存、粉碎等加工技术进行分析，并对柠条饲料在畜牧生产中的补料技术、饲喂方法进行简要综述。

关键词：柠条；加工；研究

柠条（*C.korshinskii*）是多年生豆科灌木，具有抗旱、抗寒、耐贫瘠、生物量高、生长旺盛、防风固沙、水土保持等特性[1]。我国三北地区分布较广、面积较大，仅宁夏种植面积40万hm²。根据营林需要，每年对1/4~1/3的柠条饲料林进行人工复壮更新，平茬枝条多做燃料，没有进行综合加工利用。利用平茬柠条枝条加工成饲料饲喂家畜，对缓解草场压力，发展沙区畜牧业具有积极作用。

1　柠条营养成分

多年生柠条整株加工制成的粗饲料粗纤维素含量高，粗蛋白比苜蓿草粉、麸皮略低，比玉米高；粗脂肪略高于苜蓿，与玉米、麸皮相近；钙、磷含量高（见表1）。

表1　柠条与几种饲料营养成含量比较（单位：%）

名称	柠条粗饲料	苜蓿草粉	麸皮	玉米	玉米秸秆
粗纤维	38.6~45.4	21.6~25.6	89~9.9	1.6~2.3	24.1~24.9
粗蛋白质	8.3~10.6	11.6~16.8	11.0~16.4	8.0~8.7	5.9~6.0
粗脂肪	3.0~4.0	2.1~2.3	3.9~4.0	3.3~3.6	
粗灰分	3.0~3.7	6.6~10.1	4.9~5.3	1.3~1.4	

续表

名称	柠条粗饲料	苜蓿草粉	麸皮	玉米	玉米秸秆
无氮浸出物	36.1~40.4	33.3~35.3	53.6	70.7~71.2	
钙	1.52~1.75	1.34~1.4	0.11	0.02	0.89
磷	0.74~0.85	0.19~0.51	0.92	0.27	0.46

2　柠条的干燥

柠条的干燥，是柠条饲料加工中一项重要的生产环节。首先，新鲜的柠条全株含水量在40 %~55 %，要求贮藏的柠条含水量要求在15 %~18 %。其次，新鲜的柠条的水分含量较高，不利于粉碎，极易造成机械堵塞，加重负荷而造成机械事故，影响正常生产。

柠条的干燥主要采取自然地面干燥，在柠条收割以后，先就地干燥7~10 h，使之降低在35 %~40 %，此时柠条叶片尚未脱落，再把柠条捆成捆，使之继续干燥，在晾晒时尽量减少翻动和搬运，以免机械作用造成损失，经过半天就可以调制成15 %~18 %干草[2]。含水量下降到17 %时才能进行正常粉碎并有利于提高生产效率。粗粉加工成细粉，则需要粗粉的含水量降低到15 %。

3　柠条的贮藏

干燥适度的柠条，必需尽快采取正确而可靠的方法进行贮藏，才能减少营养物质的损失和其他浪费。贮藏不当，会造成干草的发霉变质，降低柠条饲用价值，失去干草调制的目的，而且贮藏不当还会引起火灾。

散柠条干草的贮藏，当调制好的柠条干草水分含量达到15 %~18 %时即可贮藏。柠条干草体积大，一般采取露天堆垛的贮藏方法，堆成圆形或方形草垛。堆垛草时要一层一层地进行，并注意压紧各层，草垛的大小根据草量而定。堆垛时选择干燥的地方，在雨季时注意四周排水。

柠条草捆的贮藏，干草捆体积小，便于运输，也便于贮藏。干草捆贮藏可以露天堆垛或贮藏在草棚中。在草棚中贮藏损失比露天小，柠条草捆也不易受到日晒、雨淋、风吹的不良条件影响，营养成分损失小。

4　柠条粗饲料

4.1　柠条粗饲料的生产

柠条粗粉、细粉主要是把柠条枝条经过机械粉碎而成。粗粉生产加工机械采用具有切铡、揉碎和粉碎功能的多功能饲草粉碎机，即可一次加工成粗粉，在粗粉中主要加入纤维素酶类添加剂，来提高粗粉的消化率和利用率，增强适口性。细粉是在粗粉的基础上根据生产的目的再经过粉碎机进一步粉碎，粉碎后的细粉添加一定的纤维素酶类添加剂、能量饲料制成粉状饲料，再加入黏合剂通过机械压制成颗粒、饼状、块状饲料。

4.2　柠条粗饲料加工技术

加工柠条颗粒最关键的技术是调控原料的含水量，一般要求原料草粉的含水率为10 %~12 %，在搅拌过程中常需喷洒温水以湿润草粉，达到混合饲料的适宜湿度。压粒前原料草粉的水分含量对制粒效果是一个十分重要的影响因素，其最高极限为18 %，含水率过高，颗粒偏软容易堵塞模孔。一般加水后，原料的含水率应控制在14 %~16 %，这样的湿度能增加原料的可塑性，而压制出来的水分又具有润滑作用，可提高成粒性[3, 4]。由于柠条茎秆的纤维素含量最高，成粒性较差，只靠调整供水量还不足以压制出合乎产品标准的草颗粒，由于柠条营养成分单调，通过与其他精料等相互配合好以后进行制粒营养比较全面，可以增加适口性，改善柠条品质。一般在配合饲料中添加少量的面粉、膨润土等黏性物质作为黏合剂，以利于灌木草粉成型。

压制成型的细粉饲料，含有丰富的蛋白质、矿物质和维生素，可以代替部分精料，使饲料营养更完善。成型的细粉饲料可以减少与空气的接触面，减轻氧化作用，保存了营养物质，饲喂后可以提高家畜的生产性能，促进家畜生长发育。

柠条饲喂的对象不同，要求粉碎的细度也不同草食家畜需要的长度为1~3 mm，草粉的密度为300 kg/m³，草块的密度为700 kg/m³~800 kg/m³；压制后的颗粒直径一般为0.5~1.5 cm，长度为0.5~2.5 cm，草块的大小为30 mm×30 mm×（50~100 mm），草饼厚度为10 mm、直径50 mm[5, 6]。粗饲料产品易受潮而损失营养，所以在2 ℃~4 ℃低温条件下保存，放于干燥的地方。

5　柠条饲料保存方法

柠条系列产品含水量控制在11 %~13 %之内，置于通风干燥处贮存无霉烂变质现象。柠条粗饲料产品主要特点是纤维素含量高、脂肪含量较低、吸湿性较差，易于长时间贮存。颗粒饲料经过制粒过程的高温、高压淀粉糊化作用，具有了容易吸潮氧化的特点，贮藏时保持含水量在12 %~15 %以下，在高温、高湿区需加防腐剂以防霉变。

6 柠条饲料饲喂补料技术

首先，根据反刍家畜日粮的需求，易采取低精料的方式，与柠条粗饲料搭配饲喂效果好一些；其次，要添充某些必须的无机盐和维生素，以利于家畜的生产需要；最后，家畜的日粮配方最好结合当地饲料原料来配合，做到容易消化吸收，营养全面。

补充料的选择按照饲料的可利用性、潜在性能和价格选择基础饲料，然后按相对重要程度和成本，选择合适的补充料。为了有效地利用柠条饲料，尽可能发挥家畜生产性能，应重点考虑下列因素：一是廉价可利用的发酵性糖类的采食量达到最大值；二是添加非蛋白氮（尿素），使基础日粮的发酵性氮含量达到可消化干物质的3%；补充相当日粮干物质10%~20%的优质鲜草；四是补充相当日量干物质的10%~20%的可消化性过瘤胃养分，最好是饼粕类饲料，具体添加量依据补充物的价格和效果而定[7]。

为了满足家畜所需的养分，提高柠条饲料利用率，必须进行日粮配合，即根据家畜的不同生产用途、不同阶段按照营养需求、饲料营养价值和价格和当地饲料条件，合理确定家畜每天饲料供给量。制定日粮配方要根据饲养标准及饲料营养成分表，先以粗饲料满足饱腹感，然后增加精料补充营养物质之不足，最后调整数量基本达到饲养标准即可。

7 柠条饲料饲喂方法

家畜初次饲喂柠条饲料时必须进行驱虫、防疫，对患有疾病的家畜要对症治疗，使其较好地利用饲料。同时需6~7 d适应期，限量饲喂，日投料量逐渐增加，此后每天投料2次~3次，粗饲料的日投料量以每天饲槽中有少量剩余为准[8]。

柠条粗饲料在育肥羊日粮中占40%~60%，其他生产羊可需求加大10%~20%比例，也可以根据饲料条件相应减少柠条粗饲料添加其他粗饲料。奶牛日粮的粗饲料与青贮饲料一般占体重的1.5%~2.0%，在干奶期粗料与精料的质量比为8：2或7：3，泌乳期应为4.5：5.5或4：6为佳，育肥牛在肥育期日粮中粗料与精料的质量比为3：7、中期为7：3、末期为9：1[7]。

8 小结

合理开发利用柠条资源，充分拓宽饲料来源，降低饲养成本，发挥其营养丰富的特点来饲养家畜。柠条粗饲料的开发为摆脱过去靠天养畜的局面，不受季节气候的影响，保证充足饲料来源，对规模化舍饲畜牧业的发展具有一定的积极作用。

参考文献

［1］刘建宁，贺东昌，等.北方干旱地区牧草栽培与利用［M］.北京：金盾出版社，2002，3：46-47.

［2］顾洪如，丁成龙等.优质牧草生产大全［M］.南京：江苏科学技术出版社，2002，10：246-248.

［3］朱迅，阳会军，等.影响颗粒饲料的工艺因素［J］.饲料博览，2000，（5）：30-31.

［4］王德福.影响颗粒饲料颗粒质量的因素［J］.饲料博览，2002，（6）：24-25.

［5］翟桂玉.将牧草调制成干草产品的加工及贮存技术［J］.当代畜牧，2002，（1）：30-33.

［6］武保国.草颗粒加工技术［J］.农村养殖技术，2002，（18）：27.

［7］邢廷铣.农作物秸秆饲料加工与应用［M］.北京：金盾出版社，2000，11：99-112.

［8］徐桂芳.肉羊饲养技术手册［M］.北京：中国农业出版社，2000，9：72-77.

柠条颗粒饲料与品牌饲料对比育肥试验

温学飞　李明　郭永忠　左忠

摘　要: 柠条颗粒饲料与当地两种品牌饲料进行滩羊育肥试验,试验期内:柠条组比正大组多增重0.32 kg,比大北农组少增重0.6 kg,增重效果差异不显著($P>0.05$)。饲料报酬柠条组、大北农组、正大组分别为11.63元、10.83元、12.03元。羊只每增重1 kg需饲料费用分别为6.76元、6.97元、7.83元。柠条配合颗粒饲料的饲喂效果达到知名品牌饲料的效果,可以进行推广。

关键词: 柠条饲料育肥

柠条(*C.korshinskii*)是多年生豆科灌木,是毛乌素沙区防风固沙先锋树种,在冬季时节平茬柠条、粗蛋白含量可达到8.4 %相当于玉米的蛋白质含量[1],是牲畜优质豆科饲料。我区近几年在退耕还林还草、恢复草原生态的战略思想的指导下,大量营造柠条林,为进一步恢复生态环境起到了积极的作用,就盐池县柠条成林面积达到5.7万hm²,每年可提供鲜柠条近2.7亿,具有丰富的柠条资源。利用平茬柠条枝条配合其他饲料原料加工成颗粒饲料与我区两大知名饲料厂的育肥羊饲料进行对比,了解柠条配合颗粒饲料在羊只育肥中的效果,从而为进一步拓宽饲料资源,为缓解草原压力,提高羊只质量做出积极作用。

1　试验羊只选择

从盐池县农村收购来的滩羊羔羊,选择体重、体质相近,生长发育正常的滩羊羔羊24只,公母比例一致,选择羊场体质相近、健康的滩羊24只,在柳杨堡乡尤虎羊场进行试验,组间差异不显著($P>0.5$)。

2 试验方法

2.1 试验时间预试期2003年3月12日至3月22日，为期10天，预试期内完成驱虫、编号，并试喂试验期饲料，以逐步增加到试验规定的日喂量。预试期最后一天早晨空腹称重为试验始重，到试验期结束，早晨空腹称重为末重。试验期从3月22日到5月11日，为期50天。

2.2 日粮组成正大组采用银川正大186育肥羊粉状饲料料精质量分数分别为：30 %料精、60 %玉米和10 %麸皮混合成精料后，用40 %精料、60 %玉米秸秆制粒。大北农组采用宁夏大北农890育肥羊粉状料精：30 %料精、60 %玉米和10 %麸皮混合成精料后，40 %精料、60 %玉米秸秆制粒。柠条组采用：65 %玉米、13 %麸皮、2.5 %骨粉、15 %胡麻饼、2 %酵母、1 %食盐、0.5 %多微、1 %微量元素混合成精料，40 %精料，60 %柠条草粉混合后制粒[2]。

2.3 饲喂方法采用舍饲，试验前对提供试验羊只进行驱虫，预试期摸索采食量。饲喂时，颗粒饲料直接饲喂，青贮可在颗粒饲料饲喂后饲喂，每天饲喂3次，早晨6：00~7：00，中午12：00~1：00，下午5：00~6：00，自由采食自由饮水。

3 称重与观察记录

在试验开始和结束时按编号空腹称重，试验期间仔细观察，详细记录试验羊只生长情况及日采食量。

表1 柠条颗粒饲料试验只均增重记录（单位：kg、g）

组别	只数	始重	末重	净增重	日增重
柠条组	8	40.89 ± 6.98	49.52 ± 7.17	8.63	173
大北农组	8	40.37 ± 6.69	49.60 ± 6.27	9.23	185
正大组	8	40.83 ± 6.88	49.14 ± 7.19	8.31	166

表2　经济效益对比（单位：g、kg、元）

组别	日增重	日增重价值	日耗料	饲料价格	日耗料成本	饲料报酬	每千克增重成本	增重收入
柠条组	173	2.25	2	0.582	1.17	11.63	6.76	1.08
大北农组	185	2.41	2	0.646	1.29	10.83	6.97	1.12
正大组	166	2.16	2	0.651	1.30	12.03	7.83	0.86

注：增重价值按13元/kg计算。

4　试验分析

4.1　增重效果由表1可知，柠条组比正大组多增重0.32 kg，比大北农组少增重0.6 kg，大北农组比正大组多增重0.92 kg。三个试验组增重效果差异不显著（$P>0.05$）。

4.2　饲料报酬与成本由表2可知，饲料报酬柠条组、大北农组、正大组分别为11.63元、10.83元、12.03元。羊只每增重1 kg需饲料费用分别为6.76元、6.97元、7.83元。

4.3　经济效益对比由表2可知，柠条组中每只羊每天比大北农组少收入0.04元，比正大组多收入0.22元；试验期50天内柠条组比大北农组少收入16元，比正大组多收入88元。每增重1 kg饲料成本比大北农低0.21元，比正大组低1.07元。

5　小结

从三个试验组中可以看出，大北农组增重效果高于其他两组，增重收入也高于其他两组。柠条组增重效果、经济效益都比正大组高，每千克增重饲料成本比其他两组低。柠条配合颗粒饲料的饲喂效果达到知名品牌饲料的效果，进一步加强营养配合，调整柠条饲料配方，可以进行推广。

参考文献

［1］李爱华，李月华.枯草期柠条草粉补饲滩羊的试验研究.中国草食动物［J］.2001，3（4）：27-28.

［2］山西农业大学.养羊学［M］.北京：农业出版社，1979：237-280.

柠条饲料补饲滩羊的试验

温学飞　左忠　郭永忠　黎玉琼

摘　要： 用柠条、玉米秸秆配合成全价饲料替代精料饲喂滩羊，分析柠条饲料与秸秆饲料对羊只增重的情况。试验结果表明：对照组、试验1组、试验2组滩羊日增重分别为134 g、144 g、156 g；饲料报酬分别为13.73元、12.77元、11.80元；每增重1 kg需饲料费用为4.05元、3.90元、3.64元，试验2组饲料增重效果最好。

关键词： 柠条饲料；补饲滩羊

柠条（*C.korshinskii*）是多年生豆科灌木，柠条鲜枝嫩叶营养丰富粗蛋白含量可达到16 %~17 %，在冬季时节平茬柠条、粗蛋白含量可达到8.4 %，相当于玉米的蛋白质含量，是牲畜优质豆科饲料[1]。柠条枝条经过粉碎后，可以使家畜对柠条采食量和消化率得到了提高，提高柠条资源的利用率。柠条配合成全价饲料替代羊场原来的精料饲喂滩羊，分析柠条饲料与秸秆饲料对羊只增重的情况，探讨制粒与直接饲喂对羊只育肥增重的影响，从而为合理利用柠条资源、开发柠条饲料，提供理论依据。

1　试验羊只选择

试验地点在盐池县柳杨堡乡中野羊场，选择体重、体质相近，生长发育正常的健康滩羊21只，公母比例一致，组间差异不显著（*P*>0.5）。

2　试验方法

2.1　试验时间

预试期为2002年6月13日至6月23日，为期10天，预试期内完成驱虫、编号，并试喂试验期饲料，以逐步增加到羊只适应的量为至，预试期最后一天早晨空腹称重为试验始重。到试验期结束，早晨空腹称重为末重。试验期从6月23日至8月23日，为期60天。

2.2 日粮组成

试验设3试验组，粗饲料用玉米秸秆青贮饲料，精饲料对照组采用秸秆草粉加精料，试验1组采用柠条粉状全价配合饲料，试验2组采用柠条颗粒全价饲料，试验期为60 d。

表1 日粮组成与营养水平（单位：%、MJ/kg）

组别	混合精料	食盐	添加剂	草粉比例	消化能	钙	磷	粗蛋白
试验组	38.5	0.5	1.0	60	10.25	0.32	0.28	11.25
对照组	38.5	0.5	1.0	60	10.07	0.21	0.25	9.58

注：添加剂为维生素、微量元素等。

2.3 饲喂方法

采用舍饲，试验前对提供试验羊只进行驱虫，预试期摸索采食量。饲喂时，粉状饲料加水拌湿饲喂。颗粒饲料直接饲喂，每天饲喂2次，早晨6：00~7：00，下午5：00~6：00，自由采食，自由饮水[2]。

3 称重与观察记录

分别与试验开始和结束时按编号空腹称重。试验期间仔细观察，详细记录试验羊只生长情况及日采食量。

表2 柠条草粉试验只均增重

组别	只数	始重（kg）	末重（kg）	净增重（kg）	日增重（g）
对照组	7	35.37±5.78	43.43±6.56	8.06	134
试验1组	7	35.46±5.26	44.08±6.32	8.62	144
试验2组	7	35.29±5.30	44.65±7.41	9.36	156

注：±后的数值为方差值，增重价值按12元/kg。

表3　柠条草粉试验耗料情况记录

组别	数量（只）	总料耗（kg）		每只羊日耗料（kg）		饲料成本（元）		每只羊饲料成本（元）	
		青贮	混合料	青贮	混合料	青贮	混合料	青贮	混合料
对照组	7	562.8	210	1.34	0.5	112.56	115.50	0.268	0.275
试验1组	7	562.8	210	1.34	0.5	112.56	123.06	0.268	0.293
试验2组	7	562.8	210	1.34	0.5	112.56	126.00	0.268	0.300

表4　柠条草粉试验只平均经济效益对比

组别	日增重（g）	日增重价值（元）	日耗料（kg）	日耗料成本（元）	饲料报酬（元）	每千克增重成本（元）	增重收入（元）
对照组	134	1.608	1.84	0.543	13.73	4.05	1.065
试验1组	144	1.728	1.84	0.561	12.77	3.90	1.167
试验2组	156	1.872	1.84	0.568	11.80	3.64	1.304

饲料报酬=饲料消耗（kg）/畜体增重（kg）

4　试验分析

4.1　增重效果

表2中，对照组、试验1组、试验2组滩羊日增重分别为134 g、144 g、156 g，试验2组比试验1组144 g多增重12 g，比对照组多增重22 g差异显著（$P<0.05$），试验1组比对照组多增重10 g，试验2组增重效果最好。

4.2　饲料报酬与成本

由表4中可知，对照组、试验1组、试验2组增重饲料报酬分别为13.73元、12.77元、11.80元，其每增重1 kg需饲料费用为4.05元、3.90元、3.64元，试验2组饲料报酬最低。

4.3　经济效益比较

由表3中可知，试验2组每只羊饲料成本比试验1组和对照组分别高0.007元、0.025元。由表2中可知，但试验1组、试验2组比对照组每只平均分别增重0.56元、

1.30 kg，因此多增加收入6.72元和15.6元，经济效益显著，试验2组比试验1组多增重0.74 kg，多增收8.88元，因此，试验2组经济效益最好。

5 小结

试验2组增重效益和经济效益最佳，柠条枝条经过粉碎后，加工制成颗粒饲料，消化率和利用率得到提高，柠条中的蛋白质高于其他作物秸秆，对增加饲料营养，提高生长速度具有明显的作用。盐池县柠条资源丰富，畜牧业比较发展，当地政府为保护生态环境在全县实施禁牧舍饲，对草地畜牧业的发展具有一定的积极作用。发展舍饲规模养殖，开发柠条颗粒饲料，进行羊只育肥，是当地畜牧业向高层次发展的必然。

参考文献

［1］李爱华，李月华.枯草期柠条草粉补饲滩羊的试验研究，中国草食动物［J］.2001，3（4）：27–28.

［2］山西农业大学.养羊学［M］.北京：农业出版社，1979，237–280.

（2004.12.21发表于《中国草食动物》）

柠条微贮处理及饲喂试验

温学飞　李明　黎玉琼

摘　要： 新鲜柠条微贮后粗蛋白增加6.62 %，粗纤维降低7.64 %，木质素降低5.30 %；风干柠条微贮后粗蛋白增加6.01 %，粗纤维降低3.64 %，木质素降低5.34 %。微贮饲料饲喂滩羊，试验组日增重比对照组多增重76 g，料重比试验组与对照组分别为11.40、20.42，羊只每增重1 kg需饲料费用分别为6.84元、11.48元，试验组增重效果差异显著（$P < 0.05$）。

关键词： 柠条；微贮饲喂试验

柠条（*C.korshinskii*）是多年生豆科灌木，作为一种非竞争性资源，在我国三北地区具有数量大、分布广、价格低廉的特点，目前仅宁夏种植面积40万hm²。家畜对柠条利用率很低，仅仅是在放牧条件下的利用。由于柠条茎秆粗硬，在消化道停留时间长影响家畜的采食量和适口性，且柠条中纤维素和木质素含量高，动物难以消化利用，使其作为饲料来利用存在一定的问题。本试验主要是通过微贮加工处理技术来改善柠条适口性，提高柠条饲料营养价值和利用率，来发挥柠条潜在的价值。

1　柠条微贮饲料

柠条微贮就是在柠条草粉中加入微生物活性菌种，放入到缸或水泥池中经过一定的发酵过程，使柠条变成带有酸香味，家畜喜食的粗饲料。

1.1　微贮处理操作

1.1.1　微贮饲料制作的工艺流程

```
┌─────────────────────────────────────────────────────────┐
│              微贮饲料制作的工艺流程                       │
│                                                          │
│     柠条枝条粉碎→入池（窖）→压实→封池（窖）→成品         │
│                          ↑                               │
│     微贮发酵剂干菌活化→喷洒←营养物质                     │
└─────────────────────────────────────────────────────────┘
```

1.1.2　菌种的复活

微贮剂使用武汉市华巨生物技术有限公司生产的微贮宝，一般微贮剂所含菌种处于休眠状态，使用前要用30 ℃的温水活化菌种30 min，使微生物菌种复苏。复苏后的微生物菌有利于菌种生长，缩短微贮周期。将复活好的菌剂倒入充分溶解的体积分数为0.8 %~1.0 %的食盐水中拌匀。武汉市华巨生物技术有限公司生产的微贮宝50 g可处理1000 kg柠条。

1.1.3　含水量的调节

适时收割柠条，柠条在盛花期，营养成分最好，原料新鲜，柠条水分含量在50 %左右，将柠条粉碎成草粉或打成细丝状。含水量是否合适是微贮饲料好坏的重要条件之一，微贮柠条最理想含水量应在60 %~65 %，因此需在柠条粉中添加水分以保证顺利微贮。添加水分时，在实践中多以手抓法估测大致的含水量，将铡碎的原料拌水后，用双手扭拧，若有水向下滴，其含水量大于80 %；若无水珠、松开后看到手上水分明显，约为60 %；若手上有水分（反光），为50 %~55 %；感到潮湿，为40 %~45 %；不潮湿，则在40 %以下[2]。

1.1.4　营养物质的添加

根据柠条饲料特性，加入1 %的玉米粉、麸皮，主要目的是在发酵初期为菌种的繁殖提供一定的营养物质，以提高微贮饲料的质量。加玉米粉、麸皮时，铺一层柠条草粉撒一层玉米粉、麸皮，再喷洒一次菌液。

1.1.5　微贮制作

用于微贮的柠条要用粉碎机粉碎养羊用的柠条草粉一般3~5 cm，养牛用的柠条草粉一般5~8 cm，这样容易压实和提高微贮池、窖的利用率，保证微贮饲料制作的质量。将柠条草粉铺在池底，厚20~25 cm，喷洒菌液，压实，直至高出池口40 cm再封口[3]。分层压实的目的是为了迅速排出柠条草粉中的存留的空气，给发酵繁殖造成厌氧环境。当柠条草粉压实到高出40 cm时，再充分压实，在最上面一层均匀撒上食盐粉，再压实盖上塑料薄膜后，在上面覆土15~20 cm，密封。

夏季经过10~15 d便能完成发酵过程，冬季需要时间较长，需用时即可开池使用。良好的微贮柠条呈黄绿色，酸味浓厚，有芳香味，质地柔软；微贮干柠条呈亮黄色，有醇香味和果香味，并有弱酸味。若有强酸味，表明醋酸较多，主要由于水分过多和高温发酵造成；若有陈腐的臭味或令人发呕的气味，说明微贮失败，霉味说明压的不实。

1.2 微贮饲料保存、饲喂技术

取料时要从一角开始，从上到下逐段取用，每次取出的微贮饲料应以当天喂完为宜，取料后必须将口封严，以防雨水浸入引起微贮饲料变质。

微贮饲料可以作为家畜主要的粗饲料，饲喂时可与其他饲料搭配，也可与精料混合后饲喂，刚开始饲喂，家畜对微贮饲料有一个适应过程，在6~10 d内逐步增加微贮饲料饲喂量来确保家畜适应。要求饲槽内清洁，冬季冻结的微贮饲料应加热化开后再用，微贮饲料中加有食盐，在配合饲料中因注意扣除。一般微贮饲料的饲喂量：牛15~20 kg，羊1~3 kg。

1.3 营养成分变化分析

表1 鲜柠条微贮处理营养成分的对比（单位：%）

处理方式	粗蛋白	粗脂肪	粗纤维	木质素	粗灰分	无氮浸出物
未处理	9.67	2.72	40.33	25.13	4.80	32.68
微贮处理	10.31	3.35	37.25	23.80	6.16	35.27

由表1可知，新鲜柠条微贮后粗蛋白增加0.64 %，粗纤维降低2.08 %，木质素降低1.33 %。

表2 风干柠条微贮处理营养成分的对比（单位：%）

处理方式	粗蛋白	粗脂肪	粗纤维	木质素	粗灰分	无氮浸出物
未处理	7.65	2.53	48.61	25.83	2.66	29.53
微贮处理	8.11	2.77	46.84	24.45	4.75	33.07

由表2可知，风干柠条微贮后粗蛋白增加0.46 %，粗纤维降低1.77 %，木质素降低1.38 %。

从以上结果可知，柠条微贮后，可以有效提高其养分含量，使营养价值大幅度提高，这一技术对发展节粮型畜牧业生产具有重要的推广价值，为解决当地饲料缺乏问题提供了一条新的途径。

2 饲喂试验

2.1 试验羊只选择

选择体重、体质相近，年龄一致，生长发育正常的健康羯羊5只，在盐池县柳杨堡尤虎羊场进行试验。

2.2 试验方法

预试期为2003年7月15日至22日，为期7天，试验期从7月23日到8月22日，为期30 d。预试期内完成驱虫、编号，并试喂对照组饲料，以逐步替换以前的饲料，对羊只每天柠条微贮饲料采食量进行称重记录，羊只适应后，逐渐确定每组羊只饲料日采食量，每天饲喂两次，早晨7：30，下午5：30，充足清洁饮水，喜干厌湿，应注意舍内卫生。试验期对照饲喂对照饲料，试验组饲喂柠条微贮饲料，对柠条微贮饲料每天采食量进行观测记录。预试期最后一天早晨空腹称重为试验始重，到试验期结束，早晨空腹称重为试验末重。

2.3 日粮组成

试验组与对照组日粮配合见表3。

表3　日粮组成与营养水平（单位：%、MJ/kg）

组别	混合精料	添加剂	草粉比例	消化能	钙	磷	粗蛋白
试验组	34	1.0	65	10.15	0.52	0.32	11.55
对照组	34	1.0	65	9.97	0.52	0.32	10.25

注：添加剂为维生素与微量元素。

3 试验数据记录

表4　柠条颗粒饲料试验只均增重记录（单位：kg、g）

组别	只数	始重	末重	净增重	日增重
试验组	6	37.16 ± 2.78	42.32 ± 3.54	5.16 ± 1.54	172
对照组	6	37.28 ± 3.17	40.16 ± 3.85	2.88 ± 2.14	96

表5　经济效益对比（g、kg、元）

组别	日增重	日增重价值	日耗料	饲料价格	日耗料成本	饲料报酬	每千克增重成本	增重收入
试验组	172	2.236	1.96	0.60	1.176	11.40	6.84	1.06
对照组	96	1.248	1.96	0.58	1.102	20.42	11.48	0.146

注：增重价值按13元/kg计算。

4　试验分析

4.1　增重效果由表4可知，试验组比对照组多增重2.28 kg，日增重试验组比对照组多增重76 g，试验组增重效果差异显著（$P<0.05$）。表明用微贮柠条养羊的生物学效果比未处理的要好。

4.2　经济效益由表5可知，饲料报酬试验组与对照组分别为11.40元、20.42元。羊只每增重1 kg需饲料费用分别为6.84元、11.48元。试验组比对照组多每天收入0.914元，30 d试验期内试验组比对照组多收入164.52元。

4.3　采食观察用柠条直接饲喂羊只时，枝条粗硬，适口性差，采食量少，利用率低，浪费严重。柠条经过微贮处理，质地柔软，具有酸香味，适口性好，同时养分含量增加，采食速度明显提高。通过在试验期的各组羊只的观测，微贮处理利用率可以达到100 %，采食速度提高15 %。

5　小结

微贮柠条饲料能很好地保存柠条营养成分，保存时间较长；微贮处理能有效降低粗纤维、木质素，提高家畜的适口性；微贮柠条饲料制作时间从4月到9月都可以进行，技术操作简便，便于推广应用，有利于饲料资源的拓宽。

我区柠条林主要分布在干旱山区，当地主要饲养家畜就是牛羊，由于技术落后，广大养殖户都是采用直接饲喂家畜，不但饲喂效果差，经济效益低，而且资源浪费比较严重。经过微贮处理以后，适口性增加，养分含量提高，大大提高畜牧业生产的经济效益，这为进一步开发利用饲草资源和大力发展舍饲养羊具有极高的推广价值。

参考文献

［1］徐桂芳.肉羊饲养技术手册［M］.北京：中国农业出版社，2000，9：72–77.

［2］邢廷铣.农作物秸秆饲料加工与应用［M］.北京：金盾出版社，2000，11：99–112.

［3］余伯良.发酵饲料生产与应用新技术［M］.北京：中国农业出版社，1999，10：50–54.

（2005.02.21发表于《中国食草动物》）

柠条与苜蓿颗粒饲料饲喂对比试验

温学飞

摘　要：柠条与苜蓿配合成全价饲料进行饲喂对比试验，试验结果：柠条组、苜蓿组平均日增重分别为153 g和173 g，苜蓿组比柠条组多增重20 g；柠条组与苜蓿组饲料报酬为14.90元、13.18元，苜蓿组饲料报酬低；羊只每千克增重需饲料费用为4.78元、4.51元；苜蓿组每天比柠条组多增加收入0.19元，苜蓿组每千克增重成本为4.51元比柠条组少0.27元。

关键词：柠条；苜蓿；饲喂对比

苜蓿（*Medicago.sativa*）作为优良牧草在畜牧业生产中占有绝对主导地位，其蛋白质含量20 %左右，营养丰富，是家畜优良牧草[1]；柠条（*C.korshinskii*）作为优良豆科灌木，其嫩枝蛋白质量高达16.7 %，是家畜优质饲料[2]。本试验是用柠条草粉混合精料制粒与苜蓿草粉混合精料制粒饲喂滩羊，通过羊只增重的情况，了解柠条在配合饲料中与苜蓿之间的差异，以及柠条与苜蓿在饲料成本、饲料报酬、经济效益上的差异，从而为今后柠条饲料资源的利用以及开发提供理论依据。

1　试验羊只选择

从盐池县农村收购来的滩羊羔羊，选择体重、体质相近，生长发育正常的滩羊羔羊18只，公母比例一致，在柳杨堡乡尤虎羊场进行试验，组间差异不显著（$P>0.5$）。

2　试验方法

2.1　试验时间

预试期2002年9月10日至9月20日，为期10天，预试期内完成驱虫、编号，并试喂试验期饲料，以逐步增加到试验规定的日喂量。预试期最后一天早晨空腹称重为试验始重，到试验期结束，早晨空腹称重为末重。试验期从9月20日至11月10日，为期50天。试验中进行两次称重，中间称重在10月15日进行。

2.2 日粮组成

柠条组添加60 %柠条草粉，苜蓿组添加60 %苜蓿草粉，配成全价饲料后制成颗粒。（表1）

表1 日粮组成与营养水平（%、MJ/kg）

组别	混合精料	食盐	添加剂	草粉比例	消化能	钙	磷	粗蛋白
柠条组	43.5	0.4	1.1	60	10.55	0.28	0.27	11.56
苜蓿组	43.5	0.4	1.1	60	10.88	0.92	0.34	14.63

注：添加剂为维生素与微量元素。

2.3 饲喂方法

采用舍饲，试验前对提供试验羊只进行驱虫，预试期摸索采食量。饲喂时，颗粒饲料直接饲喂，青贮可在颗粒饲料饲喂后饲喂，每天饲喂3次，早晨6：00~7：00，中午12：00~1：00，下午5：00~6：00，自由采食自由饮水。

3 称重与观察记录

分别与试验开始和结束时按编号空腹称重。试验期间仔细观察，详细记录试验羊只生长情况及日采食量[3]。

表2 羊只平均增重观测记录（单位：kg、g）

组别	只数	始重	中间称重	净增重	末重	总增重	日增重
柠条组	9	22.73±3.44	26.33±2.73	3.60	30.38±3.41	7.65	153
苜蓿组	9	22.75±3.52	26.8±4.45	4.04	31.40±5.73	8.65	173

表3　羊只耗料情况记录（kg、元）

组别	只数	总料耗		每只羊日耗料		总饲料成本		每只羊成本	
		青贮	混合料	青贮	混合料	青贮	混合料	青贮	混合料
柠条组	9	744.3	281.25	1.654	0.625	148.86	178.88	0.331	0.398
苜蓿组	9	744.3	281.25	1.654	0.625	148.86	200.81	0.331	0.446

表4　经济效益对比

组别	日增重	日增重价值	日耗料	日耗料成本	饲料报酬	每千克增重成本	增重收入
柠条组	153	1.84	2.28	0.73	14.90	4.78	1.11
苜蓿组	173	2.08	2.28	0.78	13.18	4.51	1.30

4　试验分析

4.1　增重效果

由表2可知，苜蓿组比柠条组增重1.00 kg，平均日增重两组分别为153 g和173 g，苜蓿组比柠条组多增重10 g。

4.2　饲料报酬

由表4可知，苜蓿组与柠条组饲料报酬为14.90元、13.18元，羊只每千克增重需饲料费用为4.78元、4.51元。苜蓿组饲料报酬低，利用效果较好。

4.3　经济效益比较

由表3可知，苜蓿组饲料成本比柠条组高。由表4可知，苜蓿组每天比柠条组多增加收入0.19元，苜蓿组每千克增重成本为4.51元比柠条组少0.27元。

参考文献

［1］陈立波，赵来喜，等.苜蓿优质高产栽培技术与综合利用［M］.北京：中国农业科技机出版社，2001，3：1.

［2］刘建宁，贺东昌，等.北方干旱地区牧草栽培与利用［M］.北京：金盾出版社，2002，3：64.

［3］内蒙古农牧学院.畜牧学［M］.北京：农业出版社，1993，1：21-23.

柠条配合颗粒饲料消化试验

温学飞　张浩

摘　要：柠条经过配合后制成全价颗粒饲料，通过消化试验把柠条颗粒饲料与苜蓿草与玉米秸秆的消化率进行对比，了解柠条饲料的特性。试验表明；苜蓿干草粗纤维消化率比柠条颗粒饲料高5.94％，粗脂肪高47.72％。柠条颗粒饲料有机物、粗蛋白、粗脂肪表现消化率高于玉米秸秆，粗纤维、无氮浸出物表现消化率低于玉米秸秆。有机物消化率高19.92％，粗蛋白消化率高7.92％，粗脂肪消化率高28.72％，粗纤维消化率低7.34％。

关键词：柠条；颗粒饲料；消化试验

柠条（*C.korshinskii*）中营养成分丰富，糖类占70％左右，粗蛋白占8％左右，由于粗纤维和木质素含量较多，利用率受到一定的影响。因此采用适当的加工技术，使柠条饲料利用达到最大效率，充分发挥其营养价值潜力，提高产品质量和饲养效果，对反刍动物至关重要。反刍动物的消化试验研究对饲料消化效果的研究是一项重要指标。

柠条颗粒饲料进入羊只消化道后，经机械及化学的作用，一部分被分解、消化和吸收；另一部分未被消化的残渣，最后以粪便的形式排出体外，这部分损失的大小因饲料性质等不同，它直接影响饲料对动物的营养价值。因此，为准确估测饲料营养价值，最简单的办法是测定饲料营养物质的消化率[1]。通过与苜蓿干草、玉米秸秆的表现消化率进行比较，从而了解柠条颗粒全价饲料的表现消化率，为柠条产业化开发，柠条饲料配制的进一步改进提出理论依据。

1 试验羊只选择

选择体重、体质相近，年龄一致，生长发育正常的健康羯羊5只，在盐池县花马池镇中野公司羊场进行试验。

2 试验方法

2.1 试验时间

预试期2003年3月20日至29日，为期10天，试验期从3月29日到4月7日，为期10天。

2.2 试验方法

预试期内完成驱虫、编号，并试喂试验期饲料，以逐步替换以前的饲料，每只羊单独饲喂，对每只羊每天柠条颗粒饲料采食量进行称重记录，羊只适应后，逐渐确定每只羊柠条颗粒饲料日采食量，对柠条颗粒饲料每天采食量进行观测记录。预试期最后一天早晨空腹称重为试验始重，到试验期结束早晨空腹称重为试验末重。

2.3 粪样的采集、保存与分析

从试验期第一天开始在第一次饲喂前，把收粪袋系在绵羊臀部，次日早晨在第一次饲喂前，取下收粪袋换上新的收粪袋，详细记录称重数量。从每天的粪样中取出20 %，留样放入冰箱保存，把十天粪样混匀[2]。将收集的粪和羊只采食的饲料样品送实验室进行常规分析，计算出粪样、饲料中粗蛋白、饲料中粗纤维等营养成分的含量[3]。

2.4 饲养管理

柠条草粉配合30 %的混合精料制成颗粒饲料，颗粒饲料直接饲喂，每天饲喂2次，早晨7：30，下午5：30，充足清洁饮水，喜干厌湿，应注意舍内卫生。

2.5 表现消化率的测定

在一定的时期内每天计算其真实的采食量和排粪量，并将饲料及粪取样分析其成分。饲料及粪中成分之差，即被动物体消化吸收的部分，可推算所测饲料中各种营养物质的消化率。

消化率计算公式：

$D_r = (N_i - N_f)/N_i \times 100 \%$

D_r—待测饲料营养物质的消化率

N_i—动物的营养物质进食量

N_f—动物粪便中的营养物质量[3]

3 试验数据记录

表1 羊只体重变化情况调查（单位：kg）

编号	076	053	116	118	104	平均
末重	40.4	39.4	36.8	40.8	37.8	39.04
始重	38.0	36.2	36.2	38.0	36.8	37.04
增重	2.4	3.2	0.6	2.8	1.0	2.0

表2 日采食量与日排粪量调查（单位：kg）

编号	076	053	116	118	104	平均
日采食量	2.0	2.0	2.0	2.0	1.5	1.9
日排粪量	0.70	0.63	1.14	0.97	0.58	0.804
体内贮存	1.30	1.37	0.86	1.03	0.47	1.096

表3 柠条草粉、颗粒饲料、粪样的营养成分（单位：%）

编号	有机物	粗蛋白	粗脂肪	粗纤维	无氮浸出物	能量
柠条饲料	85.62	10.97	3.25	25.08	46.32	16.03
羊粪成分	84.91	8.57	1.54	39.7	35.10	15.38

表4 柠条颗粒饲料与苜蓿干草营养成分及表现消化率（单位：%）

编号	有机物	粗蛋白	粗脂肪	粗纤维	无氮浸出物	能量
颗粒饲料	61.82	69.92	81.72	39.06	70.83	64.01
苜蓿干草	61.0	72.0	33.0	45.0	69.0	—
玉米秸秆	42.0	62.0	53.0	65.0	71.0	—

4 试验分析

4.1 柠条颗粒饲料中有机物、粗脂肪、无氮浸出物表现消化率高于苜蓿干草，粗蛋白、粗纤维低于苜蓿干草。其中有机物、粗蛋白、无氮浸出物表现消化率相差不大，基本在2 %左右。粗纤维与粗脂肪相差较大，苜蓿干草粗纤维消化率比柠条颗粒饲料高5.94 %，粗脂肪高48.72 %。

4.2　柠条颗粒饲料有机物、粗蛋白、粗脂肪表现消化率高于玉米秸秆，粗纤维、无氮浸出物表现消化率低于玉米秸秆。有机物消化率比玉米秸秆高19.92 %，粗蛋白消化率比玉米秸秆高7.92 %，粗脂肪消化率比玉米秸秆高28.72 %，粗纤维消化率比玉米秸秆低7.34 %。

4.3　粗纤维的易消化与结构性组分所占份额相适应，柠条颗粒饲料中粗纤维主要是柠条草粉的粗纤维，柠条为冬季平茬枝条，柠条草粉中木质素含量较多，羊只对木质素消化利用能力低，苜蓿干草为豆科植物、玉米秸秆为禾本植物粗纤维含量中木质素形成较少，苜蓿干草、玉米秸秆中粗纤维容易被羊只消化利用，因此，柠条颗粒饲料的粗纤维表现消化率低于苜蓿干草。

4.4　柠条颗粒饲料营养成分比较丰富，羊只增重效果比较明显，试验期内每天增重200 g。

5　小结

柠条颗粒饲料其他消化率与苜蓿干草、玉米秸秆相差很小，有些甚至高于苜蓿干草、玉米秸秆，只有粗纤维消化率低于苜蓿干草、玉米秸秆。柠条作为灌木粗纤维中主要为纤维素和木质素，木质素含量高于苜蓿干草、玉米秸秆，木质素不容易被羊只消化吸收，影响到粗纤维的消化率。通过物理、化学和生物方法等，改变柠条纤维素、木质素分子结构，可以进一步提高粗纤维的消化利用率。

参考文献

［1］内蒙古农牧学院.畜牧学［M］.北京：农业出版社，1993，1：27–32.

［2］卢德勋等.现代反刍动物营养研究方法和技术［M］.北京：农业出版社，1991，3：12–13.

［3］张丽英.饲料分析及饲料质量检测技术［M］.北京：中国农业大学出版社，2003，1：45–79.

（2004.07.01发表于北方省区《灌木暨山杏选育、栽培及开发利用》研讨会论文集）

柠条饲料羊只消化率试验

温学飞　王峰　左忠

摘　要：柠条、粗蛋白9.86 %低于苜蓿草粉42.67 %，高于玉米秸秆40.16 %。柠条配合基础日粮后制成颗粒饲料进行羊只消化试验，结果表明：柠条与苜蓿相比，有机物消化率比苜蓿高0.82 %；粗蛋白比苜蓿低2.08 %；粗脂肪消化率比苜蓿高48.71 %，差异极显著（$P>0.01$）；粗纤维比苜蓿低5.94 %，差异显著（$P>0.05$）。柠条饲料与玉米秸秆相比，有机物消化率比玉米秸秆高出19.82 %，差异显著；粗蛋白消化率相差7.92 %；粗脂肪消化率比玉米秸秆高28.72 %，差异显著；粗纤维消化率比玉米秸秆低25.94 %。

关键词：柠条，颗粒饲料，消化试验

柠条（*Caragana microphylla* Lam.）又叫小叶锦鸡儿。枝叶中营养成分丰富，糖类占70 %左右，粗蛋白占8 %~10 %，由于粗纤维和木质素含量较多，枝叶利用率受到一定的影响。因此必须采用适当的加工技术，使柠条饲料利用率达到最大效率，充分发挥其潜在的营养价值，提高产品质量和饲养效果，对反刍动物至关重要。在对反刍动物的消化试验研究中，饲料消化效果是一项重要指标。柠条颗粒饲料进入羊只消化道后，经机械及化学的作用，一部分被分解、消化和吸收，另一部分未被消化的残渣，最后以粪便排出体外，这部分损失的大小因饲料性质等不同，它直接影响饲料对动物的营养价值。因此，为确实估测饲料营养价值，最简单的办法是测定饲料营养物质的消化率[1]。通过与苜蓿干草、玉米秸秆的表现消化率进行比较，从而了解柠条颗粒全价饲料的表现消化率，为柠条产业化开发，特别是为柠条饲料配制的进一步改进提出理论依据。

1　材料和方法

1.1　材料

1.1.1　试验羊只选择选择体重、体质相近，年龄一致，生长发育正常的健康绵

羯羊5只，在盐池县花马池镇中野公司羊场进行试验。

1.1.2 柠条颗粒饲料的制作柠条枝条（5 a生）经过初步搓揉后粉碎成粗度0.2 cm左右、长度为0.5~2.5 cm的粗粉，然后将草粗粉配合部分基础日粮后通过制粒机压制成颗粒饲料。颗粒直径0.5~1 cm。试验中苜蓿与秸秆草粉消化率为草粉配合部分日粮后测定所得。

1.2 试验方法

1.2.1 试验时间

预试期2003年3月20日~29日，为期10天，试验期3月29~4月7日，为期10 d。

1.2.2 试验方法

预试期内完成驱虫、编号，并试喂试验期饲料，以逐步替换以前的饲料，每只羊单独饲喂，对每只羊每天柠条颗粒饲料采食量进行称重记录，羊只适应后，逐渐确定每只羊柠条颗粒饲料日采食量，对柠条颗粒饲料每天采食量进行观测记录。预试期最后一天早晨空腹称重为试验始重，到试验期结束，早晨空腹称重为试验末重。

1.2.3 粪样的采集、保存与分析

从试验期第一天开始在第一次饲喂前，把收粪袋系在绵羊臀部，次日早晨在第一次饲喂前，取下收粪袋换上新的收粪袋，详细记录称重数量。从每天的粪样中取出20 %，留样放入冰箱保存，把10天粪样混匀[2]。将收集的粪样和羊只采食的饲料样品送实验室进行常规分析，计算出粪样、饲料中粗蛋白、粗纤维等营养成分的含量[3]。

1.2.4 饲养管理

柠条粗粉配合质量分数为30 %的混合精料制成颗粒饲料，颗粒饲料直接饲喂，每天饲喂2次，早晨7：30，下午5：30，充足清洁饮水，注意舍内卫生，创造绵羊喜干厌湿的环境。

1.2.5 表现消化率的测定

每天计算其真实的采食量和排粪量，并将饲料及粪样进行化验分析。饲料及粪样中成分之差即被羊只消化吸收的部分，可推算所测饲料中各种营养物质的消化率。

消化率计算公式：$D_r = (N_i - N_f) / N_i \times 100\%$

D_r为待测饲料营养物质的消化率，N_i为羊只的营养物质进食量，N_f为羊只粪便中的营养物质量[3]。

2 结果与分析

2.1 试验数据记录

试验数据统计见表1~5：

表1　羊只体重变化情况调查统计表（单位：kg）

编号	076	053	116	118	104	平均
末重	40.4	39.4	36.8	40.8	37.8	39.04
始重	38.0	36.2	36.2	38.0	36.8	37.04
增重	2.4	3.2	0.6	2.8	1.0	2.0

表2　羊只日采食量与日排粪量调查统计表（单位：kg）

编号	076	053	116	118	104	平均
日采食量	2.00	2.00	2.00	2.00	1.50	1.90
日排粪量	0.70	0.63	1.14	0.97	0.58	0.80
体内贮存	1.30	1.37	0.86	1.03	0.47	1.10

表3　柠条颗粒饲料和粪样的营养成分统计表（单位：%）

编号	有机物	粗蛋白	粗脂肪	粗纤维	无氮浸出物
柠条饲料	85.62	10.97	3.25	25.08	46.32
羊粪成分	84.91	8.57	1.54	39.70	35.10

注：柠条饲料营养成分为柠条加基础日粮的营养成分，表4中柠条营养成分为柠条全株营养成分。

表4　柠条、苜蓿草粉和玉米秸营养成分统计表（单位：%）

品种	灰分	粗蛋白	粗脂肪	粗纤维	木质素	无氮浸出物
柠条	4.4	9.86	2.56	39.21	22.31	31.82
苜蓿草粉	8.3	17.2	2.6	25.6	7.82	33.30
玉米秸	8.1	5.90	0.9	24.9	8.69	50.2

表5　柠条颗粒饲料、苜蓿干草和玉米秸秆表现消化率统计表（单位：%）

品种	有机物	粗蛋白	粗脂肪	粗纤维	无氮浸出物
柠条饲料	61.82A	69.92A	81.72A	39.06c	70.83a
苜蓿干草	61.0A	72.0A	33.0B	45.0b	69.0a
玉米秸秆	42.0B	62.0B	53.0C	65.0a	71.0a

2.2 试验分析

2.2.1 柠条、粗蛋白低于苜蓿草粉42.67 %，高于玉米秸秆40.16 %，因此，从利用上来看柠条粗粉质量高于玉米秸秆，低于苜蓿草粉。

2.2.2 柠条饲料与苜蓿相比，有机物消化率比苜蓿高0.82 %；粗蛋白低2.08 %；粗脂肪消化率比苜蓿高48.71 %，差异极显著；粗纤维比苜蓿低5.94 %，差异显著。

柠条饲料与玉米秸秆相比，有机物消化率比玉米秸秆高出19.82 %，差异显著；粗蛋白消化率相差7.92 %；粗脂肪消化率比玉米秸秆高28.72 %，差异显著；粗纤维消化率比玉米秸秆低25.94 %。

2.2.3 粗纤维的易消化与结构性组分所占分额相适应，柠条粗纤维含量在39.21 %，比苜蓿、玉米秸秆含量分别高13.61 %、14.31 %；木质素含量为22.31 %，比苜蓿、玉米秸秆含量分别高14.49 %、13.62 %，羊只对木质素消化利用能力低，因此，可消化糖类较少。因此，柠条颗粒饲料中的粗纤维使消化率低于苜蓿干草和玉米秸秆。

2.2.4 柠条颗粒饲料营养成分比较丰富，羊只增重效果比较明显，试验期内每天增重200 g。

3 消化率与营养成分之间的关系

对柠条饲料各营养成分的表现消化率与柠条营养成分含量之间进行相关性分析，探讨各营养成分的含量与各营养成分表现消化率之间的关系，相关系数统计如表6：

表6 柠条消化率与营养成分之间相关系数统计（单位：%）

营养成分 ＼ 消化率	有机物消化率	粗蛋白消化率	粗脂肪消化率	粗纤维消化率
粗蛋白含量	0.744*	0.879**	−0.558ns	0.610ns
粗脂肪含量	0.998**	0.984**	0.082ns	0.971**
粗纤维含量	0.568ns	0.360ns	0.894**	−0.508ns
木质素含量	0.485ns	0.268ns	0.933**	−0.837*

注：表中数据为营养成分含量与表现消化率的相关系数；**表示极显著，*表示显著，ns表示不显著。

绵羊粗蛋白的表现消化率与粗蛋白、粗脂肪含量之间呈极显著正相关，说明柠条饲料中随着粗蛋白、粗脂肪含量的增高，绵羊对粗蛋白消化利用也随着增高；反之，粗蛋白、粗脂肪含量降低，粗蛋白消化利用也随着降低。粗纤维的消化率与粗蛋白、粗脂肪呈正相关，与粗纤维、木质素呈负相关，说明绵羊对粗纤维的消化率随着粗纤维含量增加，特别是木质素含量增加，粗纤维消化率降低；反之木质素降低，粗纤维消化率增加。

4 结论与讨论

依照营养成分和消化率对比，柠条的饲料价值高于玉米秸秆，低于苜蓿。但柠条作为灌木饲料，粗纤维中主要为纤维素和木质素，木质素含量高于苜蓿干草和玉米秸秆，且不容易被羊只消化吸收，影响到粗纤维的消化率，在饲喂过程中添加其他精料可降低粗纤维含量。

参考文献

[1] 内蒙古农牧学院.畜牧学 [M].北京：农业出版社，1993，1：27–32.

[2] 卢德勋等.现代反刍动物营养研究方法和技术 [M].北京：农业出版社，1991，3：12–13.

[3] 张丽英.饲料分析及饲料质量检测技术 [M].北京：中国农业大学出版社，2003，1：45–79.

（2004.07.01发表于北方省区《灌木暨山杏选育、栽培及开发利用》研讨会论文集）

几种处理对柠条养分的影响及其在瘤胃内的降解

温学飞　马文智　李红兵　季波

摘　要: 用3头瘘管羊,以尼龙袋法(insitu)测定黄贮柠条*Caragana microphylla*氨化柠条、生化处理柠条等在瘤胃发酵6 h, 12 h, 24 h, 36 h, 48 h和72 h后粗蛋白(CP)、酸性洗涤纤维(ADF)、中性洗涤纤维(NDF)、酸性洗涤木质素(ADL)的降解率。结果表明,与对照组相比,处理柠条CP含量都上升($P<0.05$),其中氨化柠条、粗蛋白上升最高,NDF、ADF和ADL含量却都有所下降;柠条以尼龙袋法在瘤胃内降解48 h后,氨化处理柠条各营养物质降解效果都表现出最好,CP降解率为56.62 %,NDF降解率为47.03 %,ADF降解率为37.08 %,NDL降解率为35.58 %,与其他各组相比,差异显著($P<0.05$)。

关键词: 瘤胃降解率;柠条;尼龙袋法

发展反刍动物养殖业和舍饲养畜都需要有充足的草料资源。柠条(*Caragana microphylla*)有很强的生命力和抗逆性,耐寒、耐热、耐旱、耐盐碱,在我国三北地区自然分布和人工栽培的柠条灌木林面积可达数十万公顷,由于其枝繁叶茂、营养丰富,富含10多种生物活性物质,尤其是氨基酸含量丰富,也是良好的饲用植物[1, 2]。柠条饲料开发利用的研究很多,刘晶[3],刘国谦[4]等报道了柠条平茬、刈割、加工、饲喂等技术;许冬梅[5]等测定了柠条嫩枝的营养价值动态,有关柠条营养价值和处理方法的报道也很多,但在柠条消化试验方面的研究比较少。试验在用尼龙袋法研究不同处理方法对柠条营养价值影响的同时,也测定了各种处理柠条饲料营养成分在瘤胃内的降解率,为今后柠条在反刍动物(CTMR)日粮中合理搭配提供科学依据。

1 材料与方法

1.1 供试饲料柠条产于宁夏盐池县柳杨堡，5 a生柠条冬季平茬全株。

1.2 处理方法

一是氨化柠条草粉：刈割后的柠条粉碎、装袋，加入体积分数为35 %的尿素。二是黄贮柠条：柠条粉碎加水黄贮。三是生化处理柠条ⅠⅡⅢⅣ：柠条经粉碎分别添加由尿素、石灰、食盐和真菌发酵剂按不同配比配置的4种生化复合剂进行处理。

1.3 供试动物及饲养管理

3只装有永久性瘘管的滩寒杂交青年羯羊，体重为35 kg左右。试验羊的日粮组成及喂量为玉米0.25 kg，豆粕0.1 kg，玉米秸秆25 kg；每天8：00和16：00等量饲喂2次，自由饮水2次。

1.4 方法

1.4.1 样品制备各种不同处理的柠条样品在60 ℃~65 ℃的条件下，烘干至恒重，粉碎通过2.5~3.0 mm的标准筛。

1.4.2 尼龙袋选用孔径30 μm的尼龙布，裁成18 cm×15 cm，对折，用尼龙线封双道，制成12 cm×13 cm的袋。

1.4.3 尼龙袋法测定瘤胃降解率每种预先制备的样品秤取3 g于尼龙袋内，共称12个袋，用1头瘘管羊，分别将2个袋用橡皮筋固定在一根半软聚乙烯塑料管一端，在早饲前（8：00左右）将尼龙袋放置在瘘管羊瘤胃内的腹囊部，将另一端固定在瘘管盖上。每只羊放5根管，共12个袋。放袋后分别在6h、12h、24h、36h、48h、72 h时各取出1根管在自来水下冲洗5~7 min，直至水清为止。将冲洗后的尼龙袋放入烘箱中，65 ℃烘干至恒重，称量，记录[6]。

1.5 干物质的测定

常规饲料分析方法分析与测定。

1.6 计算方法

1.6.1 *常规法计算干物质的消失率（DMD）*

$DMD=\left[\left(m_1-m_2\right)/m_1\right]\times100\%$

其中：m_1表示瘤胃培养前尼龙袋内样质量，m_2表示各培养时间点尼龙袋中残样质量。

1.6.2 *尼龙袋法测定营养物质降解率*

样品营养物质降解率：

$$D=\frac{P_1-(1-DWD)\times P_2}{P_1}\times100\%$$

其中：P_1表示瘤胃培养前尼龙袋内样品干物质中营养成分含量，P_2表示各培养时间点尼龙袋内残余样品营养成分含量。

1.7 数据处理

采用SPSS软件进行方差分析。

2 结果与分析

2.1 不同处理柠条营养物质含量所测样品

为5 a以上生冬季全株，由表1可知，和对照组相比，柠条经处理后粗蛋白含量都上升（$P<0.05$），其中氨化柠条、粗蛋白含量最高，为12.03 %，而NDF、ADF、ADL含量相对的都有所下降。

表1 几种处理柠条主要养分含量（单位：%）

处理	营养物质含量				
	粗蛋白含量	NDF含量	ADF含量	半纤维	ADL 含量
对照组	9.03 ± 0.11ᵃ	86.05 ± 0.07ᵃ	60.63 ± 0.21ᵃ	25.42 ± 0.16ᵃᵉ	22.31 ± 0.09ᵃ
生化处理 I	11.27 ± 0.21ᵇ	82.58 ± 0.13ᵇ	58.03 ± 0.03ᵇ	24.55 ± 0.24ᵇ	21.40 ± 0.15ᵇ
生化处理 II	11.92 ± 0.06ᶜ	83.37 ± 0.13ᶜ	57.10 ± 0.23ᶜ	26.27 ± 0.09ᶜ	21.95 ± 0.17ᵃ
生化处理 III	11.94 ± 0.11ᶜ	83.67 ± 0.11ᶜ	58.19 ± 0.16ᵇ	25.48 ± 0.17ᵃᵉ	21.31 ± 0.28ᵇᶜ
生化处理IV	11.30 ± 0.39ᵇ	84.42 ± 0.34ᵈ	60.84 ± 0.21ᵃ	23.58 ± 0.04ᵈ	21.52 ± 0.11ᵇ
氨化	12.03 ± 0.16ᶜ	81.72 ± 0.28ᵉ	56.69 ± 0.13ᵈ	25.04 ± 0.27ᵃ	21.02 ± 0.03ᶜ
黄贮	11.39 ± 0.17ᵇ	83.38 ± 0.29ᶜ	57.64 ± 0.08ᶜᵦ	25.74 ± 0.09ᵉ	21.40 ± 0.11ᵇ

注：同列不同字母表示同一营养物质在不同处理柠条中的差异显著。（$P<0.05$）

2.2 不同处理柠条、粗蛋白的降解率通过

表2可知，对照组与处理组柠条、粗蛋白降解率都呈现不断增大趋势，各个时间段之间的差异显著（$P<0.05$）；在某一时间，处理不同，粗蛋白降解率差异也显著。尼龙袋在瘤胃内降解48 h后氨化柠条、粗蛋白降解率最高，为56.6 %。

对柠条不同处理样进行分析，模拟出不同处理样在72 h内粗蛋白在绵羊体内降解率趋势数学模型，生化处理II的降解率表现为二次函数相关趋势，氨化、生化处理III表现为一次函数相关趋势，其他处理降解率均表现为对数函数相关趋势。

$y=5.5138Ln（x）+15.723$　　　　$R^2=0.9317$（柠条）

$y=9.6353Ln（x）+7.8677$　　　　$R^2=0.9381$（生化处理Ⅰ）

$y=0.0028x^2+0.1223x+26.399$　　$R^2=0.9092$（生化处理Ⅱ）

$y=0.2259x+31.446$　　　　　　$R^2=0.95$（生化处理Ⅲ）

$y=9.1636Ln（x）+8.9229$　　　　$R^2=0.9624$（生化处理Ⅳ）

$y=0.1812x+48.932$　　　　　　$R^2=0.9587$（氨化）

$y=8.6997Ln（x）+15.46$　　　　$R^2=0.9405$（黄贮）

2.3　不同处理柠条中性洗涤纤维的降解率

通过表2可知，对照组与处理组柠条中性洗涤纤维降解率都呈现不断增大趋势，各个时间段之间的差异显著（$P<0.05$）；在某一时间，处理不同，中性洗涤纤维降解率差异也显著。尼龙袋在瘤胃内降解48 h后氨化柠条中性洗涤纤维降解率最高，为47.03 %。

2.4　不同处理柠条酸性洗涤纤维的降解率

通过表2可知，对照组与处理组柠条中酸洗涤纤维降解率都呈现不断增大趋势，各个时间段之间的差异显著（$P<0.05$）；在某一时间，处理不同，酸性洗涤纤维降解率差异也显著。尼龙袋在瘤胃内降解48 h后氨化柠条酸性洗涤纤维降解率最高，为37.08 %。

表2　几种处理柠条养分降解率

处理	养分	在瘤胃内降解时间（h）					
		6	12	24	36	48	72
		柠条、粗蛋白降解率（%）					
对照组	粗蛋白	25.01 ± 0.35^a_a	31.30 ± 0.11^b_a	31.99 ± 0.29^c_a	33.98 ± 0.29^d_a	38.39 ± 0.14^e_a	39.46 ± 0.41^f_a
生化处理Ⅰ		27.05 ± 0.06^a_b	27.96 ± 0.13^b_b	41.05 ± 0.14^c_b	41.6 ± 0.28^d_b	44.85 ± 0.23^e_b	49.56 ± 0.31^f_b
生化处理Ⅱ		27.64 ± 0.06^a_b	29.09 ± 0.12^b_c	29.55 ± 0.03^c_c	31.10 ± 0.28^d_c	43.33 ± 0.14^e_c	48.95 ± 0.15^f_c
生化处理Ⅲ		34.12 ± 0.11^a_c	34.74 ± 0.15^b_d	35.36 ± 0.16^d_d	39.01 ± 0.44^d_d	41.04 ± 0.21^e_d	$49.05\pm0.04^f_{bc}$
生化处理Ⅳ		27.05 ± 0.39^a_b	29.14 ± 0.34^b_c	37.3 ± 0.21^c_e	41.8 ± 0.11^d_b	46.35 ± 0.24^e_e	47.41 ± 0.29^f_d
氨化		50.37 ± 0.16^a_b	52.09 ± 0.28^b_e	52.13 ± 0.13^b_f	55.38 ± 0.42^c_e	56.62 ± 0.16^d_f	62.88 ± 0.24^e_e
黄贮		29.688 ± 0.29^a_e	39.81 ± 0.29^b_f	40.80 ± 0.08^b_c	47.5 ± 0.18^d_f	51.07 ± 0.34^a_g	51.31 ± 0.51^e_f

续表

处理	养分	在瘤胃内降解时间（h）					
		6	12	24	36	48	72
		柠条、粗蛋白降解率（%）					
对照组	中性洗涤纤维	$21.95\pm0.17^{a}_{a}$	25.95 ± 0.8^{b}	$31.29\pm0.21^{c}_{a}$	$33.5\pm0.04^{d}_{a}$	$35.58\pm0.31^{e}_{a}$	$37.41\pm0.10^{f}_{a}$
生化处理I		$30.22\pm0.11^{a}_{b}$	$31017\pm0.25^{b}_{b}$	$36.12\pm0^{c}_{b}$	$38.42\pm0.27^{d}_{b}$	$40.53\pm0.31^{e}_{b}$	$43.78\pm0.16^{f}_{bdg}$
生化处理II		$33.96\pm0.13^{a}_{c}$	$35.38\pm0.17^{b}_{c}$	$35.58\pm0.25^{c}_{c}$	$29.45\pm0.06^{c}_{c}$	$40.41\pm0.42^{d}_{d}$	$56.05\pm0.29^{e}_{c}$
生化处理III		$25.64\pm0.29^{a}_{d}$	$31.38\pm0.18^{b}_{d}$	$35.56\pm0.03^{c}_{c}$	$37.69\pm0.07^{d}_{d}$	$40.43\pm0.16^{e}_{b}$	$43.98\pm0.13^{d}_{d}$
生化处理IV		$27.56\pm0.09^{a}_{e}$	$29.76\pm0.01^{b}_{e}$	$31.77\pm0.04^{c}_{e}$	$33.88\pm0.09^{d}_{e}$	$36.07\pm0.08^{e}_{a}$	$42.16\pm0.11^{f}_{e}$
氨化		$25.64\pm0.04^{a}_{d}$	$30.23\pm0.31^{b}_{e}$	$32.95\pm0.11^{c}_{e}$	$38.8\pm0.17^{d}_{f}$	$47.03\pm0.02^{e}_{c}$	$52.88\pm0.29^{f}_{f}$
黄贮		$20.66\pm0.11^{a}_{d}$	$23\pm0.17^{b}_{f}$	$34.21\pm0.28^{c}_{f}$	$34.71\pm0.42^{d}_{g}$	$40.31\pm0.16^{e}_{b}$	$43.5\pm0.05^{f}_{g}$
对照组	酸性洗涤纤维	$23.93\pm0.16^{a}_{a}$	$24.69\pm0.11^{b}_{a}$	$25.48\pm0.21^{c}_{a}$	$27.94\pm0.18^{d}_{a}$	$33.56\pm0.27^{e}_{a}$	$33.78\pm0.06^{a}_{a}$
生化处理I		$30.22\pm0.01^{a}_{b}$	$31.17\pm0.03^{b}_{b}$	$36.12\pm0.14^{c}_{b}$	$36.33\pm0.06^{cd}_{b}$	$36.76\pm0.27^{d}_{b}$	$38.53\pm0.38^{e}_{b}$
生化处理II		$30.31\pm0.13^{a}_{bc}$	$30.44\pm0.17^{b}_{c}$	$31.37\pm0.09^{c}_{c}$	$32.27\pm0.35^{c}_{c}$	$36.77\pm0.31^{d}_{b}$	$41.56\pm0.08^{e}_{c}$
生化处理III		$25.51\pm0.09^{a}_{c}$	$27.02\pm0.17^{b}_{d}$	$31.82\pm0.07^{c}_{d}$	$32.44\pm0.04^{d}_{c}$	$32.51\pm0.03^{c}_{c}$	$35.51\pm0.06^{e}_{d}$
生化处理IV		$24.98\pm0.21^{a}_{d}$	$25.06\pm0.07^{b}_{e}$	$25.67\pm0.35^{b}_{a}$	$26.3\pm0.08^{c}_{d}$	$28.55\pm0.13^{d}_{d}$	$34.18\pm0.25^{e}_{a}$
氨化		$30.01\pm0.28^{a}_{b}$	$32.54\pm0.65^{b}_{f}$	$35.68\pm0.14^{c}_{e}$	$36.43\pm0.07^{d}_{d}$	$37.08\pm0.21^{e}_{b}$	$42.53\pm0.04^{f}_{f}$
黄贮		$22.19\pm0.31^{a}_{e}$	$25.31\pm0.30^{b}_{e}$	$25.48\pm0.46^{b}_{a}$	$25.41\pm0.21^{c}_{e}$	$34.81\pm0.65^{e}_{c}$	$39.57\pm0.31^{d}_{f}$
对照组	酸性洗涤木质素	$11.51\pm0.16^{a}_{a}$	$16.28\pm0.07^{b}_{a}$	$20.97\pm0.14^{c}_{a}$	$21.23\pm0.06^{c}_{a}$	$23.01\pm0.27^{d}_{a}$	$24.79\pm0.07^{e}_{a}$
生化处理I		$27.67\pm0.28^{a}_{b}$	$28.78\pm0.03^{b}_{b}$	$29.31\pm0.14^{cd}_{b}$	$29.64\pm0.26^{c}_{b}$	$29.33\pm0.04^{c}_{b}$	$30.01\pm0.14^{d}_{b}$
生化处理II		$27.56\pm0.07^{a}_{b}$	$29.26\pm0.17^{b}_{c}$	$31.77\pm0.28^{c}_{c}$	$33.88\pm0.01^{d}_{c}$	$36.07\pm0.14^{e}_{c}$	$42.16\pm0.07^{f}_{c}$
生化处理III		$19.10\pm0.11^{a}_{c}$	$19.34\pm0.27^{ac}_{d}$	$19.48\pm0.29^{acd}_{d}$	$19.63\pm0.07^{cd}_{d}$	$19.87\pm0.08^{d}_{d}$	$20.85\pm0.08^{e}_{d}$
生化处理IV		$18.61\pm0.11^{a}_{ce}$	$19.81\pm0.13^{b}_{df}$	$20.45\pm0.17^{c}_{e}$	$23.98\pm0.27^{d}_{e}$	$25.70\pm0.17^{e}_{e}$	$26.65\pm0.18^{f}_{e}$
氨化		$21.95\pm0.11^{a}_{d}$	$25.95\pm0.65^{b}_{e}$	$31.29\pm0.25^{c}_{f}$	$33.50\pm0.07^{d}_{f}$	$35.58\pm0.18^{e}_{f}$	$37.41\pm0.16^{f}_{f}$
黄贮		$18.08\pm0.31^{a}_{e}$	$19.96\pm0.23^{b}_{f}$	$20.20\pm0.08^{b}_{e}$	$20.78\pm0.21^{c}_{g}$	$23.17\pm0.24^{d}_{a}$	$26.87\pm0.33^{e}_{e}$

注：小写字母不同表示同一处理的柠条在不同时间段降解率差异显著（$P<0.05$），大写字母不同表示不同处理的柠条，在某一时间段降解率差异显著（$P<0.05$）。

对柠条不同处理样进行分析，模拟出不同处理样在72 h内酸性洗涤纤维在绵羊体内降解率趋势数学模型，生化处理Ⅱ、Ⅳ表现为一次函数相关趋势，柠条和黄贮表现为二次函数相关趋势，其他处理降解率均表现为对数函数相关趋势。

$y=-0.0007x^2+0.2261x+21.93$ $R^2=0.8932$（柠条）

$y=3.4494Ln（x）+23.783$ $R^2=0.9336$（生化处理Ⅰ）

$y=0.1759x+27.976$ $R^2=0.925$（生化处理Ⅱ）

$y=3.8926Ln（x）+18.454$ $R^2=0.9634$（生化处理Ⅲ）

$y=0.144x+22.556$ $R^2=0.9169$（生化处理Ⅳ）

$y=4.4295Ln（x）+21.548$ $R^2=0.9122$（氨化）

$y=-0.0018x^2+0.4087x+19.692$ $R^2=0.9347$（黄贮）

2.5 不同处理柠条酸性洗涤木质素的降解

通过表2可知，对照组与处理组柠条中酸洗涤木质素降解率都呈现不断增大趋势，各个时间段之间的差异显著（$P<0.05$）；在某一时间，不同处理柠条酸性洗涤木质素降解率差异也显著。尼龙袋在瘤胃内降解48 h后氨化柠条和生化处理Ⅱ柠条酸性洗涤木质素降解率都较高，但二者降解率差异不显著（$P<0.05$）。

对柠条不同处理样进行分析，模拟出不同处理样在72 h内中性洗涤纤维在绵羊体内降解率趋势数学模型，除了生化处理Ⅱ表现为一次函数相关外，其他均表现为对数函数相关趋势。

$y=4.4295Ln（x）+21.548$ $R^2=0.9122$（柠条）

$y=3.4494Ln（x）+23.783$ $R^2=0.9336$（生化处理Ⅰ）

$y=0.117x+23.945$ $R^2=0.7338$（生化处理Ⅱ）

$y=3.8926Ln（x）+18.454$ $R^2=0.9634$（生化处理Ⅲ）

$y=0.1186x+29.132$ $R^2=0.8787$（生化处理Ⅳ）

$y=4.2545Ln（x）+14.626$ $R^2=0.7863$（氨化）

$y=6.9804Ln（x）+7.9739$ $R^2=0.8739$（黄贮）

2.6 降解率与营养成分之间关系

营养成分降解率与粗蛋白含量呈正相关，与其他营养成分含量基本上全呈负相关，中性洗涤纤维与木质素对粗蛋白、酸性洗涤纤维的降解率呈负相关显著（表3），由此可知柠条中粗蛋白对家畜瘤胃降解率有促进作用，纤维性物质对家畜的瘤胃降解率影响较多。

表3　降解率与柠条营养成分的相关

成分\降解率	粗蛋白CP	中性洗涤纤维 NDF	酸性洗涤纤维 ADF	半纤维 ADS	木质 ADL
P	0.5372ns	−0.7448*	−0.5432ns	−0.1445ns	−0.7420*
NDF	0.6705ns	−0.8984**	−0.8741*	0.2361ns	−0.7212*
ADF	0.2108ns	−0.5930ns	−0.8063*	0.5857ns	−0.1131ns
ADL	0.4057ns	−0.5925ns	−0.5595ns	0.1240ns	−0.1218ns

注：**表示极显著，*表示显著，ns表示不显著。

3　讨论

　　柠条经处理后，饲用价值提高，粗蛋白含量增加，纤维和木质素的含量降低。柠条经生化处理后，一些可降解结构糖类的真菌产生的酶可分解木质素、纤维素，转化为菌体蛋白；在氨化处理过程中有碱化、氨化和中和3种作用，当NH_3遇到秸秆，就同秸秆中的有机物发生化学反应，形成醋酸氨，后者是一种非蛋白氮化合物，提高了柠条饲料氮素含量。由表1可知，经氨化处理的柠条营养价值最高。

　　粗饲料在山羊瘤胃中平均存留时间是20 h~60 h[7]，在绵羊瘤胃内存留的时间相对短一些。因此，以各种营养物质在瘤胃内降解48 h后的降解率为依据，对各种处理柠条效果进行评价，结果表明氨化柠条CP、NDF、ADF及ADL的降解程度和降解速度都较好（见表2）。因为氨化过程中NH_4OH是碱性溶液，可使木质素与纤维素、半纤维素分离，使纤维素半纤维素部分分解；NH_3与秸秆有机物形成的醋酸氨，是瘤胃微生物的氮素营养源；NH_3与秸秆中的有机酸作用，消除了醋酸根，中和了秸秆中的潜在酸度，为瘤胃微生物提供了适宜的中性环境，从而提高营养物质降解率。

　　传统的营养学有诸多缺点，逐渐被新的、系统的营养学替代。近年来提出的反刍动物蛋白质营养新体系，如美国的代谢蛋白体系与英国的降解和未降解蛋白体系，都需测定饲料蛋白在瘤胃内的降解率。尼龙袋法因诸多优点已被许多学者用来测定蛋白质在瘤胃内的降解率。试验在通过采用常规营养分析法对各处理柠条主要营养物质分析对比的同时，应用尼龙袋技术测定了主要营养物质的降解率，对处理结果进行较深层次的分析，并为柠条在日粮中搭配提供科学的营养依据。

参考文献

[1]牛西午.柠条研究论文集[M].山西：山西科学技术出版社，2003.

[2]王峰，吕海军，温学飞，等.提高柠条饲料利用率的研究[J].草业科学，2005，（3）：35–39.

[3]刘晶，魏绍成，李世刚.柠条饲料生产的开发[J].草业科学，2003，20（6）：32–35.

［4］刘国谦，张俊宝，刘东庆.柠条的开发利用及草粉加工饲喂技术［J］.草业科学，2003，20（7）：26-31.

［5］许冬梅，王玲，崔慰贤，等.治沙灌木主要养分及在羊瘤胃的降解率和体外消化率［J］.宁夏农林科技，1999，（4）：31-33.

［6］卢德勋.现代反刍动物营养研究方法和技术［M］.北京：农业出版社，1991.

［7］WeakleyDC，SternMD，SatterLDFactorsaffect-ingdisappearanceoffeedstuffdsfrombagssusendedinrume［J］.JAnimSci，1983，56：493.

（2006.02.15发表于《草业科学》）

几种处理柠条DM在滩羊瘤胃内的降解

马文智　温学飞　李爱华　姚爱兴

摘　要：用3头矮管羊，以尼龙袋法测定黄贮柠条、氨化柠条和4种生化处理柠条等在瘤胃发酵6 h、12 h、24 h、36 h、48 h和72 hDM的降解率。结果表明：①随着柠条在瘤胃内降解时间的延长，柠条DM降解率在提高（$P<0.05$）；②几个处理组与对照组DM降解率差异显著（$P<0.05$），其中，在36 h时，生化处理柠条IDM的降解率最高，其值为27.52 %，比对照组提高了11.1 %，差异显著（$P<0.05$）；在48h时，氨化柠条DM的降解率最高，其值为29.36 %，比对照组提高了18.1 %，差异显著（$P<0.05$）；在72 h时，生化处理柠条IIDM的降解率最高，其值为32.64 %，比对照组提高了25.5 %，差异极显著（$P<0.01$）；③粗蛋白含量与干物质降解率之间呈正相关，与其他营养成分之间呈负相关。

关键词：瘤胃降解率；DM；柠条；生化处理

近20年来，我国草原草场牲畜过载，草原退化严重，为恢复生态、保护环境，我国中西部地区的草原畜牧业正在进行养殖业的改革，由放牧养畜改为舍饲、半舍饲养畜。发展反刍动物养殖业和舍饲养畜都需要有充足的草料资源。柠条有极强的生命力和抗逆性，耐寒、耐热、耐旱、耐盐碱，在我国三北地区自然分布和人工栽培的柠条灌木林面积可达数几百万公顷，由于其枝繁叶茂、营养丰富，富含10多种生物活性物质，尤其是氨基酸含量丰富，是家畜良好的饲用植物[1]。反刍动物消化代谢生理生化试验表明，饲料在瘤胃内的降解速度受可溶性及其在瘤胃内停留时间的控制，粗饲料的采食量与其在瘤胃的滞留时间密切相关，饲料在瘤胃内的滞留时间越短，或者说饲料通过瘤胃的速度越快，饲料的采食量就越大[2]。本试验以尼龙袋法，利用瘤胃内微生物分解功能，研究柠条经不同处理后其干物质在瘤胃中不同时间的降解率，为柠条开发利用提供理论依据。

1 材料与方法

1.1 供试饲料

1.1.1 柠条产地

宁夏盐池县柳杨堡。

1.1.2 平茬期

5 a生柠条枯黄期冬季全株平茬。

1.1.3 处理方法

氨化柠条草粉，刈割后的柠条粉碎、装袋、加入体积分数为3.5 %的尿素处理；黄贮柠条，柠条粉碎加水黄贮；生化处理柠条I、II、III、IV、柠条经粉碎分别添加由尿素、石灰、食盐和真菌发酵剂按不同配比配置的4种生化复合制剂进行处理。

1.2 供试动物及饲养管理

3只装有水久性矮管的滩寒杂交青年羯羊，体重为35 kg左右。试验羊的日粮组成及喂量为玉米0.25 kg，豆粕0.1 kg，玉米秸秆2.5 kg。每天8：00和16：00两次等量饲喂，自由饮水两次。每批试验前从3只羊的瘤胃中各取瘤胃液60 ml，混合均匀后重新对3只羊进行接种，以保证3只羊有相近的瘤胃区系。

1.3 尼龙袋

选用孔径30 μm的尼龙布，裁成18 cm×15 cm，对折，用尼龙线封双道，制成12 cm×13 cm的袋。

1.4 方法

1.4.1 样品制备

各种不同处理的柠条样品在60 ℃~65 ℃的条件下，烘干至恒重，粉碎通过2.5~3.0 mm的标准筛。

1.4.2 尼龙袋法测定瘤胃降解率

7种饲料样品用3头矮管羊分批测定，试羊预饲期及两期间的过渡期均为10 d，正试期为3 d。第1种预先制备的饲料样品秤取3 g于尼龙袋内，共称36个袋，分别将2个袋用橡皮筋固定在一根半软聚乙烯塑料管一端，在早饲前（8：00左右）将尼龙袋投人矮管羊瘤胃内的腹囊部，将另一端固定在矮管盖上。每只羊放6根管，3只羊共36个袋；放袋后分别在6 h、12 h、24 h、36 h、48 h、72 h时分别从3只羊瘤胃中各取出一根管共3根管6个袋在自来水下冲洗5 min~7 min，直至水清为止。将冲洗后的尼龙袋放人烘箱中，65 ℃烘干至恒重，称重，记录。其他6种测定方式依次进行。

1.5 干物质的测定

用常规饲料分析方法分析与测定。

1.6 计算方法

常规法计算干物质的消失率（DMD）为：

$$DMD=\left[\left(W_1-W_2\right)/W_1\right]\times100\ \%$$

式中：W_1表示瘤胃培养前尼龙袋内样重；

W_2表示各培养时间点尼龙袋中残样重。

1.7 数据处理

采用SPSS软件进行统计分析。

2 结果与分析

2.1 柠条不同处理营养成分

表1 柠条不同处理样主要营养成分（单位：%）

处理	营养成分（nutrient composition）					
	干物质	粗蛋白	中性洗涤纤维	酸性洗涤纤维	半纤维	木质素
柠条	100	9.03	86.05	60.63	25.42	22.31
生化处理 I	100	11.27	82.58	58.03	24.55	21.4
生化处理 II	100	11.92	83.37	57.1	26.27	21.95
生化处理 III	100	11.94	83.67	58.19	25.48	21.31
生化处理IV	100	11.3	84.42	60.84	23.58	21.52
氨化	100	12.03	81.72	56.69	25.04	21.02
黄贮	100	11.39	83.38	57.64	25.74	21.4

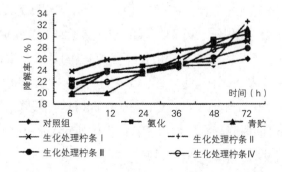

图1 几种处理柠条DM在各个时间段的降解趋势

所测样品为5 a以上生冬季全株，从表1中可以看出，6个处理中氨化品质最优，粗蛋白（CP）含量高达12.03，氨化中中性洗涤纤维（NDF），酸性洗涤纤维（ADF）、木质素（ADL）含量最低；生化处理I粗蛋白（MCP）最低为11.27，生化处理II木质素（ADL）含量最高为21.95；6个处理柠条、粗蛋白（CP）明显高于玉米秸，低于首猪草。未处理柠条与6个处理之间相关系数分别为0.9995、0.9991、0.9991、0.9989、0.9990、0.9993，相关性极显著，表明6个不同处理对改善柠条营养成分效果明显。

2.2 几种处理柠条在各个降解时间点DM降解率变化情况

表2 柠条干物质降解率（单位：%）

样 品	在瘤胃内降解时间（h）Digested time in rument					
	6	12	24	36	48	72
	柠条干物质降解率（%）DM degradation of Caragana Korshinskii					
对照组	$19.96 \pm 1.18^{a}_{af}$	$23.63 \pm 0.01^{b}_{a}$	$23.65 \pm 0.71^{b}_{a}$	$24.77 \pm 0.05^{bc}_{a}$	$24.85 \pm 0.71^{bc}_{a}$	$26.01 \pm 0.23^{c}_{a}$
氨化	$22.19 \pm 0.49^{a}_{be}$	$23.77 \pm 0.32^{b}_{a}$	$24.69 \pm 0.32^{c}_{a}$	$25.36 \pm 0.52^{c}_{a}$	$29.36 \pm 0.29^{d}_{b}$	$30.37 \pm 0.14^{e}_{b}$
青贮	$19.79 \pm 0.23^{a}_{ac}$	$19.84 \pm 0.21^{a}_{b}$	$23.39 \pm 0.08^{b}_{ac}$	$26.17 \pm 0.39^{c}_{ab}$	$28.64 \pm 0.28^{d}_{bc}$	$31.26 \pm 0.71^{e}_{b}$
生化处理 I	$23.86 \pm 0.29^{a}_{d}$	$25.92 \pm 0.03^{b}_{c}$	$26.32 \pm 0.04^{b}_{d}$	$27.52 \pm 0.23^{c}_{b}$	$28.30 \pm 0.40^{d}_{cd}$	$29.12 \pm 0.62^{e}_{c}$
生化处理 II	$21.55 \pm 0.30^{a}_{ae}$	$23.53 \pm 0.57^{b}_{ae}$	$23.81 \pm 0.23^{b}_{abce}$	$25.50 \pm 0.62^{c}_{ac}$	$25.64 \pm 0.13^{c}_{ae}$	$32.64 \pm 0.25^{d}_{d}$
生化处理 III	$21.09 \pm 0.06^{a}_{ef}$	$23.69 \pm 0.65^{b}_{ae}$	$23.69 \pm 0.45^{b}_{ae}$	$24.99 \pm 0.25^{c}_{ac}$	$26.31 \pm 0.21^{d}_{ef}$	$27.92 \pm 0.36^{e}_{e}$
生化处理 IV	$21.68 \pm 0.31^{a}_{e}$	$21.87 \pm 0.30^{a}_{f}$	$23.42 \pm 0.46^{b}_{ae}$	$24.55 \pm 0.01^{c}_{ac}$	$27.65 \pm 0.65^{d}_{dg}$	$29.34 \pm 0.51^{e}_{cf}$

注：同行上标字母不同表示同一处理的柠条在不同时间段降解率差异显著（$P<0.05$），同列下标字母不同表示不同外脚的柠条存其一时间毋降解率差异界共（$P<0.05$）

由表2、图1可知，所有的供试柠条DM降解率随着在瘤胃内降解时间的延长在提高。在瘤胃降解6h后，氨化柠条降解率是22.19 %，而在瘤胃降解72 h后，降解率提高到30.73 %，在整个降解过程中，各个时间段的差异除了24 h和36 h差异不显著外，其他都显著（$P<0.05$）。青贮柠条在6 h和12 h两时间点的降解率增长的差异不显著，其他时间点的增长都显著。对于生化处理，生化处理I12 h与24 h、48 h与72 h时间段降解率增加不显著；生化处理II12 h与24 h、36 h与48 h时间段降解率增加不显著；生化处理III12 h与36 h时间段降解率增加不显著；生化处理IV6 h与12 h时间段降解率增加不显著；其他时间段增长率的差异都显著。

通过Excel对柠条不同处理样进行分析，模拟出不同处理样在72 h内的干物质在绵羊瘤胃内降解率趋势数学模型，生化处理Ⅱ表现为指数相关趋势，其他处理降解率趋势均表现为对数相关趋势，相关系数都表现为强度相关，说明模型对降解率的趋势预测拟合性较好。

$y=2.0279Ln（x）+17.271$（柠条）　　　　　$R_2=0.8602$

$y=2.003Ln（x）+20.423$（生化处理I）　　$R_2=0.9658$

$y=20.854e^{0.0057x}$（生化处理II）　　　　$R_2=0.9334$

$y=2.4633Ln（x）+16.76$（生化处理III）　$R_2=0.9275$

$y=2.9224Ln（x）+15.593$（生化处理IV）　$R_2=0.8329$

$y=3.2245Ln（x）+15.646$（氨化）　　　　$R_2=0.85$

$y=4.8666Ln（x）+9.2881$（黄贮）　　　　$R_2=0.9154$

2.3　不同处理的柠条在同一时间段干物质的降解率

由表2及图2可知，几种处理柠条，在某一降解时间点h的降解程度不同。降解6 h后，生化处理IDM的降解率最高，与对照组降解率差异显著（$P<0.05$），与对照组差异显著的还有氨化柠条、生化处理II和生化处理Ⅳ；青贮柠条和生化处理IIIDM的降解率与对照组差异不显著，青贮饲料的降解率最低。降解12 h后，生化处理IDM的降解率最高，与对照组差异显著；青贮饲料的降解率最低，低于对照组，差异显著。降解24 h后，生化处理IDM的降解率最高，为26.32 %，与对照组差异显著；青贮饲料的降解率最低，低于对照组，差异不显著。降解36 h后，生化处理IDM的降解率最高，与对照组差异显著，生化处理IV的降解率最低，低于对照组，差异不显著。降解48 h后，氨化柠条DM的降解率最高，青贮饲料的降解率次之，生化处理IDM的降解率排到第三位，都与对照组差异显著，且生化处理IDM的降解率与青贮饲料的降解率差异不显著。降解72 h后，生化处理IIDM的降解率最高，生化处理I的最低，但都高于对照组，差异显著。

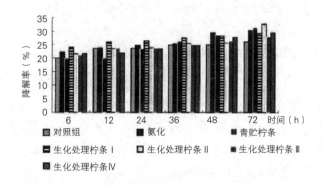

图2　几种处理柠条DM在不同时间点的降解程度

2.4 干物质（DM）降解率与营养成分之间关系

由表3可知，干物质降解率与粗蛋白（CP）含量呈正相关，表明蛋白质含量的高低可以促进干物质降解率的提高；与其他营养成分之间基本上呈负相关，表明纤维性物质含量对干物质的降解率有抑制作用，与许多学者的观点一致，进一步证实影响家畜瘤胃降解率的主要因素为纤维性物质。

3 讨论

各种处理柠条在瘤胃中存放时间越长，干物质降解的越彻底，符合瘤胃消化生理机理。精饲料降解的速度和程度都比粗饲料大，秸秆在瘤胃中降解的速度和程度在取决于瘤胃微生物的类型和活性，适宜的日粮类型有利于微生物对纤维物质的降解。绵羊瘤胃中的颗粒离开瘤胃通过网瓣口前，必须降至临界直径（<1 mm），从而使瘤胃排空，自由采食量增加。饲喂相似的日粮时，在山羊瘤胃中存留的平均时间是20 h~60 h，绵羊的瘤胃存留时间稍短[3]。因此，在一定的瘤胃微生物区系中，柠条降解的速率大、程度高时，能提高绵羊干物质采食量，从而增加营养物质摄入量。由表2可知，除了未处理柠条在尼龙袋不同降解时间段速率增加不是很明显外（在12 h、24 h、36 h、48 h时间段差异不显著），其他处理都较好。但生化处理柠条I的速度相对最大。

尼龙袋内的饲料在瘤胃中降解6 h后，生化处理柠条I的降解率最高，氨化柠条次之，青贮柠条的降解率最低。这与处理方法不同有关，生化处理后的柠条，木质素分子结构受到生物的和化学的双重破坏，同时，微生物还可提供部分真蛋白；氨化柠条只是通过化学作用破坏了部分糖普键和氢键等功能键；黄贮柠条尽管较完整地保存了大量营养物质和维生素，但其pH值较低，不如氨化柠条那样较快地为瘤胃微生物提供适宜的pH值内环境。在培养12 h、24 h、36 h、48 h后，基本都是生化处理柠条I的降解程度最好。生化处理柠条II的降解率在培养72 h后最高。从试验结果看生化处理柠条I的效果最好。

粗蛋白（CP）含量对干物质（DM）降解率有促进作用，纤维性物质含量对干物质（DM）降解率有抑制作用，许冬梅等（1999）研究柠条嫩枝干物质降解率与粗蛋白含量呈显著正相关（$P<0.05$），而与纤维性物质相关较差；Khazaal和Dentinho（1993）研究结果表示：干物质体内消化率与纤维性物质之间相关系数分别为−0.42、−0.34、−0.36；Ford和Eliott（1987）、Qrskow、Reid和kay（1988）也得出类似结果，单纯以纤维性物质含量预测消化率不可靠[4]。

参考文献

［1］刘品，魏绍成，等.柠条饲料生产的开发［J］.草业科学，2003，（206）：32-35.

［2］WcaklcyDC，SternMD，SattcrLD.Factorsaffectingdisappearanceoffccdstuffdsfrombagssusfendcdinrums［J］.Anim.Sci.，1983，56：493.

［3］刘晓收，王中华，等.精料水平对小尾寒羊瘤胃代谢的影响［J］.山东农业大学学报，2002，（334）：471-476.

［4］许冬梅，王玲，等.治沙灌木上要养分及在羊瘤胃的降解率和体外消化率［J］.宁夏农林科技，1999（4）：31-33.

（2005.01.20发表于《饲料工业》）

用灰色关联法对柠条不同处理效果综合评价

温学飞　马文智　郭永忠　左忠

摘　要： 对柠条采取不同处理，处理结果以氨化处理效果营养成分最好，CP含量高达12.03 %、NDF81.72 %、ADF56.69 %，ADL含量最低21.02 %；生化处理1CP最低为11.27 %，生化处理2ADL含量最高为21.95 %。氨化柠条瘤胃内降解率都高于其他不同处理，DMD为29.36 %，CPD为56.62 %比未处理高18.23 %，氨化柠条CP降解率最高，比对照组CP降解率提高了45.0%，ADL降解率为35.58 %。生化处理2降解效果在生化处理组中最好。在灰色系统下，对不同处理柠条营养成分、瘤胃降解率指标进行分析，建立处理效果评价模型，综合评价处理结果仍是氨化处理效果最好。

关键词： 柠条；处理；灰色关联度；综合评价

　　我区灌木饲料柠条（*Caragana microphylla*）有44.59万hm²。柠条生长速度快，适应性强，对水土保持、防风固沙有极大的促进作用。另外，柠条枝叶营养价值高，适口性好，适合用作家畜饲料以解决当前畜牧业发展中的饲草料不足的问题[1, 2]。由于柠条茎秆粗硬，影响家畜的采食量和适口性，通过应用物理、化学、生物等技术对柠条进行处理，来改善柠条饲料的适口性和利用率。处理效果若单纯以营养价值或瘤胃降解率对处理的方式筛选具有一定的差异，从而影响了对处理方式的筛选。本文用营养价值和瘤胃降解率作为两个目标对不同处理进行综合评价以便筛选出合理的处理方式，目的是为柠条不同处理提供一定的指导。

1 供试材料

表1 柠条生化处理的设计方案

处理样品	尿素	石灰	食盐	发酵剂
生化处理1	3	1	0.5	真菌发酵剂
生化处理2	2	0.5	0.3	真菌发酵剂
生化处理3	1	0.3	0.5	真菌发酵剂
生化处理4	0.5	2	0.5	真菌发酵剂

所用柠条样品为5 a以上冬季平茬柠条，试验采用柠条粗草粉、柠条黄贮草粉、柠条氨化草粉、生化处理柠条草粉。黄贮中添加3 %的玉米粉；柠条氨化处理采用3.5 %的尿素处理，添加3 %的玉米粉；生化处理采用尿素、石灰、食盐、真菌发酵剂混合处理，真菌发酵剂主要成分为康宁木霉、假丝酵母、白地霉、黑曲霉、米曲霉、青霉、植物乳酸菌等。

2 瘤胃降解试验

2.1 试验动物

3只装有永久性瘘管的滩寒杂交青年羯羊，体重为35 kg左右。试验羊的日粮组成及喂量为玉米0.25 kg、豆粕0.1 kg、玉米秸秆2.5 kg，每天8：00和16：00两次等量饲喂，自由饮水两次。

2.2 检测方法

主要使用仪器DHG-9023A型干燥箱、AB104-N电子天平、半微量凯氏定氮仪，柠条营养成分用Vansoest法、凯氏定氮法进行分析，降解率采用尼仑袋法。

2.3 降解率尼龙袋法

尼龙袋选用孔径30 um的尼龙布，裁成18 cm×15 cm，对折，用尼龙线封双道，制成12 cm×13 cm的袋。准确称取3 g饲料样品，共12份，分别装入备好的已知重量的尼龙袋（孔径30 μm）中，将每2个袋固定于一半软塑料管上。于早饲前通过瘤胃瘘管，将12个尼龙袋同时置于一只绵羊瘤胃中。

分别在放置后6 h、12 h、24 h、36 h、48 h、72 h各取出两个袋，洗净。于100 ℃~105 ℃烘箱中干燥至恒重（约72 h）。取出称重，计算各时间点的干物质消失率，保存样品以分析有机物质含量，计算出有机物质各时间点的消失率。以各时间点的消失率，根据公式 $p=a+b(1-e^{-ct})$ 计算出 a、b、c 3个参数；根据公式 $p=a+bc/(c+k)$ 然后再结合外流速度（k），计算出干物质及有机物质的有效降解率（a 为快速降解部分；b 为慢速降解部分；c 为 b 的降解常数；k 为外流速度）[3, 4]。用SPSS统计分析程序，计算干物质及有机物质降解率。粗饲料在山羊瘤胃中平均存留时间是20~60 h，在绵羊瘤胃内存留的时间相对短一些，因此，选用各种营养物质在瘤胃内降解48 h后的降解率为依据，对各种处理柠条效果进行评价。

2.4 灰色关联分析方法

柠条灰色相关联系数法用灰色关联理论和模糊数学方法中的权重决策法[5, 6]，选用营养成分和瘤胃降解率中10项指标进行权重综合评价，以确定不同指标在评价体系中的权重比例。

3 结果与分析

对柠条营养成分与瘤胃降解率测定结果（表2）。（表中营养成分含量为干物质含量）

表2 不同处理营养成分与48 h降解率（单位：%）

名称	不同处理营养成分						48h瘤胃降解率			
	粗蛋白 CP	中性洗涤纤维 NDF	酸性洗涤纤维 ADF	半纤维 ADS	木质素 ADL	干物质 DMD	粗蛋白 CPD	中性洗涤纤维 NDFD	酸性洗涤纤维 ADFD	木质素 ADLD
柠条	9.03	86.05	60.63	25.42	22.31	24.85	38.39	35.58	33.56	23.01
生化处理1	11.27	82.58	58.03	24.55	21.4	28.36	44.85	40.53	36.76	29.33
生化处理2	11.92	83.37	57.1	26.27	21.95	25.64	43.33	40.41	36.74	36.07
生化处理4	11.3	84.42	60.84	23.58	21.52	27.65	46.35	36.07	28.55	25.7
氨化柠条	12.03	81.72	56.69	25.04	21.02	29.36	56.62	47.03	37.08	35.58
黄贮柠条	11.39	83.38	57.64	25.74	21.4	28.64	51.07	40.31	34.81	23.17

从表中可以看出，6个处理中氨化品质最优，粗蛋白（CP）含量高达12.03 %，氨化中中性洗涤纤维（NDF）、酸性洗涤纤维（ADF）、木质素（ADL）含量最低；生化处理1粗蛋白（CP）最低为11.27 %，生化处理2木质素（ADL）含量最高为21.95 %。

氨化柠条瘤胃内降解率都高于其他不同处理，DMD为29.36 %，CPD为56.62 %比未处理高18.23 %，氨化柠条CP降解率最高，比对照组CP降解率提高了45.0 %，ADL降解率为35.58 %。在生化处理组中，生化处理1的DMD高于其他生化处理；生化处理4CPD高于其他生化处理；生化处理2的ADLD都高于其他生化处理。所有处理降解率都高于未处理，表明处理后可以提高柠条瘤胃降解率。

对表2中数值进行初始化，初始化值是用各列中柠条不同处理营养成分或者降解率与未处理柠条的营养成分或者降解率的比值[7, 8]。

表3　主要（因子）初始化值

	1	2	3	4	5	6	7	8	9	10
X_0	1.000	1.000	1.000	1.000	1.000	1.000	1.000	1.000	1.000	1.000
X_1	1.248	0.960	0.957	0.966	0.959	1.141	1.168	1.139	1.095	1.275
X_2	1.320	0.969	0.942	1.033	0.984	1.032	1.129	1.136	1.095	1.568
X_3	1.322	0.972	0.960	1.002	0.955	1.059	1.070	1.138	0.969	0.864
X_4	1.251	0.981	1.003	0.928	0.965	1.113	1.207	1.014	0.851	1.117
X_5	1.332	0.950	0.935	0.985	0.942	1.181	1.475	1.322	1.105	1.546
X_6	1.261	0.969	0.951	1.013	0.959	1.153	1.330	1.133	1.037	1.007

注：1为CP；2为NDF；3为ADF；4为ADS；5为ADL；6为DMD；7为CPD；8为NDFD；9为ADFD；10为ADLD。

计算各点（k_{ij}）的绝对差 $\Delta_i(k) = |X_0(k) - X_i(k)|$

表4　X_0对X_i绝对值$\Delta_i(k)$

	1	2	3	4	5	6	7	8	9	10
$\Delta 1$	0.248	0.040	0.0429	0.034	0.041	0.141	0.168	0.139	0.095	0.275
$\Delta 2$	0.320	0.031	0.0582	0.033	0.016	0.032	0.129	0.136	0.095	0.568
$\Delta 3$	0.322	0.028	0.0402	0.002	0.045	0.059	0.070	0.138	0.031	0.136
$\Delta 4$	0.251	0.019	0.004	0.072	0.035	0.113	0.207	0.014	0.149	0.117
$\Delta 5$	0.332	0.050	0.0650	0.015	0.058	0.181	0.475	0.322	0.105	0.546
$\Delta 6$	0.261	0.031	0.0493	0.013	0.041	0.153	0.330	0.133	0.037	0.007

注：以上1~10所代表的意义如表3。

$\xi_i(k)=(a+b)/(\Delta_i(k)+\rho b)$ 计算关联系数

$a=\text{minmin}|X_0(k)-X_i(k)|=0.002$

$b=\text{minmin}|X_0(k)-X_i(k)|=0.475$

ρ 为分辨系数，取值0.5，

$\xi_i(k)=(a+\rho b)/(\Delta_i(k)+\rho b)=0.2395/(\Delta_i(k)+0.2375)$ 结果如表5。

由 $r_i=1/n\sum\xi_i(k)$ 计算关联度。

由 $r_j=r_i/\sum r_i$ 计算权值，结果如下：

$W(k)=$（0.0677、0.1249、0.1209、0.1253、0.1210、0.0999、0.0808、0.0917、0.1013、0.0665）

表5 未处理柠条与不同处理柠条之间关联系数值

	1	2	3	4	5	6	7	8	9	10
ξ_1	0.194	0.107	0.074	0.057	0.046	0.038	0.033	0.029	0.026	0.023
ξ_2	0.493	0.863	0.854	0.882	0.860	0.633	0.591	0.636	0.720	0.467
ξ_3	0.430	0.892	0.810	0.885	0.945	0.889	0.653	0.641	0.720	0.297
ξ_4	0.428	0.902	0.862	1.000	0.848	0.808	0.779	0.638	0.892	0.641
ξ_5	0.490	0.934	0.992	0.774	0.879	0.683	0.539	0.952	0.620	0.676
ξ_6	0.421	0.833	0.792	0.949	0.810	0.572	0.336	0.428	0.699	0.306

注：以上1~10所代表的名称如表3。

说明在评价柠条不同处理效果中所占的权重指数顺序为：半纤维>中性洗涤纤维>木质素>酸性洗涤纤维>酸性洗涤纤维降解率>干物质降解率>中性洗涤纤维降解率>粗蛋白降解率>粗蛋白>木质素降解率。所有营养成分总权重值为0.5598，所有瘤胃降解率总权重值为0.4402，表明营养成分结构变化对处理效果影响比瘤胃降解率大。根据权重可构造柠条处理效果综合评价模型为：

$Z_k=0.0677X_1+0.1249X_2+0.1209X_3+0.1253X_4+0.1210X_5+0.0999X_6+0.0808X_7+0.0917X_8+0.1013X_9+0.0665X_{10}$。

分别计算各处理综合评价值 Zk。

表6　各处理综合评价指标

处理	平均关联度	加权关联度	综合评价	排序
柠条	—	—	38.351	6
生化处理1	0.627	0.061	39.606	4
生化处理2	7.000	0.732	39.959	2
生化处理3	7.163	0.757	38.339	7
生化处理4	7.798	0.809	38.639	5
氨化处理	7.538	0.780	41.499	1
黄贮处理	6.146	0.660	39.720	3

由表6可知，综合处理效果较好的处理依次为氨化处理＞生化处理2＞黄贮处理＞生化处理1＞生化处理4＞柠条（未处理）＞生化处理3。

4　结论

4.1　氨化作用的分析

氨化处理过程中有碱化、氨化和中和3种作用，当NH_3遇到秸秆，就同秸秆中的有机物发生化学反应，形成醋酸氨，后者是一种非蛋白氮化合物，提高了柠条饲料氮素含量。氨化过程中NH_4OH是碱性溶液，可使木质素与纤维素、半纤维素分离，使纤维素、半纤维素部分分解；NH_3与秸秆有机物形成的醋酸氨，是瘤胃微生物的氮素营养源；NH_3与秸秆中的有机酸作用，消除了醋酸根，中和了秸秆中的潜在酸度，为瘤胃微生物提供了适宜的中性环境，从而提高了营养物质降解率。本试验生化处理菌种为处理作物秸秆菌种，由于柠条纤维性物质中木质素含量较高，因此，处理柠条尚属试验研究阶段。

4.2　灰色关联综合评价

柠条经处理后，饲用价值提高，粗蛋白含量增加，纤维和木质素的含量降低。不同处理效果采用营养成分和48 h瘤胃降解率各指标来综合评价，根据权重可构造柠条处理效果综合评价模型为：

$$Z_k=0.0677X_1+0.1249X_2+0.1209X_3+0.1253X_4+0.1210X_5+0.0999X_6+0.0808X_7+0.0917X_8+0.1013X_9+0.0665X_{10}。$$

综合处理效果较好的处理依次为氨化处理、生化处理2、黄贮处理、生化处理

1、生化处理4、生化处理3。

　　运用灰色关联分析法进行处理效果的综合评价，能够客观地评价处理效果的优劣，可以避免人为评判的主观性，分析结果与营养成分、瘤胃降解率结果相吻合，说明该方法在对不同处理选择上是可行的[7]。对不同处理采用营养成分和瘤胃降解率作为评价指标仅仅是尝试，评价采用试验未进行饲养试验，因此，在考虑评价指标选择上具有一定缺陷，需要进一步改进。

参考文献

［1］牛西午.柠条研究论文集.［M］.山西：山西科学技术出版社，2003.

［2］王峰，吕海军，等.提高柠条饲料利用率的研究.草业科学，2005，（3）：35-39.

［3］许冬梅，王玲，等.治沙灌木主要养分及在羊瘤胃的降解率和体外消化率［J］，宁夏农林科技，1999（4）：31-33.

［4］卢德勋，等.现代反刍动物营养研究方法和技术［M］.北京：农业出版社，1991.

［5］牟新待.灰色关联度模型，草原系统学［M］.北京：中国农业出版社，1997.

［6］贺仲雄.模糊数学及应用［M］.天津：天津科学技术出版社，1985.

［7］蒋齐，李生宝，等.灰色关联分析在固沙型灌木饲料林树种选择评价上的应用［C］.中国治沙暨沙产业研究，北京：石油工业出版社，2003.

［8］慕平，魏臻武，等.用灰色关联系数法对苜蓿品种生产性能综合评价［J］.草业科学，2004，（3）：26-28.

（2005.08.15发表于《草业科学》）

生物质资源柠条在宁夏地区园艺基质栽培上的开发利用现状

曲继松　张丽娟　冯海萍　杨冬艳

摘　要： 本文总结近几年柠条资源在设施园艺产业开发利用方面所取得的试验研究进展及现状，论述了宁夏丰富的柠条资源在设施蔬菜栽培与育苗方面所表现出的具备取代，以草炭（泥炭）为核心原料的现有育苗基质和栽培基质的潜能，并就今后的柠条基质开发研究方向进行了探讨与展望。

关键词： 宁夏；设施农业；非耕地；生物质；柠条；园艺基质

我国85 %以上的土地资源为非耕地资源，其中沙漠和戈壁滩等荒地面积已占到陆地面积的1/7。宁夏回族自治区处在中国西部的黄河上游地区，地处黄土高原与内蒙古高原的过渡地带，地势南高北低。宁夏被腾格里沙漠、乌兰布和沙漠和毛乌素沙地包围，荒漠化土地面积占全区总面积的57.2 %，沙化土地占全区总面积的22.8 %，是我国水土流失和土地沙化严重地区之一；灌区土地土壤次生盐渍化较严重，尤其是银北地区，土壤次生盐渍化面积占耕地面积的2／3；全区非耕地面积达297万hm²，集中在腾格里沙漠南缘地区。

在设施农业生产过程中，由于长期过量使用化肥、土壤母质和地下水含盐量增加，土壤次生盐渍化加剧，致使日光温室生产中出现连作障碍，蔬菜的生长发育受到影响；造成土壤质量退化的原因有多种，其中连作障碍是主因[1]。随着连作年限的延长，土传病害发生严重，造成了农民收益的直接下降[2]。同时非耕地设施栽培面积逐年增加，因此进行土壤改良同时进行无土栽培基质开发研究尤为迫切。

设施瓜菜种苗需求量急增，进而育苗基质原料——草炭需求量加大，目前宁夏设施农业面积已经突破6.7万hm²，年需要育苗超过12亿株，需基质约170万袋，消耗草炭近6万m³，但草炭是一种资源十分有限的非可再生资源，大量开采会破坏湿地环境，加剧温室效应，而且草炭产地和使用地之间的长途运输也增加了草炭的使用成本，因此必须研究提出替代草炭的新型育苗基质。

1 宁夏柠条资源概况

柠条（*Caragana microphylla*）是豆科锦鸡儿属（*Caragana Fabr.*）植物栽培种的俗称，属落叶灌木。又名小叶锦鸡儿、雪里洼、牛筋条，别称连针[3, 4]。是多分枝落叶灌木，高1~2 m，多数丛生，深根系，根系发达，3 a~4 a生主根长达4 m，根辐直径3 m以上，柠条寿命长，一般可生长几十年，有的可达百年以上，柠条繁殖和再生能力很强，不怕沙埋，极耐干旱，耐瘠薄[5]。柠条作为西北地区防风固沙植物，萌芽更新能力强。对于多年生长的柠条，必须进行平茬抚育，防止其出现严重的木质化现象，养分和水分的输送能力越来越弱，继而逐渐干枯死亡。种子繁殖、育树造林技术易掌握，管理简单，是保持水土、防风固沙最理想的灌木树种之一[6]。柠条枝叶的营养价值很高，含粗蛋白22.9%、粗脂肪4.9%、粗纤维27.8%，种子中含粗蛋白质27.4%、粗脂肪12.8%、无N浸出物31.6%，柠条枝叶富含N、P、K，平均每1000 kg枝叶含N29 kg、P5.5 kg、K14.33 kg[7]。沤制的绿肥可增产13%~20%。据统计数据，全宁夏可利用面积达到44.6万hm²，主要分布于盐池、固原等地。柠条每2 a~3 a就要平茬一次，年均更新利用为14.87万hm²，年生产柠条颗粒约50万吨~56万吨[8]，可满足4000 ~5333 hm²温棚栽培基质利用。柠条作为一种广泛分布的乡土灌木树种，由于其根系发达、耐旱性强，已成为水土保持和防风固沙的主要灌木树种[9, 10]。前人研究主要集中在柠条的生理特性[11~13]、环境条件[14~18]对柠条生长发育的影响及柠条利用[19, 20]方面的研究；但对采用柠条粉生产园艺育苗基质的研究报道甚少。

草炭是现代园艺生产中广泛使用的重要育苗及栽培基质，在自然条件下草炭形成约需上千年时间，过度开采利用，使草炭的消耗速度加快，体现出"不可再生"资源的特点[21, 22]。很多国家已经开始限制草炭的开采，导致草炭的价格不断上涨[23]。因此，开发和利用来源广泛、性能稳定、价格低廉，又便于规模化商品生产的草炭替代基质的研究已成为热点。国外开发了椰子壳、锯末等替代基质，并应用于商业化生产[24, 25]，国内在以木糖渣、芦苇末、油菜秸秆、蚯蚓粪等工农业废弃物为原料开发草炭替代基质方面也作了较为深入的研究[26~29]。

根据自治区生态与林业建设规划，今后几年宁夏柠条的种植每年将以6.67万hm²速度发展，合计达到66.67万hm²。丰富的可再生的柠条资源需要后续产业的开发，提高林业产业的经济效益。因此，开发柠条资源，发展柠条基质产业，使其成为推动我区特别是中部干旱带农牧业、农村经济建设的重要产业，已具备良好的物质条件。

2　柠条发酵粉在栽培基质方面的研究

2.1　柠条基质栽培樱桃番茄不同栽培模式的筛选研究

在栽培滴灌条件下，采用砖砌槽式栽培（长5.5 m，宽0.84 m，高0.27 m）、箱式栽培（长5.5 m，宽0.9 m，高0.19 m）、半地下式栽培（长5.5 m，宽0.8 m，深0.3 m）、地下式栽培（长5.5 m，宽0.8 m，深0.3 m）、袋装栽培（长5.5 m，宽0.8 m，高0.3 m）、土壤起垄覆膜栽培（长5.5 m，宽0.8 m，高0.3 m，）6种模式进行番茄生长发育、产量试验研究，观测结果得出：箱式栽培、地下式栽培及半地下式栽培处理与土壤栽培处理相比番茄的生长势均较好，生育期提前3天左右，总产量提高0.71 %~20.35 %，经济效益为0.94万元/667m^2~1.21万元/667m^2[30]。

2.2　设施番茄和辣椒柠条基质栽培适宜营养液的选择研究

在基质栽培滴灌条件下采用有机营养液（以有机磷肥+有机钾肥+绿营的发酵液）、无机营养液（采用宁夏大学农学院研制的固体冲施肥）、日本园式配方营养液、化学肥料粗配［选用尿素和氮磷钾复合肥（17-17-17）］4种营养液，不同营养液对柠条基质栽培番茄和辣椒的产量和品质有较大的影响。在生长势和产量方面以无机营养液管理的番茄和辣椒优于其他营养液处理，产量比对照CK分别高23.91 %和14.88 %，在Vc、可溶性糖含量及糖酸比方面以有机营养液处理最好，其次是无机营养液处理。综合评价，发现柠条基质栽培番茄和辣椒均以宁夏大学农学院研制的固体冲施肥冲施的无机营养液管理为最好，不仅产量高，而且品质也较好[31, 32]。

2.3　柠条粉复配有机肥作为栽培基质对黄瓜栽培效应分析

采用复配基质以柠条粉和珍珠岩复合物为基础，添加鸡粪的比例（添加量占两者总体积的百分比）10 %的梯度由10 %增至40 %，柠条粉的量作相应的递减，和以草炭为对照共5种配比对黄瓜进行了栽培效应的试验研究，结果表明，柠条基质粉中添加20 %~30 %的有机肥在基质物理性状、黄瓜盛果期功能叶叶绿素含量及光合效率、Fv/Fm等指标方面均表现出良好效果[33]。

2.4　柠条栽培基质对番茄产量和品质的影响

滴灌条件下采用柠条基质栽培和土壤栽培两种栽培介质对设施番茄产量和品质的影响进行试验研究。结果得出：在滴灌条件下采用基质栽培和土壤栽培两种方式进行试验的研究，基质栽培番茄较土壤栽培有提早成熟的特性，即提早上市5~7天，产量增产35 %，Vc含量提高10 %，可溶性糖含量提高近0.7 %，在一个生长季内总体节肥18.7 %，节水近38 %[34]。

2.5　柠条栽培基质对白灵菇的影响

通过对柠条木屑与玉米芯培养基配方进行筛选及栽培白灵菇试验。结果表明，用柠条、玉米芯组成的配方栽培白灵菇，其产量、形态、品质与棉籽壳栽培区别不大，而且口味更好。因此，用柠条、玉米芯组成的复合培养基代替棉籽壳栽培白灵菇完全可行[35, 36]。

3 柠条发酵粉作为育苗基质方面的研究

3.1 柠条发酵粉作为栽培育苗基质的理化性质

优良的基质在物理性质上固、液、气三相比例适当，密度为0.1~0.8 g/cm³总孔隙度在75 %以上，大小孔隙比在0.5左右。化学性质上，阳离子交换量（CEC）大，基质保肥性好。pH值在6.5~7.0之间，并具有一定的缓冲能力，具一定的C/N比以维持栽培过程中基质的生物稳定性[37, 38]。以发酵柠条粉、珍珠岩和蛭石为材料，按照不同比例混配形成柠条粉复合基质，测定了不同配比的基质理化性质，结果表明，添加发酵柠条粉基质，提高了混配基质的总孔隙度和通气孔隙，降低了基质的持水孔隙，部分复合基质完全符合育苗基质要求，且育苗效果明显优于CK；发酵柠条粉体积比在50 %~60 %之间，总孔隙度在70 %~90 %之间，通气孔隙在9.5 %~11.5 %育苗效果更佳[39]。以传统的草炭、珍珠岩混合基质作对照，分析配比不同比例柠条的混合基质的容重、总孔隙度、通气孔隙度、持水孔隙度、大小孔隙比及pH 值、EC值等理化性状，并对不同基质培育的黄瓜幼苗生长相关指标进行研究。结果表明，经过合理配比的柠条基质在理化性质方面基本符合育苗要求，使用柠条基质育苗的黄瓜幼苗出苗率、长势和质量均优于传统的草炭基质；综合比较，以V（柠条）∶V（珍珠岩）=1∶1（体积比）的混合基质育苗效果最佳[40]。

3.2 柠条发酵粉用于蔬菜育苗的试验效果

3.2.1 在茄果类蔬菜育苗上的试验研究

以发酵柠条粉、珍珠岩和蛭石为材料，按照不同比例混配形成柠条粉复合基质，以普通商品育苗基质为对照，通过基质理化性状、幼苗生长发育、根系活力、壮苗指数等指标，比较分析混配基质育苗效果，研究其理化性状和在茄子育苗中的应用效果。结果表明，添加发酵柠条粉基质，提高了混配基质的总孔隙度和通气孔隙，降低了基质的持水孔隙，部分复合基质完全符合育苗基质要求，且育苗效果明显优于CK；发酵柠条粉体积比在50 %~60 %之间，总孔隙度在70 %~90 %之间，通气孔隙在9.5 %~11.5 %育苗效果更佳；通过茄子幼苗根系活力和壮苗指数的生理指标确定：柠条粉∶珍珠岩∶蛭石=3∶1∶1（体积比）为茄子最佳育苗基质配比比例[41]。在辣椒上育苗效果也同样优于对照[39]。

3.2.2 在黄瓜育苗上的试验研究

以黄瓜品种津育5号为试材，以传统的草炭、珍珠岩混合基质作对照，对不同基质培育的黄瓜幼苗生长相关指标进行研究。结果表明使用柠条基质育苗的黄瓜幼苗出苗率、长势和质量均优于传统的草炭基质[40]。

以中农26号黄瓜为试材，以传统的草炭蛭石混合基质作对照，探究了不同配比的柠条与蘑菇渣堆肥复配基质改善黄瓜育苗基质理化性状和幼苗质量的效果。结果表明：合理配比的柠条与蘑菇渣堆肥复配基质，在理化性状方面符合育苗要求，且育出的黄瓜幼苗质量优于传统的草炭基质。综合考虑，复配基质B2 [V（柠条堆肥）： V（蘑菇渣堆肥）=3：2（体积比），替代60 %草炭] 和D4 [V（柠条堆肥）： V（蘑菇渣堆肥）=1：4（体积比）；替代20 %草炭] 能大幅改善黄瓜育苗质量。在草炭资源匮乏而柠条、蘑菇渣资源丰富地区，可以按B2基质配方替代草炭进行育苗[42]。

3.2.3 在西瓜、甜瓜育苗上试验研究

将柠条粉中加入有机—无机肥料腐熟发酵90天，加入珍珠岩 [V（柠条粉）： V（珍珠岩）=5：1（体积比）] 后作为育苗基质使用，使用目前宁夏地区较为广泛的台湾农友公司生产的"壮苗二号"育苗基质为对照。研究柠条粉基质对甜瓜、西瓜幼苗的影响。研究结果表明：在育苗方面，两种基质幼苗株高、茎粗、根长、叶片数、地上部鲜质量、地下部鲜质量、全株鲜质量、地上部干质量、地下部干质量、全株干质量和根冠比等生长发育指标上均趋于一致，且柠条粉基质幼苗壮苗指数明显高于壮苗二号基质幼苗壮苗指数9.76 %；而且通过荧光参数比较得出：两种基质幼苗对光能利用方面无明显差异。柠条粉基质基本具备取代以草炭为核心原料的现有育苗基质的潜能，这为西北内陆地区新型工厂化育苗基质开发、利用提供了理论支持，同时对沙生植物—柠条产业发展及荒漠化治理具有重要指导意义[43, 44]。

4 柠条发酵粉在园艺基质开发方面进一步的研究方向

针对宁夏目前设施蔬菜生产体系中由于连作引起的设施土壤质量退化问题和非耕地设施蔬菜的发展需要基质栽培，集约化育苗大量也需求地方资源为基质的生产实际，课题组在承担相关研究课题中，根据宁夏丰富的柠条资源，开展了大量的研究工作。试验研究不仅为无土栽培增添了新的基质种类，为宁夏设施农业乃至工厂化蔬菜生产，打造安全、优质、绿色产品品牌提供了技术支撑，也将通过柠条的开发利用，提高沙产业经济效益，走出一条沙漠治理的良性循环之路。

在前期研究基础上，继续开展针对育苗及栽培不同用途基质配比的区别化研

究；基于发酵柠条栽培蔬菜营养生理及施肥体系的研究；蔬菜生长发育及营养代谢与柠条基质养分释放的响应机制；柠条基质多茬栽培养分及理化性质变化情况，通过添加不同有机肥，研究柠条基质多年连续利用方案；研究主要蔬菜栽培和育苗需水需肥规律的灌溉、营养调控技术及机理，提出针对根际环境调控和养分合理补充的栽培模式和技术体系，为柠条基质商品化开发应用提供理论依据和技术支撑。

宁夏回族自治区人民政府令第48号《宁夏回族自治区农业废弃物处理与利用办法》已经于2012年9月19日自治区人民政府第123次常务会议讨论通过，自2012年11月1日起施行。此办法的出台将为宁夏柠条资源利用提供更加有力的支撑与扶持。

参考文献

［1］Yao H Y, Jiao X D, Wu F Z. Effect of continuous cucumber cropping and alternative rotations under protected cultivation on soil microbial community diversity［J］. Plant and Soil. 2006, 284：195-203.

［2］郝永娟, 刘春艳, 王勇, 等.设施蔬菜连作障碍的研究现状及综合调控［J］.中国农学通报, 2007, 23（8）：396-398.

［3］周道玮, 王爱霞, 李宏.锦鸡儿属锦鸡儿组植物分类与分布［J］.东北师大学报自然科学版, 1994（2）：64-68.

［4］牛西午.中国锦鸡儿属植物资源研究——分布及分种描述［J］.西北植物学报, 1999, 19（5）：107-133.

［5］王雁丽, 杨如达.浅谈西部地区柠条资源的开发利用［J］.中国西部科技, 2004（11）：71-73.

［6］牛西午.柠条研究［M］.北京：科学出版社, 2003, 7：54-55.

［7］王峰, 温学飞, 张浩.柠条饲料化技术及应用［J］.西北农业学报, 2004, 13（3）：143-147.

［8］温学飞, 魏耀峰, 吕海军, 等.宁夏柠条资源可持续利用的探讨［J］.西北农业学报, 2005, 14（5）：177-181.

［9］张阵万, 杨淑性.陕西锦鸡儿属（Caragana Fav r.）植物［J］.西北植物研究, 1983, （3）：21-31.

［10］曾辰, 邵明安.黄土高原水蚀风蚀交错带柠条幼林地土壤水分动态变化［J］.干旱地区农业研究, 2006, 24（6）：155-158.

［11］Fang X W, Li J H, Xiong Y C, et al. Responses of Caragana korshinskii Kom. to shoot removal：mechanisms underlying regrowth［J］. Ecol Res, 2008, 23（5）：863-871.

［12］Ma C C, Gao Y B, Guo H Y, et al. Photosynthesis, Transpiration, and Water Use Efficiency of Caragana microphylla, C. intermedia, and C. korshinskii［J］. Photosynthetica, 2004, 42（1）：65-70.

［13］Zheng Y R, Rimmington G M, Xie Z X, et al. Responses to air temperature and soil moisture of growth of four dominant species on sand dunes of central Inner Mongolia［J］. J Plant Res, 2008, 121（5）：473-482.

［14］Fang X W, Li Y B, Xu D H, et al. Activities of starch hydrolytic enzymes and starch mobilization in roots of Caragana korshinskii following above-ground partial shoot removal［J］. Trees, 2007, 21（1）：93-100.

［15］Zhang Z S, Li X R, Liu L C, et al. Distribution, biomass, and dynamics of roots in a revegetated stand of Caragana korshinskii in the Tengger Desert, northwestern China［J］. J Plant Res, 2009, 122（1）：109-119.

［16］Cheng X R, Huang M B, Shao M G, et al. A comparison of fine root distribution and water consumption of mature Caragana korshinkii Kom grown in two soils in a semiarid region, China［J］. Plant Soil, 2009, 315（1/2）：149-161.

［17］Alamusa, Jiang D M. Characteristics of soil water consumption of typical shrubs（Caragana microphylla）and trees（Pinus sylvestris）in the Horqin Sandy Land area，China［J］. Front For China，2009，4（3）：330–337.

［18］Wang Z Q，Liu B Y，Liu G. Soil water depletion depth by planted vegetation on the Loess Plateau［J］. Sci China Ser D–Earth Sci，2009，52（6）：835–842.

［19］Yin J，He F，Qiu G Y，et al. Characteristics of leaf areas of plantations in semiarid hills and gully loess regions［J］. Front For China，2009，4（3）：351–357.

［20］Li X R，Kong D S，Tan H J，et al. Changes in soil and vegetation following stabilization of dunes in the southeastern fringe of the Tengger Desert，China［J］. Plant Soil，2007，300（1/2）：221–231.

［21］刘永和，孟宪民，王忠强.泥炭资源的基本属性、理化性质和开发利用方向［J］.干旱区资源与境，2003，（2）：18–22.

［22］郭世荣.固体栽培基质研究、开发现状及发展趋势［J］.农业工程学报，2005，21（S2）：1–4.

［23］Ostos J C，López G R，Murillo J M，et al. Substitution of peat for municipal solid waste and sewage sludge–based composts in nursery growing media：Effects on growth and nutrition of the native shrub Pistacia lentiscus L［J］.. Bioresource Technology，2008.99（6）：1793–1800.

［24］Awang Y，Ismail M.The growth and flowering of some annual omamentals on coconut dust［J］.Acta Hort，1997，450：31–38.

［25］Gruda N，Schnitzler W H.Suitability of wood fiber substrates for production of vegetable transplants II［J］. Scientia Horticulturae，2004，100：333–340.

［26］兰时乐，曹杏芝，戴小阳，等.鸡粪与油菜秸秆高温堆肥中营养元素变化的研究［J］.农业环境科学学报，2009，28（3）：564– 569.

［27］程斐，孙朝晖，赵玉国，等.芦苇末有机栽培基质的基本理化性能分析［J］.南京农业大学学报，2001，24（3）：19–22.

［28］尚秀华，谢耀坚，彭彦.制糖废水促进稻壳腐熟用作育苗基质的研究［J］.中南林业科技大学学报，2009，29（2）：78–81.

［29］尚庆茂，张志刚.蚯蚓粪基质及肥料添加量对茄子穴盘育苗影响的试验研究［J］.农业工程学报，2005，21（S2）：129–132.

［30］冯海萍，曲继松，郭文忠，等.不同栽培方式下樱桃番茄基质栽培试验及效益分析［J］.北方园艺，2010，（7）：38–39.

［31］冯海萍，郭文忠，曲继松，等.不同营养液对辣椒柠条基质栽培产量和品质的影响［J］.北方园艺，2010，（15）：153–155.

［32］冯海萍，曲继松，郭文忠，等.基于发酵柠条为栽培基质对樱桃番茄产量及品质的初步研究［J］.北方园艺，2010，（3）：22–23.

［33］冯海萍，曲继松，郭文忠，等.柠条发酵粉复配鸡粪基质对黄瓜光合指标和产量的影响［J］.西北农林科技大学学报（自然科学版），2013，41（4）：119–124.

［34］曲继松，冯海萍，郭文忠，等.柠条粉基质栽培对番茄产量和品质的影响［J］.长江蔬菜，2010（2）：63–64.

［35］杨玉画，李彩萍，聂建军，等.柠条与玉米芯复合基质配方栽培白灵菇试验［J］.食用菌，2011，4：20–22.

［36］杨玉画，李彩萍，聂建军，等.晋北高寒区柠条与玉米芯栽培白灵菇技术研究［J］.中国食用菌，2011，30（4）：29–31.

［37］连兆煌，李式军.无土栽培原理与技术［M］.北京：中国农业出版社，1994.

［38］李式军，高祖明，等.现代无土栽培技术［M］.北京：北京农业大学出版社，1998.

［39］曲继松，张丽娟，冯海萍，等.发酵柠条粉混配基质对辣椒幼苗生长发育的影响［J］.江苏农业学报，2012，28（4）：846–850.

［40］孙婧，买买提吐逊·肉孜，曲梅.柠条基质理化性质和育苗效果研究［J］.中国蔬菜，2011，（22）：68-71.

［41］曲继松，张丽娟，冯海萍，等.混配柠条复合基质对茄子幼苗生长发育的影响［J］.西北农业学报，2012，21（11）：162-167.

［42］原硕，田永强，曲梅，等.柠条与蘑菇渣堆肥复配基质改善黄瓜育苗效果研究［J］.中国蔬菜，2012，（18）：154-159.

［43］曲继松，张丽娟，冯海萍，等.柠条粉作基质对西瓜幼苗生长发育及干物质积累的影响［J］.农业工程学报，2010，26（8）：291-295.

［44］张丽娟，曲继松，冯海萍，等.利用柠条粉发酵料作为育苗基质对甜瓜幼苗质量的影响［J］.北方园艺，2010，（15）：165-167.

基于柠条粉作为栽培基质对番茄产量和品质的影响

曲继松　冯海萍　王彩玲　张丽娟　杨冬艳　郭文忠　瞿捍泽　彭文栋

摘　要：以土壤栽培为对照，研究了柠条粉基质栽培对番茄产量和品质的影响。结果表明，基质栽培的番茄比对照增产35％，Vc含量较对照提高了10^2 mg/kg，同时较对照处理节肥18.7％，因此以柠条粉为栽培基质具有极大开发利用潜力。

关键词：柠条；基质栽培；产量；品质

蔬菜无土栽培是近几年来发展起来的一种新的蔬菜栽培技术，特别是有机–无机基质栽培技术（或称为有机生态型无土栽培）[1]。在日光温室蔬菜生态型无土栽培技术研究方面[2, 3]，针对盐池县部分温室由于土壤结构破坏、盐分积累、病原物积累、离子拮抗等问题[4]，土壤生产性能降低，为解决进一步生产与发展问题，研究生态无土栽培适宜的栽培方式和技术体系显得尤为重要。近年来，各地利用制造柠檬酸的下脚料、中药厂药渣、醋厂醋渣、酒厂酒渣、能源厂沼渣、纸厂废纸浆以及稻壳、椰子壳、棉籽壳、油粕、豆渣、甘蔗渣、菇渣、锯末屑、树皮、作物秸秆等工农业有机固体废弃物为原料，研究开发合成有机栽培基质，应用于育苗和栽培之中，取得了一定的效果[5]。

柠条（*Caragana korshinskii*），也叫毛条、白柠条、牛筋条。为豆科锦鸡儿属的落叶大灌木，柠条根系发达，防风蚀、保土性能强；具根瘤菌，能改良土壤；分枝稠密，沙埋后能产生不定根，固沙作用强。柠条萌芽更新能力强，对于多年生长的柠条，必须进行平茬抚育；如果不进行平茬，柠条就会出现严重的木质化现象，木质化柠条输送养分和水分的能力会越来越弱，然后逐渐干枯死亡。因此，本试验将利用当地可再生资源柠条粉碎腐熟作为主栽培基质，研究探讨在柠条基质栽培条件下对番茄产量、品质的影响，为宁夏干旱风沙区设施农业可持续发展及无土栽培基质探索方面提供理论依据和技术支持。

1　试验材料与方法

1.1　试验地点

试验于2008年11月至2009年6月在宁夏盐池县城西滩设施农业核心示范园区日光温室内进行。盐池县位于宁夏回族自治区东部、毛乌素沙漠南缘，属陕、甘、宁、蒙四省区交界地带，境内地势南高北低，平均海拔为1600 m，常年干旱少雨，风大沙多，属典型的温带大陆性季风气候。地处宁夏中部干旱带，年平均降水量280 mm，年蒸发量2100 mm，年平均气温7.7 ℃，年均日照2872.5 h，太阳辐射总量592.72 KJ/cm²，气候干旱少雨，风多沙大，但光照时间长，昼夜温差大，光热资源充足，昼夜温差大，十分有利于作物光合作用和干物质积累，完全可满足喜温瓜菜、设施栽培对光热条件的需求，是发展设施特色作物的优势区域。

1.2　试验材料

供试番茄品种为倍盈（先正达种业公司），基质均以发酵柠条、消毒鸡粪和珍珠岩以5.5∶1.5∶3混合而成。

1.3　试验方法

试验采取基质栽培为箱式栽培（20 cm×30 cm×40 cm），每箱1株，24箱为1小区，以土壤栽培为对照（CK），小区面积为7.5 m²，各5次重复，均采用滴灌方式进行灌溉。番茄于2008年11月5日移栽定植，生育期间统一管理，2009年3月12日采收。自2009年3月12日开始定期采收计产，至拉秧结束。采用常规方法测定番茄每穗结果数、平均单果重、单株产量等指标，品质指标检测依据为GB/T 6194—6195—1986、GB/T 15401—1994。

2　结果与分析

2.1　基质栽培对番茄产量的影响

在单穗结果数方面（表1），基质栽培为8.5个/穗，而土壤栽培为5.5个/穗，比基质栽培少了35.3 %；基质栽培平均单果重为175.03 g/个，土壤栽培则达到221.98 g/个；但在单株产量上，基质栽培为6.36 kg/株，而土壤栽培为4.71 kg/株，仅相当于基质栽培的74 %；折合产量，基质栽培为190.84 t/666.7 hm²，而土壤栽培为141.36 t/666.7 hm²，基质栽培比土壤栽培产量增加了35 %。

表1 基质栽培对番茄产量的影响

栽培方式	每穗结果数（个/穗）	平均单果重（g/个）	单株产量（kg/株）	亩产（kg/666.7 m²）	增产率（%）
基质栽培	8.5	175.03	6.36	12722.73	35
土壤栽培	5.5	221.98	4.71	9424.25	0

2.2 基质栽培对番茄品质的影响

从表2可以看出，基质栽培番茄可滴定酸与对照相差不太大；基质栽培番茄Vc含量较土壤栽培提高了10.2 mg/100 g，可溶性糖含量提高近0.7 mg/100 g；粗蛋白方面，基质栽培高出对照1.45 mg/100 g。试验得出，以柠条为主的基质栽培对番茄维生素C、可溶性糖和粗蛋白含量均有一定的增加作用。

表2 基质栽培对番茄品质的影响

栽培方式	可滴定酸（g/100g）	可溶性糖（g/100g）	维生素C（mg/100g）	粗蛋白（g/100g）
基质栽培	0.39	3.14	26.20	1.11
土壤栽培	0.32	2.46	16.00	0.66

2.3 基质栽培对施肥量比较

根据各处理每天实际滴液量的多少，统计出全生育期各营养液处理的滴液量，根据各个处理营养液配方中各元素含量，计算出全生育期各营养元素的总施用量。对照处理根据基肥和全生育期实际追肥情况，对各种肥料实际营养元素含量折算得到表3结果。由表3可以看出，全生育期内基质栽培施肥总N量较对照少12.5 %，基质栽培施肥总P量较对照少34.8 %，基质栽培施肥总K量较对照少19.6 %，即基质栽培处理较对照处理总体节肥18.7 %。

表3 不同栽培方式施肥量比较（单位：kg）

栽培方式	N		P₂O₅		K₂O	
	小区肥量	667 m²肥量	小区肥量	667 m²肥量	小区肥量	667 m²肥量
基质栽培	0.49	43.32	0.15	13.68	0.41	36.48
土壤栽培	0.56	50.00	0.23	20.00	0.51	45.00

3 小结与讨论

本试验利用宁夏干旱风沙区资源丰富的柠条腐熟粉作为栽培基质进行研究，以番茄为试材，通过产量、品质及肥料利用率等方面综合分析得出，基质栽培番茄品质较佳，其中基质栽培番茄Vc含量较对照提高了10.2 mg/100 g，产量增加了35 %，同时，从养分的投入与产量来看，基质栽培条件下植株对养分的吸收利用率更高。而且柠条基质可以重复利用，因此以柠条粉为栽培基质更具发展优势，更利于农业的可持续发展和循环农业的发展。

参考文献

［1］蒋卫杰，刘伟，郑光华.蔬菜无土栽培新技术［M］.北京：金盾出版社，2001：115-126.

［2］邹国元，成春彦，王美菊，等.基质栽培对西瓜甜瓜产量和品质的影响［J］.中国西瓜甜瓜，2004（5）：9-10.

［3］孙红绪，张曙光，邓可洪，等.樱桃番茄基质栽培与有土栽培比较试验［J］.长江蔬菜，2002（3）：58.

［4］刘荣，王喜艳，张恒明，等.保护地土壤次生盐渍化及治对策［J］.北方园艺，2008（8）：69-72.

［5］郭世荣.固体栽培基质研究、开发现状及发展趋势［J］.农业工程学报，2005，21（增刊）：1-4.

利用柠条粉发酵料作为育苗基质对甜瓜
幼苗质量的影响

张丽娟　曲继松　冯海萍　郭文忠

摘　要：试验以柠条粉发酵料为原料作为育苗基质，以现有育苗基质为对照，通过幼苗生长发育、干物质积累等指标，比较分析柠条粉基质育苗效果，结果表明：柠条粉基质幼苗株高、茎粗、根长、叶片数、地上部鲜质量、地下部鲜质量、全株鲜质量、地上部干质量、地下部干质量、全株干质量和根冠比等生长发育指标与壮苗二号基质幼苗趋于一致，且在出苗后30天时，柠条粉基质幼苗壮苗指数高于壮苗二号基质幼苗壮苗指数12.12 %，该试验结果为柠条粉基质应用及新基质开发提供了参考。

关键词：干旱地区；柠条；育苗基质；幼苗质量

蔬菜育苗是蔬菜生产中的一个重要环节，是获得早熟、高产、优质生产的重要环节[1]。随着我国蔬菜产业的发展和工厂化农业的推进，蔬菜育苗已由传统的土方育苗、营养钵育苗转向以穴盘育苗为主的工厂化育苗[2]。育苗基质是工厂化穴盘育苗的重要组成部分，良好的物理性状和化学组成对壮苗形成至关重要。目前，国内外蔬菜工厂化穴盘育苗多采用草炭系复合基质。但是，草炭资源分布不均匀性和不可再生性，已严重影响到穴盘育苗成本和资源保护；国内诸多学者对于替代草炭的新型育苗基质开发、利用方面进行了大量的研究工作，新型基质材料主要包括：花生壳[3]、芦苇末[4]、蔗渣[5]、褐煤、秸秆[6]、椰糠[7]、中药渣[8]、玉米秸[9]、蚯蚓粪[10]等，这些工业和农业生产中的废弃物都是很好的草炭替代材料，而且在试验中得到良好的结果。本试验针对西北内陆地区贮量极为丰富的沙生植物——柠条进行探索性研究，旨在为西北地区设施农业工厂化育苗基质寻找草炭替代材料，同时为柠条产业发展及沙漠化治理提供了一条新思路。

1 材料与方法

1.1 试验地点

盐池县位于宁夏回族自治区东部、毛乌素沙漠南缘，属陕、甘、宁、蒙四省（区）交界地带，境内地势南高北低，平均海拔为1600 m，常年干旱少雨，风大沙多，属典型的温带大陆性季风气候。地处宁夏中部干旱带，年平均降水量280 mm，年蒸发量2100 mm，年平均气温7.7 ℃，年均日照2872.5 h，太阳辐射总量141.6千卡/cm²，虽然气候干旱少雨，风多沙大，但光照时间长，昼夜温差大，光热资源充足，昼夜温差大，十分有利于作物光合作用和干物质积累，完全可满足喜温瓜菜、设施栽培对光热条件的需求，是发展设施特色作物的优势区域。

试验时间为2009年11月10日至2009年12月20日。

1.2 试验材料

供试甜瓜品种为"中华糖王一号"，此品种来自于长春吉祥地种业有限公司，供试柠条粉购自宁夏回族自治区盐池县源丰草产业有限公司，柠条粉中加入有机—无机肥料（1 m³柠条粉加入2.8 kg尿素、100 kg消毒鸡粪）腐熟发酵90天，加入珍珠岩［V（柠条粉）∶V（珍珠岩）=5∶1（体积比）］后作为育苗基质使用，以使用目前宁夏地区较为广泛的台湾农友公司生产的"壮苗二号"育苗基质为对照。育苗穴盘采用72穴标准苗盘。

1.3 试验方法

出苗时间为自播种之日起到出苗数为30 %；齐苗时间为自播种之日起到出苗数为80 %；出苗后天数以出苗时间之日算起；出苗率=出苗株数/72；成苗率=成苗株数/72；根冠比=地下部干质量（g）/地上部干质量（g），壮苗指数=［茎粗（cm）/株高（cm）+地下部干质量（g）/地上部干质量（g）］×全株干质量（g）。

测定各项指标时每重复取样3株，所有数据均为3次重复的平均值。

2 结果与分析

2.1 柠条粉基质对西瓜幼苗生长发育的影响

从表1可以看出，柠条粉基质和壮苗二号基质育苗的出苗天数均为4天，柠条粉基质的齐苗时间比壮苗二号的晚0.5天；在出苗率方面，柠条粉基质出苗率为88.89 %，比壮苗二号低出2.78个百分点；但在成苗率方面，差异较大，壮苗二号基质比柠条粉基质高出9.72个百分点，柠条粉基质的成苗率仅为79.17 %。

表1　柠条粉与壮苗二号基质育苗出苗状况

基质	出苗时间	齐苗时间	出苗株数	成苗株数	出苗率	成苗率
壮苗二号幼苗	4	6	66	64	91.67	88.89
柠条粉幼苗	4	6.5	64	57	88.89	79.17

表2　柠条粉与壮苗二号基质育苗生长状况

幼苗	出苗天数	株高	茎粗	根长	叶片数
壮苗二号幼苗	10	3.367	0.139	2.933	1
	20	6.851	0.252	9.238	2
	30	8.223	0.299	13.337	3
柠条粉幼苗	10	3.913	0.134	3.432	1
	20	7.123	0.248	9.733	2
	30	8.537	0.302	14.667	3

由表2可知，随着出苗天数的增加，甜瓜幼苗的株高、茎粗、叶片数、根长逐渐增加。在株高生长方面，在出苗后10天、20天、30天时，柠条粉基质幼苗的株高均略高于壮苗二号基质；茎粗方面，在出苗后10天、20天时，柠条粉基质幼苗的茎粗均略低于壮苗二号基质；在整个幼苗期，柠条粉基质幼苗的根长一直略略高于壮苗二号基质幼苗根长，而且在整个育苗期间，两种基质幼苗的叶片数生长状况大致相同。

表3　柠条粉与壮苗二号基质对幼苗干物质积累的影响（单位：d、g）

幼苗	出苗天数	地上部鲜质	地下部鲜质量	全株鲜质量	地上部干质	地下部干质量	全株干质量	根冠比	壮苗指数（g）
壮苗二号幼苗	10	0.183	0.053	0.236	0.012	0.002	0.014	0.167	0.0029
	20	0.657	0.34	0.997	0.051	0.016	0.067	0.314	0.0235
	30	1.082	0.487	1.569	0.093	0.039	0.132	0.419	0.0602
柠条粉幼苗	10	0.220	0.064	0.284	0.014	0.003	0.017	0.214	0.0042
	20	0.743	0.390	1.133	0.064	0.018	0.082	0.281	0.0259
	30	1.107	0.537	1.644	0.094	0.043	0.137	0.457	0.0675

2.2　柠条粉对西瓜幼苗干物质积累的影响

由于秧苗的生长发育进程不同，秧苗各器官物质分配量也不一定相同，造成植株根冠比和壮苗指数的差异。随着出苗天数的增加（见表3），地上部鲜质量、地下部鲜质量、全株鲜质量、地上部干质量、地下部干质量、全株干质量根冠比和壮苗指数均呈增加趋势。在相同出苗天数时，柠条粉基质幼苗地上部鲜质量、地下部鲜质量均高于壮苗二号的地上部鲜质量、地下部鲜质量，全株鲜质量表现为壮苗二号基质幼苗低于柠条粉基质幼苗；地上部干质量、地下部干质量、全株干质量在同时期变化规律和大小关系与鲜质量方面变化基本一致；在根冠比方面，柠条粉基质和壮苗二号幼苗随着出苗天数的增加根冠比比值逐渐增大，在出苗后10天、30天时，柠条粉基质幼苗根冠比比值均高于壮苗二号的根冠比比值，而在出苗后20天时，柠条粉基质幼苗根冠比比值低于壮苗二号的根冠比比值。

植株的壮苗指数是评价甜瓜幼苗质量的重要形态指标，通过试验得出：在相同育苗时期柠条粉基质幼苗壮苗指数均高于壮苗二号基质幼苗的壮苗指数，而且在出苗后10天、20天、30天时柠条粉基质幼苗壮苗指数分别高出壮苗二号基质幼苗44.82%、10.21%和12.12%。

3　结论与讨论

在育苗基质开发研究方面，国内外都十分重视草炭替代基质的研究，国外椰子壳、锯末替代草炭基质已用于园艺植物的栽培和育苗[11, 12]，国内也开展了以花生壳、芦苇末、蔗渣等工业及农业废弃物发酵生产替代草炭基质的研究工作[3-5]，但对采用柠条粉发酵生产园艺育苗基质的研究尚未见报道。由于西北内陆地区设施农业发展迅速，仅宁夏回族自治区目前设施温棚面积已达到5.33万hm²，设施瓜菜种苗需求量急增，进而育苗基质原料——草炭需求量加大，但草炭为不可再生资源，大量开采会破坏湿地环境，加剧温室效应，而且草炭产地和使用地之间的长途运输也增加了草炭的使用成本，因此针对西北地区替代草炭的育苗基质亟待开发、利用。

结果表明，两种基质幼苗株高、茎粗、根长、叶片数、地上部鲜质量、地下部鲜质量、全株鲜质量、地上部干质量、地下部干质量、全株干质量和根冠比等生长发育指标上均趋于一致，且柠条粉基质幼苗壮苗指数明显高于壮苗二号基质幼苗壮苗指数；在生产中，柠条粉基质已基本具备取代以草炭为原料的育苗基质的潜能。

参考文献

［1］刘卫东.蔬菜栽培［M］.北京：中国农业出版社，2001：217.

［2］高丽红，李良俊.蔬菜设施育苗技术问答［M］.北京：中国农业大学出版社，1998.

［3］杨红丽，王子崇，张慎璞，等.孙新政复配花生糠基质对番茄穴盘苗质量的影响［J］.中国蔬菜，2009（12）：64–67.

［4］ 程斐，孙朝晖，赵玉国，等.芦苇末有机栽培基质的基本理化性能分析［J］.南京农业大学学报，2001，24（3）：19-22.

［5］ 刘士哲，连兆煌.蔗渣作蔬菜工厂化育苗基质的生物处理与施肥措施研究［J］.华南农业大学学报，1994，18（4）：86-90.

［6］ 吴涛，晋艳，杨宇虹，等.替代烤烟漂浮育苗基质中草炭的研究——褐煤、秸秆等原料完全替代草炭的研究初报［J］.云南农业大学学报，2007，22（2）：234-240.

［7］ 方芳，唐懋桦，常义军，等.新型蔬菜穴盘育苗基质的特性及应用效果［J］.长江蔬菜，2003，7：42-43.

［8］ 陈萍，郑中兵，王艳飞，等.南方甜瓜育苗基质的研究［J］.种子，2008，27（7）：63-64，66.

［9］ 刘超杰，王吉庆，王芳.不同氮源发酵的玉米秸基质对番茄育苗效果的影响［J］.农业工程学报，2005，21（2）：162-164.

［10］ 尚庆茂，张志刚.蚯蚓粪基质及肥料添加量对茄子穴盘育苗影响的试验研究［J］.农业工程学报，2005，21（S）：129-132.

［11］ Aw any Y, IsmailM. The growth and flowering of some annual ornamentals on coconut dust ［J］. A cta Hort, 1997, （450）: 31-38.

［12］ Gruda N, Schnitzler W H. Suitability of wood fiber substrates for product ion of vegetable transplants ［J］. Scientia Horticulturae, 2004, 100（1-4）: 333-340.

发酵柠条粉混配基质对辣椒幼苗生长发育的影响

曲继松　张丽娟　冯海萍　郭文忠　杨冬艳　赵云霞

摘　要：柠条粉基质是一种新开发的替代草炭的基质，研究其在园艺作物栽培和育苗中的配套应用技术具有重要意义。本研究以辣椒为试材，将发酵柠条粉、珍珠岩和蛭石按照不同比例混配形成柠条粉复合基质，研究其物理性状和在辣椒育苗中的应用效果。结果表明，添加发酵柠条粉基质，提高了混配基质的总孔隙度和通气孔隙，降低了基质的持水孔隙，部分混配基质完全符合育苗基质要求，且育苗效果明显优于CK；发酵柠条粉体积比在55 %~60 %之间、总孔隙度在70 %~90 %之间、通气孔隙在10 %~11 %之间育苗效果更佳。通过辣椒幼苗根系活力和壮苗指数的生理指标确定：柠条粉∶珍珠岩∶蛭石=3∶1∶1或4∶1∶2为辣椒最佳育苗基质配比比例。

关键词：干旱区；基质；柠条；育苗；根系生长

柠条（*Caragana korshinskii*）是豆科锦鸡儿属（*Caragana Fabr.*）植物栽培种的俗称，落叶灌木。柠条作为一种广泛分布的乡土灌木树种，由于其根系发达、耐旱性强，已成为水土保持和防风固沙的主要灌木树种[1, 2]。前人研究主要集中在柠条的生理特性[3~5]、环境条件[6~10]对柠条生长发育的影响及柠条利用[11, 12]方面的研究；但对采用柠条粉生产园艺育苗基质的研究报道甚少。

草炭是现代园艺生产中广泛使用的重要育苗及栽培基质，在自然条件下草炭形成约需上千年时间，过度开采利用，使草炭的消耗速度加快，体现出"不可再生"资源的特点[13, 14]。很多国家已经开始限制草炭的开采，导致草炭的价格不断上涨[15]。因此，开发和利用来源广泛、性能稳定、价格低廉，又便于规模化商品生产的草炭替代基质的研究已成为热点。国外开发了椰子壳、锯末等替代基质，并应用于商业化生产[16, 17]，国内在以木糖渣、芦苇末、油菜秸秆、蚯蚓粪等工农业废弃物为原料开发草炭替代基质方面也作了较为深入的研究[18~21]，由于西北内陆地区设施农业发展迅速，仅宁夏回族自治区目前设施温棚面积已超过100万亩，设施瓜菜种苗需求量急增，进而育苗基质原料——草炭需求量加大，因此针对西北地区替代草炭的育苗基质亟待开发、利用。本研究以腐熟柠条粉为试材进行育苗试验，通过辣椒苗期生长发育指标确定柠条粉复配基质作为育苗基质的可行性，为丰富的可再生的柠条资源后续产业的开发提供理论基础。

1 材料与方法

1.1 试验地点

试验地点位于同心县王团镇南村的清水河岸西侧海原县境内，地处宁夏中部干旱带，位于东经105° 59′，北纬36° 51′，海拔1363 m，地处黄土高原西北部，属黄河中游黄土丘陵沟壑区。属大陆性季风气候，其特点是春暖迟、夏热短、秋凉早、冬寒长。年均气温7 ℃，一月均温−6.7 ℃，七月均温19.7 ℃，≥10 ℃积温2398 ℃，无霜期149~171 d。年降水量，多年平均286 mm，最多706 mm，最少325 mm，年草面蒸发量878 mm，年干燥度2.17。年平均太阳总辐射量5642×109 J/m^2，年日照时数2710 h。试验时间为2011年10月20日至2011年12月20日。

表1 各处理混配基质的体积比

基质	柠条粉	珍珠岩	蛭石
1	2	1	1
2	3	1	1
3	4	1	1
4	5	1	1
5	3	1	2
6	4	1	2
7	5	1	2
CK	"壮苗二号"育苗基质		

1.2 试验材料

供试辣椒品种为"亨椒龙亢"，选自于北京中农绿亨种子科技有限公司，供试柠条粉购自宁夏回族自治区盐池县源丰草产业有限公司。1 m³柠条粉加入3.0 kg尿素、20 kg消毒鸡粪，发酵90天，加入珍珠岩和蛭石（具体比例见表1），作为育苗基质使用基质，以目前宁夏地区较为广泛的 "壮苗二号"育苗基质为对照（CK）。育苗穴盘采用72穴标准苗盘。

1.3 试验方法

柠条粉腐熟发酵90天后测定物理性状[22]，测定基质的体积质量与孔隙度，取自然风干基质加满至体积为100 cm³取土环刀（环刀质量W_0），质量为W_1；浸泡水中24 h，质量为W_2；环刀中的水分自由沥干后质量为W_3。按以下公式计算：干体积质量=（W_1-W_0）/100；湿体积质量=（W_3-W_0）/100；总孔隙度=（W_2-W_1）/100 ×100 %；通气孔隙=（W_2-W_3）/100×100 %；持水孔隙=总孔隙度−通气孔隙；大小孔隙比=通气孔隙/持水孔隙[19]。

出苗时间为自播种之日起到出苗数为30 %；出苗后天数以出苗时间之日算起；根冠比=地下部干重（g）/地上部干重（g），壮苗指数=［茎粗（cm）/株高（cm）+地下部干重（g）/地上部干重（g）］×全株干重（g）[23]；根系活力测定采用甲烯蓝法[24]。出苗后第50 d测定株高、茎粗、叶片数；测定各项指标时每重复取样5株，所有数据均为3次重复的平均值。

2 结果与分析

2.1 混配基质物理性状比较分析

从表2可以看出，各个处理的干质量体积在0.13 g·cm⁻³~0.22 g·cm⁻³之间，处理5的最大，而CK的干质量体积次之，依次为：处理6、处理7、处理1、处理2、处理3、处理4的最小，各处理复配基质（除处理5）的干体积质量均略低于CK，而且随着混配基质中蛭石含量的减少，混配基质的干体积质量也随之逐渐减小。在湿体积质量方面，各处理复配基质（除处理6）的湿体积质量均略低于CK；总孔隙度方面，各处理复配基质（除处理1和处理5）均略高于CK；通气孔隙均比CK大，其中处理4是CK的3.2倍，处理3为CK的3.0倍；因此总体而言，随着混配基质中柠条粉基质含量的增加，其总孔隙度也随之增大，混配基质的通气孔隙逐渐增加，而持水孔隙则逐渐减小，这可能由于柠条粉基质中含有较多的大颗粒，造成复合基质的通气孔隙较大，而持水孔隙较少，进而水气较少。由以上分析可知，随着基质中柠条粉含量的增加，提高了混配基质的总孔隙度和通气孔隙，降低了基质的持水孔隙。

表2　混配基质与壮苗二号育苗基质物理性状

基质	干体积质量DBD（g·cm⁻³）	湿体积质量WBD（g·cm⁻³）	总孔隙度TP（%）	通气孔隙AP（%）	持水孔隙WP（%）	大小孔隙比A /W
1	0.1557A	0.7992A	66.81B	9.50C	67.90A	7.6315A
2	0.1534A	0.7316A	82.21AB	11.18C	64.35A	5.7558A
3	0.1370B	0.7570A	86.09A	25.09A	59.66A	2.3778B
4	0.1350B	0.8324A	87.09A	26.43A	55.63A	2.1048B
5	0.2132A	0.8495A	748.0AB	9.71C	72.50A	7.2481A
6	0.1701A	0.8912A	79.88AB	10.45C	70.38A	6.4976A
7	0.1662A	0.8739A	85.73A	17.83B	62.00A	3.4772B
（CK）	0.1993A	0.8751A	75.80AB	9.22C	67.58A	7.3297A

2.2　混配基质对辣椒幼苗生长发育的影响

表3　混配基质与壮苗二号基质幼苗生长状况

处理	株高PH（cm）	茎粗SD（mm）	叶片数LN
1	13.33a	2.48b	6.00c
2	12.00abc	3.02ab	6.33b
3	12.50ab	2.48b	6.00c
4	11.33abc	2.61ab	6.00c
5	13.00ab	2.81ab	6.00c
6	11.67bc	3.24a	6.67a
7	10.83c	2.75ab	6.00c
CK	11.33bc	2.85ab	6.00c

在株高方面（见表3），处理7略低于壮苗二号，处理4与CK相同，其他处理均高于CK，而且处理1高出CK17.65 %，差异显著，株高大小关系与珍珠岩含量变化关系呈正相关关系，相关系数为0.6219，而柠条粉和蛭石与株高大小关系的相关系数为−0.4563和0.0966；在茎粗方面，处理6、处理2均大于CK，但差异不显著，其他处理则略小于CK，且各个处理之间差异均不显著；除处理6和处理2外，其他处理植株叶片数均相同。

2.3　混配基质对辣椒幼苗根系发育的影响

从表4可以发现，混配基质每个处理的根体积和根重均大于CK，其中处理2的根体积为CK的1.5倍、根重是CK的1.84倍，但混配基质各处理之间变化无明显规律性；

由于幼苗根体积大小关系，混配基质各处理根系总吸收面积、活跃吸收面积（m²）均大于CK；混配基质各处理比表面积均明显小于CK，且大小关系为：CK>处理7>处理5>处理4>处理3>处理1>处理6>处理2。

表4　混配基质与壮苗二号基质幼苗根系状况

处理	根体积RV（mL）	根鲜质量FW（g）	总吸收面积ST（m²）	活跃吸收面积SA（m²）	活跃吸收面积百分比SA（%）	比表面积SSA（cm²/cm³）
1	1.1AB	1.09A	1.2714A	0.6322A	0.4972B	11558.18AB
2	1.2A	1.12A	1.2780A	0.6351A	0.4969B	10650.00B
3	1.0AB	0.68B	1.2643A	0.6280A	0.4967B	12643.00AB
4	1.0AB	0.62B	1.2685A	0.6322A	0.4983B	12685.00AB
5	1.1AB	0.70B	1.2610A	0.6326A	0.5016A	12744.00AB
6	1.0AB	0.71B	1.2744A	0.6342A	0.4976B	11463.64AB
7	0.9AB	0.63B	1.2521A	0.6380A	0.5095A	13912.22AB
CK	0.8B	0.61B	1.2494A	0.6218A	0.4976B	15617.50A

2.4　混配基质对辣椒幼苗干物质积累的影响

表5　混配基质与壮苗二号基质对幼苗干物质积累的影响

处理	地上部鲜质量SFW（g）	地上部干质量SDW（g）	地下部鲜质量RFW（g）	地下部干质量RDW（g）	全株鲜质量TFW（g）	全株干质量TDW（g）	根冠比R/S	壮苗指数SI（g）
1	2.0200A	0.2393A	1.0900A	0.0983A	3.1100A	0.3377A	0.4109AB	0.1037AB
2	1.7700B	0.2100AB	1.1200A	0.0947AB	2.8900AB	0.3047AB	0.4508AB	0.1450A
3	1.1967D	0.1303C	0.6800B	0.0527C	1.8767C	0.1830B	0.4041AB	0.0776AB
4	1.1133D	0.1380C	0.6200B	0.0637C	1.7333C	0.2017AB	0.4614AB	0.0977AB
5	1.3800CD	0.1493C	0.7000B	0.0607C	2.0800C	0.2100AB	0.4063AB	0.0898AB
6	1.1500D	0.1387C	0.7067B	0.0670BC	1.8567C	0.2057AB	0.4832A	0.1469A
7	1.1067D	0.1330C	0.6267B	0.0640BC	1.7333C	0.1970AB	0.4812A	0.0998AB
CK	1.6333BC	0.1780BC	0.6133B	0.0483C	2.2467BC	0.2263AB	0.2715B	0.0671B

从各个处理的单株干质量来看，总体而言，与地上部分生长指标变化趋势相一致，从数值上看，辣椒的地上干质量在总干质量的比例要远远大于根系干质量所占比例，因此单株干质量的变化趋势与地上干质量变化趋势是一致的。在根冠比方面，混配基质幼苗根冠比比值均显著高于CK的根冠比比值；壮苗指数是评价幼苗质量的重要形态指标。试验得出：柠条粉混配基质幼苗壮苗指数均高于CK基质幼苗的壮苗指数，在出苗后第50 d 时混配基质（处理6）幼苗壮苗指数高出CK基质幼苗118.92 %，达到极显著水平。

3 讨论

Abad等认为理想基质的干体积质量应小于0.4 g·cm^{-3}，总孔隙度应大于80 %，而通气孔隙应在20 %~30 %之间[25]。李谦盛提出的基质质量标准，认为干体积质量应在0.1 g·cm^{-3}-0.8 g·cm^{-3}，总孔隙度应在70 %~90 %之间，通气孔隙应在15 %~30 %之间[26]。发酵柠条粉混配基质的干体积质量在0.13~0.22之间，符合Abad和李谦盛提出的基质质量标准，总孔隙度在60 %~90 %之间，通气孔隙在9 %~27 %，其中部分处理（处理2、处理3、处理4、处理6、处理7）符合李谦盛提出的基质质量标准。通过对辣椒幼苗根系活力和壮苗指数比较得出，处理2、处理6更有利于辣椒幼苗壮苗的培育，说明柠条粉混配基质通气孔隙在10 %~11 %更有利于辣椒幼苗生长发育。不同材料的试验结果并不一致，前人利用葡萄渣[27]、柠檬修剪树枝[28]、芦苇末[29]、松树皮[30]、酿酒废弃物[31]和蘑菇渣[32]作为基质的研究结果也各不相同。

4 结论

通过发酵柠条粉、珍珠岩、蛭石混合配制辣椒育苗基质，在辣椒育苗上的表现得出：混配基质（处理2、处理6）完全符合育苗基质要求，且育苗效果明显优于CK；发酵柠条粉在55 %~60 %之间、总孔隙度在70 %~90 %之间、通气孔隙在10 %~11 %之间育苗效果更佳。对于本次试验结果对辣椒育苗的影响有待于进一步重演性试验研究确定。

参考文献

［1］张阵万，杨淑性.陕西锦鸡儿属（Caragana Fav r.）植物［J］.西北植物研究，1983，（3）：21–31.

［2］曾辰，邵明安.黄土高原水蚀风蚀交错带柠条幼林地土壤水分动态变化［J］.干旱地区农业研究，2006，24（6）：155–158.

［3］Fang X W，Li J H，Xiong Y C，et al. Responses of Caragana korshinskii Kom. to shoot removal: mechanisms underlying regrowth［J］. Ecol Res，2008，23（5）：863–871.

［4］Ma C C，Gao Y B，Guo H Y，et al. Photosynthesis，Transpiration，and Water Use Efficiency of Caragana microphylla，C. intermedia，and C. korshinskii［J］. Photosynthetica，2004，42（1）：65–70.

［5］Zheng Y R，Rimmington G M，Xie Z X，et al. Responses to air temperature and soil moisture of growth of four dominant species on sand dunes of central Inner Mongolia［J］. J Plant Res，2008，121（5）：473–482.

［6］Fang X W，Li Y B，Xu D H，et al. Activities of starch hydrolytic enzymes and starch mobilization in roots of Caragana korshinskii following above–ground partial shoot removal［J］. Trees，2007，21（1）：93–100.

［7］Zhang Z S，Li X R，Liu L C，et al. Distribution，biomass，and dynamics of roots in a revegetated stand of Caragana korshinskii in the Tengger Desert，northwestern China［J］. J Plant Res，2009，122（1）：109–119.

［8］Cheng X R，Huang M B，Shao M G，et al. A comparison of fine root distribution and water consumption of mature Caragana korshinkii Kom grown in two soils in a semiarid region，China［J］. Plant Soil，2009，315（1/2）：149–161.

［9］Alamusa，Jiang D M. Characteristics of soil water consumption of typical shrubs（Caragana microphylla）and trees（Pinus sylvestris）in the Horqin Sandy Land area，China［J］. Front For China，2009，4（3）：330–337.

［10］Wang Z Q，Liu B Y，Liu G. Soil water depletion depth by planted vegetation on the Loess Plateau［J］. Sci China Ser D–Earth Sci，2009，52（6）：835–842.

［11］Yin J，He F，Qiu G Y，et al. Characteristics of leaf areas of plantations in semiarid hills and gully loess regions［J］. Front For China，2009，4（3）：351–357.

［12］Li X R，Kong D S，Tan H J，et al. Changes in soil and vegetation following stabilization of dunes in the southeastern fringe of the Tengger Desert，China［J］. Plant Soil，2007，300（1/2）：221–231.

［13］刘永和，孟宪民，王忠强. 泥炭资源的基本属性、理化性质和开发利用方向［J］. 干旱区资源与境，2003，（2）：18–22.

［14］郭世荣. 固体栽培基质研究、开发现状及发展趋势［J］. 农业工程学报，2005，21（S2）：1–4.

［15］Ostos J C，López G R，Murillo J M，et al. Substitution of peat for municipal solid waste and sewage sludge–based composts in nursery growing media：Effects on growth and nutrition of the native shrub Pistacia lentiscus L［J］.. Bioresource Technology，2008.99（6）：1793–1800.

［16］Awang Y，Ismail M.The growth and flowering of some annual omamentals on coconut dust［J］. Acta Hort，1997，450：31–38.

［17］Gruda N，Schnitzler W H.Suitability of wood fiber substrates for production of vegetable transplants II［J］. Scientia Horticulturae，2004，100：333–340.

［18］兰时乐，曹杏芝，戴小阳，等. 鸡粪与油菜秸秆高温堆肥中营养元素变化的研究［J］. 农业环境科学学报，2009，28（3）：564– 569.

［19］程斐，孙朝晖，赵玉国，等. 芦苇末有机栽培基质的基本理化性能分析［J］. 南京农业大学学报，2001，24（3）：19–22.

［20］尚秀华，谢耀坚，彭彦. 制糖废水促进稻壳腐熟用作育苗基质的研究［J］. 中南林业科技大学学报，2009，29（2）：78–81.

［21］尚庆茂，张志刚. 蚯蚓粪基质及肥料添加量对茄子穴盘育苗影响的试验研究［J］. 农业工程学报，2005，21（S2）：129–132.

［22］曲继松，郭文忠，张丽娟，等. 柠条粉作基质对西瓜幼苗生长发育及干物质积累的影响［J］. 农业工程学报，2010，26（8）：291–295.

［23］韩素芹，王秀峰. 氮磷对甜椒穴盘壮苗苗指数的影响［J］. 西北农业学报.2004，13（2）：128–132.

［24］于小凤，李进前，田昊. 影响粳稻品种吸氮能力的根系性状［J］. 中国农业科学，2011，44（21）：

4358-4366.

［25］Abad M，Noguera P，Bur é s S. National inventory of organic wastes for use as growing media for ornamental potted plant production：A case study in Spain ［J］.Bioresource Technology，2001.77（2）：197-200.

［26］李谦盛.芦苇末基质的应用基础研究及园艺基质质量标准的探讨［D］.南京：南京农业大学出版社，2003，90-94.

［27］Baran A，Çayc G，K ü t ü k C，et al. Composted grape marc as growing medium for hypostases（Hypostases phyllostagya）［J］.Bioresource Technology，2001. 78（1）：103-106.

［28］Garcia-Gomez A，Bernal M P，Roig A. Growth of ornamental plants in two composts prepared from agroindustrial wastes［J］. Bioresource Technology，2002.83（1）：81-87.

［29］李谦盛，裴晓宝，郭世荣，等.复配对芦苇末基质物理性状的影响［J］.南京农业大学学报，2003，26（3）：23-26.

［30］S á nchez-Monedero M A，Roig A，Cegarra J，et al. Composts as media constituents for vegetable transplant production ［J］.Compost Science & Utilization，2004.12（2）：161-168.

［31］Bustamante M A，Paredes C，Moral R，et al.Composts from distillery wastes as peat substitutes for transplant production ［J］.Resources，Conservation and Recycling，2008. 52（5）：792-799.

［32］Medina E，Paredes C，P é rez-Murcia M D，et al.Spent mushroom substrates as component of growing media for germination and growth of horticultural plants ［J］. Bioresource Technology，2009.100（18）：4227-4232.

混配柠条复合基质对茄子幼苗生长发育的影响

曲继松　张丽娟　冯海萍　郭文忠　杨冬艳　赵云霞

摘　要： 以发酵柠条粉、珍珠岩和蛭石为材料，按照不同比例混配形成柠条粉复合基质，以普通商品育苗基质为对照，通过基质理化性状、幼苗生长发育、根系活力、壮苗指数等指标，比较分析混配基质育苗效果，研究其理化性状和在茄子育苗中的应用效果。结果表明，添加发酵柠条粉基质，提高了混配基质的总孔隙度和通气孔隙，降低了基质的持水孔隙，部分复合基质完全符合育苗基质要求，且育苗效果明显优于CK；发酵柠条粉体积比在50 %~60 %之间、总孔隙度在70 %~90 %之间、通气孔隙在9.5 %~11.5 %之间育苗效果更佳；通过茄子幼苗根系活力和壮苗指数的生理指标确定：柠条粉：珍珠岩：蛭石=3：1：1或3：1：2（体积比）为茄子最佳育苗基质配比比例。

关键词： 干旱区；柠条；基质；茄子；育苗；生长发育；根系

　　草炭是现代园艺生产中广泛使用的重要育苗及栽培基质，在自然条件下草炭形成约需上千年时间，过度开采利用，使草炭的消耗速度加快，体现出"不可再生"资源的特点[1~2]。很多国家已经开始限制草炭的开采，导致草炭的价格不断上涨[3]。因此，开发和利用来源广泛、性能稳定、价格低廉，又便于规模化商品生产的草炭替代基质的研究已成为热点。大量研究表明，许多工农业废弃物，如花生壳[4]、锯末[5]、芦苇末[6]、作物秸秆[7]、树皮[8]、椰子壳纤维[9]、菇渣[10]、稻壳[11]以及下水道污泥[12]等，均可用来发酵生产基质，用于园艺作物的育苗和栽培。

　　柠条（*Caragana korshinskii*）是豆科锦鸡儿属（*Caragana Fabr.*）植物栽培种的通称，落叶灌木。柠条作为一种广泛分布的乡土灌木树种，由于其根系发达、耐旱性强，已成为水土保持和防风固沙的主要灌木树种[13, 14]。对于多年生长的柠条，必须进行平茬抚育。如果不进行平茬，柠条就会出现严重的木质化现象。木质化柠条输送养分和水分的能力会越来越弱，然后逐渐干枯死亡。前人研究主要集中在柠条的生理特性（光合速率[15]、净光合速率[16]、淀粉酶变化[17]）、环境条件（水分[18~21]、温度、光照强度[22]、空气湿度[15]）对柠条生长发育的影响及柠条利用（种群密度[23]、防风固沙[24]）方面的研究，但对采用柠条粉发酵生产园艺育苗基质的研究报道甚少。本试验将柠条粉发酵复配作为育苗基质进行探索性研究，由于西北内陆地区设施农业发展迅速，仅宁夏回族自治区目前设施温棚面积已超过6.67万hm²，设施瓜菜种苗需求量急增，进而育苗基质原料——草炭需求量加大，因此针对西北地区替代草炭的育苗基质亟待开发、利用。本研究以腐熟柠条粉为试材进行育苗试验，通过茄子苗期生长发育指标确定柠条粉复配基质作为育苗基质的可行性，进而为丰富的可再生的柠条资源后续产业的开发提供理论基础，提高沙产业的经济效益和生态效益。

1 材料与方法

1.1 试验地点

试验地点位于宁夏同心县旱作节水高效农业科技园内，地处宁夏中部干旱带，位于东经105° 59′，北纬36° 51′，海拔1363m。 地处黄土高原西北部，属黄河中游黄土丘陵沟壑区。属大陆性季风气候，其特点是春暖迟、夏热短、秋凉早、冬寒长。年均气温7 ℃，一月均温−6.7 ℃，七月均温19.7 ℃，≥10 ℃积温2398 ℃，无霜期149~171 d。年降水量，多年平均286 mm，最多706 mm，最少325 mm。年草面蒸发量878 mm，年干燥度2.17。年平均太阳总辐射量5642×109 J/m²，年日照时数2710 h。试验时间为2011年10月20日至2011年12月20日。2011年10月20日播种，每处理播种5盘，2011年10月28日出苗。

1.2 试验材料

供试茄子品种为"盛园三号"，来自于山东省华盛农业有限公司，供试柠条粉购自宁夏回族自治区盐池县源丰草产业有限公司，柠条粉中加入有机—无机肥料（1 m³柠条粉加入3.0 kg尿素、20 kg消毒鸡粪）腐熟发酵90天（化学性状见表2），加入珍珠岩和蛭石（具体比例见表1）后作为育苗基质使用，使用目前宁夏地区应用较为广泛的 "壮苗二号"育苗基质为对照（CK）。育苗穴盘采用72穴标准苗盘。

表1 各处理复合基质的体积比

处理	柠条粉	珍珠岩	蛭石
1（CK）	壮苗二号		
2	2	1	1

续表

处理	柠条粉	珍珠岩	蛭石
3	3	1	1
4	4	1	1
5	5	1	1
6	3	1	2
7	4	1	2
8	5	1	2

表2　柠条粉化学性状

pH值	电导率 (mS·cm^{-1})	全盐 (g·kg^{-1})	有机质 (g·kg^{-1})	全氮 (g·kg^{-1})	速效氮 (mg·kg^{-1})	速效磷 (mg·kg^{-1})	速效钾 (mg·kg^{-1})	碳氮比
5.35	1.153	3.50	685	31.36	1904	217	4475	12.7

1.3　试验方法

基质物理性状测定为腐熟发酵90天柠条粉基质，测定基质的体积质量与孔隙度，取自然风干基质加满至体积为100 cm³取土环刀（环刀质量m_0），质量为m_1；浸泡水中24 h，质量为m_2；烧杯水分自由沥干后质量为m_3。按以下公式计算：干体积质量=（m_1-m_0）/100；湿体积质量=（m_3-m_0）/100；总孔隙度=（m_2-m_1）/100×100 %；通气孔隙=（m_2-m_3）/100×100 %；持水孔隙=总孔隙度-通气孔隙；大小孔隙比=通气孔隙/持水孔隙[19]。

基质化学性状测定主要依据LY/T1239—1999 、LY/T1251—1999、NY/T297—1995、LY/T1229—1999、LY1233—1999 、NY/T1301—1995。测定主要仪器：Delta320 型酸度计、DDS-307 型电导率仪、2300 全自动定氮仪、722S 可见分光光度计、410 火焰光度计；测定基质各项化学性状时每处理重复取样3 次，数据均为3次重复的平均值。

出苗时间为自播种之日起到出苗数为30 %；出苗后天数以出苗时间之日算起；根冠比=地下部干质量（g）/地上部干质量（g），壮苗指数=［茎粗（cm）/株高（cm）+地下部干质量（g）/地上部干质量（g）］×全株干质量（g）[25]；根系活力测定采用甲基蓝法[26]：总吸收面积（m²）=［（$\rho_1-\rho_1'$）×v_1+（$\rho_2-\rho_2'$）×v_2］×1.1；活跃吸收面积（m²）=［（$\rho_3-\rho_3'$）×v_3］×1.1；活跃吸收面积（ %）=根系活跃吸收面积（m²）/根系总吸收面积（m²）×100 %；比表面积

（cm²·cm⁻³）= 根系总吸收面积（cm²）/根体积（cm³）；式中 ρ 表示各杯未浸泡根系前的甲基蓝质量浓度（mg·mL⁻¹）；ρ'表示各杯浸泡根系后的甲基蓝质量浓度（mg·mL⁻¹）；v表示各杯中的溶液量（mL）。

测定各项指标时每重复取样5株，所有数据均为3次重复的平均值。数据采用Microsoft Excel 2003和DPS 3.01进行处理和统计分析。

2 结果与分析

2.1 复合基质理化性状比较分析

表3 复合基质与壮苗二号育苗基质物理性状

处理	干体积质量 （g·cm⁻³）	湿体积质量 （g·cm⁻³）	总孔隙度 （%）	通气孔隙 （%）	持水孔隙 （%）	大小孔隙比 A/W
1（CK）	0.1993ab	0.8751a	75.80AB	9.22C	67.58a	7.3297A
2	0.1557ab	0.7992a	66.81B	9.50C	67.90a	7.6315A
3	0.1534ab	0.7316a	82.21AB	11.18C	64.35a	5.7558A
4	0.1370b	0.7570a	86.09A	25.09A	59.66a	2.3778B
5	0.1350b	0.8324a	87.09A	26.43A	55.63a	2.1048B
6	0.2132a	0.8495a	74.80AB	9.71C	72.50a	7.2481A
7	0.1701ab	0.8912a	79.88AB	10.45C	70.38a	6.4976A
8	0.1662ab	0.8739a	85.73A	17.83B	62.00a	3.4772B

注：同列不同小写字母表示差异显著（*P*<0.05）；同列不同大写字母表示差异极显著（*P*<0.01），下同。

从表3可以看出，各个处理的干质量体积在0.13 g·cm⁻³~0.22 g·cm⁻³之间，处理5的最大，而CK的干质量体积次之，其他依次为：处理6、处理7、处理1、处理2、处理3，处理4的最小，各处理复合基质（除处理5）的干体积质量均略低于CK，而且随着混配基质中蛭石含量的减少，混配基质的干体积质量也随之逐渐减小。在湿体积质量方面，各处理复合基质（除处理6）的湿体积质量均略低于CK，无显著差异；总孔隙度方面，各处理复合基质（除处理2和处理6）均略高于CK，且各处理之间无极显著差异；各处理复合基质通气孔隙均比CK大，其中处理5是CK的3.2倍，处理4为CK的3.0倍。因此总体而言，随着复合基质中柠条粉基质含量的增加，其总孔隙度也随之增大，混配基质的通气孔隙逐渐增加，而持水孔隙则逐渐减小，这可能由于柠条粉基质中含有较多的大颗粒，造成复合基质的通气孔隙较大，而持水孔隙较少，进而水气较大。由以上分析可知，随着基质中柠条粉含量的增加，提高了复合基质的总孔隙度和通气孔隙，降低了基质的持水孔隙。

Abad等认为理想基质的干体积质量应小于$0.4\ g \cdot cm^{-3}$，总孔隙度应大于80 %，而通气孔隙应在20 %~30 %之间[27]。李谦盛提出的基质质量标准，认为干体积质量应在$0.1\ g \cdot cm^{-3}$~$0.8\ g \cdot cm^{-3}$，总孔隙度应在70 %~90 %之间，通气孔隙应在15 %~30 %之间[28]。混配柠条复合基质的干体积质量在0.13~0.22之间，符合Abad和李谦盛提出的基质质量标准，总孔隙度在70 %~90 %之间，通气孔隙在15 %~30 %，其中部分处理（处理4、处理5、处理8）符合李谦盛提出的基质质量标准。

在基质化学状质方面（表4），复合基质的pH值与CK的无显著差异；而复合基质电导率均略高于CK，且差异极显著；复合基质全盐含量、速效氮含量均大于CK，且差异极显著；处理5复合基质有机质含量极显著高于CK；在全氮量方面，各处理（除处理6）复合基质均显著高于CK；CK速效磷含量和碳氮比比值均显著高于复合基质；除处理2外，其他各处理复合基质速效钾含量均显著高于CK。

表4 复合基质与壮苗二号育苗基质化学性状

处理	pH值	电导率 (mS·cm⁻¹)	全盐 (g·kg⁻¹)	有机质 (g·kg⁻¹)	全氮 (g·kg⁻¹)	速效氮 (mg·kg⁻¹)	速效磷 (mg·kg⁻¹)	速效钾 (mg·kg⁻¹)	碳氮比
1(CK)	5.65a	2.35E	7.16D	439B	15.66C	892C	269a	2665C	15.4a
2	5.74a	4.40D	17.50C	454B	20.21B	1292B	115.5c	2925C	12.7b
3	5.48a	6.64ABC	17.90C	468B	21.54AB	1330B	122.4bc	3425B	12.6b
4	5.63a	6.78AB	21.50A	491AB	22.50AB	1414AB	141.7bc	3850AB	11.3b
5	5.62a	6.93A	22.00A	537A	25.07A	1588A	157.3b	4025A	12.4b
6	5.66a	5.73C	17.90C	426B	19.16BC	1324B	117.5c	3450B	11.8b
7	5.68a	5.70C	18.20BC	480AB	20.98AB	1355B	121.5bc	3525AB	12.1b
8	5.86a	5.86BC	21.30AB	486AB	22.00AB	1480AB	136.7bc	3775AB	11.4b

2.2 复合基质对茄子幼苗生长的影响

表5 复合基质与壮苗二号基质育苗生长状况

处理	出苗后天数（d）	株高（cm）	茎粗（mm）	叶片数
1（CK）	55	11.67a	2.553a	5a
2	55	12.63a	2.663a	5a
3	55	12.67a	2.973a	5a
4	55	12.83a	2.830a	5a
5	55	12.33a	2.617a	5a
6	55	12.67a	2.583a	5a
7	55	13.50a	2.920a	5a
8	55	11.50a	2.470a	5a

在株高、茎粗方面（表5），除处理8外，其他复合基质均高于CK，但无显著差异；各处理茄子幼苗叶片数均相同，无显著差异。复合基质对茄子幼苗地上部分生长无影响。

2.3 复合基质对茄子幼苗根系生长的影响

表6 复合基质与壮苗二号基质对幼苗根系的影响

处理	根体积（mL）	根鲜质量（g）	总吸收面积（m²）	活跃吸收面积（m²）	活跃吸收面积（%）	比表面积（cm²/cm³）
1（CK）	0.7BC	0.54C	1.2659a	0.6292a	0.4901a	15824.94A
2	1.0AB	0.71BC	1.2629a	0.6303a	0.4982a	13259.91B
3	0.8BC	0.65BC	1.3181a	0.6536a	0.4959a	16476.62A
4	1.0AB	0.87AB	1.2962a	0.6458a	0.4982a	12962.00B
5	0.8BC	0.63BC	1.2879a	0.6412a	0.4979a	12099.06B
6	1.4A	1.06A	1.2804a	0.6437a	0.5027a	16146.26A
7	0.9BC	0.75BC	1.2858a	0.6346a	0.4935a	14287.29B
8	0.9BC	0.61BC	1.2775a	0.6294a	0.4925a	14195.34B

从表6可以发现，复合基质各处理的根容和根鲜重均大于CK，其中处理6的根容为CK的2倍，处理6的根鲜重是CK的1.96倍，但复合基质各处理之间变化无明显规律性。各处理复合基质根系总吸收面积、活跃吸收面积（m²）均大于CK。处理3、处理5比表面积均略大于CK，无显著差异，其他复合基质比表面积均小于CK，差异显著。通过对茄子幼苗根系活跃吸收面积和壮苗指数比较得出，处理3、处理6更有利于茄子幼苗壮苗的培育。

2.4　复合基质对茄子幼苗干物质积累的影响

表7　复合基质与壮苗二号基质对幼苗干物质积累的影响

处理	地上部鲜质量（g）	地上部干质量（g）	地下部鲜质量（g）	地下部干质量（g）	全株鲜质量（g）	全株干质量（g）	根冠比ratio	壮苗指数（g）
1（CK）	2.320c	0.223b	0.540c	0.049b	2.860E	0.272C	0.219a	0.065B
2	3.277a	0.318a	0.710bc	0.061ab	3.986AB	0.379AB	0.191a	0.081AB
3	3.263a	0.321a	1.060a	0.079a	4.323A	0.400A	0.247a	0.108A
4	2.983ab	0.274ab	0.873ab	0.058ab	3.856ABC	0.332ABC	0.214a	0.078AB
5	2.643bc	0.255ab	0.626bc	0.052b	3.270CDE	0.307ABC	0.205a	0.069B
6	2.517bc	0.237ab	0.653bc	0.054ab	3.170DE	0.291BC	0.228a	0.092AB
7	2.867ab	0.283ab	0.753bc	0.060ab	3.620BCD	0.343ABC	0.212a	0.081AB
8	2.243c	0.232b	0.610bc	0.055ab	2.853E	0.287BC	0.236a	0.074AB

复合基质处理2和处理3地上部鲜质量显著高于CK，地上部干质量与地上部鲜质量变化趋势相同。在地下部鲜质量方面，处理2显著高于CK，其他处理差异均不显著，且地下部干质量与地下部鲜质量变化趋势相同。而在全株鲜质量方面，处理2、处理3、处理4、处理7均显著高于CK，其差异极显著。处理2、处理3的全株干质量显著高于CK，其他处理与CK差异不显著。在根冠比方面，复合基质与CK无显著差异。壮苗指数是评价幼苗质量的重要形态指标，通过试验得出：柠条粉复合基质（处理3）幼苗壮苗指数高于CK基质幼苗的壮苗指数，在出苗后50 d时幼苗壮苗指数为CK基质幼苗1.66倍，达到极显著水平；其他处理复合基质壮苗指数均大于CK，但差异不显著。

3 结论

通过发酵柠条粉、珍珠岩、蛭石混合配制育苗基质，在茄子育苗上的表现得出：混配基质（处理3、处理6）完全符合育苗基质要求，且育苗效果明显优于CK；发酵柠条粉在50 %~60 %之间、总孔隙度在70 %~90 %之间、通气孔隙在9.5 %~11.5 %之间育苗效果更佳。通过茄子幼苗根系活力和壮苗指数的生理指标确定：柠条粉：珍珠岩：蛭石=3：1：1或3：1：2（体积比）为茄子最佳育苗基质配比比例。

参考文献

［1］刘永和，孟宪民，王忠强.泥炭资源的基本属性、理化性质和开发利用方向［J］.干旱区资源与环境，2003，（2）：18-22.

［2］郭世荣.固体栽培基质研究、开发现状及发展趋势［J］.农业工程学报，2005，21（S2）：1-4.

［3］Ostos J C，LópEz-Garrido R，Murillo J M，et al.Substitution of peat for municipal solid waste- and sewage sludge-based composts in nursery growing media：Effects on growth and nutrition of the native shrub Pistacia lentiscus L［J］.Bioresource Technology，2008.99（6）：1793-1800.

［4］孙治强，赵永英，倪相娟.花生壳发酵基质对番茄幼苗质量的影响［J］.华北农学报，2003，18（4）：86-90.

［5］籍秀梅，孙治强.锯末基质发酵腐熟的理化性质及对辣椒幼苗生长发育的影响［J］.河南农业大学学报，2001，35（1）：66-69.

［6］李谦盛.芦苇末基质的应用基础研究及园艺基质质量标准的探讨［D］.南京：南京农业大学出版社，2003：90-94.

［7］高新昊，张志斌，郭世荣.玉米与小麦秸秆无土栽培基质的理化性状分析［J］.南京农业大学学报，2006，29（4）：131-134.

［8］Sánchez-Monedero M A，Roig A，Cegarra J，et al.Composts as media constituents for vegetable transplant production［J］.Compost Science & Utilization，2004，12（2）：161-168.

［9］陈萍，郑中兵，王艳飞，等.南方甜瓜育苗基质的研究［J］.种子，2008，27（7）：63-64，66.

［10］时连辉，张志国，刘登民，等.菇渣和泥炭基质理化特性比较及其调节［J］，农业工程学报，2008，24（4）：199-203.

［11］孙向丽，张启翔.混配基质在一品红无土栽培中的应用［J］.园艺学报，2008，35（12）：1831-1836.

［12］Medina E，Paredes C，Pérez-Murcia M D，et al.Spent mushroom substrates as component of growing media for germination and growth of horticultural plants［J］.Bioresource Technology，2009，100（18）：4227-4232.

［13］张阵万，杨淑性.陕西锦鸡儿属（Caragana Fav r.）植物［J］.西北植物研究，1983，（3）：21-31.

［14］曾辰，邵明安.黄土高原水蚀风蚀交错带柠条幼林地土壤水分动态变化［J］.干旱地区农业研究，2006，24（6）：155-158.

［15］Fang X W，Li J H，Xiong Y C，et al.Responses of Caragana korshinskii Kom. to shoot removal：mechanisms underlying regrowth［J］.Ecol Res，2008，23（5）：863-871.

［16］Ma C C，Gao Y B，Guo H Y，et al.Photosynthesis，Transpiration，and Water Use Efficiency of Caragana microphylla，C. intermedia，and C. korshinskii［J］.Photosynthetica，2004，42（1）：65-70.

［17］Zheng Y R，Rimmington G M，Xie Z X，et al. Responses to air temperature and soil moisture of growth of four dominant species on sand dunes of central Inner Mongolia［J］. J Plant Res，2008，121（5）：473–482.

［18］Fang X W，Li Y B，Xu D H，et al. Activities of starch hydrolytic enzymes and starch mobilization in roots of Caragana korshinskii following above–ground partial shoot removal［J］. Trees，2007，21（1）：93–100.

［19］Zhang Z S，Li X R，Liu L C，et al. Distribution，biomass，and dynamics of roots in a revegetated stand of Caragana korshinskii in the Tengger Desert，northwestern China［J］. J Plant Res，2009，122（1）：109–119.

［20］Cheng X R，Huang M B，Shao M G，et al. A comparison of fine root distribution and water consumption of mature Caragana korshinkii Kom grown in two soils in a semiarid region，China［J］. Plant Soil，2009，315（1/2）：149–161.

［21］Alamusaand，Jiang D M. Characteristics of soil water consumption of typical shrubs（Caragana microphylla）and trees（Pinus sylvestris）in the Horqin Sandy Land area，China［J］. Front For China，2009，4（3）：330–337.

［22］Wang Z Q，Liu B Y，Liu G. Soil water depletion depth by planted vegetation on the Loess Plateau［J］. Sci China Ser D–Earth Sci，2009，52（6）：835–842.

［23］Yin J，He F，Qiu G Y，et al. Characteristics of leaf areas of plantations in semiarid hills and gully loess regions［J］. Front For China，2009，4（3）：351–357.

［24］Li X R，Kong D S，Tan H J，et al. Changes in soil and vegetation following stabilization of dunes in the southeastern fringe of the Tengger Desert，China［J］. Plant Soil，2007，300（1/2）：221–231.

［25］韩素芹，王秀峰.氮磷对甜椒穴盘苗壮苗指数的影响［J］.西北农业学报.2004，13（2）：128–132

［26］.http：//www.docin.com/p–214326490.html

［27］Abad M，Noguera P，Burés S. National inventory of organic wastes for use as growing media for ornamental potted plant production：A case study in Spain［J］.. Bioresource Technology，2001.77（2）：197–200.

［28］李谦盛.芦苇末基质的应用基础研究及园艺基质质量标准的探讨［D］.2003.

根域体积对柠条基质番茄幼苗生长发育及光合特性的影响

曲继松　张丽娟　冯海萍　杨冬艳

摘　要：【目的】为了解柠条基质育苗过程中根域体积大小对番茄幼苗生长和光合生理特性的影响，【方法】以番茄品种"倍盈"为试材，采用自配育苗基质［柠条粉：珍珠岩：蛭石=7：2：1体积比，柠条发酵过程时，搬入尿素2 kg/m³、商品有机肥V（N）：V（P）：V（K）=12：8：9（体积比）5 kg/m³］，按照不同根域体积（32穴/盘~288穴/盘）进行育苗。【结果】根域体积与株高、茎粗均呈非线性相关，且茎粗相关系数更高；根长与根域体积呈线性正相关，与秧苗密度呈线性负相关，且相关关系系数（0.9136）大于根域体积（0.8798）。随着根域体积的下降，净光合速率、蒸腾速率、气孔导度、胞间CO_2浓度均随之降低，而且各处理之间差异显著，根域体积（0.6156）对气孔限制值的影响小于秧苗密度（0.9521）的影响。在一定根域体积（12.21 cm³/穴~110.07 cm³/穴）范围内，根域体积大小对番茄幼苗叶绿素含量和叶片温度的影响小于受秧苗密度的影响。【结论】不同根域体积对柠条基质番茄幼苗生长发育及光合特性的影响显著，综合生理指标、壮苗指数、植株生长状况等多方面因素考虑，建议柠条基质培育番茄幼苗时使用98穴或128穴穴盘。

关键词：柠条基质；育苗；根域体积限制；生长发育；光合特性；幼苗密度

1　引言

1.1　研究意义

　　随着我国蔬菜产业的发展和工厂化农业的推进，蔬菜育苗已由传统的土方育苗、营养钵育苗转向以穴盘育苗为主的工厂化育苗。穴盘育苗是对传统育苗方式的一次革新，影响穴盘苗质量的关键因素是基质和穴盘规格。基质是容器苗生长发育的载体，基质成分及其相对比例对苗木生长影响显著。但是穴盘规格对特定基质条件下单一种类蔬菜育苗方面的研究却不多，尤其是新型替代草炭的柠条基质更是鲜有报道。

1.2 前人研究进展

国外开发了椰子壳、锯末等替代基质，并应用于商业化生产[1, 2]，国内在以木糖渣、芦苇末、油菜秸秆、蚯蚓粪等工农业废弃物为原料开发草炭替代基质方面也作了较为深入的研究[3~6]，容器苗根域体积是固定的，容易对地下部分生长造成限制，进而影响地上部分的生长，基质与容器的筛选一直是国内外容器育苗研究的重要内容[7~13]。

1.3 本研究切入点

课题组2007—2012年在柠条粉作为基质的探索性试验已经取得了初步成功，尤其是在西瓜[14]、甜瓜[15]、茄子[16]、辣椒、黄瓜[18]等育苗上和樱桃番茄[19, 20]、辣椒[21]、番茄[22]等作物基质栽培上均有较好表现。

1.4 拟解决的关键问题

目前柠条基质配型筛选研究基本确定了柠条基质的配比类型，但是多种蔬菜使用柠条基质育苗过程中的穴盘选择存在一定不确定性，因此单一蔬菜品种使用适宜的穴盘进行育苗的研究就显得尤为重要。同时为柠条资源合理利用和工厂化育苗生产提供理论依据和技术支撑。

2 材料与方法

2.1 试验地点

试验地点位于同心县王团镇南村的清水河岸西侧海原县境内，地处宁夏中部干旱带，位于东经105° 59′，北纬36° 51′，海拔1363 m。 地处黄土高原西北部，属黄河中游黄土丘陵沟壑区。属大陆性季风气候显，其特点是春暖迟、夏热短、秋凉早、冬寒长。年均气温7 ℃，一月均温-6.7 ℃，七月均温19.7 ℃，≥ 10 ℃积温2398 ℃，无霜期149~171 d。年降水量，多年平均降雨量为286 mm，最多706 mm，最少325 mm。

年草面蒸发量878 mm。年干燥度2.17。年平均太阳总辐射量5642×10^9 J/m²，年日照时数2710 h。试验时间为2013年9月20日至2013年11月20日。

2.2 试验材料

供试番茄品种为"倍盈"，引自于先正达印度种子公司，供试柠条粉购自宁夏回族自治区盐池县源丰草产业有限公司。1 m³柠条粉加入3.0 kg尿素、20 kg消毒鸡粪，发酵90天后，加入珍珠岩和蛭石（柠条粉：珍珠岩：蛭石=7：2：1，体积比），作为育苗基质使用。

穴盘使用29 cm×58 cm标准穴盘，具体规格见表1。

2.3 试验方法

表1 各处理基本状况

处理	穴盘规格 穴/盘（Hole / Plug）	根域体积cm³ /穴（cm³/ Hole）	秧苗密度 株/m²（Plant /m²）
1	32	110.07	190.25
2	50	67.2	297.27
3	72	39.06	428.06
4	98	26.82	582.64
5	128	19.76	761.00
6	200	12.21	1189.06
7	288	7.28	1712.25

出苗后第50 d测定株高、茎粗、叶片数；根系体积测定采用排水法，根系活力测定采用氯化三苯基四氮唑（TTC）法[23]，根总吸收面积、活跃吸收面积、比表面积测定采用甲基蓝法[24]。根冠比=地下部干重（g）/地上部干重（g），壮苗指数=［茎粗（cm）/株高（cm）+地下部干重（g）/地上部干重（g）］×全株干重（g）[14]。

叶绿素采用SPAD502叶绿素仪测得，净光合速率、蒸腾速率、气孔导度、胞间CO_2浓度、叶片温度、气孔限制值等光合参数采用TPS-2便携式光合作用测定系统测得。

共测定5个平行样本，每个样本测量3次，结果取平均值。数据处理和作图采用DPS3.01软件Duncan新复极差法和Excel软件进行统计分析。

3 结果与分析

3.1 根域体积对番茄幼苗生长状况的影响

在株高方面（见表2），处理4最大，为10.3 cm，其次是处理5，再次为处理6、处理2、处理3、处理1，处理7最小，仅为8.0 cm。处理2的茎粗值最大，为2.494 mm，处理7最小，大小关系依次为：处理2>处理1>处理4>处理5>处理3>处理6>处理7，茎粗与根域体积呈非线性相关，关系式为：$y = -0.0001x^2 + 0.022x + 1.6028$，相关关系系数为0.889。其大小与秧苗密度呈线性负相关，关系式为：$y = -0.0004x + 2.3792$，相关关系系数为0.8562。在叶片数方面各处理无差异，但在根长方面存在显著差异，大小关系为：处理1>处理2>处理3>处理4>处理5>处理6=处理7，根长与根域体积呈线性正相关，关系式为：$y = 0.101x + 6.0982$，相关关系系数为0.8798。其大小与秧苗密度呈现线性负相关，关系式为：$y = -0.0071x + 15.396$，相关关系系数为0.9136。

表2　根域体积对番茄幼苗生长的影响

处理	株高（cm）	茎粗（mm）	叶片数	根长（cm）
1	8.1c	2.208b	5a	15.8a
2	9.3b	2.494a	5a	13.2b
3	8.3c	2.008bc	5a	13.8b
4	10.3a	2.198b	5a	9.3c
5	10.0a	2.080b	5a	8.7d
6	9.5b	1.852c	5a	5.2e
7	8.0c	1.696d	5a	5.2e

注：同列不同字母表示差异显著（$P < 0.05$）。下同 Different letters in a column indicate a significant difference（$P < 0.05$）. The same as below

3.2　根域体积对番茄幼苗根系发育的影响

表3　根域体积对番茄幼苗根系的影响

处理	根系体积（mL）	根鲜质量（g）	根系活力（ug.g^{-1}.h^{-1} FW）	总吸收面积 (m²)	活跃吸收面积 (m²)	比表面积 (cm²/cm³)
1	0.34cd	0.208c	0.415b	0.6632a	0.3304a	23510.48d
2	0.61a	0.406a	0.439a	0.6591b	0.3268b	10911.67g
3	0.43b	0.294b	0.402bc	0.6481c	0.3229bc	14967.67f
4	0.38c	0.264bc	0.378c	0.6442c	0.3206c	16726.33e
5	0.24d	0.188c	0.311d	0.6402c	0.3219c	26239.28c
6	0.17e	0.126d	0.285de	0.6429c	0.3173d	38269.52b
7	0.16e	0.120d	0.241e	0.6388d	0.3146d	41212.28a

从表3可以发现，处理2的根系体积为最大，其大小关系为：处理2＞处理3＞处理1＞处理4＞处理5＞处理6＞处理7，根系体积与根域体积大小呈非线性相关系数，关系式为：$y=-0.0001x^2 + 0.0167x - 0.0001$，相关关系系数为0.975。根鲜质量大小关系与根体积相一致，根鲜质量与根域体积大小呈非线性相关系数，关系式为：$y = -8E-05x^2 + 0.011x + 0.0182$，相关关系系数为0.9781。

在根系活力方面，大小关系为：处理2＞处理1＞处理3＞处理4＞处理5＞处理6＞处理7，根系活力大小与根域体积的线性相关关系系数为0.9821，非线性相关关系系数为0.7763，与秧苗密度呈线性负相关，关系式为：$y = -0.0001x + 0.4496$，相关关系系数为0.564。在总吸收面积方面，大小关系为：处理1＞处理2＞处理3＞处理4＞处理5＞处理6＞处理7，活跃吸收面积大小关系与总吸收面积相同，处理7的比表面积值最大，为41212.28 cm^2/cm^3，处理2的最小，仅为10911.67cm^2/cm^3。

3.3 根域体积对番茄幼苗干物质积累的影响

表4 根域体积对番茄幼苗干物质积累的影响

处理	地上部鲜质量（g）	地上部干质量（g）	地下部鲜质量（g）	地下部干质量（g）	全株鲜质量（g）	全株干质量（g）	根冠比	壮苗指数（g）
1	0.688c	0.092b	0.208c	0.030b	0.896c	0.122b	0.326a	0.372b
2	1.004a	0.1412a	0.406a	0.045a	1.410a	0.186a	0.318b	0.558a
3	0.668c	0.0812c	0.294b	0.027b	0.962c	0.108c	0.333a	0.297cd
4	0.84b	0.0985b	0.264bc	0.028b	1.104b	0.126b	0.286c	0.306c
5	0.984a	0.0888c	0.188c	0.019c	1.172b	0.108c	0.216d	0.248d
6	0.648c	0.0727d	0.126d	0.015cd	0.774d	0.087d	0.206e	0.189e
7	0.396d	0.0421e	0.120d	0.013d	0.516f	0.055e	0.318b	0.135f

从番茄幼苗植株地上部、地下部鲜、干质量及全株鲜、干质量上来看，地上部鲜质量大小关系为：处理2＞处理5＞处理4＞处理1＞处理3＞处理6＞处理7，其中处理7值最小，仅为0.396 g，地上部干质量的大小关系与地上部鲜质量略有不同，处理2＞处理4＞处理1＞处理5＞处理3＞处理6＞处理7。地下部鲜质量方面，处理2值最大，为0.406 g，其大小关系为：处理2＞处理3＞处理4＞处理1＞处理5＞处理6＞处理7，与地下部干质量变化规律相同。

从数值上看，番茄幼苗地上部干质量在总干质量的比例要远远大于根系干质量所占比例，因此单株干质量的变化趋势与地上干质量变化趋势是一致的。在根冠比方面，处理3的根冠比比值最大，为0.333，处理6的最小，仅为0.206。壮苗指数是评价幼苗质量的重要形态指标，处理2壮苗指数值最大，为0.558 g，处理7的最小，仅为0.135 g，壮苗指数与根域体积大小呈非线性相关系数，关系式为：$y = -8E-05x^2 + 0.0121x + 0.0386$，相关关系系数为0.9362。

3.4 根域体积对番茄幼苗光合特性的影响

在叶绿素含量方面，各处理之间差异显著，但与根域体积既不呈线性相关，也不呈非线性相关，但处理1至处理6、叶绿素SPAD值与秧苗密度呈线性相关关系，关系式为：$y=0.0158x+19.339$，相关关系系数为0.9883，同时各处理叶绿素SPAD值与叶片温度呈线性相关关系，相关关系系数为0.9082。

表5 根域体积对番茄幼苗光合特性的影响

处理	叶绿素SPAD值	净光合速率（$\mu mol \cdot m^{-2} \cdot s^{-1}$）	蒸腾速率（$mmol \cdot m^{-2} \cdot s^{-1}$）	气孔导度（$mol \cdot m^{-2} \cdot s^{-1}$）	胞间CO^2浓度（$\mu mol \cdot mol^{-1}$）	叶片温度（℃）	气孔限制值
1	22.87d	13.06a	2.414c	428.6a	416.2a	19.24e	0.1577f
2	23.37d	12.68b	2.568b	321.2d	392.2b	20.38c	0.1867d
3	27.30c	11.66c	2.566b	369.0c	389.0b	20.58c	0.1768e
4	27.57c	12.84b	2.908a	385.8b	375.0c	21.28b	0.1959c
5	30.63b	10.84d	1.854e	258.4e	369.0c	23.54a	0.1887d
6	38.63a	9.16e	1.936d	247.8f	253.8d	23.76a	0.4429b
7	21.83e	8.7f	1.654f	215.0g	201.8e	19.74d	0.5591a

在净光合速率、蒸腾速率、气孔导度、胞间CO_2浓度等方面总体变化趋势均为随着根域体积的减少而减少，各处理之间差异显著，且线性相关关系系数均在0.6以下，处理1的净光合速率、蒸腾速率、气孔导度、胞间CO_2浓度4项指标均为各处理最高值，而处理7均为最低值。

叶片温度变化趋势与叶绿素SPAD值极为相似，在处理1到处理6之间，叶片温度随着根域体积的减少而增加，且呈线性负相关关系，关系式为：$y=-0.0423x+23.404$，相关关系系数为0.8589，同时与秧苗密度呈线性正相关关系，关系式为：$y=0.0047x+18.774$，相关关系系数为0.9343。但在总体方面分析，叶片温度在处理1到处理7之间，随着根域体积的减少呈先增加后减小的趋势，即当根域体积小于12.21 cm³/穴时，叶片温度开始降低。

在气孔限制值方面，各处理之间差异显著，且气孔限制值随着根域体积的减少而增加，且呈线性负相关关系，关系式为：$y=-0.0027x+0.3809$，相关关系系数为0.6156。气孔限制值与秧苗密度呈线性正相关关系，关系式为：$y=0.0003x+0.0655$，相关关系系数为0.9521。

4 讨论

在番茄幼苗生长方面，株高、茎粗均与根域体积呈非线性相关，且茎粗相关系数更高。根长与根域体积呈线性正相关，与秧苗密度呈现线性负相关，且相关关系系数（0.9136）大于根域体积的（0.8798）。

植物通过光合作用合成糖类，积累干物质，积累量的大小直接反映在植株的生长量上。光合作用是作物形成生物学产量和经济产量的基础。光合强度不但与叶片的生理状况有关，而且和根系的发育密切相关。虽有限根对植株光合无影响的报道[25]，但极度限根会使光合速率下降[26, 27]。本研究表明随着根域体积的下降，净光合速率、蒸腾速率、气孔导度、胞间CO_2浓度均随之降低，而且各处理之间差异显著。

按照营养体积判断，在均匀基质条件下，体积越大，富含营养越多，秧苗所获的营养越多，由于叶绿素含量与氮素含量呈正相关，因此根域体积越大，其叶绿素含量越高。但本试验得出：当32穴/盘到200穴/盘，叶绿素含量逐渐增加，且与秧苗密度呈线性相关关系，相关关系系数为0.9883；当288穴/盘时，叶绿素SPAD值却显著下降。就试验样本（32穴~288穴）而言，叶绿素含量与根域体积既不呈线性相关，也不呈现非线性相关。各处理叶绿素SPAD值与叶片温度呈线性相关关系，相关关系系数为0.9082。叶片温度与秧苗密度呈线性正相关关系，相关关系系数为0.9343。这说明叶绿素含量不仅与氮素相关，也与根域体积、秧苗密度及叶片温度密切相关。

通过本次试验可以假定在一定根域体积条件下（12.21 cm³/穴~110.07 cm³/穴），番茄幼苗叶绿素含量受秧苗密度影响大于根域体积大小的影响，叶片温度也受秧苗密度影响。在7.28 cm³/穴，即288穴/盘时，番茄幼苗叶绿素含量和叶片温度又急剧下降，说明根域体积已经严重影响了秧苗的质量（壮苗指数仅为0.135 g）。因此，根域体积、秧苗密度对番茄幼苗光合、矿质生理方面的影响，以及互作关系有待于进一步研究。

5 结论

根域体积与株高、茎粗均呈非线性相关，且茎粗相关系数更高；根长与根域体积呈线性正相关，与秧苗密度呈现线性负相关，且相关关系系数（0.9136）大于根域体积（0.8798）。随着根域体积的下降，净光合速率、蒸腾速率、气孔导度、胞间CO_2浓度均随之降低，而且各处理之间差异显著，根域体积（0.6156）对气孔限制值的影响小于秧苗密度（0.9521）的影响。在一定根域体积（12.21 cm³/穴~110.07 cm³/穴）范围内，根域体积大小对番茄幼苗叶绿素含量和叶片温度的影响小于受秧苗密度的影响。综合生理指标、壮苗指数、植株生长状况等多方面因素考虑，建议柠条基质培育番茄秧苗时使用98穴或128穴标准穴盘。

参考文献

［1］Ostos J-C, López G-R, Murillo J-M, et al. Substitution of peat for municipal solid waste and sewage sludge-based composts in nursery growing media: Effects on growth and nutrition of the native shrub Pistacia lentiscus L［J］.Bioresource Technology, 2008, 99（6）: 1793-1800.

［2］Gruda N, Schnitzler W-H. Suitability of wood fiber substrates for production of vegetable transplants II［J］. Scientia Horticulturae, 2004, 100: 333-340.

［3］兰时乐, 曹杏芝, 戴小阳, 等.鸡粪与油菜秸秆高温堆肥中营养元素变化的研究［J］.农业环境科学学报, 2009, 28（3）: 564-569.
LAN Shi-le, CAO Xing-zhi, DAI Xiao-yang, et al. The Changes of Nutrition Elements During the Composting Chicken Manure and Rape Straw Under Higher Temperature［J］.Journal of Agro-Environment Science, 2009, 28（3）: 564-569.（in Chinese）

［4］程斐, 孙朝晖, 赵玉国, 等.芦苇末有机栽培基质的基本理化性能分析［J］.南京农业大学学报, 2001, 24（3）: 19-22.
Cheng Fei, Sun Zhao-hui, Zhao Yu-guo, et al. Analysis of physical and chemical properties ofreed residue substrate［J］. Journal of Nanjing Agricultural University, 2001, 24（3）: 19-22.（in Chinese）

［5］尚秀华, 谢耀坚, 彭彦.制糖废水促进稻壳腐熟用作育苗基质的研究［J］.中南林业科技大学学报, 2009, 29（2）: 78-81.
Shang Xiu-hua, Xie Yao-jian, Peng Yan. Rice-husk composting as seedling medium boosted by sugar refinery wastewater［J］. Journal of Central South University of Forestry& Technology, 2009, 29（2）: 78-81.（in Chinese）

［6］尚庆茂, 张志刚.蚯蚓粪基质及肥料添加量对茄子穴盘育苗影响的试验研究［J］.农业工程学报, 2005, 21（S）: 129-132.
Shang Qing-mao, Zhang Zzhi-gang. Experimental studies on fertilizer-adding amount in eggplant plug seedling production with vermicom post-based media［J］. Transactions of the CSAE, 2005, 21（Supp）: 129- 132.（in Chinese）

［7］邓煜, 刘志峰.温室容器育苗基质及苗木生长规律的研究［J］.林业科学, 2000, 36（5）: 33-39.
Deng Yu, Liu Zhi-feng. Study on growth medium and growth law for containerized seeding stocks grown in Greenhouse［J］. Scientia Silvae Sinicae, 2000, 36（5）: 33-39（in Chinese）.

［8］Ginwal H-S, Rawat D-S, Sharma S, et al. Standardization of proper volume/size and type of root trainer for raising Acacia nilotica seedlings: Nursery evalution and field trail [J].Indian Forestry, 2001 (127): 920-928.

[9] Bashir A, Qaisar K-N, Khan M-A, et al. Standardization of growing media for raising Pinuswallichiana seedlings under root trainer production system in nursery [J].Environment and Ecology, 2009, 27 (1A): 381-384.

[10] Agbogidi O-M, Enujeke E-C, Eshegbeyi O-F. Germination and seedlinggrowth of African pear (Dacryodes edulis Don.G.Lam.H. J.) as affected by different planting media [J].American Journal of Plant Physiology, 2007, 2 (4): 282-286.

[11] Gopal Shukla, Sumit Chakravarty, Dey A-N. Effect of growing media ongermination and initial seedling growth of Albizia procera (Roxb) Benth.in Terai zone of West Bengal [J].Environment and Ecology, 2007, 25S (Special 2): 406-407.

[12] 王月生, 周志春, 金国庆, 等.基质配比对南方红豆杉容器苗及其移栽生长的影响 [J].浙江林学院学报, 2007, 24 (5): 643-646.

Wang Yue-sheng, Zhou Zhi-chun, Jin Guo-qing, et al. Growth of Taxus chinensis var. mairei for container seedlings in different media mixtures and for bare-root versus container seedlings in a young stand [J]. Journal of Zhejiang Forestry College, 2007, 24 (5): 643-646 (in Chinese).

[13] 张纪卯.不同基质和容器规格对油杉容器苗生长的影响 [J].福建林学院学报, 2001, 21 (2): 176-180.

Zhang Ji-mao. Studies on effect of different medium and container size on growth of Keteleeria fartunei container seedling [J]. Journal of Fujian College of Forestry, 2001, 21 (2): 176-180 (in Chinese)

[14] 曲继松, 郭文忠, 张丽娟, 等.柠条粉作基质对西瓜幼苗生长发育及干物质积累的影响 [J].农业工程学报.2010, 26 (8): 291-295.

Qu Ji-song, Guo Wen-zhong, Zhang Li-juan, et al. Influence on the growth and accumulation of dry matter of watermelon seedlings based on caragana-straw as nursery substrate [J]. Transactions of the CSAE, 2010, 26 (8): 291-295 (in Chinese).

[15] 张丽娟, 曲继松, 冯海萍, 等.利用柠条发酵粉作育苗基质对甜瓜幼苗质量的影响 [J].北方园艺, 2010, (15): 165-167.

Zhang Li-juan, Qu Ji-song, Feng Hai-ping, et al. Influence on the quality of muskmelon seedlings utilize caragana-straw as nursery substrate [J]. Northern Horticulture, 2010, (15): 165-167 (in Chinese).

[16] 曲继松, 张丽娟, 冯海萍, 等.混配柠条粉基质对茄子幼苗生长发育的影响 [J].西北农业学报, 2012, 21 (11): 162-167.

Qu Ji-song, Zhang Li-juan, Feng Hai-ping, , et al.Influence of caragana-straw as component of mixed substrate on growth of eggplant seedlings [J].Acta Agriculturae Boreali-occidentalis Sinic, 2012, 21 (11): 162-167 (in Chinese).

[17] 曲继松, 张丽娟, 冯海萍, 等.发酵柠条粉混配基质对辣椒幼苗生长发育的影响 [J].江苏农业学报, 2012, 28 (4): 846-850.

Qu Ji-song, Zhang Li-juan, Feng Hai-ping, et al.Caragana-straw as component of mixed substrate for pepper seedling growth [J]. Jiangsu J of Agr Sci, 2012, 28 (4): 846-850 (in Chinese).

[18] 孙婧, 买买提吐逊·肉孜, 曲梅, 等.柠条基质理化性质和育苗效果研究 [J].中国蔬菜, 2011, (22/24): 68-71.

Sun Jing, Maimaitituxun·Rou-zi, Qu Mei, et al. Studies on physicochemical property and seedling culture effect of caragana included substrates [J]. CHINA VEGETABLES, 2011, (22/24): 68-71 (in Chinese).

[19] 冯海萍, 曲继松, 郭文忠, 等.基于发酵柠条为栽培基质对樱桃番茄产量及品质的影响 [J].北方园艺, 2010, (03): 22-23.

Feng Hai-ping, Qu Ji-song, Guo Wen-zhong, et al.Take the cultivation matrix to study on yield and quality of cherry tomato based on fermentation caragana.spp [J].Northern Horticulture, 2010, （03）: 22-23（in Chinese）.

［20］冯海萍，曲继松，郭文忠，等.不同栽培方式下樱桃番茄基质栽培试验及效益分析［J］.北方园艺，2010，（07）: 38-39.

Feng Hai-ping, Qu Ji-song, Guo Wen-zhong, et al. The cultivation experiment and benefit analysis of cherry tomato in substrate culture under different cultivation［J］. Northern Horticulture, 2010, （07）: 38-39（in Chinese）.

［21］冯海萍，郭文忠，曲继松，等.不同营养液对辣椒柠条基质栽培产量和品质的影响［J］.北方园艺，2010，（15）: 153-155.

Feng Hai-ping, Qu Ji-song, Guo Wen-zhong, et al. Effects of different nutritional solution on yield and quality of pepper in caragana substrate Culture［J］. Northern Horticulture, 2010, （15）: 153-155（in Chinese）.

［22］冯海萍，曲继松，郭文忠，等.栽培模式对柠条复合基质栽培有机番茄生长发育的影响［J］.北方园艺，2012（18）: 30-31.

Feng Hai-ping, Qu Ji-song, Guo Wen-zhong, et al.Effects of different cultivation mode on growth and devement of organic tomato in caragana compound substrate［J］. Northern Horticulture, 2012（18）: 30-31（in Chinese）.

［23］李合生.植物生理生化实验原理和技术［M］.北京：高等教育出版社，2000.

Li He-sheng.The principle and technology of plant physiology and biochemistry experiment［M］. Beijing：Higher Education Press, 2000（in Chinese）.

［24］于小凤，李进前，田昊，等.影响粳稻品种吸氮能力的根系性状［J］.中国农业科学，2011，44（21）: 4358-4366.

Yu Xiao-feng, Li Jin-qian, Tian Hao, et al. Root traits affecting N absorptive capacity in conventional Japonica rice［J］. Scientia Agricultura Sinica, 2011, 44（21）: 4358-4366（in Chinese）.

［25］Kharkina T-G, Rosenqvist E, Ottosen C-O. Effect s of root restriction on the growth and physiology of cucumber plants［J］. Physiologia Plantarum, 1999, 105（3）: 434-441.

［26］杨洪强，李林光，接玉玲.园艺植物的根系限制及其应用［J］.园艺学报，2001，28（增刊）: 705-710.

Yang Hong-qiang, Li Lin-guang, Jie Yu-ling. The root restriction of horticultural plant and its application［J］. Acta horticulture, 2001, 28（Suppl）: 705-710（in Chinese）.

［27］Will R E, Teskey R O. Effect of elevated carbon dioxide concentration and root restriction on net photosynthesis, water relations and foliar carbohydrate status of Ioblolly pine seedlings［J］.Tree Physiol, 1997, 17（10）: 655-661.

根域体积限制对柠条基质芹菜幼苗生长、气体交换和叶绿素荧光参数的影响

曲继松　张丽娟　冯海萍　杨冬艳

摘　要： 以芹菜品种"皇后"为试材，采用自配育苗基质［柠条粉∶珍珠岩∶蛭石=7∶2∶1（体积比）柠条发酵过程时，均匀拌入尿素2 kg/m³、商品有机肥 V（N）∶V（P）∶V（K）=12∶8∶9（体积比）5 kg/m³］，按照不同根域体积（32穴/盘、50穴/盘、72穴/盘、98穴/盘、128穴/盘、200穴/盘、288穴/盘）进行育苗，探索在柠条混配基质条件下不同根域体积水平对芹菜幼苗生长、气体交换和叶绿素荧光动力学诱导曲线的影响，为丰富柠条资源化利用理论和基于柠条混配基质条件下设施蔬菜育苗提供科学依据。结果表明，株高、叶片数、根长和根系体积与根域体积呈线性正相关，根系活力与秧苗密度呈线性负相关；地上部鲜质量、地上部干质量与根域体积呈线性正相关，相关系数为0.9323和0.8395，地下部鲜质量、地下部干质量与秧苗密度呈线性负相关，相关系数为0.8661和0.7878；净光合速率与根域体积的线性正相关系数为0.9156；根域体积过大（110.07 cm³/穴）或偏小（7.28 cm³/穴）都会影响PSII光合电子传递；当根域体积为25.68 cm³/穴时，φEo值达到最大；当根域体积达到14.34 cm³/穴时，ψo值达到最大；当根域体积达到17.32 cm³/穴时，TRo/CS值达到最大；当根域体积达到19.21 cm³/穴时，ETo/CS值达到最大。通过对芹菜幼苗生长、气体交换和叶绿素荧光参数的综合分析得出，建议在使用柠条基质穴盘培育芹菜时使用128穴/盘，即根域体积为19.76 cm³/穴的穴盘进行育苗操作。

关键词： 柠条基质；根域体积；秧苗密度；芹菜；光合特性；叶绿素荧光诱导动力学曲线

柠条（*Caragana korshinskii*）是豆科锦鸡儿属（*Caragana Fabr.*）植物栽培种的通称，落叶灌木。柠条作为中国"三北"地区一种广泛分布的乡土灌木树种，由于其根系发达、耐旱性强，已成为水土保持和防风固沙的主要灌木树种[1, 2]。对于多年生长的柠条，必须进行平茬抚育。如果不进行平茬，柠条就会出现严重的木质化现象。木质化柠条输送养分和水分的能力会越来越弱，然后逐渐干枯死亡。"三北"地区柠条种植面积广，占地面积大，估计全国柠条的生长面积至少在133.3万hm²

以上，每年需要平茬的面积大约有33.3万hm²。前人对柠条的研究主要集中在生理特性[3~6]、环境条件[7~11]对柠条生长发育的影响及柠条利用[12, 13]等方面；课题组在2009年至2013年间以柠条粉作为育苗基质的探索性试验已经取得了初步成功，尤其是在西瓜[14]、甜瓜[15]、茄子[16]、辣椒[17]等育苗上取得较好表现。目前国外开发了椰子壳、锯末等替代草炭基质，并应用于商业化生产[18, 19]，国内在以木糖渣、芦苇末、油菜秸秆、蚯蚓粪等工农业废弃物为原料开发草炭替代基质方面也作了较为深入的研究[20~23]；容器苗根域体积是固定的，容易对地下部分生长造成限制，进而影响地上部分的生长，基质与容器的筛选一直是国内外容器育苗研究的重要内容[24~30]。目前柠条基质配型筛选研究已经基本确定了柠条基质的复混配比类型，但是使用柠条复混基质进行多种蔬菜育苗过程中的穴盘选择存在一定不确定性，因此本研究以芹菜为样本，不同穴数标准穴盘为试材，测定分析不同根域体积限制对芹菜幼苗生长、气体交换和叶绿素荧光动力学诱导曲线的影响，以判断何种规格穴盘更适宜柠条基质芹菜育苗，为柠条资源合理利用和工厂化育苗生产提供理论依据和技术支撑，提高沙产业的经济效益和生态效益。

1 材料与方法

1.1 试验地点

试验地点位于宁夏银川市宁夏农林科学院园林场试验基地内育苗专用温室内，位于东经106° 09 ′ 00.55 ″，北纬38° 38 ′ 57.89 ″，海拔1117 m。银川市属典型的中温带大陆性气候，四季分明，春迟夏短，秋早冬长，昼夜温差大，雨雪稀少，蒸发强烈，气候干燥，风大沙多等。年平均气温8.5 ℃左右，年平均日照时数2800 h~3000 h，年平均降水量200 mm左右，无霜期185 d左右。

试验时间为2013年10月20日至2014年1月10日，试验在16 m大跨度育苗专用日光温室内进行，所有穴盘在育苗床架上摆放，每个穴盘按照南北方向摆放，所有穴盘横向并排一字排开，与温室前沿平行，距离温室前沿3 m。

1.2 试验材料

供试芹菜品种为"皇后"——引自于法国Tezier公司；供试柠条粉购自宁夏回族自治区盐池县源丰草产业有限公司，1 m³柠条粉加入2.0 kg尿素、商品有机肥[V（N）：V（P）：V（K）=12：8：9（体积比）]5 kg，高温静态发酵90天后，加入珍珠岩和蛭石（柠条粉：珍珠岩：蛭石=7：2：1，体积比），作为育苗基质使用。

穴盘使用29 cm×58 cm标准穴盘，每个处理1个穴盘，重复3次，具体规格见表1。

表1 各处理基本状况

处理	穴盘规格 穴/盘（Hole / Plug）	根域体积 cm³/穴（cm³/ Hole）	秧苗密度 株/m²（Plant /m²）
1	32	110.07	190.25
2	50	67.20	297.27
3	72	39.06	428.06
4	98	26.82	582.64
5	128	19.76	761.00
6	200	12.21	1189.06
7	288	7.28	1712.25

1.3 测定项目及方法

1.3.1 生长指标

出苗后第60 d测定，用直尺测量幼苗株高、根长，根系体积测定采用排水法，根系活力测定采用氯化三苯基四氮唑（TTC）法[31]，根冠比=地下部干重（g）/地上部干重（g）[14]，每个处理测量为5株，随机选择。

1.3.2 气体交换参数

净光合速率（Pn）、蒸腾速率（Tr）、气孔导度（Ga）、胞间CO_2浓度（Gs）、气孔限制值（Ls）、水分利用效率（WUE）等光合参数采用TPS-2便携式光合作用测定系统测定，测定时，育苗温室内部光照强度为1000 ± 50 $\mu mol \cdot m^{-2} \cdot s^{-1}$，$CO_2$浓度为$400 \pm 20$ $\mu mol \cdot mol^{-1}$。测定叶片为秧苗最高一片完全展开功能叶，每个处理测量3片叶片，随机选择。

1.3.3 叶绿素荧光参数

使用英国Hansatech公司生产的连续激发式荧光仪Handy PEA测定芹菜幼苗叶片的荧光参数，测定前暗适应30 min，利用配套软件对数据进行处理分析，初始荧光（Fo）、最大荧光（Fm）、可变荧光（Fv）、PSII最大光化学效率（Fv/Fm）、性能指数（PI）直接从系统导出；单位反应中心吸收的光能（ABS/RC）= Mo·（1/ Vj）·（1/φPo），单位反应中心捕获的用于还原QA的能量（TRo/RC）=Mo·（1/Vj），单位反应中心捕获的用于电子传递的能量（ETo/RC）=Mo·（1/Vj）·ψO，单位反应中心耗散掉的能量（DIo/RC）=（ABS/RC）－（TRO/RC）；初始最大光化学效率（φPo）=TRo/ABS，捕获的激子中用来推动电子传递到电子传递链中超过QA的其他电子受体的激子占用来推动Q_A还原激子的比率（ψ_o）=ETo/TRo，用于电子传递的量子产额（ϕ_{Eo}）=ETo/ABS，用于热耗散的量子比率（ϕDo）=$1-\phi Po$；单位面积吸收的光能（ABS/CS）$\approx$Fo，单位面积内有活性的反应中心数目（RC/CS）=ϕPo（Vj/MO）·（ABS/CS），单位面积捕获的光能（TRo/CS）=ϕPo·（ABS/CS），单位面积内用于电子传递的光能（ETo/CS）=ϕEo·（ABS/CS），单位面积内热耗散的光能（DIo/CS）=（ABS/CS）-（TRo/CS）[32]。测定时间为晴天上午10：00~12：00之间进行，测定叶片为秧苗最高一片完全展开功能叶，每个处理测量3片叶片，随机选择。

1.4 数据分析

每个样本测量3次，结果取平均值。数据处理和作图采用DPS3.01软件Duncan新复极差法和Excel软件进行统计分析。

2 结果与分析

2.1 根域体积限制对芹菜幼苗生长的影响

表2　根域体积限制对芹菜幼苗生长的影响

处理	株高(cm)	叶片数	根长(cm)	根系体积(mL)	根系活力($ug.g^{-1}.h^{-1}$ FW)
1	21.2 ± 0.8a	8.4 ± 0.6a	18.8 ± 3.2a	3.50 ± 0.50a	0.431 ± 0.031a
2	18.6 ± 1.2b	8.2 ± 1.2b	13.3 ± 3.3b	2.50 ± 0.35b	0.415 ± 0.033b
3	18.1 ± 0.9bc	6.6 ± 1.6c	12.8 ± 3.8c	1.75 ± 0.30c	0.391 ± 0.051c
4	17.8 ± 1.8c	6.2 ± 1.2d	10.8 ± 2.2d	1.40 ± 0.20d	0.374 ± 0.022d
5	17.0 ± 2.0d	6.2 ± 1.4d	10.8 ± 1.4d	1.25 ± 0.25e	0.364 ± 0.038e
6	15.6 ± 1.6e	5.6 ± 0.6e	8.0 ± 0.6e	1.15 ± 0.10f	0.261 ± 0.011f
7	13.0 ± 2.0f	4.8 ± 1.2f	6.8 ± 1.2f	0.80 ± 0.20g	0.181 ± 0.019g

注：同列不同字母表示差异显著（$P<0.05$）。下同 Different letters in a column indicate a significant difference（$P<0.05$）. The same as below.

从表2可以看出，在株高方面，处理1最大，为21.2 cm，其次是处理2，再次为处理3、处理5、处理6、处理4，处理7最小，仅为13.0 cm，为处理1的61.32 %。株高与根域体积呈线性正相关，关系式为：$y=0.0613x+14.855$，相关关系系数为0.8795，同时与秧苗密度呈线性负相关，关系式为：$y=-0.0045x+20.664$，相关关系系数为

0.9601。在叶片数方面其大小关系变化趋势与株高相一致，处理1最大，处理7最小，叶片数与根域体积呈线性正相关，关系式为：$y=0.0349x+5.0765$，相关关系系数为0.9419，同时与秧苗密度呈线性负相关，关系式为：$y=-0.0043x+20.042$，相关关系系数为0.8705。

在根长方面（见表2），大小关系为：处理1>处理2>处理3>处理4>处理5>处理6>处理7，根长与根域体积呈线性正相关，相关关系系数为0.9593；其大小与秧苗密度呈线性负相关，相关关系系数为0.8761。根系体积大小变化规律与根长一致，根系体积与根域体积大小呈线性正相关，相关关系系数为0.9971；与秧苗密度呈线性负相关，相关关系系数为0.8011。在根系活力方面，大小关系为：处理1>处理2>处理3>处理4>处理5>处理6>处理7，根系活力大小与根域体积的线性相关关系系数为0.7407，与秧苗密度呈线性负相关，关系式为：$y=-0.0002x+0.4575$，相关关系系数为0.9931。

2.2 根域体积对芹菜幼苗干物质积累的影响

表3 根域体积限制对芹菜幼苗干物质积累的影响

处理	地上部鲜质量（g）	地上部干质量 Up（g）	地下部鲜质量（g）	地下部干质量（g）	全株鲜质量（g）	全株干质量（g）	根冠比
1	8.6978±0.8324a	0.6306±0.0645b	2.4319±0.6783ab	0.1227±0.0357b	11.1297±1.1231a	0.7534±0.0778b	0.1946±0.0501e
2	8.1365±0.5467b	0.7209±0.0449a	2.3234±0.6545b	0.1602±0.0327a	10.4599±1.2132b	0.8811±0.0808a	0.2222±0.0376c
3	4.7839±0.6453c	0.4043±0.0517c	2.4491±0.3474a	0.1188±0.0173c	7.2330±0.8974c	0.5232±0.0561c	0.2939±0.0347a
4	4.2528±0.3546f	0.3949±0.0296d	1.7735±0.4123de	0.0935±0.0206d	6.0236±0.3436d	0.4884±0.0229d	0.2367±0.0268b
5	3.8352±0.5211d	0.3669±0.0427e	1.2555±0.2301c	0.0790±0.0121e	5.0907±0.8675e	0.4459±0.0566e	0.2153±0.0287d
6	2.7770±0.4256e	0.2949±0.0354f	0.8823±0.2335e	0.0698±0.0122f	3.6593±0.4837f	0.3646±0.0302f	0.2366±0.0243b
7	1.8256±0.5163g	0.1835±0.0431g	0.4944±0.2248f	0.0354±0.0112g	2.3200±0.5113g	0.2189±0.0153g	0.1930±0.0249e

在芹菜幼苗物质积累方面（见表3），幼苗地上部鲜质量各处理之间差异显著，处理1为8.6978g，而处理7仅为1.8256g，为处理1的20.99%，各处理大小关系为：处理1>处理2>处理3>处理5>处理6>处理4>处理7，其与根域体积呈线性正相关，关系式为：$y=0.0673x+2.1842$，相关关系系数为0.9519，其大小与秧苗密度呈线性负相关，关系式为：$y=-0.0042x+7.9657$，相关关系系数为0.8691。幼苗地上部干质量变化规律与地上部鲜质量相一致，其与根域体积呈线性正相关，相关关系系数为0.8639，

与秧苗密度呈线性负相关，相关关系系数为0.8559。

在幼苗地下部鲜质量方面（见表3），各处理大小关系差异显著，依次为：处理3＞处理1＞处理2＞处理4＞处理5＞处理6＞处理7，其中处理1为2.4319g，是处理7（0.4944g）的4.92倍，其与根域体积呈线性正相关，相关关系系数为0.7870，与秧苗密度呈线性负相关，相关关系系数为0.9544。在地下部干质量方面，其变化规律与地上部干质量相一致，且各处理差异显著，与根域体积呈线性正相关，相关关系系数为0.7436，与秧苗密度呈线性负相关，相关关系系数为0.9090。

从数值上看，芹菜幼苗地上部鲜质量在全株鲜质量的比例要远远大于地下部鲜质量所占比例，因此全株鲜质量的变化趋势与地上部先质量变化趋势是一致的，由于处理2的地下部干质量最大，在地上部、地下部、全株干质量方面与鲜质量差异较大，且各处理差异显著。在根冠比方面有较大不同，其大小关系为：处理3＞处理4＞处理6＞处理2＞处理5＞处理1＞处理7，其与根域体积呈线性正相关，关系系数为0.2000，非线性相关，关系系数为0.6983，关系式为$y = -0.00005x^2 + 0.0025x + 0.1945$，与秧苗密度呈线性负相关，关系系数为0.2828，非线性相关，关系系数为0.5402。

2.3 根域体积对芹菜幼苗叶片气体交换参数的影响

表4 根域体积限制对芹菜幼苗叶片气体交换参数的影响

处理	净光合速率 / (μmol·m^{-2}·s^{-1})	蒸腾速率 / (mmol·m^{-2}·s^{-1})	气孔导度 / (μmol·m^{-2}·s^{-1})	胞间CO_2浓度 / (μmol·mol^{-1})	气孔限制值 Ls)	水分利用效率 (WUE)
1	14.23±1.23a	5.67±0.23a	0.456±0.042b	359.33±3.26b	0.0595±0.0043d	2.5088±0.2105b
2	13.97±1.56b	5.31±0.34cd	0.461±0.044a	354.33±1.19c	0.0747±0.0035bc	2.6286±0.3512a
3	11.23±1.15d	5.42±0.24b	0.416±0.029c	363.67±3.35a	0.0506±0.0042e	2.0738±0.3247d
4	11.70±0.87c	5.34±0.71c	0.392±0.051d	354.00±2.64c	0.0783±0.0062b	2.0817±0.4526d
5	11.07±0.44de	5.28±0.57d	0.367±0.044e	363.00±5.10a	0.0609±0.0049c	2.0973±0.2574d
6	10.50±0.97e	4.66±0.26f	0.322±0.037f	363.33±4.55a	0.0596±0.0022d	2.2532±0.3682c
7	8.67±1.04f	4.77±0.46e	0.284±0.021g	352.67±3.76d	0.0895±0.0031a	1.8169±0.4442e

根域体积大小对芹菜幼苗叶片气体交换参数的影响差异显著（见表4）。在净光合速率方面总体变化趋势均为随着根域体积的减少而各参数减少，各处理之间差异显著，依次为：处理1＞处理2＞处理3＞处理5＞处理4＞处理6＞处理7，处理1的净光

合速率比处理7高出64.13 %。同时净光合速率与根域体积呈线性正相关，关系式为：$y=0.0494x+9.4892$，相关关系系数为0.9156，与根域体积呈非线性相关，关系式为：$y=-0.0005x^2+0.1072x+8.5369$，相关关系系数为0.9525，净光合速率与秧苗密度呈线性负相关，关系式为：$y=-0.0032x+13.816$，相关关系系数为0.8691，且与秧苗密度呈非线性相关，关系式为：$y=0.000002x^2-0.0073x+15.13$，相关关系系数为0.9071。

各处理蒸腾速率差异显著，变化规律与净光合速率类似，处理1的蒸腾速率比处理7高出18.87 %。蒸腾速率与根域体积呈线性正相关，相关关系系数为0.8186，同时与根域体积呈非线性相关，相关关系系数为0.8645，与秧苗密度呈线性负相关，相关关系系数为0.8830，与秧苗密度亦呈非线性相关，相关关系系数为0.9205。

在气孔导度方面，总体趋势为随着根域体积的减少而减少，即处理2＞处理1＞处理3＞处理4＞处理5＞处理6＞处理7，与根域体积呈线性正相关，相关关系系数为0.8463，同时与根域体积呈非线性相关，相关关系系数为0.9875；与秧苗密度呈线性负相关，相关关系系数为0.9750，与秧苗密度亦呈非线性相关，相关关系系数为0.9923。而在胞间CO_2浓度方面，处理3、处理5、处理6差异不显著，处理2和处理4差异不显著，总体变化趋势无规律。

在气孔限制值方面，各处理之间差异显著，总体变化趋势不规律，与根域体积和秧苗密度线性、非线性相关关系系数均小于0.65。各处理之中，处理2的水分利用效率值最高，为2.6286，处理7为1.8169，为处理1的69.12 %，其他处理均在2.0000~2.5999之间，与根域体积和秧苗密度均不构成相关关系。

2.4 根域体积对芹菜幼苗叶绿素荧光参数的影响

表5 根域体积限制对芹菜幼苗叶绿素荧光参数的影响

处理	初始荧光Minimal（Fo）	最大荧光（Fm）	可变荧光（Fv）	PSII最大光化学效率（Fv/Fm）	性能指数（PI）
1	527.75±57.25d	2492.50±514.50d	1964.75±521.50d	0.7883±0.0563c	0.6938±0.1012e
2	522.50±87.50e	2511.25±602.25c	1988.75±540.25c	0.7919±0.0289b	0.7010±0.0852d
3	546.75±43.25a	2553.75±128.50b	2007.00±121.50b	0.7859±0.0374d	0.7798±0.1123c
4	533.75±50.25c	2608.25±501.50a	2074.50±553.25a	0.7954±0.0691a	0.9278±02213b
5	521.50±71.25e	2506.50±232.25c	1985.00±213.50c	0.7919±0.0591b	1.0858±0.2019a
6	541.75±84.25b	2503.50±180.00c	1965.75±248.00d	0.7836±0.0462f	0.6720±0.1211f
7	508.00±33.50f	2355.25±422.25e	1847.25±423.50e	0.7843±0.0332e	0.4873±0.2105g

由表5可知，不同根域体积限制下芹菜幼苗叶片叶绿素荧光参数Fo、Fm和Fv变化较大，且各处理差异显著。其中处理3的Fo值最大，达到546.75，比处理7高出7.63%，与根域体积和秧苗密度均不构成相关关系。Fm和Fv在处理3时值最高，大小关系为：处理4＞处理3＞处理2＞处理5＞处理6＞处理1＞处理7。

Fv/Fm是表明光化学反应状况的1个重要参数，Fv/Fm反映了荧光诱导动力学曲线上升过程的O-P段的PSII光合电子传递能力，从其大小关系可以发现根域体积过大或偏小都会影响PSII光合电子传递，而且根域体积过小（处理7，7.28 cm³/穴）对PSII光合电子传递的影响要明显大于根域体积过大（处理1，110.07 cm³/穴）的影响；性能指数（PI）可以准确反映植物光合机构的状态，适当根域体积（处理4，26.82 cm³/穴）芹菜幼苗光合原初反应显著高于根域体积过大（处理1，110.07 cm³/穴）或偏小（处理7，7.28 cm³/穴）。

2.5　根域体积对芹菜幼苗光系统II（PSII）反应中心活性参数的影响

表6　根域体积限制对芹菜幼苗叶片PSII反应中心活性参数的影响

处理	单位反应中心吸收的能量（ABS/RC）	单位反应中心捕获的用于还原QA的能量（TRO/RC）	单位反应中心捕获的用于电子传递的能量（ETO/RC）	单位反应中心耗散掉的能量（DIO/RC）
1	2.6521±0.1153de	2.0905±0.2013e	0.5443±0.0358e	0.5615±0.0021e
2	2.8913±0.2194bc	2.2897±0.1952c	0.6223±0.0615c	0.6016±0.0154d
3	2.8695±0.1362c	2.2551±0.3482cd	0.6642±0.0195b	0.6144±0.0215c
4	2.5785±.0.2514e	2.0509±0.2746f	0.6192±0.0248cd	0.5277±0.0213f
5	2.6929±0.5123d	2.1326±0.5912d	0.6636±0.0259b	0.5603±0.0332e
6	3.0526±0.4123b	2.3920±0.5562b	0.6859±0.0314a	0.6606±0.0346b
7	3.2216±0.2146a	2.5267±0.1825a	0.6104±0.0391d	0.6949±0.0295a

由表6可以看出，芹菜幼苗叶片单位反应中心吸收（ABS/RC）、捕获的用于还原QA（TRo/RC）、捕获的用于电子传递（ETo/RC）及热耗散掉（DIo/RC）的能量的4个活性参数与根域体积和秧苗密度既不呈线性相关，也不呈非线性相关，说明PSII反应中心活性参数受根域限制的影响不大。

但无论是何种根域体积条件下都呈现出ABS/RC＞TRO/RC＞ETO/RC的趋势，这表明随着电子传递链的延伸热耗散增加，光能利用率降低。而且处理1和处理7的ETO/RC均比DIO/RC小，其余各处理均为ETO/RC＞DIO/RC，说明根域体积过大或偏小均使得PSII反应中心用于热耗散的能量高于用于电子传递的能量。

2.6 根域体积对芹菜幼苗光系统Ⅱ（PSⅡ）能量分配比率的影响

表7 根域体积限制对芹菜幼苗叶片光系统Ⅱ（PSⅡ）能量分配比率的影响

处理	捕获的激子中，用来推动电子传递到电子传递链中超过Q_A的其他电子受体的激子占用来推动Q_A还原激子的比率（ψ_o）	初始最大光化学效率（ϕ_{Po}）	用于电子传递的量子产额（ϕ_{Eo}）	用于热耗散的量子比率（ϕ_{Do}）
1	$0.2604 \pm 0.00315f$	$0.7883 \pm 0.0563c$	$0.2052 \pm 0.0226e$	$0.2117 \pm 0.0049b$
2	$0.2718 \pm 0.0425e$	$0.7919 \pm 0.0289b$	$0.2152 \pm 0.0348d$	$0.2081 \pm 0.0156c$
3	$0.2945 \pm 0.0323c$	$0.7859 \pm 0.0374d$	$0.2315 \pm 0.0415b$	$0.2141 \pm 0.0268ab$
4	$0.3019 \pm 0.0258b$	$0.7954 \pm 0.0691a$	$0.2401 \pm 0.0085ab$	$0.2046 \pm 0.0058d$
5	$0.3112 \pm 0.0469a$	$0.7919 \pm 0.0591a$	$0.2464 \pm 0.0196a$	$0.2081 \pm 0.0512c$
6	$0.2867 \pm 0.0121d$	$0.7836 \pm 0.0462f$	$0.2247 \pm 0.0091c$	$0.2164 \pm 0.0345a$
7	$0.2416 \pm 0.0391g$	$0.7843 \pm 0.0332e$	$0.1895 \pm 0.0347f$	$0.2157 \pm 0.0095a$

在PSⅡ受体侧的几个指标中（见表7），初始最大光化学效率（ϕ_{Po}）、用于热耗散的量子比率（ϕ_{Do}）与根域体积和秧苗密度既不呈线性相关，也不呈非线性相关，PSⅡ的功能活性受根域体积影响不大；用于电子传递的量子产额（ϕ_{Eo}）和捕获的激子中用来推动电子传递到电子传递链中超过QA的其他电子受体的激子占用来推动QA还原激子的比率（ψ_o）主要反映了PSⅡ受体侧的变化，ϕ_{Eo}与根域体积既不呈线性相关，也不呈非线性相关，但与秧苗密度呈非线性相关，相关关系式为：$y=-0.00000008x^2+0.0001x+0.1857$，相关系数为0.9663；$\psi_o$与$\phi_{Eo}$变化规律极其相似，与根域体积亦不呈线性相关，也不呈非线性相关，与秧苗密度呈非线性相关关系，相关关系式为：$y=-0.0000001x^2+0.0002x+0.2353$，相关系数为0.9706。说明秧苗密度过大或偏小使得芹菜幼苗叶片用于QA下游电子传递的量子不断减少，PSⅡ反应中心捕获的激子中用于QA下游电子传递的激子占捕获激子总数的比例不断减少，PSⅡ受体侧QA下游的电子传递接收的能量占总能量的比例值都是不断降低的。

2.7 根域体积对芹菜幼苗光系统Ⅱ（PSⅡ）光能利用效率的影响

对叶绿素快速荧光诱导动力学曲线的数据分析表明，处理5的单位面积内反应中心数目（RC/CS）值最高，比最低的处理7高出31.68 %，其他依次为：处理4>处理3>处理1>处理2>处理6>处理7，且各处理差异显著；同时处理5的单位面积捕获的光能（TRo/CS）比最低值处理7高出8.67 %，其他依次为：处理3>处理4=处理6>

处理1＞处理2＞处理7；而单位面积内用于电子传递的光能（ETo/CS）处理5值依旧最高，同样处理7最低，仅为处理5的74.90 %，总体次序为：处理5＞处理4＞处理3＞处理6＞处理2＞处理1＞处理7；单位面积内热耗散的光能（DIo/CS）方面，处理5最小，比最高值处理7降低9.26 %。

RC/CS、TRo/CS、ETo/CS、DIo/CS与根域体积既不呈线性相关，也不呈非线性相关。与秧苗密度相关性方面，虽然不构成线性相关，却呈非线性相关关系，RC/CS、TRo/CS、ETo/CS、DIo/CS与秧苗密度非线性相关关系系数分别为：0.8868、0.9476、0.9724和0.8908，TRo/CS和ETo/CS的相关性极高，其相关关系式为：$y=-0.00004x^2 + 0.0687x + 402.41$和$y = -0.00005x^2 + 0.0789x + 96.231$。

表8　根域体积限制对芹菜幼苗叶片单位面积叶片光能利用效率的影响

处理	单位面积内有活性的反应中心数目（RC/CS）	单位面积捕获的光能（TRo/CS）	单位面积内用于电子传递的光能（ETo/CS）	单位面积内热耗散的光能（DIo/CS）
1	189.00 ± 13.00c	416.01 ± 53.22d	108.31 ± 21.03e	111.74 ± 8.91c
2	180.71 ± 21.23d	413.79 ± 25.21de	112.47 ± 29.88d	108.71 ± 15.66e
3	190.54 ± 15.47c	429.69 ± 24.65b	126.56 ± 43.15b	111.06 ± 21.63c
4	193.00 ± 51.44b	424.52 ± 10.55c	128.17 ± 19.21a	109.23 ± 31.44d
5	207.65 ± 26.37a	433.00 ± 33.64a	128.51 ± 16.58a	108.50 ± 33.26e
6	177.47 ± 16.82e	424.52 ± 22.51c	121.72 ± 42.35c	117.23 ± 18.45b
7	157.69 ± 25.57f	398.43 ± 19.54e	96.25 ± 21.16f	119.57 ± 25.64a

3　讨论

3.1　不同根域体积限制对柠条基质芹菜幼苗生长和干物质积累的影响

无论是何种苗龄定植，均表现为穴盘孔数越少，蔬菜幼苗生长势越强[33]，孙磊玲等认为高密度低根域体积的栽培，虽然可以使经济学产量较高，但商品性较差[34]。本研究得出：株高与根域体积线性正相关系数（0.8795）小于与秧苗密度线性负相关系数（0.9601）；叶片数与根域体积线性正相关系数（0.9419）大于与秧苗密度线性负相关系数（0.8705），在根长（根域体积相关系数0.9593＞秧苗密度相关系数0.8761）、根系体积（根域体积相关系数0.9971＞秧苗密度相关系数0.8011）方面，表现结果与株高、叶片数相同，说明根域体积大小对芹菜幼苗株高、叶片数、根长、根系体积等形态指标的影响大于秧苗密度的影响，而且从试验结果分析得出，根域体积越大对芹菜幼苗形态指标越有利，这与张海利等的结果相一致[35]。

3.2 不同根域体积限制对柠条基质芹菜幼苗气体交换参数的影响

根域体积限制对芹菜幼苗叶片气体交换参数的影响差异显著，孙磊玲等研究认为净光合速率随着单株根域体积的减小呈现递减趋势，高密度栽培会影响普通幼苗对光能的吸收、营养的分配，进而影响其叶绿素的合成和叶面积的增大[34]，这与本试验研究结果相一致。

植物通过光合作用合成糖类，积累干物质，积累量的大小直接反映在植株的生长量上。光合作用是作物形成生物学产量和经济产量的基础。光合强度不但与叶片的生理状况有关，而且和根系的发育密切相关。虽有限根对植株光合无影响的报道[36]，但极度限根会使光合速率下降[37]。

3.3 不同根域体积限制对柠条基质芹菜幼苗叶绿素荧光动力学诱导曲线参数的影响

叶绿素荧光测定技术作为一种无损伤的快速探针用于植物的抗逆生理研究已有大量报道[38-41]。Fv/Fm反映了荧光诱导动力学曲线上升过程的O-P段的PSII光合电子传递能力（见表5），根域体积过大（处理1，110.07 cm³/穴）或偏小（处理7，7.28 cm³/穴）都会影响PSII光合电子传递，而且根域体积过小（处理7，7.28 cm³/穴）对PSII光合电子传递的影响要明显大于根域体积过大（处理1，110.07 cm³/穴）的影响，这可能是由于根域体积较小时，根域体积与秧苗密度共同作用的结果，但其影响的主效因子的确定有待于进一步研究。

根据Strasser等[42]的能量流动模型，植物叶片吸收的总能量（ABS），一部分以荧光的形式释放，大部分被反应中心（RC）捕获（TR），被反应中心捕获的能量中有一部分通过Q_A的还原氧化导致电子传递（ET），另一部分以热耗散的形式释放（DI）。ABS/RC、TRo/RC和DIRo/RC的值不断增加，说明叶片受胁迫时单位反应中心承担的光能转换任务更多[43]。本试验得出芹菜幼苗叶片PSII反应中心活性参数ABS/RC、TRo/RC、ETo/RC及DIo/RC受根域限制的影响不大，但无论是何种根域体积条件下都呈现出ABS/RC > TRo/RC > ETo/RC的趋势，这表明随着电子传递链的延伸热耗散增加，光能利用率降低。而且处理1和处理7的ETo/RC均比DIo/RC小，其余各处理均为ETo/RC>DIo/RC，说明根域体积过大或偏小均使得PSII反应中心用于热耗散的能量高于用于电子传递的能量，这也体现了热耗散对PSII具有较强的保护能力[44]。

用于电子传递的量子产额（ϕ_{Eo}）和捕获的激子中用来推动电子传递到电子传递链中超过QA的其他电子受体的激子占用来推动QA还原激子的比率（ψ_o）主要反映了PSII受体侧的变化，ψ_o是对PSII电子传递的综合评价之一，受PSII供体侧的电子供应能力和受体侧（包括PSI）接收电子的能力制约[45]。通过非线性相关关系式和幂函数关系式得出，当根域体积为25.68 cm³/穴时（625株/m²），ϕEo值达到最大；当根域体积达到14.34 cm³/穴时（1000株/m²），ψo值达到最大。说明根域体积超过25.68 cm³/穴或小于14.34 cm³/穴时，使得芹菜幼苗叶片用于QA下游电子传递的量子不断减少，PSⅡ反应中心捕获的激子中用于QA下游电子传递的激子占捕获激子总数的比例不断减少，PSⅡ受体侧QA下游的电子传递接收的能量占总能量的比例值都是不断降低的。

通过非线性相关关系式得出：当根域体积达到17.32 cm³/穴时（858株/m²），TRo/CS值达到最大；当根域体积达到19.21 cm³/穴时（789株/m²），ETo/CS值达到最大。说明根域体积超过19.21 cm³/穴或小于17.32 cm³/穴时，芹菜叶片单位面积叶片从光能捕获（TRo/CS）和用于电子传递（ETo/CS）的能力开始下降，并导致光能过剩及活性氧浓度上升，损害OEC[46]。

在穴盘规格（29 cm×58 cm）确定的前提下，根域体积、穴盘规格、秧苗密度三者相互制约，本研究结果是在三者同时作用下得到的结论，而三者对芹菜幼苗光合、矿质生理方面的单效影响，以及互作关系过程中主效因素的确定有待于进一步研究。

4 结论

4.1 根域体积大小对芹菜幼苗株高、叶片数、根长、根系体积等形态指标的影响大于秧苗密度的影响，秧苗密度大小对芹菜幼苗根系活力的影响大于根系体积的影响，幼苗地上部分受根域体积影响较大，而地下部分则受秧苗密度影响较大。

4.2 在净光合速率随着根域体积的减少而各参数减少，净光合速率与根域体积呈线性正相关，相关关系系数为0.9156。蒸腾速率变化规律与净光合速率相似，气孔导度总体变化趋势为随着根域体积的减少而减少，胞间CO_2浓度总体变化受根域体积影响不大。

4.3 根域体积限制会影响PSII光合电子传递，而且根域体积过小（7.28 cm³/穴）对PSII光合电子传递的影响要明显大于根域体积过大（110.07 cm³/穴）的影响，适当根域体积时（26.82 cm³/穴）性能指数（PI）值较高。根域体积过大（110.07 cm³/穴）或偏小（7.28 cm³/穴）均使得PSⅡ反应中心用于热耗散的能量高于用于电子传递的能量。根域体积超过25.68 cm³/穴或小于14.34 cm³/穴时，使得芹菜幼苗叶片用于QA下游电子传递的量子不断减少，PSⅡ反应中心捕获的激子中用于QA下游电子传递的激子占捕获激子总数的比例不断减少，PSⅡ受体侧QA下游的电子传递接收的能量占总能量的比例值不断降低。根域体积超过19.21 cm³/穴或小于17.32 cm³/穴时，芹菜叶片单位面积叶片从光能捕获（TRo/CS）和用于电子传递（ETo/CS）的能力开始下降。

4.4　通过对芹菜幼苗生长、气体交换和叶绿素荧光参数的综合分析得出，建议在使用柠条基质穴盘培育芹菜时使用128穴/盘，即根域体积为19.76 cm³/穴的穴盘进行育苗操作。

参考文献

［1］ZHANG Z W（张阵万），YANG S X（杨淑性）. Plangt of Caragana Fav r. in Shanxi ［J］. Acta Botanica Boreali–occidentalia Sinica（西北植物研究），1983，3：21–31（in Chinese）.

［2］ZENG C（曾辰），SHAO M A（邵明安）. Soil moisture variation of young Caragana korshinskii artificial shrubland in the wind–water erosion crisscross region of the Loess Plateau ［J］.Agricultural Research in the Arid Areas（干旱地区农业研究），2006，24（6）：155–158（in Chinese）

［3］MA C C，GAO Y B，Guo H Y，et al. Photosynthesis，Transpiration，and Water Use Efficiency of Caragana microphylla，C. intermedia，and C. korshinskii ［J］. Photosynthetica，2004，42（1）：65–70.

［4］ZHENG Y R，RIMMINGTON G M，XIE Z X，et al. Responses to air temperature and soil moisture of growth of four dominant species on sand dunes of central Inner Mongolia ［J］.J Plant Res，2008，121（5）：473–482.

［5］FANG X W，LI Y B，XU D H，et al. Activities of starch hydrolytic enzymes and starch mobilization in roots of Caragana korshinskii following above–ground partial shoot removal ［J］. Trees，2007，21（1）：93–100.

［6］ZHANG Z S，LI X R，LIU L C，et al. Distribution，biomass，and dynamics of roots in a revegetated stand of Caragana korshinskii in the Tengger Desert，northwestern China ［J］. J Plant Res，2009，122（1）：109–119.

［7］CHENG X R，HUANG M B，SHAO M G，et al. A comparison of fine root distribution and water consumption of mature Caragana korshinkii Kom grown in two soils in a semiarid region，China ［J］. Plant Soil，2009，315（1/2）：149–161.

［8］ALAMUSAANDl，JIANG D M. Characteristics of soil water consumption of typical shrubs（Caragana microphylla）and trees（Pinus sylvestris）in the Horqin Sandy Land area，China ［J］. Front For China，2009，4（3）：330–337.

［9］WANG Z Q，LIU B Y，LIU G. Soil water depletion depth by planted vegetation on the Loess Plateau ［J］. Sci China Ser D–Earth Sci，2009，52（6）：835–842.

［10］ZHENG Y R，XIE Z X，Gao Y，et al. Germination responses of Caragana korshinskii Kom. to light，temperature and water stress ［J］. Ecological Research，2004，19（5）：553–558.

［11］YIN J，HE F，QIU G Y，et al. Characteristics of leaf areas of plantations in semiarid hills and gully loess regions ［J］. Front For China，2009，4（3）：351–357.

［12］LI X R，KONG D S，Tan H J，et al. Changes in soil and vegetation following stabilization of dunes in the southeastern fringe of the Tengger Desert，China ［J］. Plant Soil，2007，300（1/2）：221–231.

［13］AWANG Y，ISMAILl M.The growth and flowering of some annual ornamentals on coconut dust ［J］. Acta Hort，1997，450（2）：31–38.

［14］QU J S（曲继松），GUO W Z（郭文忠），ZHANG L J（张丽娟），et al.Influence on the growth and accumulation of dry matter of watermelon seedlings based on caragana–straw as nursery substrate ［J］. Transactions of the CSAE（农业工程学报），2010，26（8）：291–295（in Chinese）.

［15］ZHANG L J（张丽娟），QU J S（曲继松），FENG H P（冯海萍），et al.Influence on the quality of muskmelon seedlings utilize caragana–straw as nursery substrate［J］. Northern Horticulture（北方园艺）, 2010,（15）: 165–167（in Chinese）.

［16］QU J S（曲继松）, ZHANG L J（张丽娟）, FENG H P（冯海萍）, et al.Influence of caragana–straw as component of mixed substrate on growth of eggplant seedlings ［J］.Acta Agriculturae Boreali–occidentalis Sinic（西北农业学报）, 2012, 21（11）: 162–167（in Chinese）.

［17］QU J S（曲继松）, ZHANG L J（张丽娟）, FENG H P（冯海萍）, et al.Caragana–straw as component of mixed substrate for pepper seedling growth［J］. Jiangsu J of Agr Sci（江苏农业学报）, 2012, 28（4）: 846–850（in Chinese）.

［18］Ostos J C, Lópe z G R, Murillo JM, et al. Substitution of peat for municipal solid waste and sewage sludge–based composts in nursery growing media: Effects on growth and nutrition of the native shrub Pistacia lentiscus L［J］. Bioresource Technology, 2008, 99（6）: 1793–1800.

［19］Gruda N, Schnitzler W H.Suitability of wood fiber substrates for production of vegetable transplants II［J］. Scientia Horticulturae, 2004, 100: 333–340.

［20］LAN S L（兰时乐）, CAO X Z（曹杏芝）, DAI X Y（戴小阳）, et al.The Changes of Nutrition Elements During the Composting Chicken Manure and Rape Straw Under Higher Temperature［J］.Journal of Agro–Environment Science（农业环境科学学报）, 2009, 28（3）: 564–569（in Chinese）.

［21］, CHENG F（程斐）, SUN Z H（孙朝晖）, Zhao Y G（赵玉国）, et al.Analysis of physical and chemical properties ofreed residue substrate［J］.Journal of Nanjing Agricultural University（南京农业大学学报）, 2001, 24（3）: 19–22.（in Chinese）.

［22］, SHANG X H（尚秀华）, XIE Y J（谢耀坚）, PENG Y（彭彦）. Rice–husk composting as seedling medium boosted by sugar refinery wastewater［J］. Journal of Central South University of Forestry& Technology（中南林业科技大学学报）, 2009, 29（2）: 78–81（in Chinese）.

［23］SHANG Q M（尚庆茂）, ZHANG Z G（张志刚）.Experimental studies on fertilizer–adding amount in eggplant plug seedling production with vermicom post–based media ［J］.Transactions of the CSAE（农业工程学报）, 2005, 21（Supp）: 129–132（in Chinese）.

［24］DENG Y（邓煜）, LIU Z F（刘志峰）.Study on growth medium and growth law for containerized seeding stocks grown in Greenhouse［J］.Scientia Silvae Sinicae（林业科学）, 2000, 36（5）: 33–39（in Chinese）.

［25］Ginwal H S, Rawat D S, Sharma S, et al.Standardization of proper volume/size and type of root trainer for raising Acacia nilotica seedlings: Nursery evalution and field trail［J[.Indian Forestry, 2001, 127: 920–928.

［26］Bashir A, Qaisar K N, Khan M A, et al.Standardization of growing media for raising Pinuswallichiana seedlings under root trainer production system in nursery［J］.Environment and Ecology, 2009, 27（1A）: 381–384.

［27］Agbogidi O M, Enujeke E C, Eshegbeyi O F.Germination and seedlinggrowth of African pear（Dacryodes edulis Don.G.Lam.H. J.）as affected by different planting media［J[.American Journal of Plant Physiology, 2007, 2（4）: 282–286.

［28］Gopal S, Sumit C, Dey A N. Effect of growing media ongermination and initial seedling growth of Albizia procera（Roxb）Benth.in Terai zone of West Bengal［J[.Environment and Ecology, 2007, 25S（Special2）: 406–407.

［29］WANG Y S（王月生）, ZHOU Z C（周志春）, JIN G Q（金国庆）, et al.Growth of Taxus chinensis var. mairei for container seedlings in different media mixtures and for bare–root versus container seedlings in a young stand［J］.Journal of Zhejiang Forestry College（浙江林学院学报）, 2007, 24（5）: 643–646（in Chinese）.

［30］ZHANG J M（张纪卯）. Studies on effect of different medium and container size on growth of Keteleeria fartunei container seedling［J］.Journal of Fujian College of Forestry（福建林学院学报）, 2001, 21（2）: 176–180（in Chinese）.

［31］李合生.植物生理生化实验原理和技术［M］.北京：高等教育出版社，2000，207-208.

［32］LI P M（李鹏民），GAO H Y（高辉远），RETO J. S. Application of the chlorophyll fluorescence induction dynamics in photosynthesis study［J］.Journal of Plant Physiology and Molecular Biology（植物生理学与分子生物学学报），2005，31（6）：559-566（in Chinese）.

［33］CHEN H（陈慧），LIANG Z H（梁朝晖），XIE Y Q（谢燕青），et al.Effects of different specification plug seedling on growth and yield of chinese cabbage［J］. Journal of Changjiang Vegetables（长江蔬菜），2011，12：38-40（in Chinese）.

［34］SUN L L（孙磊玲），HUANG D F（黄丹枫），ZHANG K（张凯），et al.Effects of rooting-zone volume on packchoi growth in greenhouse［J］.China Vegetables（中国蔬菜），2012，18：116-121（in Chinese）.

［35］ZHANG H L（张海利），SUN J（孙娟），PANG Z Q（庞子千）.Effects of different specifications of tray on growth and development of tomato seedlings［J］. Journal of Changjiang Vegetables（长江蔬菜），2012，8：42-43（in Chinese）.

［36］Kharkina T G，Rosenqvist E，Ottosen C O. Effect s of root restriction on the growth and physiology of cucumber plants ［J］. Physiologia Plantarum，1999，105（3）：434-441.

［37］Will R E，Teskey R O. Effect of elevated carbon dioxide concentration and root restriction on net photosynthesis，water relations and foliar carbohydrate status of Ioblolly pine seedlings ［J］.Tree Physiol，1997，17（10）：655-661.

［38］GUO Y P（郭延平），ZHOU H F（周慧芬），ZENG G H（曾光辉），et al.Effects of high temperature stress on net photosynthetic rate and photo system activity in Citrus［J］.Chinese Journal of Applied Ecology（应用生态学报），2003.14（6）：867-870（in Chinese）.

［39］WU H Y（吴韩英），SHOU S Y（寿森炎），ZHU Z J（朱祝军），et al.Effects of high temperature stress on photosynthesis and chlorophyll fluorescence in sweet pepper［J］..Acta Horticulture Sinica（园艺学报），2001，28（6）：517-521（in Chinese）.

［40］Yamane Y，Kashino Y，Koike H，et al.Increases in the fluorescence level and Fo level and reversible inhibition of photosystem II reaction center by high temperature treatment in higher plants［J］.Photosynthesis Research，1997，52：57-64.

［41］Yoshihiro Y，Yasuhiro K，Hiroyuki K，et al. Effects of high temperatures on the photosynthetic systems in sp inach：Oxygenevolving activities，fluorescence characteristics and the denaturation p rocess［J］.Photosynthesis Research，1998，57：51-59.

［42］Strasser R J，Tsimilli M M，Srivastava A.The fluorescence transient as a tool to characterise and screen photosynthetic samples［M］. Yunus M，Pathre U，Mohanty E，eds. Probing Photosynthesis：Mechanisms，Regulation and Adap tation. London：Taylor & Francis，2000.

［43］HAN B（韩彪），CHEN G X（陈国祥），GAO Z P（高志萍），et al.The changes of PS II chlorophyll fluorescence dynamic characteristic during leaf senescence of ginkgo［J］.Acta Horticulturae Sinica（园艺学报）2010，37（2）：173-178（in Chinese）.

［44］WANG M（王梅），GAO Z K（高志奎），HUANG R H（黄瑞虹），et al.Heat stress characteristics of photosystem II in eggplant［J］.Chinese Journal of Applied Ecology（应用生态学报），2007，18（1）：63-68（in Chinese）.

［45］Krause G H，Weis E.Chlorophyll fluorescence and photosynthesis：The basis［J］.Annu Rev Plant Physiol Plant Mol Biol，1991，42：313-349.

［46］LI G（李耕），GAO H Y（高辉远），ZHAO B（赵斌），et al.Effects of drought stress on activity of photosystems in leaves of maize at grain filling stage［J］. Acta Agronomica Sinica（作物学报），2009，35（10）：1916-1922（in Chinese）.

根域限制对柠条基质黄瓜幼苗生长及气体交换参数的影响

曲继松　张丽娟　冯海萍　杨冬艳

摘　要：为了解柠条基质育苗过程中根域体积大小对黄瓜幼苗生长和光合生理特性的影响，以黄瓜品种"德尔99"为试材，采用自配育苗基质（柠条粉：珍珠岩：蛭石=7：2：1，体积比），按照不同规格穴盘（32穴盘~288穴/盘）进行育苗。结果表明：黄瓜幼苗株高随着根域体积减小而逐渐增高，根系长度与根域体积的皮尔逊系数为0.9627，根系体积与根域体积的皮尔逊系数为0.9602，地下部干质量、壮苗系数与根域体积的皮尔逊系数分别为0.899、0.8888，且处理1、处理2、处理3壮苗系数均大于0.25，黄瓜幼苗的净光合速率、蒸腾速率、胞间CO_2浓度随着根域体积的减小而降低，处理3的水分利用效率值最高，为2.5139。综合壮苗指数、根系活力、气体交换参数（Pn、Tr、Gs、Ci、WUE）等多方面因素考虑，建议柠条基质培育黄瓜幼苗时使用72穴/盘的穴盘。

关键词：柠条基质；根域体积限制；黄瓜；育苗；干物质积累；光合特性

穴盘育苗是对传统育苗方式的一次革新，影响穴盘苗质量的关键因素是基质和穴盘规格。基质是容器苗生长发育的载体，基质成分及其相对比例对苗木生长影响显著。但是穴盘规格对特定基质条件下单一种类蔬菜育苗方面的研究却不多，尤其是新型替代草炭的柠条基质更是鲜有报道。容器苗根域体积是固定的，容易对地下部分生长造成限制，进而影响地上部分的生长，基质与容器的筛选一直是国内外容器育苗研究的重要内容[1~7]。课题组2009年—2013年在柠条粉作为育苗基质的试验已经取得了初步成效，尤其是在西瓜[8]、甜瓜[9]、茄子[10]、辣椒[11]等育苗上有较好表现。目前柠条基质配型筛选研究基本确定了柠条基质的配比类型，但是多种蔬菜使用柠条基质育苗过程中的穴盘选择存在一定不确定性，因此单一蔬菜品种使用适宜的穴盘进行育苗的研究就显得尤为重要，同时为柠条资源合理利用和工厂化育苗生产提供理论依据和技术支撑，提高柠条产业的经济效益和生态效益。

1 材料与方法

1.1 试验地点

试验地点位于宁夏银川市宁夏农林科学院园林场试验基地育苗专用温室内，位于东经106° 09 ' 00.55 "，北纬38° 38′ 57.89 "，海拔1117 m。银川市属典型的中温带大陆性气候，四季分明，春迟夏短，秋早冬长，昼夜温差大，雨雪稀少，蒸发量大，气候干燥，风大沙多等。年平均气温8.5 ℃左右，年平均日照时数2800 h~3000 h，年平均降水量200 mm左右，无霜期185 d左右。

试验时间为2013年10月20日至2013年11月30日，试验在10 m跨度育苗专用日光温室内进行，所有穴盘在育苗床架上摆放，每个穴盘按照南北方向摆放，所有穴盘横向并排一字排开，与温室前沿平行，距离温室前沿3 m。

1.2 试验材料

供试黄瓜品种为"德尔99"——引自于天津德瑞特种业公司，供试柠条粉购自宁夏回族自治区盐池县源丰草产业有限公司，1 m³柠条粉加入2.0 kg尿素、商品有机肥（N：P：K=12：8：9）5 kg，高温静态发酵90天后，加入珍珠岩和蛭石（柠条粉：珍珠岩：蛭石=7：2：1，体积比），作为育苗基质使用。

穴盘使用29 cm×58 cm标准穴盘，每个处理1个穴盘，重复3次，具体规格见表1。

表1 各处理基本状况

处理	穴盘规格PS 穴/盘（Hole / Plug）	根域体积RZV cm³/穴（cm³/ Hole）
1	32	110.07
2	50	67.20
3	72	39.06
4	98	26.82
5	128	19.76
6	200	12.21
7	288	7.28

注：PS=Plug size；RZV=Root-zone volume.

1.3 测定项目

1.3.1 生长指标

出苗后第30 d测定，用直尺测量幼苗株高、根长，根系体积测定采用排水法，根系活力测定采用氯化三苯基四氮唑（TTC）法[12]，根冠比=地下部干重（g）/地上部干重（g），壮苗指数=［茎粗（cm）/株高（cm）+地下部干质量（g）/地上部干质量（g）］×全株干质量（g）[8]；每个处理测量5株，随机选择。

1.3.2 气体交换参数

采用TPS-2便携式光合作用测定系统测定净光合速率（Pn，$\mu molCO_2 \cdot m^{-2} \cdot s^{-1}$）、蒸腾速率（Tr，$mmol \cdot m^{-2} \cdot s^{-1}$）、气孔导度（Gs，$\mu mol \cdot m^{-2} \cdot s^{-1}$）、胞间$CO_2$浓度（Ci，$\mu mol\ CO_2 \cdot mol^{-1}$），水分利用效率按照WUE=Pn/Tr 计算。每处理选取3片完好的功能叶进行测量，每叶片重复3次，取其平均值。

数据处理采用DPS3.01软件Duncan新复极差法和Excel软件进行统计分析。

2 结果与分析

2.1 根域限制对黄瓜幼苗生长状况的影响

从表2可以发现，在株高方面，黄瓜幼苗株高并没有随根域体积减小而降低，而是随着根域体积减小而逐渐增高，其大小与根域体积呈负相关，处理7最高，为9.2 cm；处理2最矮，仅为5.1 cm，为处理7的55.43 %。在茎粗方面，处理3最大，为4.032 mm；处理7最小，为3.296 mm，其大小关系为：处理3>处理2>处理4>处理1>处理5>处理6>处理7。在叶片数量方面，所有处理均为两叶一心。

表2 根域体积对黄瓜幼苗生长的影响

处理	株高PH（cm）	茎粗SD（mm）	叶片数LN
1	5.5e	3.698d	2a
2	5.1f	3.794bc	2a
3	5.9d	4.032a	2a
4	7.0c	3.708c	2a
5	6.8cd	3.680d	2a
6	8.6b	3.452e	2a
7	9.2a	3.296f	2a

注：①PH=Plant height；SD=Stem diameter；LN=Leaf number；RL=Root length.
②同列不同字母表示差异显著（$P<0.05$）。下同。

2.2 根域限制对黄瓜幼苗根系发育的影响

表3 根域体积对黄瓜幼苗根系的影响

处理	根系长度RL（cm）	根系体积RV（mL）	根系活力RVI（ug·g^{-1}·h^{-1}）
1	10.4a	0.91a	0.465c
2	9.3b	0.77b	0.474a
3	7.8c	0.61c	0.455d
4	7.3cd	0.55d	0.466b
5	6.6d	0.47e	0.428e
6	5.5e	0.35f	0.387f
7	5.3f	0.29g	0.353g

注：RL=Root length；RT=Root volume；RVI= Root vitality

在黄瓜幼苗根系长度方面，处理1最大，为10.4 cm，处理7最小，为5.3 cm，仅为处理1的50.96 %，其总体大小关系为：处理1＞处理2＞处理3＞处理4＞处理5＞处理6＞处理7，其值与根域体积呈线性正相关关系，皮尔逊系数为0.9627；根系体积大小关系与根系长度类似，处理1最大，为0.91 ml，其值为处理7的3.14倍，同时其值与根域体积呈线性正相关关系，皮尔逊系数为0.9602；在根系活力方面，处理2值最大，为0.474 ug·g^{-1}·h^{-1}，处理7值最小，为处理2的74.47 %，总体趋势为随着根系体积的减小而逐渐减小。

2.3 根域限制对黄瓜幼苗干物质积累的影响

在黄瓜幼苗物质积累方面（见表4），幼苗地上部鲜质量各处理之间差异显著，处理6值最大，为1.113g，处理2最小，仅为0.747 g，各处理大小关系为：处理6＞处理7＞处理4＞处理5＞处理3＞处理1＞处理2，无显著规律；地上部干质量变化与地上部鲜质量相似，无明显规律。黄瓜幼苗地上部鲜质量各处理之间差异显著，各处理大小关系为：处理1＞处理2＞处理3＞处理4＞处理5＞处理6＞处理7，地下部鲜质量与根域体积呈线性正相关，皮尔逊系数为0.834，地下部干质量变化规律与地下部鲜质量相一致，皮尔逊系数为0.899；全株鲜质量和全株干质量变化无显著规律；根冠比值大小随着根域体积的减小而减小，皮尔逊系数为0.8697。在壮苗系数方面，各处理大小关系为：处理1＞处理2＞处理3＞处理4＞处理5＞处理6＞处理7，皮尔逊系数为0.8888，处理1、处理2、处理3均大于0.25，而其他处理均小于0.2。

表4　根域体积对黄瓜幼苗干物质积累的影响

处理	地上部鲜质量 SFW（g）	地上部干质量SDW（g）	地下部鲜质量RFW（g）	地下部干质量RDW（g）	全株鲜质量TFW（g）	全株干质量TDW（g）	根冠比R/S	壮苗指数SI（g）
1	0.785ef	0.069d	0.315a	0.018a	1.100c	0.087d	0.261a	0.0284a
2	0.747f	0.064e	0.309b	0.017ab	1.056d	0.081e	0.266a	0.0275b
3	0.798e	0.069d	0.299c	0.016ab	1.097c	0.085d	0.232b	0.0255c
4	0.932c	0.078cd	0.258d	0.012b	1.190b	0.090c	0.154c	0.0186d
5	0.912d	0.082c	0.219e	0.012b	1.131b	0.094c	0.146cd	0.0188d
6	1.113a	0.099a	0.191f	0.010bc	1.304a	0.109a	0.101d	0.0154e
7	1.088b	0.096b	0.167g	0.009c	1.255ab	0.105b	0.094e	0.0136f

注：SFW= Shoot fresh weight；SDW=Shoot dry weight；RFW= Root fresh weight；RDW=Root dry weight；TFW =Total fresh weight；TDW= Total dry weight；R/S=Root/Shoot ratio；SI=Seedling index.

2.4　根域限制对黄瓜幼苗气体交换参数的影响

表5　根域体积限制对黄瓜幼苗叶片气体交换参数的影响

处理	净光合速率Pn（μmol·m^{-2}·s^{-1}）	蒸腾速率Tr（μmol·m^{-2}·s^{-1}）	气孔导度Gs（μmol·m^{-2}·s^{-1}）	胞间CO_2浓度Ci（μmol·mol^{-1}）	水分利用效率WUE
1	12.32a	5.12a	0.28a	287.53a	2.4063c
2	11.87b	4.89b	0.26a	274.33b	2.4274c
3	11.74b	4.67bc	0.26a	273.33b	2.5139a
4	11.05c	4.54bc	0.25ab	264.67c	2.4339bc
5	10.70d	4.36c	0.24ab	263.00c	2.4541b
6	10.45d	4.30c	0.19b	253.33d	2.4302bc
7	9.73e	3.97d	0.19b	252.33d	2.4509b

注：Pn= Net photosynthetic rate；Tr= Transpiration rate；Gs= Stomatal conductance；Ci= Intercellular CO_2 concentration；WUE= Water use efficiency.

在气体交换参数方面（见表5），净光合速率（Pn）、蒸腾速率（Tr）、气孔导度（Gs）、胞间CO₂浓度（Ci）其值大小受根域体积影响显著；随着根域体积的减小，黄瓜幼苗的Pn、Tr、Gs、Ci均降低，且与根域体积呈线性正相关，皮尔逊系数分别为0.8874、0.9316、0.8006、0.9456；在水分利用效率（WUE）方面，其值变化无显著规律，处理3值最高，为2.5139，处理1最小，为2.4063。

3　讨论

无论是何种苗龄，均表现为穴盘孔数越少，蔬菜幼苗生长势越强[13]。本试验结果表明，黄瓜幼苗株高随着根域体积减小而逐渐增高，处理7最高，处理2最矮；处理3的茎粗最大，为4.032 mm；处理1的根系长度最长，为10.4 cm，其值与根域体积的皮尔逊系数为0.9627，根系体积与根域体积的皮尔逊系数为0.9602。地下部鲜质量、地下部干质量、根冠比、壮苗系数与根域体积的皮尔逊系数分别为0.834、0.899、0.8697、0.8888，处理1、处理2、处理3壮苗系数的均大于0.25。总体而言，根域体积越大对黄瓜幼苗形态指标越有利，这与张海利等的结果相一致[14]；

随着根域体积的减小，黄瓜幼苗的净光合速率（Pn）、蒸腾速率（Tr）、气孔导度（Gs）、胞间CO₂浓度（Ci）均降低，且与根域体积的皮尔逊系数分别为0.8874、0.9316、0.8006、0.9456，这一结果与孙磊玲等研究结果相一致[15]。虽有限根对植株光合无影响的报道[16]，但极度限根仍会使光合速率下降[17]。而处理3WUE值最高，为2.5139。

4　结论

综合黄瓜幼苗植株壮苗指数、根系活力、气体交换参数（Pn、Tr、Gs、Ci、WUE）等多方面分析比较得出，处理3较适合柠条基质进行黄瓜育苗，即72穴/盘的穴盘较适宜进行柠条基质黄瓜育苗。

参考文献

[1] 邓煜，刘志峰.温室容器育苗基质及苗木生长规律的研究 [J].林业科学，2000，36（5）：33-39.

[2] Ginwal H S, Rawat D S, Sharma S, et al. Standardization of proper volume/size and type of root trainer for raising Acacia nilotica seedlings：Nursery evalution and field trail [J].Indian Forestry，2001（127）：920-928.

[3] Bashir A, Qaisar K N, Khan M A, et al. Standardization of growing media for raising Pinuswallichiana seedlings under root trainer production system in nursery [J].Environment and Ecology，2009，27（1A）：381-384.

[4] Agbogidi O M, Enujeke E C, Eshegbeyi O F. Germination and seedlinggrowth of African pear（Dacryodes edulis Don.G.Lam.H. J.）as affected by different planting media [J].American Journal of Plant Physiology，2007，2（4）：282-286.

［5］Gopal Shukla，Sumit Chakravarty，Dey A N. Effect of growing media ongermination and initial seedling growth of Albizia procera（Roxb）Benth.in Terai zone of West Bengal［J［.Environment and Ecology，2007，25S（Special 2）：406-407.

［6］王月生，周志春，金国庆，等.基质配比对南方红豆杉容器苗及其移栽生长的影响［J］.浙江林学院学报，2007，24（5）：643-646.

［7］张纪卯.不同基质和容器规格对油杉容器苗生长的影响［J］.福建林学院学报，2001，21（2）：176-180.

［8］曲继松，郭文忠，张丽娟，等.柠条粉作基质对西瓜幼苗生长发育及干物质积累的影响［J］.农业工程学报.2010，26（8）：291-295.

［9］张丽娟，曲继松，冯海萍，等.利用柠条发酵粉作育苗基质对甜瓜幼苗质量的影响［J］.北方园艺，2010，（15）：165-167.

［10］曲继松，张丽娟，冯海萍，等.混配柠条粉基质对茄子幼苗生长发育的影响［J］.西北农业学报，2012，21（11）：162-167.

［11］曲继松，张丽娟，冯海萍，等.发酵柠条粉混配基质对辣椒幼苗生长发育的影响［J］.江苏农业学报，2012，28（4）：846-850.

［12］李合生.植物生理生化实验原理和技术［M］.北京：高等教育出版社，2000.

［13］陈慧，梁朝晖，谢燕青，等.不同规格穴盘育苗对大白菜生长及产量的影响［J］.长江蔬菜，2011，（12）：38-40.

［14］张海利，孙娟，庞子千.不同穴盘规格对番茄幼苗生长发育的影响［J］.长江蔬菜，2012，（8）：42-43.

［15］孙磊玲，黄丹枫，张凯，等.根域体积对普通白菜幼苗生长的影响［J］.中国蔬菜，2012，（18）：116-121.

［16］Kharkina T G，Rosenqvist E，Ottosen C O. Effect s of root restriction on the growth and physiology of cucumber plants［J］.Physiologia Plantarum，1999，105（3）：434-441.

［17］Will R E，Teskey R O. Effect of elevated carbon dioxide concentration and root restriction on net photosynthesis，water relations and foliar carbohydrate status of Ioblolly pine seedlings［J］.Tree Physiol，1997，17（10）：655-66.

柠条粉作基质对西瓜幼苗生长发育
及干物质积累的影响

曲继松　郭文忠　张丽娟　冯海萍

摘　要： 研究柠条粉作为育苗基质对西瓜幼苗生长发育及干物质积累的影响，确定柠条粉作为育苗基质的可行性，进而为柠条资源后续产业的开发提供理论基础。以壮苗二号育苗基质为对照，通过基质理化性状、幼苗生长发育、干物质积累及叶绿素荧光诱导动力学曲线参数等指标，比较分析柠条粉基质育苗效果。结果表明：柠条粉基质与壮苗二号基质在物理性状方面基本一致，柠条粉基质速效养分含量显著高于壮苗二号基质；在育苗方面，两种基质幼苗株高、茎粗、根长、叶片数、地上部鲜质量、地下部鲜质量、全株鲜质量、地上部干质量、地下部干质量、全株干质量和根冠比等生长发育指标上均趋于一致，且柠条粉基质幼苗壮苗指数高于壮苗二号基质幼苗壮苗指数9.76 %，同时柠条粉基质幼苗光能利用效率略高于壮苗二号基质幼苗。柠条粉基质完全具备取代以草炭为原料的现有育苗基质的潜能，可作为西北干旱地区设施瓜菜工厂化育苗基质进行开发、利用。

关键词： 干旱区；基质；生长；柠条；育苗；叶绿素荧光；生态效应

0　引言

柠条（*Caragana korshinskii*）是豆科锦鸡儿属（*Caragana Fabr.*）植物栽培种的通称，落叶灌木。柠条作为中国"三北"地区一种广泛分布的乡土灌木树种，由于其根系发达、耐旱性强，已 成为水土保持和防风固沙的主要灌木树种[1, 2]。对于多年生长的柠条，必须进行平茬抚育。如果不进行平茬，柠条就会出现严重的木质化现象。木质化柠条输送养分和水分的能力会越来越弱，然后逐渐干枯死亡。"三北"地区柠条种植面积广，占地面积大，估计全国柠条的生长面积至少在133.3万hm²以上，每年需要平茬的面积大约有33.3万hm²，据统计，宁夏现有柠条林面积44.6万hm²左右，且全区每年新增柠条面积8万hm²，可以开发利用的面积达13.3万hm² 以上，产量可达到23万t左右[3]。柠条是优良的"三料"植物，枝条富含油脂，易燃耐烧，枝、叶既是很好的绿肥，又是优良的饲料；枝干皮层厚，富含纤维，可以剥麻。前人研究主要集中在柠条的生理特性（光合速率[4,5]、净光合速率[6]、淀粉酶变化[7]）、环境条件（水分[8~11]、温度、光照强度[12]、空气湿度[4]）对柠条生长发育的影响及柠条利用（种群密度[13]、防风固沙[14]）方面的研究，而在育苗基质开发研究方面，国内外都十分重视草炭替代基质的研究，国外椰子壳、锯末替代草炭基质已用于园艺植物的栽培和育苗[15~16]，国内也开展了以花生壳、芦苇末、蔗渣等工业及农业废弃物发酵生产替代草炭基质的研究工作[17~19]，但对采用柠条粉发酵生产园艺育苗基质的研究尚未见报道。本文首次将柠条粉作为育苗基质进行探索性研究，由于西北内陆地区设施农业发展迅速，仅宁夏回族自治区目前设施温室大棚面积已达到5.33万hm²，设施瓜菜种苗需求量急增，进而育苗基质原料——草炭需求量加大，但草炭为不可再生资源，大量开采会破坏湿地环境，加剧温室效应，而且草炭产地和使用地之间的长途运输也增加了草炭的使用成本，因此针对西北地区替代草炭的育苗基质亟待开发、利用。本研究以腐熟柠条粉为试材进行育苗试验，通过西瓜苗期生长发育指标确定柠条粉作为育苗基质的可行性，进而为丰富的可再生的柠条资源后续产业的开发提供理论基础，提高沙产业的经济效益和生态效益。

1 材料与方法

1.1 试验地点

盐池县位于宁夏回族自治区东部、毛乌素沙漠南缘，属陕、甘、宁、蒙四省（区）交界地带，境内地势南高北低，平均海拔为1600 m，常年干旱少雨，风大沙多，属典型的温带大陆性季风气候。地处宁夏中部干旱带，年平均降水量280 mm，年蒸发量2100 mm，年平均气温7.7 ℃，年均日照时数2872.5 h，太阳辐射总量5.9285×10⁹ J/m²，虽然气候干旱少雨，风多沙大，但光照时间长，昼夜温差大，光热资源充足，昼夜温差大，十分有利于作物光合作用和干物质积累，完全可满足喜温瓜菜、设施栽培对光热条件的需求，是发展设施特色作物的优势区域。

本试验温室为育苗日光温室，位于北纬37° 48 ' 21.85 "，东经107° 18 ' 43.43 "，试验时间为2009年11月10日到2009年12月20日，共计40 d。

1.2 试验材料

供试西瓜品种为来自于上海惠和种业有限公司的"早佳一号"，供试柠条粉（颗粒粒径为0.4~0.8 mm）购自宁夏回族自治区盐池县源丰草产业有限公司，柠条粉中加入有机—无机肥料（1 m³柠条粉加入2.8 kg尿素、100 kg消毒鸡粪）腐熟发酵90 d，加入珍珠岩［V（柠条粉）：V（珍珠岩）=5：1（体积比）］后作为育苗基质使用，以目前宁夏地区较为广泛的台湾农友公司生产的"壮苗二号"育苗基质为对照，育苗穴盘采用72穴标准苗盘。

1.3 粉作为育苗基质对西瓜幼苗生长发育及干物质积累的试验方法

基质物理性状测定为腐熟发酵90 d柠条粉基质，测定基质的体积质量与孔隙度，取自然风干基质加满至体积为98.17 cm³取土环刀（环刀质量W_0），质量为W_1；浸泡水中24 h，质量为W_2；烧杯水分自由沥干后质量为W_3。按以下公式计算：干体积质量=（W_1-W_0）/98.17；湿体积质量=（W_3-W_0）/98.17；总孔隙度=（W_2-W_1）/98.17×100 %；通气孔隙=（W_2-W_3）/98.17×100 %；持水孔隙=总孔隙度—通气孔隙；大小孔隙比=通气孔隙/持水孔隙[20]。测定基质各项物理性质时每处理重复取样3次，数据均为3次重复的平均值。

基质化学性状测定主要依据LY/T1239—1999、LY/T1251—1999、NY/T297—1995、LY/T1229—1999、LY1233—1999、NY/T1301—1995；测定主要仪器：Delta320型酸度计、DDS-307型电导率仪、2300全自动定氮仪、722S可见分光光度计、410火焰光度计；测定基质各项化学性状时每处理重复取样3次，数据均为3次重复的平均值。

出苗时间为自播种之日起到出苗数为30 %；齐苗时间为自播种之日起到出苗数为80 %；出苗后天数以出苗时间之日算起；出苗率=出苗株数/72；成苗率=成苗株数/72；根冠比=地下部干质量（g）/地上部干质量（g）；壮苗指数=［茎粗（cm）/株高（cm）+地下部干质量（g）/地上部干质量（g）］×全株干质量（g）；叶绿素含量采用便携式SPAD-502叶绿素仪测定；叶绿素荧光参数采用Handy PEA荧光仪测定。测定植株各项指标时每重复取样3株，数据均为3次重复的平均值。

2 结果与分析

2.1 柠条粉基质性状分析

表1 柠条粉与壮苗二号育苗基质物理性状

基 质	干体积质量（g·cm⁻³）	湿体积质量（g·cm⁻³）	总孔隙度（%）	通气孔隙（%）	持水孔隙（%）	大小孔隙比
柠条粉CS	0.274±0.015B	0.993±0.015B	77.7±2.5a	5.9±1.3a	71.8±3.8a	12.032±2.923b
壮苗二号Z-2	0.299±0.013A	1.000±0.014A	75.0±1.8b	4.9±0.9b	70.0±3.2b	14.118±3.556a

注：同列不同小写字母表示差异显著（$P<0.05$）；同列不同大写字母表示差异极显著（$P<0.01$）。下同。

从表1可以看出，柠条粉基质的干体积质量、湿体积质量均略低于壮苗二号基质；总孔隙度和通气孔隙均比壮苗二号略大；从持水孔隙看，柠条粉基质微高于壮苗二号；大小孔隙比方面比壮苗二号略低。以上分析结果表明，柠条粉基质的基本物理性能与壮苗二号基质相似。

表2　柠条粉与壮苗二号育苗基质化学性状

基质	pH值	电导率EC (mS·cm⁻¹)	全盐TS (g·kg⁻¹)	有机质OM (g·kg⁻¹)	全氮TN (g·kg⁻¹)	速效氮AN (mg·kg⁻¹)	速效磷AP (mg·kg⁻¹)	速效钾AK (mg·kg⁻¹)	碳氮比C/N
柠条粉CS	6.59±0.21A	2.86±0.44a	14.20±2.13A	463±24a	15.28±0.68a	2692±135A	407±66a	4900±539A	14.47±1.16B
壮苗二号 Z–2	5.40±0.09B	2.28±0.13a	6.28±0.87B	466±18a	15.74±0.55a	931±89B	277±41b	2750±412B	17.17±0.94A

在基质化学状质方面（见表2），柠条粉基质的pH值与电导率均略高于壮苗二号，有机质、全氮量、碳氮比均与壮苗二号基本接近；但柠条粉基质的全盐、速效氮、速效磷、速效钾值却显著高于壮苗二号，其中速效氮含量是壮苗二号基质的2.89倍、全盐为2.26倍、速效钾为1.78倍、速效磷为1.46倍，从表2可以得出：柠条粉基质与壮苗二号基质有机质、全氮量方面含量相近，但速效养分（速效氮、速效磷、速效钾）方面，柠条粉基质显著高于壮苗二号基质。

2.2　柠条粉基质对西瓜幼苗生长发育的影响

表3　柠条粉与壮苗二号基质育苗出苗状况

处理	出苗时间（d）	齐苗时间（d）	出苗株数	成苗株数	出苗率（%）	成苗率（%）
柠条粉幼苗 CSS	5±0a	8±0a	68.3±1.3a	61.7±2.7b	94.9±1.8a	85.69±3.75b
壮苗二号幼苗 Z–2S	5±0a	7±0a	68.7±0.7a	66.7±1.3a	95.4±0.9a	92.63±1.80a

从表3可以看出，柠条粉基质和壮苗二号基质育苗的出苗天数均为5 d，柠条粉基质的齐苗时间比壮苗二号的晚1 d；在出苗率方面，柠条粉基质比壮苗二号的略低，低出0.5个百分点，差异不明显；但在成苗率方面，差异较大，壮苗二号基质比柠条粉基质高出6.94个百分点。

表4 柠条粉与壮苗二号基质育苗生长状况

处理	出苗后天数（d）	株高（cm）	茎粗（cm）	叶片数	根长（cm）
柠条粉幼苗	10	4.87 ± 0.34a	0.174 ± 0.01b	1 ± 0a	9.57 ± 3.32a
	20	7.67 ± 0.92a	0.360 ± 0.09a	2 ± 0a	13.40 ± 1.42a
	30	8.35 ± 1.24a	0.437 ± 0.08A	3 ± 0a	16.45 ± 2.45a
壮苗二号幼苗	10	4.00 ± 0.55b	0.193 ± 0.08a	1 ± 0a	6.30 ± 0.90a
	20	7.77 ± 1.34a	0.311 ± 0.26b	2 ± 0a	12.67 ± 5.64a
	30	8.55 ± 1.14a	0.409 ± 0.12B	3 ± 0a	15.12 ± 4.22a

由于株高、茎粗和叶片数的变化是幼苗生长状况的综合体现，且叶片多少直接关系到植株光合同化能力；根系是作物吸收水分和养分的主要器官，又是许多物质同化、转移和合成的重要场所。本试验以株高、茎粗、叶片数、根长等作为衡量幼苗生长势的指标。由表4可知，随着出苗天数的增加，西瓜幼苗的株高、茎粗、叶片数、根长逐渐增加，在出苗后10 d时，柠条粉基质幼苗的株高、根长略高于壮苗二号基质，茎粗略低于壮苗二号；在出苗后20 d、30 d时，柠条粉基质幼苗的茎粗、根长略高于壮苗二号基质，株高方面却略低于壮苗二号；在整个育苗期间，两种基质幼苗的叶片数生长状况大致相同。

表5 柠条粉与壮苗二号基质西瓜幼苗叶绿素SPAD值和叶绿素荧光诱导动力学曲线参数

处理	叶绿素SPAD值	从暗适应后照光到到达最大荧光的所需时间Tfm/ms	荧光诱导曲线的初始斜率M0	单位反应中心吸收的光能ABS/RC	初始最大光化学效率ϕPo	用于电子传递的量子产额ϕEo	用于热耗散的量子比率ϕDo	性能指数PI
柠条粉幼苗	48.7 ± 1.3b	300 ± 0a	0.885 ± 0.017a	1.17 ± 0.17a	0.756 ± 0.023a	0.296 ± 0.011a	0.244 ± 0.009a	1.698 ± 0.018A
壮苗二号幼苗	49.3 ± 1.1a	300 ± 0a	0.852 ± 0.031a	1.14 ± 0.09a	0.747 ± 0.042a	0.284 ± 0.020a	0.253 ± 0.021a	1.583 ± 0.022B

从表5可以看出，在叶绿素含量方面，柠条粉基质幼苗叶绿素SPAD值为48.7，略低于壮苗二号基质幼苗。两种基质幼苗从暗适应后照光到到达最大荧光的所需时间均需300 ms，在荧光诱导曲线的初始斜率、单位反应中心吸收的光能、初始最大光化学效率、用于电子传递的量子产额等方面柠条粉基质幼苗均略高于壮苗二号基质幼苗，而在用于热耗散的量子比率方面，壮苗二号基质幼苗高于柠条粉基质幼苗。柠

条粉基质幼苗性能指数比壮苗二号基质幼苗高出7.26 %，性能指数可以准确反映植物光合机构的状态，间接反映柠条粉基质幼苗光合原初反应高于壮苗二号基质幼苗。

2.3 柠条粉对西瓜幼苗干物质积累的影响

随着出苗天数的增加（见表6），地上部鲜质量、地下部鲜质量、全株鲜质量、地上部干质量、地下部干质量、全株干质量根冠比和壮苗指数均呈增加趋势。在相同出苗天数，柠条粉基质幼苗地上部鲜质量均略低于壮苗二号的地上部鲜质量，而地下部鲜质量在同时期却均高于壮苗二号的地下部鲜质量，全株鲜质量表现为壮苗二号基质幼苗略高于柠条粉基质幼苗。地上部干质量、地下部干质量、全株干质量在同时期变化规律和大小关系与鲜质量方面变化基本一致。在根冠比方面，柠条粉基质和壮苗二号幼苗随着出苗天数的增加根冠比比值逐渐增大，并且在相同出苗天数时，柠条粉基质幼苗根冠比比值均高于壮苗二号的根冠比比值。壮苗指数是评价幼苗质量的重要形态指标，通过试验得出：在相同育苗时期柠条粉基质幼苗壮苗指数均高于壮苗二号基质幼苗的壮苗指数，在出苗后30 d时柠条粉基质幼苗壮苗指数高出壮苗二号基质幼苗9.76 %。

表6 柠条粉与壮苗二号基质对幼苗干物质积累的影响

处理	出苗后天数(d)	地上部鲜质量(g)	地上部干质量(g)	地下部鲜质量(g)	地下部干质量(g)	全株鲜质量(g)	全株干质量(g)	根冠比	壮苗指数(g)
柠条粉幼苗	10	0.483±0.035a	0.036±0.007a	0.200±0.026a	0.009±0.001a	0.683±0.029a	0.045±0.003a	0.250±0.001A	0.0128±0.0012a
	20	0.897±0.071a	0.073±0.011B	0.400±0.039a	0.020±0.005a	1.297±0.054a	0.093±0.008B	0.274±0.002A	0.0298±0.0008a
	30	1.244±0.143b	0.104±0.012a	0.574±0.072a	0.033±0.013a	1.818±0.098B	0.137±0.012a	0.317±0.007A	0.0506±0.0042A
壮苗二号幼苗	10	0.487±0.031a	0.035±0.011a	0.177±0.011a	0.008±0.002a	0.664±0.022b	0.043±0.002a	0.229±0.001a	0.0119±0.0015b
	20	1.040±0.131a	0.082±0.010A	0.383±0.079a	0.019±0.004a	1.423±0.105a	0.101±0.009A	0.232±0.003B	0.0274±0.0022a
	30	1.389±0.098a	0.122±0.029a	0.527±0.106a	0.031±0.012a	1.916±0.102A	0.153±0.024a	0.254±0.003B	0.0461±0.0037B

3 讨论

通过对柠条粉基质幼苗和壮苗二号基质幼苗的对比得出：在出苗时间、齐苗时间、出苗率、生长发育、干物质积累及光能利用效率等生长指标方面均表现出良好效果，且数据基本一致，在一些重要指标方面（壮苗指数）柠条粉基质幼苗明显超过壮苗二号基质幼苗。在成苗率方面，柠条粉基质幼苗却不及壮苗二号基质幼苗，相差近7个百分点，主要由于柠条粉腐熟发酵过程中添加的消毒鸡粪没有完全与柠条粉混合均匀，导致部分消毒鸡粪集中结块，出现出苗后"烧苗"现象，进而导致成苗率下降，这一问题将在后续试验中进行解决。

目前国内诸多学者对替代草炭的新型育苗基质开发、利用方面进行了大量的研究工作，新型基质材料主要包括：花生壳[17]、蔗渣[19]、芦苇末[18, 21~22]、褐煤、秸秆[23]、中药渣[24]、椰糠[25]、玉米秸[26]等，这些工业和农业生产中的废弃物都是很好的草炭替代材料，而且在试验中取得了良好的结果。本试验针对西北内陆地区贮量极为丰富的沙生植物——柠条进行探索性研究，不但为西北地区设施农业工厂化育苗基质找到了良好的草炭替代材料，而且为沙生植物——柠条产业发展及沙漠化治理提供了一条新路。

4 结论

研究结果表明，柠条粉基质与壮苗二号基质在物理性状方面，各性状基本一致。在育苗方面，两种基质幼苗株高、茎粗、根长、叶片数、地上部鲜质量、地下部鲜质量、全株鲜质量、地上部干质量、地下部干质量、全株干质量和根冠比等生长发育指标上均趋于一致，且柠条粉基质幼苗壮苗指数明显高于壮苗二号基质幼苗壮苗指数。通过荧光参数比较得出：两种基质幼苗对光能利用方面无明显差异。

通过本试验得出：柠条粉基质基本具备取代以草炭为核心原料的现有育苗基质的潜能，这为西北内陆地区新型工厂化育苗基质开发、利用提供了理论支持，同时对沙生植物——柠条产业发展及荒漠化治理具有重要的指导意义。

参考文献

［1］张阵万，杨淑性.陕西锦鸡儿属（Caragana Fav r.）植物［J］.西北植物研究，1983，（3）：21-31.

［2］曾辰，邵明安.黄土高原水蚀风蚀交错带柠条幼林地土壤水分动态变化［J］.干旱地区农业研究，2006，24（6）：155-158.

［3］诚招个人或企业共同研发自走式柠条平茬机.http：//www.nnjxx.com/nj28.htm［EB/OL］.2010-02-05.

［4］Fang X W，Li J H，Xiong Y C，et al. Responses of Caragana korshinskii Kom. to shoot removal：mechanisms underlying regrowth［J］.Ecol Res，2008，23（5）：863-871.

［5］Ma C C，Gao Y B，Guo H Y，et al. Photosynthesis，Transpiration，and Water Use Efficiency of Caragana microphylla，C. intermedia，and C. korshinskii［J］.Photosynthetica，2004，42（1）：65-70.

［6］Zheng Y R，Rimmington G M，Xie Z X，et al. Responses to air temperature and soil moisture of growth of four dominant species on sand dunes of central Inner Mongolia［J］.J Plant Res，2008，121（5）：473-482.

［7］Fang X W，Li Y B，Xu D H，et al. Activities of starch hydrolytic enzymes and starch mobilization in roots of Caragana korshinskii following above-ground partial shoot removal［J］.Trees，2007，21（1）：93-100.

［8］Zhang Z S，Li X R，Liu L C，et al. Distribution，biomass，and dynamics of roots in a revegetated stand of Caragana korshinskii in the Tengger Desert，northwestern China［J］.J Plant Res，2009，122（1）：109-119.

［9］Cheng X R，Huang M B，Shao M G，et al. A comparison of fine root distribution and water consumption of mature Caragana korshinkii Kom grown in two soils in a semiarid region，China［J］. Plant Soil，2009，315（1/2）：149–161.

［10］Alamusaand，Jiang D M. Characteristics of soil water consumption of typical shrubs（Caragana microphylla）and trees（Pinus sylvestris）in the Horqin Sandy Land area，China［J］. Front For China，2009，4（3）：330–337.

［11］Wang Z Q，Liu B Y，Liu G. Soil water depletion depth by planted vegetation on the Loess Plateau［J］. Sci China Ser D–Earth Sci，2009，52（6）：835–842.

［12］Zheng Y R，Xie Z X，Gao Y，et al. Germination responses of Caragana korshinskii Kom. to light，temperature and water stress［J］. Ecological Research，2004，19（5）：553–558.

［13］Yin J，He F，Qiu G Y，et al. Characteristics of leaf areas of plantations in semiarid hills and gully loess regions［J］. Front For China，2009，4（3）：351–357.

［14］Li X R，Kong D S，Tan H J，et al. Changes in soil and vegetation following stabilization of dunes in the southeastern fringe of the Tengger Desert，China［J］. Plant Soil，2007，300（1/2）：221–231.

［15］Awany Y，Ismail M. The growth and flowering of some annual ornamentals on coconut dust［J］. Acta Hort，1997，450（2）：31–38.

［16］Gruda N，Schnitzler W H. Suitability of wood fiber substrates for product ion of vegetable transplants［J］. Scientia Horticulturae，2004，100（1/2/3/4）：333–340.

［17］杨红丽，王子崇，张慎璞，等.复配花生糠基质对番茄穴盘苗质量的影响［J］.中国蔬菜，2009，（12）：64–67.

［18］贾永霞，郭世荣，李娟.复配芦苇末基质在甜椒育苗上的应用效果［J］.沈阳农业大学学报，2006，（3）：36–39.

［19］刘士哲，连兆煌.蔗渣作蔬菜工厂化育苗基质的生物处理与施肥措施研究［J］.华南农业大学学报，1994，18（4）：86–90.

［20］高新昊，张志斌，郭世荣.玉米与小麦秸秆无土栽培基质的理化性状分析［J］.南京农业大学学报，2006，29（4）：131–134.

［21］李谦盛，裴晓宝，郭世荣，等.复配对芦苇末基质物理性状的影响［J］.南京农业大学学报，2003，26（3）：23–26.

［22］程斐，孙朝晖，赵玉国，等.芦苇末有机栽培基质的基本理化性能分析［J］.南京农业大学学报，2001，24（3）：19–22.

［23］吴涛，晋艳，杨宇虹，等.替代烤烟漂浮育苗基质中草炭的研究：I褐煤、秸秆等原料完全替代草炭的研究初报［J］.云南农业大学学报，2007，22（2）：234–240.

［24］方芳，唐懋桦，常义军，等.新型蔬菜穴盘育苗基质的特性及应用效果［J］.长江蔬菜，2003，7：42–43.

［25］陈萍，郑中兵，王艳飞，等.南方甜瓜育苗基质的研究［J］.种子，2008，27（7）：63–64，66.

［26］刘超杰，王吉庆，王芳.不同氮源发酵的玉米秸基质对番茄育苗效果的影响［J］.农业工程学报，2005，21（2）：162–164.